你的人生，
不能没有心理学

改变命运的 100 个心理学技巧

郑秀　叶枫 ◎ 编著

中国华侨出版社

图书在版编目（CIP）数据

你的人生，不能没有心理学：改变命运的100个心理学技巧/郑秀，叶枫编著.
—北京：中国华侨出版社，2013.8（2014.9重印）
ISBN 978-7-5113-4006-1

Ⅰ.①你… Ⅱ.①郑… ②叶… Ⅲ.①心理学—通俗读物 Ⅳ.①B84-49

中国版本图书馆CIP数据核字（2013）第209185号

你的人生，不能没有心理学：改变命运的100个心理学技巧

编　　著：郑　秀　叶　枫
出 版 人：方　鸣
责任编辑：荼　蘼
封面设计：李艾红
版式设计：卢　馨
文字编辑：于海娣
美术编辑：玲　玲
经　　销：新华书店
开　　本：1020mm×1200mm　1/10　印张：36　字数：674千字
印　　刷：北京德富泰印务有限公司
版　　次：2013年10月第1版　2018年7月第3次印刷
书　　号：ISBN 978-7-5113-4006-1
定　　价：59.80元

中国华侨出版社　北京市朝阳区静安里26号通成达大厦三层　邮编：100028
法律顾问：陈鹰律师事务所
发 行 部：（010）88866079　传　真：（010）88877396
网　　址：www.oveaschin.com
E－mail：oveaschin@sina.com

如发现印装质量问题，影响阅读，请与印刷厂联系调换。

前言

正如冯特所说："一块石头，一棵植物，一种声音，一束光线，就观念而论，都是心理学的对象。"心理学是一门探索心灵奥秘、揭示人类自身心理活动规律的科学，它的研究及应用范围涉及与人类相关的各个领域，对人的生活有着深远的影响。心理学研究不仅可以揭示心理的作用机制，也能提供更为合适的处理方式。日常生活中很多看似平常的行为，人们司空见惯的现象，人生中的各种问题，都与心理学有着千丝万缕的联系。不论是日常交往，还是求职社交；不论是婚恋教子，还是职场谈判，即使是微不足道的行为，也深受心理的巨大影响。在人的一生当中，心理学会给你带来莫大的帮助，甚至能协助你找到重新面对人生的信心。

每个人都希望了解自己，了解他人，拥有幸福，走向成功，但是这并不容易做到。心理学的出现让这一切都变得简单起来，它可以帮助人们认识自己，看透别人，破解生活中的许多难题，从而更好地驾驭自己的人生。可见，人生中不能不懂心理学，更不能没有心理学。

如何摆脱失落的情绪？如何让自己的话更有说服力？如何分辨人的真心话、客套话和谎言，在人际交往中能如鱼得水、左右逢源？恋爱和婚姻中的心理学规律有哪些，如何才能收获美满的爱情和幸福的婚姻？人的深层心理究竟是怎样的？怎样做才能知人识心，也更加了解自己？怎样才能拥有更加健康的心态和幸福的生活？怎样才能提高自我认知水平，发现未知的自己？是否你也想拥有更强的影响力、亲和力、说服力和思考力？那么，你就必须运用心理学的招数。

《你的人生，不能没有心理学：改变命运的100个心理学技巧》从读人识人、人际交往、人际沟通、职场艺术、婚恋交往、掌控情绪、交友策略、商务活动、应酬、自我心理认知、成功心理等11个方面，阐述了人们普遍存在的心理规律。并通过大量的心理个案与实验案例，提出100个心理学技巧，全面剖析了心理学在社会生活各个领域的广泛应用和心理学规律对人类发展的巨大作用，以及各种心理问题产生的原因和解决方法等。最实用的100个心理学技巧，帮你轻松掌握心理学的智慧与奥秘，教你从生活、工作、情感、人际关系等各个方面提升自己，应对各种突如其来的困难和麻烦，帮助更好地树立自己的形象、处理和朋友的关系、说服别人。从而更好地了解自己、读懂他人、认识社会，拥有融洽的人际关系、良好的心态和幸福的生活。

不管你的困惑和压力是什么，这本书将是一个让你摆脱烦恼的机会，同时，它也是你赢得下一次博弈，获得更和谐的关系，过得更为快乐自在的机会。只要懂得并学会在学习、工作和生活中运用书中的心理学技巧，就能改变自己，摆脱生活中的各类烦恼，获得生活和事业上的成功，进而实现人生价值的突破，让生活焕然一新。

目录

第一章 十分之一秒内判读对方——瞬间看透他人的冷读技巧

技巧1 冷眼静观，读懂对方的身体语言 2
  看！眼睛告诉你他的心思 2
  不同的笑容演绎不同的心灵风景 3

技巧2 拨云见日，透过装扮看内心 5
  "你就是你所穿的" 5
  化妆是内心无法掩饰的装点 6
  手表是时间观念背后的性格指示 7

技巧3 明察秋毫，快速透视对方内心 9
  语速是内心变化的指示器 9
  手势是内心无言的表白 10

技巧4 窥斑见豹，细节看透人心 11
  见微知著可察人 11
  从吸烟的方式识别人 12

技巧5 抽丝剥茧，看清对方本质 13
  投其所好，让他的人品暴露无遗 13
  换个新角度，探清他的本质 14

技巧6 火眼金睛，洞悉对方弱点 15
  洞悉对手的心理方能成其事 15
  转嫁恐惧，巧妙脱身 16

技巧 7　明察秋毫，识破对方谎言 ··· 17
　　虚设一条底线，让对方产生危机感 ·· 17
　　制造"机会"，让说谎者自露破绽 ·· 18

第二章　零压力社交——建立和谐人际关系的技巧

技巧 8　先发制人，主动结交更能俘获人心 ··································· 20
　　交往主动一点，结交就会多一点 ·· 20
　　带着微笑与人结交 ·· 21
　　获得友好人际关系的诀窍 ·· 21

技巧 9　方圆合璧，才能纵横捭阖 ··· 23
　　方中有圆，圆中有方 ·· 23
　　应对自如才能游刃有余 ·· 24
　　方圆合璧让你无往不利 ·· 25

技巧 10　"软火"炖熟"硬骨头" ··· 27
　　以柔克刚，滴水穿石 ·· 27
　　未出头时能而有度 ·· 28
　　言拙意隐，辞尽锋出 ·· 29

技巧 11　刚柔并济，轻松掌控主动 ··· 31
　　该刚则刚，当柔则柔 ·· 31
　　绵里藏针，柔中带刚 ·· 32
　　乱其心智，不战而屈人之兵 ·· 33

技巧 12　观风撒网，圆润通达 ·· 35
　　反常的举动背后必有反常的意图 ·· 35
　　免费的午餐里大多有"毒药" ··· 35
　　特别能忍耐的人必有过人之处 ·· 36
　　圆通，无伤害地实现目的 ·· 37
　　既要坚守原则又要懂得变通 ·· 38

技巧 13　圆熟老道，因人而异 ·· 39
　　成全别人的好胜心，成就自己的获胜心 ···································· 39
　　鉴才有道，大权控、小权授 ·· 40
　　对待不同的人，选择不同的方法 ·· 41

技巧 14　适者生存，而非强者生存 ··· 42
　　与强者博弈，识时务者为俊杰 ·· 42
　　最强的实力，最低的存活率 ·· 43

  与弱势对手结盟，合力击垮最强对手 …………………………………… 44
  隔岸观火，坐山观虎斗 …………………………………………………… 45

技巧 15 以退为进，有屈才有伸 …………………………………………… 47
  掩盖自己的锋芒，放低身架做人 ………………………………………… 47
  以退为进，有屈才有伸 …………………………………………………… 48
  做不挨枪子的出头鸟 ……………………………………………………… 48
  打探消息，首先隐藏你的真实动机 ……………………………………… 49

技巧 16 看透不点透，方能保周全 ………………………………………… 51
  谁都想掩盖自己的底牌 …………………………………………………… 51
  水至清则无鱼 ……………………………………………………………… 52
  读懂但不被发现，让你的行动有下文 …………………………………… 53

技巧 17 吃亏是福，大舍才能大得 ………………………………………… 54
  故意吃亏不是亏 …………………………………………………………… 54
  予人玫瑰，手留余香 ……………………………………………………… 55
  明处吃亏，暗处得利 ……………………………………………………… 56

技巧 18 揣着明白装糊涂，交际场上好生存 ……………………………… 57
  看穿是非得失，心中有数即可 …………………………………………… 57
  不要点破他人的心思 ……………………………………………………… 57
  会装糊涂才是真精明 ……………………………………………………… 58

第三章 5分钟和陌生人成为朋友——人生必备的沟通技巧

技巧 19 口会择言，心有算盘 ……………………………………………… 60
  口不择言闯大祸 …………………………………………………………… 60
  宁可犯口误，不可犯口忌 ………………………………………………… 61
  这壶不开提那壶 …………………………………………………………… 61
  别人的隐私，可以听但不可以说 ………………………………………… 63

技巧 20 把握分寸，嘴上带尺脚下有路 …………………………………… 64
  说出来的永远少于需要说的 ……………………………………………… 64
  响鼓无须重锤敲 …………………………………………………………… 65
  掌握火候，说笑间得"笑果" ……………………………………………… 66

技巧 21 迂回入题，少碰钉子 ……………………………………………… 68
  巧用暗示，拒绝也不得罪人 ……………………………………………… 68
  放枚"糖衣炮弹"，批评奏效不伤人 ……………………………………… 69
  近话远说，迂回入题正切题 ……………………………………………… 70

亡羊没关系，迂回去"补牢" ································· 71

技巧22　说话滴水不漏，办事天衣无缝 ··············· 73
　　实话要巧说，坏话要好说 ··································· 73
　　安慰，好话一句三冬暖 ······································ 74
　　批评与赞扬并用 ··· 75

技巧23　废话少说，开门就捕获人心 ····················· 77
　　"凝离效果"，为你开个好头 ································ 77
　　说好第一句话，让他瞬间心动 ······························ 78
　　4条沟通秘诀，让你无往不利 ······························· 78

技巧24　打好太极，柔杀对方 ······························· 80
　　用眼神架起沟通桥梁 ·· 80
　　从心里说出的"谢谢"，可以刻在他的心底 ·············· 81
　　适时小幽默，再棘手的问题也能化解 ···················· 82

技巧25　赞美有道，用言语攻破对方心防 ················ 84
　　赞美也要讲究"度" ·· 84
　　赞美也要讲创新 ··· 85
　　假借他人之口进行赞美 ····································· 86

技巧26　软钉子不伤人，拒绝的语言要委婉 ············· 87
　　委婉地拒绝，给被拒绝的人留面子 ······················· 87
　　先承后转式拒绝，让对方在宽慰中接受拒绝 ············ 88
　　表情友善，拒绝不伤和气 ··································· 88

技巧27　软硬兼施，有效沟通的问话心理学 ············· 90
　　销售提问的诀窍 ··· 90
　　一边软语磨耳，一边硬招袭心 ····························· 91
　　动机性问题引蛇出洞 ·· 91

技巧28　言语催眠，帮你进退自如地沟通 ················ 93
　　把握对方的心理后再说话 ··································· 93
　　场面上，要说场面话 ·· 94
　　察言观色，把话说得恰到好处 ····························· 95
　　用谐音把话说圆 ··· 95

目录

第四章 高效工作的秘密——双利双赢的职场艺术

技巧29 进退有术，让自己在面试中脱颖而出 ············ **98**
  15秒吸引住面试官眼球 ············ 98
  看人下菜，到哪山上唱哪歌 ············ 99
  面试准备，患寡而不患多 ············ 100

技巧30 初来乍到，要懂得谦虚 ············ **103**
  与其抱怨世界，不如改变自己 ············ 103
  心态对了，一切就对了 ············ 104
  逆来顺受不丢脸 ············ 105
  过往业绩也可能成为你的累赘 ············ 106

技巧31 低调隐忍，波澜不惊 ············ **107**
  最优秀的那个未必最受欢迎 ············ 107
  内心动，但表面一定要静 ············ 108
  忘了自己，轻装上阵 ············ 109
  放下身段，任何人都是老师 ············ 110
  示弱，是为了减少别人的嫉妒 ············ 111
  可以得意，但不能忘形 ············ 111

技巧32 一叶知秋，瞬间看透同事的真实想法 ············ **113**
  "他"在他的眼里 ············ 113
  "一言不发"胜过千言万语 ············ 114
  音调中的主旋律 ············ 115

技巧33 营造气场，架构自己的办公室影响力 ············ **117**
  塑造王者风范 ············ 117
  把工作当成事业，营造积极气场 ············ 118
  发现并经营自己的长处 ············ 119
  张扬个人魅力，让别人感到"有你真好" ············ 120
  不要踩着别人的尊严施恩 ············ 121
  帮别人就是在帮自己 ············ 122

技巧34 来而有距，不做职场傀儡 ············ **123**
  同事不是朋友，公事不宜私办 ············ 123
  同事之间"同流"不"合污" ············ 124
  等距离外交，远离派系纷争 ············ 125

技巧35 主动布局，升职道路一帆风顺 ············ **127**

用心观察，像上司一样努力工作 127
　　读懂上司，才能把握升职机会 128
　　先升值，再升职 129
　　实力决定结局 130
　　擦亮慧眼，做晋升路上的"机会主义者" 131

技巧36　攻守兼备，明哲保身是长久生存之道 133
　　永远不要失去自我 133
　　别让自己太透明 134
　　小心那些"披着羊皮的狼" 135
　　生于忧患，死于安乐 135
　　守口如瓶，保守职业秘密 136

技巧37　借力打力，建立自己的职场智囊团 138
　　学会筛选调整自己的人际关系 138
　　借名人拓展自己的交际范围 139
　　巧妙借助第三人之力 140
　　彼此交换，互惠互利 141

技巧38　不走寻常路，赢得上司重用 143
　　凡事做到位，但不要越位 143
　　奖状给上司，你才可分享到奖品 144
　　自作主张很危险 145
　　脑子里是"意见"，出口是"建议" 146
　　向上司要求升职加薪的4个技巧 147

技巧39　恩威并用，领导者的艺术 149
　　站着指挥，不如干着指挥 149
　　任人有道，让下属各司其职 150
　　授权在先，监督在后 150
　　下属有怨气，要疏不要堵 151

技巧40　防微杜渐，小心驶得万年船 153
　　职场，小心驶得万年船 153
　　要与"红人"保持良好关系 154
　　领导相争，保持"等距离外交" 155

第五章　男女为何不来电——婚恋中的心理学技巧

技巧41　知此知彼，方能百战百胜 158
　　喜欢一个人需要理由吗 158

"约拿情结"让优秀男人把美女拱手相让 ················· 159
　　为什么会一见钟情 ················· 159

技巧42　以退为进，轻松赢得对方青睐 ················· 161
　　花点心思，给爱情下套 ················· 161
　　要点心计，约会也能事半功倍 ················· 162
　　若即若离，激发他的"狩猎"欲 ················· 163

技巧43　以柔克刚，让爱情无往不利 ················· 164
　　小鸟依人，成全"大男人" ················· 164
　　体贴入微，让恋爱迅速升温 ················· 165
　　几分神秘，永葆爱情新鲜 ················· 166

技巧44　异性相吸，感情牌是最有力的人性王牌 ················· 167
　　"郎才女貌"，男女间的永恒引力 ················· 167
　　男人是茶、女人是水，泡杯好茶缺一不可 ················· 168
　　"男儿有泪不轻弹"，一弹便是杀手锏 ················· 169
　　男人"柔术"智取女人心 ················· 170

技巧45　攻守自如，告别光棍儿 ················· 171
　　巧妙应对女人的疑问 ················· 171
　　热情关切，打动内向的"陌生女" ················· 172

技巧46　拴住优质男，做一辈子好命女人 ················· 174
　　想让男人动情，你要学会"煽情" ················· 174
　　欲擒故纵，让他永远是你手中的风筝 ················· 175

技巧47　对付坏男人，女人就要使绝招 ················· 177
　　聪明女人，不要被双面男人迷惑 ················· 177
　　对"唯我独尊"的男人，就要狠心 ················· 178

技巧48　恋爱要有策略，需要成熟地运营 ················· 179
　　邂逅来的真爱 ················· 179
　　感情交往要学会"1+2" ················· 180
　　恋爱攻防，进退有度获邀约 ················· 181

技巧49　"恶手段"，也能赢得爱情 ················· 182
　　"谎言"是恋爱的必要手段 ················· 182
　　留点遗憾，让你扎根他心底 ················· 183

第六章 情绪无论好坏，都是你自己的选择——不可不知的情绪掌控术

技巧50 适度调节，别让坏情绪绑架你 …… 186
- 做情绪的调节师 …… 186
- 走出情绪的死角 …… 187
- "装"出来的好心情 …… 188

技巧51 控制传导，别被他人的不良情绪左右 …… 189
- 你只需要接纳你自己 …… 189
- 不要让他人影响你的情绪 …… 190
- 勇敢地为自己选择 …… 191

技巧52 全面释放，给负面情绪找个出口 …… 193
- 丢掉坏情绪，做到浑然忘我 …… 193
- 警惕情绪污染 …… 194
- 用宣泄为自己减压 …… 195

技巧53 合理选择，让积极成为你性格的一部分 …… 197
- 好情绪让你更健康 …… 197
- 任何时候都要看到希望 …… 198

技巧54 努力规划，让情绪点亮梦想之灯 …… 199
- 加减乘除法，情绪大减压 …… 199
- 真诚赞美他人 …… 200
- 幸福，在于你能为自己找快乐 …… 201

技巧55 积极转换，做情绪的主人 …… 203
- 情绪调适：给不良情绪杀杀菌 …… 203
- 调换一下位置，效果大不一样 …… 204
- 克服职场压力，化解不良情绪 …… 205

第七章 没有永远的朋友，也没有永远的敌人——人人都应懂的交友策略

技巧56 长袖善舞，多个朋友多条路 …… 208
- 深交靠得住的朋友，才能永远借力 …… 208
- 多结交朋友多的朋友，朋友会越处越多 …… 209
- 结交几个"忘年知己"，友谊路上多份力 …… 210

技巧57 冷热得当，朋友越处越好 …… 211
- 第一个五分钟攀谈法，让陌生人轻松变朋友 …… 211
- 给朋友面子，就是给自己面子 …… 212

穿朋友的鞋子，增进彼此交情 ·············· 213

技巧58　远近适中、朋友交得要艺术 ·············· 215
"刺猬哲学"才是交友之道 ·············· 215
朋友分"三六九等"，对待需因人而异 ·············· 216
朋友分类，交往之中有分寸 ·············· 217

技巧59　趋利避险，小心"朋友"刀 ·············· 219
走过同样的路，未必是同路人 ·············· 219
擦亮眼睛："哥们儿义气"多提防 ·············· 220
把握自己的"定盘星"，莫被别人当枪使 ·············· 221
隐藏阿喀琉斯之踵，以防密友点中自己"死穴" ·············· 222

技巧60　将心比心，友情更牢固 ·············· 224
想让别人喜欢你，先要喜欢上对方 ·············· 224
你对朋友知心，朋友也会对你知心 ·············· 225
帮助对方要适当，接受对方的帮助也要适当 ·············· 225

技巧61　换位思考，关系更融洽 ·············· 227
不揭对方伤疤 ·············· 227
看住对方的面子 ·············· 228
说话多给对方"同感"的理解 ·············· 228

技巧62　顺水推舟，轻松赢得信赖 ·············· 230
心领神会，替别人遮掩难言之隐 ·············· 230
遭遇尴尬，要给他人台阶下 ·············· 231
适当沉默能获得信赖感 ·············· 232

技巧63　以共鸣俘虏他人内心 ·············· 234
细微动作拉近与陌生人的距离 ·············· 234
掌声响起来，为对方喝彩 ·············· 235
你的笑容价值百万 ·············· 236

技巧64　相亲相悦，让友情更加牢固 ·············· 237
关键时刻拉他一把 ·············· 237
"远亲不如近邻" ·············· 238

第八章　让支出胜过收入乃一切进步的动力——商务活动中的心理学法则

技巧65　借钱生钱，零成本也能创业 ·············· 240
创业，不一定要蛮干 ·············· 240

智谋迂回他人间，空手也能套白狼 ································ 241
　　用零成本收获大效益 ··· 242

技巧 66　出奇制胜，无往不利 ······································ 244
　　另辟蹊径，实现真正意图 ·· 244
　　说"长"道"短"显奇效 ·· 245
　　抓住对手关键处，一点击破 ······································ 245

技巧 67　多一个机遇，多一条财路 ·································· 247
　　看到远处的机遇，决胜于千里之外 ································ 247
　　把握政策，挖出"黄金" ··· 248
　　用理智避开机遇中的陷阱 ·· 249

技巧 68　借力搭车，精明生存 ······································ 251
　　积极主动地"攀龙附凤" ··· 251
　　"寄生"于人，成长加速 ··· 252
　　借能人之力办好棘手之事 ·· 252
　　乾坤大挪移，化人之力为我所用 ·································· 253
　　小人物也有大作用 ·· 254

技巧 69　生意场上无禁区 ·· 255
　　从对手的忽略中，赚取超额利润 ·································· 255
　　为顾客省钱背后的秘密 ·· 256
　　用好杠杆原理，轻轻松松挣大钱 ·································· 257

技巧 70　施计弄巧，赢家通吃的商场掌控心理学 ······················ 258
　　正面难入手时，就从侧面出击 ···································· 258
　　临危不乱，以机智赢得生机 ······································ 259

技巧 71　连横合纵，不做孤胆英雄 ·································· 260
　　将天下资源为我所用 ·· 260
　　洞察对方所需，打开成功之门 ···································· 261
　　无事也要常登"三宝殿" ··· 261

技巧 72　展示强势，博得认同感 ···································· 263
　　王婆卖瓜，必须自夸 ·· 263
　　用"两高"给自己下个定义 ······································· 264

技巧 73　积累人情，财富之路更顺畅 ································ 265
　　积累人情，财富之路更顺畅 ······································ 265
　　没有好人缘等于把自己逼入"死胡同" ······························ 265

结交"实力人物"的身边人 ……………………………………………… 266

技巧 74　灵活借势，让你的投资始终有回报 …………………………… 267
　　诚信是一种有持续性回报的投资 ………………………………………… 267
　　给他人一个头衔，让他鼎力相助 ………………………………………… 268

技巧 75　谈判帮你获得想要的一切 …………………………………… 269
　　"讷者"是最杰出的谈判家 ……………………………………………… 269
　　釜底抽薪，直逼要害 ……………………………………………………… 270
　　单刀直入，开门见山 ……………………………………………………… 271

技巧 76　吸引眼球，手段决定身段 …………………………………… 272
　　给魅力加点"磁性"，吸引更多的人 ……………………………………… 272
　　形象名片上下功夫，谁都会对你印象深刻 ……………………………… 273

第九章　现在不懂应酬，以后只会发愁——人人要懂得应酬技巧

技巧 77　踢开头三脚，弹指间抓住人心 ……………………………… 276
　　展现自信的风采，给对方一颗定心丸 …………………………………… 276
　　熟记名字，更容易抓住对方的心 ………………………………………… 277
　　塑造好第一印象 …………………………………………………………… 278

技巧 78　巧言擅舞，搞定所有对象 …………………………………… 279
　　红、白脸轮番唱，软、硬对手全拿下 …………………………………… 279
　　滴水不漏，巧妙应对笑里藏刀的人 ……………………………………… 280

技巧 79　宴之有道，打开应酬大门 …………………………………… 282
　　勾起对方的胃，打开应酬的门 …………………………………………… 282
　　商务"概念饭"，吃得巧胜于吃得好 …………………………………… 283
　　结尾应酬好，细节很重要 ………………………………………………… 284

技巧 80　酒是穿肠药，觥筹交错酬对人心 …………………………… 285
　　劝君更进一杯酒，贵客新朋皆故人 ……………………………………… 285
　　敬酒分主次，谁也不得罪 ………………………………………………… 286

技巧 81　饭单，谁来付 ………………………………………………… 287
　　不想买单，设计"来电"及早脱身 ……………………………………… 287
　　男人，买单时要显风度 …………………………………………………… 288

技巧 82　周到得体、主客双赢的宴请心理学 ………………………… 289
　　点菜得有点"硬功夫" …………………………………………………… 289

做宴会女王，岂可漏洞百出 290
　　不同场合点不同酒水 290
　　敬酒时不妨引经据典创造气氛 291

第十章　遇上心想事成的自己——自我心理操控术

技巧83　认识自我，让心灵获得成长 294
　　认识自己才能获得成长 294
　　自信，人生才能有幸 295
　　接受自己，肯定自己 296

技巧84　坚持自我，做一个特立独行的人 297
　　不必做到让每个人都满意 297
　　克服自我怀疑 298

技巧85　自我激励，丧失信心就等于放弃自己 299
　　告诉自己"我可以" 299
　　人生需要自我激励 300
　　别吝啬对自己的犒劳 301

技巧86　亲和友善，获得他人认同 302
　　用谦虚的话和别人打交道 302
　　用你的"双耳"去说服他人 303
　　每天向周围的人问声"早上好" 304

技巧87　展示自我，让他人觉得你很积极 305
　　唤醒沉睡的自信 305
　　积极自我暗示，重塑成功形象 306

技巧88　自抬身价，博取他人信服 308
　　时刻让人知道你是"有身份"的人 308
　　要有鲜明的立场，不可迁就大多数 308
　　轻诺者寡信 309

技巧89　提高自我，让自己始终保持"竞技状态" 310
　　让自己保持"竞技状态" 310
　　不懂不是错，不懂装懂才是错 311

技巧90　推销自我，获得他人赞同和支持 312
　　抓住对方心理，把话说到点子上 312
　　最有效的手段是以诚服人 312

利用人们的反叛心理来说话 ··· 313

技巧91　回归自我，遇到心想事成的自己 ································· 315
　　人生需要豁达 ··· 315
　　永远保持一颗质朴的心 ··· 316

第十一章　准备充分，然后再往前走——要成功，先要懂得心理学

技巧92　不按规则办事也是一种规则 ··· 318
　　人生变幻莫测，需随机应变处之 ·· 318
　　懂得变通退避，趋福避祸 ·· 319

技巧93　见机行事，随势而变 ·· 321
　　冷眼静观，抓住隐藏于常规中的机遇 ····································· 321
　　因环境而变，具体问题具体分析 ·· 322
　　狡兔三窟，有备用方案就不会措手不及 ·································· 323

技巧94　打破常规，让受益最大化 ·· 325
　　征服群敌的规则：擒贼先擒王 ··· 325
　　一剑封喉，速战速决 ··· 326

技巧95　脑子转得快，灵活突围窍门多 ·· 327
　　别人恶意诬陷，灵活应对胜过激进争辩 ·································· 327
　　碰到语言困境，巧言撤退不损自身 ······································· 328

技巧96　以变制变，临危不乱 ·· 330
　　以变制变，出路自现 ··· 330
　　学会变通，圆熟度过危险期 ··· 331
　　临危不乱，才得生机 ··· 332

技巧97　诚信，重复博弈中的关键 ·· 333
　　"一报还一报"铸就伟大胜利 ··· 333
　　在合作中获得最有利的"自利" ··· 334
　　没有"金刚钻"，别揽"瓷器活" ··· 335

技巧98　拆解短板，破除迷阵 ·· 336
　　避其锋芒，抓其要害 ··· 336
　　投其所好，将对手逼入死角 ··· 337

技巧99　张弛有度，提高下属忠诚度 ··· 339
　　把员工视作伙伴 ·· 339

13

感情投资，一本万利 ·· 340

技巧100　化解有道，轻松收服人心 ································· **341**
　　大胆放权有利于员工潜能开发 ·· 341
　　合理宣泄能让下属更有干劲 ·· 342

第一章

十分之一秒内判读对方

——瞬间看透他人的冷读技巧

技巧 1

冷眼静观，读懂对方的身体语言

看！眼睛告诉你他的心思

在面对面的交流中，眼睛对双方的行为有着很大的影响。因为眼睛是人与人沟通中最清楚、最明显的信号，它能将众多复杂的信息通过注视传递出去。

利用眼睛来观察人的心理，是人类文明进程的一大发现。早在古代，孔子就曾说过："观其眸子，人焉廋哉！"意思就是说：想要观察一个人，就要从观察他的眼睛开始。因为一人的想法常常会从眼神中流露出来：天真无邪的孩子，目光清澈明亮；而心怀不轨的人则眼睛混浊不正。所以，世人常将眼睛比做是心灵之窗，是交往中被观察的焦点。

西方曾流传这样一个故事，用来说明能通过眼睛来看透人的思想。在赌桌上，赌徒们刚开始赌时，通常都会先用小金额的资金下赌注，并且密切观察坐庄人的反映。当坐庄人的眼睛瞳孔突然扩大的时候，他们立即紧跟加大筹码，这样赢的几率将很大。因为赌徒们根据坐庄人的眼睛变化来肯定自己压中了。这种观察的小技巧尽管无从查证，但的确证明了人眼睛的变化同心理活动有着极为密切的关系。

既然眼睛能映射出人内心的感受，那你是否能在看到对方的眼睛时，敏锐地捕捉到他在传播的情感？

从目光观察对方内心变化

在人们交谈的过程中，如果对方不时地把目光移向近处，则表示他对你的谈话内容不感兴趣或另有所想；如果对方的眼神上下左右不停地转动，无法安定下来，可能是因内心害怕而说谎，通常都有难言之隐，也许是为了不失去朋友的信任，而对某些事情的真相有所隐瞒。

另外，和异性视线相遇时故意避开，表示关切对方或对对方有意；眼睛滴溜溜地转个不停的人，体现了意志力不坚，容易遭人引诱而见异思迁。

眼光流露不屑的人，显示其想表达敌视或拒绝的意思；眼神冷峻逼人，说明他对人并不信任，心理处于戒备状态。

没有表情的眼神，说明这个人心中愤愤不平或内心有所不满；交谈时对方根本不看你，可以视为对方对你不感兴趣或是不愿亲近你。

从瞳孔大小观察对方情绪变化

当人情绪不好、态度消极时，瞳孔就会缩小；而当人情绪高涨、态度积极时，瞳孔就会扩大。此外，据相关资料表明，一个人在极度恐惧或兴奋时，他的瞳孔一般会比正常状态下的瞳孔扩大3倍。几个人在一起打牌，假如其中一人懂得这种信号，一看到对方的瞳孔放大了，就可以肯定他抓了一把好牌，怎么玩法心里也就有底了。

从眼神推断对方性格品质
眼睛的神采如何，眼光是否坦荡、端正等，都可以反映出对方的德行、心地、人品、情绪。如果对方的眼睛滴溜溜地乱转，很明显，你必须心存戒备了。
躲闪对方目光的人，一向缺乏足够的信心，不仅怀有自卑感，而且性格软弱；遇到陌生人，不会主动地前去打招呼，即使打招呼也是躲闪着别人的眼睛，这样的人一般比较拘谨，在处理问题时缺乏自信，没有什么主见。当然，如果是一对恋人，那样躲闪对方的目光又是另一回事了，那表示紧张或羞涩。

不同的笑容演绎不同的心灵风景

笑，我们每一个人都会，并且我们时不时地都在笑着。心理学家们发现：笑不只是人类幽默感的体现，还是人类与他人交流的最古老的方式之一。但是，你知道吗？笑与人的性格有着一些必然的联系。
每个人不同的笑容，其实都是在演绎其不同的心灵风景。

开怀大笑的人
开怀大笑、笑声非常爽朗的人，多是坦率、真诚而又热情的。他们是行动派的人，决定要做一件事情，马上就会付诸行动，非常果断和迅速，绝对不会拖拖拉拉。这一类型的人，虽然表面上看起来很坚强，但他们的内心在一定程度上却是非常脆弱的。

捧腹大笑的人
捧腹大笑的人多为心胸开阔者。当别人取得成就以后，他们有的只是真心地祝愿，而很少产生嫉妒心理。在他人犯了错以后，他们也会给予最大限度的宽容和理解。他们很富有幽默感，总是能够让周围人感受到他们所带来的快乐，同时他们还极富有爱心和同情心，在自己的能力范围内，对他人会给予适当的帮助。他们不势利眼、不嫌贫爱富、不欺软怕硬，比较正直。

狂声大笑的人
平时看起来沉默少语，而且显得有些木讷，但笑起来却一发而不可收，或者经常放声狂笑，直到站不稳了。这样的人是最适合做朋友，他们虽然在与陌生人的交往中表现得不够热情和亲切，甚至是有些让人难以接近，但一旦真正与人交往，他们是十分注重友情的，并且在一定的时候，能够为朋友作出牺牲。基于这一点，有很多人乐于与他们交往，他们自己本身也会营造出比较不错的社会人际关系。

时常悄悄微笑的人
经常悄悄微笑的人，除了性格比较内向、害羞以外，还有一种性格特征就是他们的思维非常缜密，而且头脑异常冷静。在什么时候都能让自己跳出所在的圈子，作为一个局外人来冷眼看待事情的发生、进展情况，这样可以更有利于自己作出各种决定。他们很善于隐藏自己，绝对不会轻易将内心真实的想法告诉给别人。

笑得全身打晃的人
笑的幅度非常大，全身都在打晃，这样的人性格多较直率和真诚。和他们做朋友是不错的选择，因为当朋友有了错误和缺点以后，他们往往能够直言不讳地指出来，不会为了不得罪人而视而不见。他们不吝啬，在自己能力范围内对他人的需要总是会尽自己最大的努力。基于这些，在自己遇到困难的时候，也会得到来自别人的关心和帮助。他们会使大家喜欢自己，能够营造出很好的社会人际关系。

看到别人笑，自己也会随之笑起来的人
看到别人笑，自己就会随之笑起来，他们多是快乐而又开朗的人，情绪因为事情的变化而变化，而且富有一定的同情心。他们对生活的态度是很积极的。

小心翼翼地偷着笑的人

小心翼翼地偷着笑的人，他们大多是内向型的人，性格中传统、保守的成分很多。而与此同时，他们在为人处世时又会显得有些腼腆。但是他们对他人的要求往往很高，如果达不到要求，常常会影响到自己的心情，不过他们和朋友却是可以患难与共的。

笑的时候用双手遮住嘴巴

笑的时候用双手遮住嘴巴，表明他是一个相当害羞的人，他们的性格大多比较内向，还比较温柔。他们一般不会轻易地向别人说出自己内心的真实想法，包括亲朋好友。

笑出眼泪的人

笑出眼泪来是由于笑的幅度太大所致。经常出现这种情况的人，他们的感情多是相当丰富的，具有爱心和同情心，生活态度是积极乐观和向上的，他们有一定的进取心和取胜欲望。他们可以帮助别人，并适当地牺牲一些自我利益，但却不求回报。

笑起来断断续续的人

笑起来断断续续，笑声让人听起来很不舒服的人，其性情大多是比较冷漠和孤独的。他们比较现实和实际，自己轻易不会付出什么。他们的观察力在很多时候是相当敏锐的，能观察到别人心里在想些什么，然后投其所好，伺机行事。

技巧 2
拨云见日，透过装扮看内心

"你就是你所穿的"

西方有句俗话："你就是你所穿的。"因为，服装除了能帮助人们驱寒蔽体，也是展现自己风姿和特色的媒介。它们能够向他人无声地传递你的社会地位、个性、职业、教养等信息。所以，任何人都不应小看衣装的作用，它甚至能帮助人们更好地融入到社会当中。

例如，在不同的职业、不同的社会地位的小群体中，人们会根据服装将彼此区分开来。而人们也会很自然地要求着装要与自己的职位相匹配。就像众人的印象中，一位坐办公室的文职人员，应当穿着白领正装，而不是短裤T恤。其实，从心理学的角度，不同的服装往往能够反映着装者的不同个性。

喜欢简单朴素服装的人

这类人性情沉稳、简单自然，待人真诚热情。他们在生活和工作中都非常踏实、肯干，并且勤奋好学，遇到问题常能表现得客观、理智。只是如果过度朴素，则说明这种人对待自己很吝啬，缺乏对自己的关爱和主体意识，且很容易屈服于别人。

喜欢单一颜色服装的人

这类人性情多正直、刚强，且善于理性思考。若选择的单一颜色越深，则说明此人越沉默，性情稳重，且有城府，让人有些琢磨不透。他们做事前会仔细考虑，并在想好后突然出击，带给人意外之举。

喜欢穿同一款式服装的人

这类人个性鲜明、爽朗正直。他们做事很自信，干脆利落，并且爱憎分明。时刻遵守自己的承诺，一旦对他人应允什么，就一定要竭尽全力去完成。但缺点是清高自傲，容易孤芳自赏。有时候会自以为是，与他人之间形成矛盾。

喜欢穿长袖服装的人

希望用长袖的衣衫遮挡自己的身体，这类人若不是身体上有缺陷需要遮掩，则说明是非常传统和保守的人。他们为人处世一向循规蹈矩，从来不会跨出传统礼节半步。缺乏冒险精神，但又希望能收获名利，所以他们的人生理想会定得很高，但是不容易得到实现。

喜欢宽松自然服装的人

这类人，不讲究剪裁是否合身、款式如何，只是追求穿着舒适，他们多是内向的性格，有时显得非常孤独。虽然很想与他人交往，但是往往会因遇到一些困难而后退，在人际交往中，他们绝不是顺风顺水的那一个。性格中，害羞、胆怯的成分比较多，不容易接近别人，也不易被人接近。但一旦有了朋友，一定是非常要好的。

所以，在与人接触的过程中，当你不了解对方时，不妨观察一下他的衣着，这往往是你走进对方内心世界的很好途径之一。

化妆是内心无法掩饰的装点

提到化妆，大家可能都相当熟悉了，尤其是女性朋友们，更是习以为常。运用化妆品和工具，采取合乎规则的步骤和技巧，对面部、五官及其他部位进行渲染、描画、修饰，可以增强我们面部立体印象、调整形色、掩饰缺陷、表现神采，从而达到美容目的。

事实上，化妆不仅是改变形象、提升形象的有效手段，它还是人们内心世界通往外界的桥梁。每个人对妆扮都有不同的喜好或倾向，而这种喜好或倾向就是我们有效洞察他人的重要法宝。

有的人喜欢淡妆

这样的人大多没有太强的表现欲望，希望最好谁也别发现她们。她们只要求能过得去，简单地涂抹一下，使自己不至于过度难看就行。她们大都属于聪明和智慧的类型，不会将时间和精力都耗费在梳妆台前；往往有着自己的设想，而且敢打敢拼，所以大多能获得成功；拥有秘而不宣的秘密，甚至会珍藏一生也不向他人透露；最希望的是别人尊重她们，对她们的难言之隐给予支持和理解。

有的人则喜欢浓妆

与喜欢淡妆的人相反，这样的人表现欲望非常强烈。她们不辞辛苦地将各种化妆品涂抹在自己的脸上，并忍受痛苦用各式工具修饰五官，为的是用一种极端的方式吸引他人的目光，而异性的欣赏往往使她心甜如蜜。前卫和开放是她们的思想特征，她们对一些大胆和偏激的行为保持赞赏的态度。她们真诚、热忱，一些恶意的指责并不能使她们受多大的伤害，她们对他人依然会很尊重。

有的人则根本就不喜欢化妆

唐代诗人李白的佳句"清水出芙蓉，天然去雕饰"，是对她们最恰当和形象的比喻，而这种出自大自然之手的美往往会给人一种耳目一新的感觉。她们不从表面上看问题，会静心地探究事物的实质，看人也是用自己的眼光去剖析。

有的人从小就开始化妆

这样的人会将自小养成的那套化妆理论和方法，延续到成年，甚至中年和老年。其实这是一种怀旧心理在作祟，美好的过去让她们回味无穷，并以此暂时忘记现实中的烦恼和不如意。但她们依然头脑清醒，不会沉迷其中而忘记现实。她们讲究实际，会极力把握住现在的所有。她们热情善良，善解人意，拥有很多推心置腹的朋友。

有的人会把自己绝大部分时间都花费在化妆上

这样的人为了完成自己的目标不惜花费巨大代价。她们任何事情都追求尽善尽美，属于典型的完美主义者。她们倾尽所有也要使容貌达到自己的要求，最主要的是，她们对自己的才智和财力都有十足的把握，而唯一放心不下的就是自己的外貌。为了成为一块无瑕美玉，只好不停地审视自己，用化妆来掩饰不足，结果却适得其反。

有的人化妆时特别着意某一处

这样的人通常对自己有相当清楚的认识，对自己的优点和缺点知道得一清二楚，善于扬长避短。她们对自己充满了信心，坚信付出就会有回报，所以会脚踏实地为自己的目标奋斗。她们讲究实际，注重现实，不会沉湎于虚无缥缈的幻想之中。她们遇事镇静沉着，对事情的判断坚决果断，但不能纵观全局的弱点往往使她们收获甚微。

有的人喜欢化怪妆

眼皮周围或是黑乎乎的，或是蓝幽幽的；嘴唇也是有时黑有时红，有时大嘴巴，有时小嘴巴。喜欢化如此怪妆的人往往把这种妆当成宣泄感情的一种方式。她们通常具有强烈的反抗心理，主要是自小受到家庭的溺爱，总是要求说一不二，但现实生活每每与她们的愿望相悖，所以用一些非常规的思想和行为与社会分庭抗争，但结局往往是失败多于成功。

手表是时间观念背后的性格指示

"一寸光阴一寸金，寸金难买寸光阴。"这是在说时间的宝贵。时间在不知不觉中悄无声息地流逝，不同的人对此会有不同的感受。有的人熟视无睹，而有的人则表示深深地惋惜，然后，抓紧利用每一分钟去做一些有意义的事情。

一个人对待时间的看法，很大程度上是由人的性格决定的，而时间对人具有什么样的影响，很多时候又能通过所戴的手表传达出来。这两者之间有着非同一般的关系，下面就针对这一点进行说明。

喜欢戴电子表的人

有一种新型的电子表，只要按一下显示时间的键，就会出现红色的数字，如果不按，则表面上一片漆黑，什么也看不见。喜欢戴这一类型手表的人多是有些与众不同的特别之处的。他们独立意识非常强烈，从来不希望受到他人的控制和约束，而是自由自在、无拘无束地去做自己想做并且也愿意去做的事情。他们善于掩饰自己的真实情感，所以一般人不能轻易走近并了解他们。在别人看来，他们是特别神秘的，而他们自己也非常喜欢这种神秘感，乐于让他人对自己进行各种猜测。

喜欢液晶显示型手表的人

喜欢液晶显示型手表的人，在生活中多比较节俭，知道如何精打细算。他们的思维比较单纯，对简捷方便的各种事物比较热衷，而对于太抽象的概念则难以理解。他们在为人处世方面多持比较认真的态度，不会显得特别随便。

喜欢戴闹钟型手表的人

喜欢戴闹钟型手表的人，大多对自己要求特别严格，总是把神经绷得紧紧的，一刻也不放松。这一类型的人虽算不上传统和保守，但他们习惯于按一定的规律和规定办事。他们在争取成功的过程中，任何一件事都是以相当直接而又有计划的方式完成的。他们非常有责任心，有时候会在这方面刻意地培养和锻炼自己。除此之外，他们还有一定的组织和领导才能。

喜欢戴具有几个时区手表的人

戴具有几个时区手表的人多是有些不现实的。他们有一定的聪明和智慧，但一切都止于想象而已，不会努力付诸实践。他们做事常三心二意，这山望着那山高。在一些责任面前，常以逃避现实的方式面对。

喜欢戴古典金表的人

戴古典金表的人多是具有发展眼光和长远打算的人，他们绝对不会为了眼前的利益而放弃一些更有发展前途的事业。他们心思缜密，头脑灵活，往往有很好的预见力。他们的思想境界比较高，而且非常成熟，凡事看得清楚透彻。他们有宽容力和忍耐力，又很重义气，能够与家人、朋友同甘共苦、生死与共。他们有坚强的意志力，从来不会轻易向外界的一些困难和压力低头。

喜欢怀表的人

喜欢怀表的人，多对时间具有很好的控制能力，虽然他们每天的生活都是忙忙碌碌的，但是却并不是时间的奴隶，而懂得如何在有限的时间里让自己放松并且寻找快乐。他们善于把握和控制自己，适应能力非常强，能够很好地调整自己的心态。他们多有比较强的怀旧心理，乐于收集一些过去的东西。他们言谈举止高雅，有一定的文化修养。他们有比较浓厚的浪漫思想，常会制造一些出人意料的惊喜。他们为人处世具有耐心，很看重人与人之间的感情。

喜欢戴上发条的表的人

喜欢戴上发条的表的人，大多独立意识多比较强。他们自给自足，很多事情都坚持一定要自己动手。他们乐于做那些可以马上见到成果的工作，如干一次体力活。他们最看重的是自己所获得的那种成就感，但在这个过程中，他们又不希望一切都是轻而易举就获得的，那样反而没有了意义和价值。他们并不希望得到他人过多的关心和宠爱。

喜欢戴没有数字的表的人

戴没有数字的表，这一类型的人抽象化的理念较为强烈，他们擅长于观念的表达，而不希望什么事情都说得十分明白。他们很在意对一个人智力的锻炼和考验，认为把一切都说得太明白就没有任何意义了。他们很喜欢玩益智游戏，而且他们本身就是相当聪明和智慧的。他们对一切实际的事物似乎并不是特别在乎。

喜欢戴由设计师为自己设计的手表的人

喜欢戴由设计师特别为自己设计的手表的人，大多非常在乎自己在他人心目中的形象和地位，并且可以为了迎合他人而改变自己。他们时常会大肆渲染地夸张一些事情，以证明和表现自己，吸引别人的注意。

不戴手表的人

不戴手表的人，大多有比较独立自主的性格，他们不会轻而易举地被他人支配，而只喜欢做自己想做并且也愿意去做的事情。他们的随机应变能力比较强，能够及时地想出应对的策略，而且非常乐于与人结识和交往。

技巧 3

明察秋毫，快速透视对方内心

语速是内心变化的指示器

人是高级动物，人与其他低级动物相区别的主要特征之一就是人有自己的语言。语言系统是一套音义结合的复杂系统。虽然它不是人们内心表现的唯一途径，但人在说话时，既是在进行一种思想的交流，又是心理、感情和态度的一种流露。其中，语速的快慢、缓急直接体现出说话人的心理状态。

一个人说话的语速可以反映出他的心理健康程度。一个心理健康、感情丰富的人在不同的环境下会表现出不同的语速。譬如说，面对一篇富有战斗力的激情散文时，会加快语速，借以抒发一种战斗的激情；而面对一篇优美抒情的散文时，又会用一种悠扬、舒缓的语气来表达心里的那种美感。

在平时的生活、工作中，每个人也都有自己特定的说话方式、语言速度。这些是每个人长期以来形成的性格特征，是客观固有的，而且长期存在。

在现实工作中，我们可以更微妙地领略语速中透露出的各种人丰富的心理变化。我们可以根据一个人说话时的语速快慢，判断出他当时的心理状态。如果一个平时伶牙俐齿、口若悬河的人，面对某个人时却突然变得吞吞吐吐、反应迟钝，这时候一定是他有些事情瞒着对方，或者做错了什么事情，心虚、底气不足。有些时候，也有一些特例，如一位男士暗恋着一个女孩，他在别人面前都能够谈笑自如、幽默风趣，保持着平常的语速，一旦面对那个他喜欢的女生，马上会变得不知所措，不知道要说什么，说起话来也仿佛嘴里有什么东西，含含糊糊，一点都不连贯流畅。

我们经常看到这样的情况，一位平常说话慢慢悠悠、不忙不急的人，面对一些人对他说出不利的话的时候，如果他用快于平常的语速大声地进行反驳，那么很可能这些话都是对他的无端诽谤；如果他支支吾吾、吞吞吐吐，半天说不出话来，那么很可能这些指责就是事实，他自己心虚、底气不足。当一个平时说话语速很快的人，或者说话语速一般的人，突然放慢了语速，就是在强调什么东西，想吸引他人的注意。

辩论赛的时候，每个辩手都保持着尽可能快的语速，尽可能快速且流畅地表达自己的观点。如果能够在语速上胜对手一筹，不仅可以杀杀对方的锐气，也是增加信心的砝码。当有些人在面对别人伶俐的口舌、独到的见解、逼人的语势时，或沉默不语，或支吾其词，一副笨嘴拙舌、口讷语迟的样子，很可能是这个人产生了卑怯心理，对自己没有信心，又或者被对方说中了要害，一时难以反驳。出现此类窘境，不仅有碍自身能力的发挥，也增长了对方的气焰。

手势是内心无言的表白

人类从原始社会就开始用手制造和使用工具，成为世界的主宰者。而在新事物、新思想不断发展的过程中，人们为了沟通、交流，更好地表达自己的意思，学会了利用手来做辅助。因为很多人发现仅仅依靠嘴来进行交流显得力不从心，所以社会交往中，手势已经成为其中重要的一部分。同时，这些手势除了表面的含义外，还隐含了更多的意思。

就像生活中所经常展现的那样，在交谈时，人们双手总是置于身前，并且伴有一定的手部动作（很少有人呆直地站着）。它们对言语起着说明和补充的作用，甚至可以发挥独立有效的作用。因此，在身体语言中，手势发挥着十分重要的作用。

人类主要的手势有这样几种：

正面对他人，竖起大拇指

大家都曾使用过这样的手势，它重要的一个含义就是表示对他人的称赞，表示"好"、"很棒"、"第一"、"厉害"的意思。在生活中，当我们在真诚地赞赏他人时，还应当配合其他非语言的信号，例如，面带微笑，能更好地传达自己的意思。

此外，在那些曾经是英属殖民地的国家，例如，美国、南非等地，竖起大拇指还有要搭便车的含义。经常可以看到有旅行者向道路上的车辆做出这样的手势。不过，在希腊等国家，竖起大拇指的含义则带有侮辱的性质，相当于"你吃饱了撑的！"

食指弯曲与拇指接触呈圆形，其余三指张开

这个手势是从美国开始频繁被使用的，表示"OK"、很好的意思。它是我们经常使用的手势。但在不同国家，这个姿势有着不同的含义。例如，在日本，这个姿势表示金钱的意思，如果在同日本人交易的过程中，向他做了这个手势，则会被误解为你在向他索要贿赂。

伸出食指与中指，其他手指蜷曲

这个手势在手心向外的时候，被我们熟知的是，表示"胜利"的意思。而在受到英国文化渲染的地区，它也常常用于表示"举起双手或者抬起头"。但这个手势变成手心向内的时候，就是一种侮辱性的表达，近似于"去你的"。不过，欧洲的某些地方，手心向内的手势，没有其他含义，仅仅表示数字2。

翘起食指和小指，其他三个手指握在一起

这个手势在美国有两种说法，一说指长角美式足球队，因为小布什很喜欢得克萨斯州的长角美式足球队，而常使用这个姿势表示喜爱和支持。另一说指的是摇滚音乐迷的手势，指"继续摇滚"的意思，而得克萨斯大学运动队的拉拉队习惯用这一手势为队员加油，以表示"出色、极好"。有时，在美国，若要赞某人很棒时，也可以使用这个手势。

紧握手指，呈拳头状

紧握的拳头，在人们面前是一种力量的体现。这一衍生于搏斗的姿势，可以用于进攻与防守。如果在生活中运用这种手势，则是在向他人展示"我是有力量的""我不怕你，要不要尝尝我拳头的滋味"，是一种示威和挑衅的动作。当将其恰当地运用于演讲或说话时，则说明这个人很自信，很有感召力，是值得人们信赖和依靠的对象。

其他手势

除了上面这些以外，还有很多手势，例如，亲吻手指指尖，即飞吻，表示对对方的爱慕；竖起小指表示轻蔑；伸出一个手指指向别人有命令和轻蔑的意思，用双手勾勒女子身形的手势则表示女人的身材如何；数拨手指表示要特殊强调，或者增加说服力、表明态度等。

技巧 4

窥斑见豹，细节看透人心

见微知著可察人

生活中有许多人，他们的外貌和本质有很大的不一致性：有表面庄重严肃而行为却不检点的；有外表温良敦厚而偷鸡摸狗的；有貌似恭敬而心怀轻慢的；有外表廉洁谨慎而内心虚伪的；有看似真诚专一而实际无情无义的；有貌似威严而内心懦弱的……这些都是人的外表与内心世界不相一致的种种情况。

我们应学会从对方每一个细微的动作、每一种习惯中，窥一斑而知全豹，分辨人的本质和心志。

曹操晚年曾让长史王必总督御林军马，司马懿提醒他说："王必嗜酒性宽，恐不堪任此职。"曹操反驳说："王必是孤披荆棘历艰难时相随之人，忠而且勤，心如铁石，最是相当。"不久，王必便被耿纪等叛将蒙骗利用，发生了正月十五元宵节许都城中的大骚乱，几乎导致曹氏集团的垮台。

司马懿从王必嗜酒这一习性而预见此人日后将铸大错，以一斑而窥全豹。曹操在任用王必上一叶障目，与司马慧眼识全机有高下之分。

英国曼彻斯特市有位医生想在他的学生中找一名具有敏锐观察力的人当助手。一次在临床带学生时，当众用指头蘸一下糖尿病人的尿液，然后用舌头舔其"甜"味，接着要求所有的学生跟着做。大多数学生都愁眉苦脸地用同样的方法舔尿液，只有一个女学生发现自己的老师用来蘸尿的是一个指头，舔的却是另一个指头，她也如此仿效。这位医生认为这个女学生具有他需要的敏锐的观察力，于是就让她当自己的助手。

一个人的学问、气质、秉性、喜好，可以通过不同的渠道反映出来，小到随地吐痰、排队加塞儿，大到政治倾向、人生追求，等等。

识别人物的诀窍就是能从表面形象和外部细微行动中看出人的真实本性。但人又是变化的，对人的识别不能停留在若干年之前的印象中。"士别三日，当刮目相看"，有时，一个人变化之迅速与彻底，是超乎人们想象的。在人的变化中，有先廉洁后腐化的，有先邪恶后善良的，有先谦恭后傲慢的，识别人时都要充分考虑到。

从吸烟的方式识别人

　　吸烟的习俗从哥伦布发现新大陆之后开始,其历史至今不过几百年,可是在世界各国,吸烟的人数和吸烟的数量却在以难以置信的速度增加,远远超过了喝酒的人。心理学认为,不同的吸烟方式可以有效反映出吸烟者的性格特征。

　　有的人喜欢吸焦油含量比较低的香烟,这样的人懂得吸烟的害处,想把烟戒掉,但又控制不住自己,所以选择低焦油含量的香烟。这样既减少了吸烟对身体健康的危害程度,同时也使自己获得了满足,岂不是两全其美?从对香烟的态度上可以看出这一类型人的基本性格特征:他们缺乏必要的果断力,凡事不能雷厉风行地做出决定,总是顾虑重重;不肯也不轻易地放弃什么,多打算采用居中的办法使事情得以解决;这种人的意志和信念并不坚定,在遇到挫折和磨难的时候,总喜欢为自己找借口开脱。

　　有的人喜欢吸无过滤嘴的香烟,这样的人大多诚实可信,为人处世比较踏实,人格魅力很突出。他们是很现实的人,不会把时间和精力花费在一些没有意义的事情上。他们会以一种非常积极和乐观的精神为自己寻找和创造快乐,然后享受。但对于某个不尽如人意的结果,他们也会感到深深的懊恼。

　　现代都市生活紧张繁忙,自己卷烟抽的人似乎已经不存在了,除了在一些比较偏僻和落后的小山村里还有人卷烟。自己卷烟俨然成了一个很久远的历史。对于那些在小山村里卷烟抽的人,很可能是经济落后所致。而还有一些人,他们的经济非常宽裕,但还热衷于自己卷烟抽。这样的人多有耐性,但很固执,并不会轻易地接受他人的建议和忠告,有点儿死不认错、不肯低头的牛脾气。

　　还有的人搜集香烟却不吸,这样的人可能已经戒烟了,搜集只是为了获取一种心理上的安慰。这样的人性格充满了矛盾与冲突,他们总是在理智与欲望的夹缝中痛苦地挣扎。

　　说到抽烟,其实很多人都会,但到最后却有人抽烟,有人不抽烟,其关键取决于本人是想抽还是不想抽。有些人并不是为了纯粹的抽烟而抽烟,而是出于一种目的,或是为了交际应酬,或是为了表现自己以引起他人注意。这样的人过于注重形式化表面化的东西,虚荣心强,但显得肤浅而不自信。

　　喜欢用烟嘴抽烟的人在性格中也有非常强烈的表现欲望和虚荣心,但这样的人缺乏一定的安全感,所以要与他人保持一定的距离才会觉得比较自在。这样的人也不太自信,总想借助外物来让自己看起来成熟老练一些。

　　有的人喜欢在电梯里吸烟,这样的人是想通过这种方式来展现权力和控制欲。如果一个人需要用这种方式获得自我满足的话,表明他是一个私心比较重的人,为自己考虑得较多,而基本上不为他人着想。他们习惯于以一种藐视的态度来确定自己的地位。这会让他人感觉很不舒服,所以这样的人并不容易营造出良好的人际关系。

　　没有在国外生活的经历,却对外国烟情有独钟,而且养成了抽外国烟的习惯,说明这个人表现欲和虚荣心比较强,爱出风头以吸引别人的目光。他们追求完美,对自己要求特别严格。

技巧 5

抽丝剥茧，看清对方本质

投其所好，让他的人品暴露无遗

权力、官位、金钱、欲望、利益历来都是人心的试金石。有的人在对自己有利或利益无损时，可以称兄道弟、亲密无间。可是一旦有损于他们的利益时，他们就像变了个人似的，见利忘义，唯利是图，什么友谊、感情统统抛到脑后。

此时，"临之以利以观其心"不失为一个识别人心的好方法。

"伊索寓言"里有一则故事很值得参考。故事是这样的：

有一个王子养了几只猴子，训练它们跳舞，并给它们穿上华丽的衣服，戴上人脸的面具，当他们跳起舞来时，逼真精彩得像人在跳舞一样。有一天，王子让这些猴子跳舞，供朝臣们观赏，猴子的精彩演出获得满堂的掌声。可是其中有一位朝臣故意恶作剧，丢了一把坚果到舞台上去，这些猴子看见了坚果，纷纷揭掉面具，抢食坚果，结果一场精彩的猴舞就在朝臣的嘲笑声中结束。

这一则寓言说明了猴子的本性并不因为学习舞蹈和戴上面具而改变，猴子就是猴子，看到坚果就原形毕露！

如果把人比成这故事中的猴子，人不是也戴着假面具在人生的舞台上表演？因此小人戴上面具，会让你误以为是君子；恶人戴上面具，会让你误认为是大善人；好色之徒戴上面具，会让你误以为是柳下惠！真令人防不胜防呀！

猴子不改其好吃坚果的本性，因此看到了坚果，就忘了它正在跳舞娱人。人的表现虽然不会像猴子那么直接，但不管他再怎么伪装，碰到他的弱点，他总会无意识地显现他的真面目。因此好色之人平时道貌岸然，但一看到漂亮的女性就会两眼色眯眯，言行失态；好赌的人平时循规蹈矩，但一上牌桌就废寝忘食，不知罢手！他们不是不知道显露这种本性不好，而是一看到所好之事或所好之物就忍不住要掀掉假面具——就像那群猴子！

在实际运用上，你可以主动地"投其所好"，倒不是先了解其"所好"再"投之"（因为若先了解其"所好"，就不用费心了），而是在刻意安排的情境中去了解其所好。譬如说，如果你想了解某个人的喜恶，可主动安排，从酒色钱赌等方面去观察。若某人真的有某方面的喜好，假面具至少要掀掉一半，甚至忘形到不知道自己是谁，赤裸裸地露出真面目。而你便可以从其表现来推断他其他方面的性格，作为与他来往的参考。有些商人就是用这种方法来掌握他的客户。

如果你没有能力安排各种情境，那么，就利用各种机会顺便观察其所好。这种观察比刻意安排的更为深刻有效，因为你观察的对象没有防备，真面目会显现得相当彻底！

用"投其所好"来看人，可以看出一个人的人品，而人品会影响他的行事、判断和价值观，甚至影响他为善或为恶的抉择。无论是交朋友、找合作伙伴或共事，这都是一项重要的参考！

换个新角度，探清他的本质

从生活的经验来看，没有一成不变的人，有的人的行为是由他人所影响的。排挤别人的，别人也会排挤他；侮辱别人的，别人也会侮辱他。看人不妨实际一点，观察一个人的外表不如了解其内心，了解其内心不如看其实际表现。当别人表现出某一种行为，不妨换个角度思考他的动机，也许能看懂他真实的心意。

齐国攻打宋国，宋王派臧芷向南求救于楚国。楚王很高兴，答应得也很痛快。然而，臧芷却很忧虑地回去了。他的车夫问："您求救成功了，怎么还面有忧色？"臧芷说："宋是小国而齐是大国。为救一个小国而得罪一个大国，这是人们所不愿的。然而，楚国却很高兴地答应了。这不合情理。他们一定是想以此坚定我们的信心，让我们同齐国抵抗，以此削弱齐国，这样，对楚国有好处。"

臧芷回国后，齐国攻占了宋的五座城池，而楚国的援兵真的没到。

观察一个人，应先考察他的所作所为，再观察他做事的动机，审度他的心态，安于什么，不安于什么。人们所犯的过错，是分成各种类型的。仔细审查某人所犯的过错，就可以知道他是什么类型的人了。

从前，一个名叫鲁丹的游士，周游至中山国，想把自己的策略呈献君王，可惜投递无门。于是，鲁丹以大批金银珍宝，赠给君王亲信的幕僚，请他代为引见。此法立即生效，鲁丹被君王召见，并于谒见之前，先以山珍海味接待他。

席间，鲁丹不知想起什么，忽然放下筷子退出宫殿，也不回旅舍，立即离开中山国。

从者很惊讶地问："他们如此厚待，为何离去？"

鲁丹回答从者："这位君主被他的侧近所左右，自己没有一点主见，日后如果有人说我的坏话，君主必定会惩罚我，还不如早些离去的好。"

老子曾说："宇宙间的物体，经常保持对立的状态，因为宇宙的运动最终又会返回原来的状态……这就是自然的运动法则。"

有表就有里，但这些都不是固定的，因为相互间会有变化的趋向，如果只从单方面看，实在不能看出真相，因此，需要从另一个角度去观察他人。

"大道废，仁义在。"这句话中的仁义，就是因为国家没有走上正轨，所以才特别显现出来。"乱世出忠臣。"就是因为世局太乱，才能显出忠臣的忠贞。

根据这些法则我们可以明白，在人际关系上，只靠表面是无法看出真相的。

——愈是会装模作样的人，内心愈是空洞。

——平时不易接近的人，突然变得很热情，他一定是另有企图。

——对于过分替自己辩解的人，不可放弃对他的疑心。

——说话夸大的人，大都缺乏自信。

生活中，只要根据对方在待人处世时表现出来的蛛丝马迹，再换个角度仔细分析，就能看清这个人的本质。

技巧 6

火眼金睛，洞悉对方弱点

洞悉对手的心理方能成其事

成都武侯祠有副对联，上联是：能攻心则反侧自消，自古知兵非好战。下联是：不审时即宽严皆误，后来治蜀要深思。横批是：攻心为上，攻城为下。这副对联充分说明了心理因素对事业成败的重要作用，洞察别人内心的想法，抓住人的弱点，这就是你的优势。

唐玄宗靠政变上台，他先后诛灭韦党和太平公主，所以当上皇帝后也很不安心。宰相姚崇一日和玄宗闲谈，说起内患之事，姚崇叹息说："我朝屡有内部变乱，实由人心散乱、不惧皇威所致。陛下若不整治人心，使人不敢心起妄念，朝廷就难保久安啊。"

玄宗领首说："内乱重生，致使大唐危机重重，朕定要设法根绝。依你之见，朕该有何动作？"

姚崇进言说："防患于未然，必早作预见，惩人于未动之时。即使小题大做，也要造成震慑他人的效果，促人不起异念，自敛谨慎。这就需要陛下割舍情感，痛下重手了。"玄宗示意已知，微微一笑。

不久，玄宗在骊山阅兵式上，以军容不整为由，判功臣兵部尚书郭元振死罪。大臣纷纷进谏说："郭元振乃当世名将，更在诛灭太平公主过程中功不可没。如此功臣今犯小过，陛下不念旧情就治他死罪，有损陛下贤德之名。"

玄宗厉声痛斥进谏之人说："有功必赏，有罪必惩，此乃治国之道，尔等竟替罪臣求情责朕，莫非尔等要造反不成？"

玄宗这般严责，吓得群臣再不敢说话。最后，玄宗虽免郭元振一死，却还是把他流放新州。

一次，朝廷功臣的钟绍京在面见玄宗时，无故竟被玄宗训斥说："你为身朝廷户部尚书，议事之时却不发一言，可是失职？难道你不顾朝廷安危，要明哲保身吗？"

钟绍京脸色惨变，直呼有罪。事后，姚崇有些不忍，他对玄宗说："陛下的目的已然达到。钟绍京无端被责，臣以为过于唐突，似可不必。"

玄宗说："朕依你之法，方有此举，你不该出言反对吧？"

姚崇又欲启齿，玄宗却摆手阻止了他："不过朕也想过，这些功臣都几经政变，实为政变的行家里手，如不把他们慑服，谁保他们日后不变心呢？朕折辱他们，也是让群臣心悸，只思自保。"玄宗把钟绍京降为太子詹事，后贬为绵州刺史。

后来，功臣王琚、魏知古、崔日用一一被贬，朝中再无人敢以功臣自居。群臣整日战战兢兢，玄宗这才罢手。

所以，做任何事一定要记住这个道理：上兵伐谋，先乱其心智，后攻其不备，定能大胜。正所谓"兵战为下，心战为上"，在与对手较量时从对方的心理上突破，成功的概率是最大的。

转嫁恐惧，巧妙脱身

每个人都有自身的不足，面对强悍的对手，我们必须善于观察对方的弱点。成功的不一定是那些有实力的强者，抓住对手的弱点，重点攻击，就可能会收到意想不到的功效。但是面对诱惑的时候，千万不要忘乎所以，只顾眼前利益不顾后患，要保持缜密的头脑，力求万无一失。

夏天，烈日炎炎。一只蝉躲在树枝上不停地鸣叫着：热死了，热死了……

螳螂轻轻移动脚步，悄悄向蝉逼近，蝉却一点也没有发觉。螳螂见蝉就在眼前，迅速用带刺的臂膀"嚓"一下把蝉紧紧钳住了。

黄雀早就注意到螳螂在捕蝉，一直紧跟在螳螂的后面。黄雀见螳螂抓住了蝉，十分高兴，用他的脚爪压着螳螂和蝉，得意地对螳螂说："你只想得到眼前利益而不顾后患，没有料到我早就在你的身后吧。难道你没有听说过'螳螂捕蝉，黄雀在后'这个成语？"

螳螂回头看了黄雀一眼，冷静地说："我不仅知道这个成语，还知道这个成语后面的还有一句话，你知道吗？"

黄雀想，这只螳螂死到临头还很幽默，我倒要听他说些什么，反正他逃不了。黄雀问道："快说，成语后面的那一句话是怎么说的？"

螳螂不紧不慢地说："好吧，我就告诉你，这叫'黄雀抓螳螂，花蛇在后面'。你回头看看，你身后有一条张开大嘴巴的大花蛇正盯着你呢！"

黄雀最怕的就是蛇，听螳螂说他身后有一条大花蛇，吓得尖叫一声，"扑棱"一下飞了起来。螳螂等黄雀的脚爪一松，抓着蝉敏捷地钻进了树洞。黄雀定神细细一看，树上根本就没有什么大花蛇，螳螂也不知去向，知道自己中了螳螂的脱身之计，十分懊恼。

螳螂把自己脱险经过告诉了他的伙伴们，大家听后都说他了不起。螳螂平静地说："这算不了什么，我只是吸取了螳螂家族在黄雀面前束手就擒的惨痛教训而已。我觉得，只要有了勇气和智慧，就可战胜强敌！"

人生是不可预知的，得意忘形的时候，往往潜伏着危机；山重水复的时候，柳暗花明也许就在下一个转弯。不可预知的人生充满了挑战，这其中可能危险重重，面对突如其来的转折，我们可能没有准备，于是，很多人会不知所措，甚至感到绝望。这时候，冷静地观察你所面对的情境是十分重要的，任何事物都不是完美的，都能够找到突破口，看似强大的敌人，其心理可能无比的脆弱。卤水点豆腐，一物降一物，充分地运用自己的勇气和智慧，找到对手的弱点，才能够逢凶化吉，遇难成祥。

螳螂在捕蝉的时候，没有注意到身后的黄雀，陷入了濒临死亡的绝境，但是它没有慌乱，而是利用"螳螂捕蝉，黄雀在后"的成语，衍生出了"黄雀抓螳螂，花蛇在后面"的典故，用黄雀的天敌——花蛇来扰乱黄雀的心绪，把自己的恐惧变成了黄雀的恐惧，从而成功地帮助自己脱险。遇到困难的时候，不能将希望寄托于别人，必须自己救自己，只要有勇气和智慧，就能够战胜强敌。

在竞争的环境里，我们要学会抓住对手的弱点打击敌人，遇到问题千万不能慌张，自乱阵脚，给敌人可乘之机。

技巧 7
明察秋毫，识破对方谎言

虚设一条底线，让对方产生危机感

某市与一家外国公司代表就建立化肥厂事宜进行接触，几次会议都很顺利，双方确定了利用港口优越条件的项目。后来，另一家外国公司也参加进来。在第一次三方谈判中，第三家外国公司的董事长出席，在听过中外双方已经进行的一些筹备工作介绍之后，他断然表示："你们前面所做的一切工作都是没有用的，要从头开始！"

听到这话，中方和先前一家外国公司的代表都感到很为难。因为，在此之前，双方已经做了大量细致的工作，花费了大量的人力、财力。但是，这位董事长有着很高的权威性，他的公司在前面那家公司的所在国拥有许多企业的大量股份，他的话没有人敢于反驳。但是，如果按照这位高傲的董事长的建议从头开始的话，不仅前面的工作成果会付之东流，更重要的是会无谓地浪费更多的时间，甚至会使这个项目搁浅。

人们沉默着……

中方一位地方政府代表打破了沉默，他说："我代表地方政府声明：为了建立这个化肥厂，我们确定了接近港口、地理位置优越的一块地作为厂址。也为了尊重我们的友谊，在其他许多合资企业向我们申请这块土地的使用权时，我们都拒绝了。如果按照董事长今天的提议，事情将要无限期地拖延下去，那我们只好马上把这块土地转给别人了。对不起，我还有别的重要的事，我宣布退出谈判，下午我等你们的消息。"

说完，他拎起皮包就走出了谈判厅，躲到别的房间看报纸去了。半小时以后，中方一位代表跑来报告好消息："董事长说了，快请你回去。他们强烈要求迅速征用港口的场地……"接下来，谈判进行得非常顺利。

由于谈判对手有一定声望，当面唱反调会让对方失面子，不利于谈判，于是，中方代表用"谎言"描画出一幅竞争激烈、时不我待的情景，对方自然就不会再坚持己见，心甘情愿地做出了让步。

这位政府官员的打破僵局，讲明事实，虚设底线，使高傲的外商有危机感，不得不做出让步。他敏锐地找到对方的底线，并且提高了自己的底线，然后用自己的行政权力来影响谈判，这位官员代表政府，本意是希望促成这场谈判的，但在关键时刻他敢于站在客户的立场上果断离开谈判桌，可谓有勇有谋。"大不了我们不做了，"有了这样的心态就不会再有负担，而没有负担的谈判往往是效率最高的、结果最好的谈判，而在充分了解对方利益需求的基础上，来设置自己的底线，往往可以达到这一效果。最终使谈判顺利进行。

事情往往就是这样，在一定条件下。与其苦口婆心地解释、诉说不起实际作用的真话，莫不如虚实一条底线，用个小策略让对方遵从自己的意愿。

制造"机会"，让说谎者自露破绽

唐朝初年，李靖担任岐州刺史时，有人向当朝者告他谋反。唐高祖李渊派了一个御史前往调查此事。

御史是李靖的故交，深知李靖的为人，他心里很清楚李靖是遭到了奸人的诬陷，因此便想办法要救李靖，替李靖洗清不白之冤。于是便向皇帝请旨，请告密者共同前去查办此案。皇帝准奏，告密者也高兴地答应下来。途中，御史假说检举信丢失了，观察告密者以后的动作反应。

御史佯装害怕的样子，不停地向陪伴的告密者说："这可如何是好！身负皇上之托，职责所在，却丢失重要证据，我可真的难辞其咎了"！说着，御史便发起怒来，鞭打随从的典吏官。他的举动使告密者确信检举信已丢失。

御史无奈地向告密者请求："事已至此，只好请您重写一份了。否则，不仅我要担负不能办成查访之任的罪责，您的检举得不到查证，就没办法让皇上论功行赏了。"

那人一想不错，赶紧去重写。根据想象，又凭空捏造出一份来。

御史接到信件，拿出原信一比较，只见大有出入：除了告李靖密谋造反的罪名一样，而所举证据都换了模样，细节更是大相径庭，时间、人物都难以对上号，一看即知是胡编乱造的诬告信。御史笑笑，立刻下令把告密者关押起来。随后拿着两封检举信赶回京城，向唐高祖禀告原委。

上述整件事情的峰回路转，完全都要归功于御史巧妙地引出说谎者前后不一的证据，成功地揭穿了诬告谎言，惩治了撒谎者。

因此，我们就要为说谎者创造这样的"机会"，让他的谎言露出破绽。

第二章

零压力社交
——建立和谐人际关系的技巧

技巧 8

先发制人，主动结交更能俘获人心

交往主动一点，结交就会多一点

有些事情，个人是无法选择的。比如，你无法选择自己的父母，无法选择自己的亲戚，也无法选择自己出生的时间和空间，等等。但是，一个人在长大成人，尤其是经济独立之后，你可以自由选择、营造你的人脉网，结交什么样的朋友，构成什么样的人际关系网络。这是我们最大的自由。

实际上，许多人都囿于个人生活与工作的狭小范围与具体环境的局限，除了自家人和亲戚关系，还有那么几个同学、同事、朋友和熟人，都是"顺其自然"、被动形成的。许多中年人和老年人大多一直过着"两点一线"的生活，就是几十年如一日的只在家庭和工作单位之间来往。作为个人，能有意识地选择和结交朋友、有意识地建立自己的信誉、经营人际关系网络的寥寥无几，这是营造人脉网的遗憾。

经常会遇到这样一种场面：在生日宴会上，几个好朋友聚在一起欢天喜地地玩玩闹闹，而旁边会有人只是一声不吭地吃着东西，没有加入到那些人的行列中。这样的人实际上是白白放弃了扩大自己交际圈的好机会。如果能主动争取和别人交流，那就会开拓一个自己不曾了解的崭新世界，也会促进自己的成功。

那么，怎样才能和对方良好地交流呢？有这样一句话："对方的态度是自己的镜子。"在日常的人际交往中，有时自己感觉"他好像很讨厌我"，其实这时正是自己讨厌对方的征兆。因此，对方也会察觉到你好像不喜欢他，当然两个人就越来越讨厌彼此了。在出现这种情况的时候，自己要主动与对方交流，主动敞开心扉。

在生活中，胡先生十分重视创造与人结识的机缘。比如，他刚刚搬到世纪花园的时候，一天傍晚，他看见邻居家的女主人走了出来，便隔着十几英尺的树丛向对方望，然后非常自然地找到恰当的时机，抬起头，露出笑容，喊一声："你好！"随后，胡先生便弯腰穿过树丛，到她的后院，开始与她聊起天来。他们就这样认识了，彼此留下电话，约好互相帮助，大家有个照应。

人们对主动交往有很多误解。比如，有的人会认为"先同别人打招呼，显得自己没有身份""我这样麻烦别人，他肯定会反感的""我又没有和他打过交道，他怎么会帮我的忙呢"，等等。其实，这些都是害人不浅的误解，没有任何可靠的事实能证明其正确性。但是，这些观念却实实在在地阻碍着人们，阻碍了人们在交往中采取主动的方式，从而失去了很多结识别人、发展友谊的机会。

当你因为某种担心而不敢主动同别人交往时，最好去实践一下，用事实去证明你的担心是多余的。不断地尝试，会积累你成功的经验，增强你的自信心，使你在工作场合的人际关系愈来愈好。

带着微笑与人结交

俗话说得好："眼前一笑皆知己，举座全无碍目人。"

的确，没有人能轻易拒绝一个笑脸。笑是人类的本能，要人类将笑容从脸上抹去是件很困难的事情。由于人类具有这样的本能，因此微笑就成了两个人之间最短的距离，具有神奇的魔力。真诚的微笑是交友的无价之宝，是人们交际的一盏永不熄灭的绿灯。

美国的希尔顿饭店名贯五洲，是世界上最富盛名和财富的酒店之一。董事长唐纳·希尔顿认为：是微笑给希尔顿带来了繁荣。为什么希尔顿这么重视微笑呢？许多年前，一位老妇人在希尔顿心情不好的时候去拜访他，希尔顿不耐烦地抬起头，他看见的是一张微笑的脸。这张笑脸的力量是那么不可抗拒，希尔顿立即请她坐下，两人开始了愉快的交谈。交谈中他发现这妇人真的是那么慈祥，她脸上真诚的微笑完全感染了他。从此，他把微笑服务作为饭店的宗旨。每当他在世界各地的希尔顿饭店视察时，总会问员工："今天，你对顾客微笑了吗？"如果你去任何一家希尔顿饭店，你就会亲身感受到——希尔顿的微笑。唐纳·希尔顿总结说：微笑是最简单、最省钱、最可行，也最容易做到的服务，更重要的是，微笑是成本最低、收益最高的投资。因此，他要求员工不管多么辛苦，多么委屈，都要记住任何时候对任何顾客，用心真诚地微笑。在20世纪30年代的大萧条中，各行各业，每个人的脸上都挂着愁云惨雾的时代，而希尔顿的员工仍然用自己的笑容给每位顾客带去阳光。大萧条过后，希尔顿率先进入了繁荣期。也许是希尔顿人的微笑赢得了"上帝"。

可见，若想赢得他人好感，应遵循的准则是"微笑"。

如果你心里不想笑，那怎么办？首先必须迫使自己笑。如果就你一个人，那就先开始吹吹口哨或哼哼歌曲。用这种方法控制自己，仿佛人很幸福，于是你就真觉得自己是幸福的人了。已故的哈佛大学詹姆斯教授说过："似乎行动随感情而生，其实行动和感情是互相联系的。在很大程度上控制行动的是意志而不是感情，我们可以间接地调节非意志决定的感情。那么，为使人感到精神振作，你必须表现出精神振作的样子。"

微笑就像一抹宜人的春风，微笑拉近人与人之间的距离，让人与人之间的交流更加亲切自然。要圆融为人就不要忘了微笑。

获得友好人际关系的诀窍

关于具体如何去建立人际关系，著名的人际大师卡耐基教给我们一些诀窍。掌握了这些诀窍，我们以后便可在社交场上与他人轻松地和谐相处，获得友好的人际关系。

多说平常的语言

著名作家丁·马菲说过："尽量不说意义深远及新奇的话语，而以身旁的琐事为话题作为开端，是促进人际关系成功的钥匙。"

对一个初识者，最好不要刻意显露自己，宁可让对方认为你是个善良的普通人。因为一开始你就不能与他人处于共同的基础上，对方很难对你产生好感。如果你摆出一副高人一等的样子，别人也会用同样的态度对待你。

了解对方的兴趣爱好

初次见面的人,如果能用心了解并利用对方的兴趣爱好,就能缩短双方的距离,而且加深双方的好感。

引导对方谈得意之事

任何人都有自鸣得意的事情,但是,再得意、再自傲的事情,如果没有他人的询问,自己说起来也无兴致。因此,你若能恰到好处地提出一些问题,定使他欣喜,并敞开心扉畅所欲言,你与他的关系也会融洽起来。

坐在对方的身边

面对面与陌生人谈话,确实感觉很紧张,如果坐在对方的身边,自然会比较自在,既不用一直凝视对方,也避免了不必要的紧张感,而且会很快亲近起来。

找机会接近对方的身体

每个人都会在自己的身体周围设定一个势力范围,一般只允许特别亲密的人侵入。如果你侵入了,就会产生与对方有亲密人际关系的错觉。

注意自己的表情

人的心灵深处的想法,都会形诸于外,在表情上显露无遗。如想留给初次见面的人一个好印象,不妨照照镜子,审慎地检查一下自己的面部表情是否和平常不一样,过分紧张的话,最好先对着镜中的自己傻笑一番。

留意对方无意识的动作

初次见面的场合中,如果有一方想结束话题,往往会有看手表等对方不易察觉的无意识动作。因此,当你看到交谈的对方突然焦躁地看着手表,或者望着天空询问现在的时刻,就应该尽早结束话题,让对方明了你不是一个毫无头脑的人,你清楚并尊重他的想法,必能留给对方一个美好的印象。

避免否定对方的行为

初次见面是建立良好人际关系的重要时期,在这种场合,对方往往不能冷静地听取意见、建议并加以判断,而且容易产生反感。同时,初见面的对象有时也会恐惧他人提出细微的问题来否定其观点,因此,初见面时应当尽量避免有否定对方的行为出现,这样才能造成紧密的人际关系。

当然,这并不是让你不提相反意见,你尽可能地避免当着他的面提出,或者可以借用一般人的看法以及引用当时不在场的第三者的看法,就不会引发对方反射性的反驳,还能够使对方接受并对你产生良好印象。

了解对方所期待的评价

心理学家认为,一些人往往不满足自己的现状,然而又无法加以改变,因此只能各自持有一种幻想中或期盼中的形象。在人际交往中,他们非常希望他人对自己的评价是好的,比如胖人希望看起来瘦一些,老人愿意显得年轻些等。

找出与对方的共同点

如果你想得到对方的好感,找出与对方拥有的某种共同点,即使是初次见面,无形之中也会涌起亲切感。一旦接近了心理的距离,双方很容易推心置腹。

以笑声支援对方

做个忠实的听众,适时地反应情绪,尤其要发挥笑的作用,可以使对方摈弃陌生感、紧张感。即使对方说的笑话并不很好笑,也应以笑声支援,产生的效果或许会令你大吃一惊。因为,双方同时笑起来,无形之中产生了亲密友人一样的气氛。

表现出自己关心对方

表现出自己关心对方,必然能赢得对方的好感。

记住对方说过的话,事后再提出来当话题,也是表示关心的做法之一,尤其是兴趣、梦想等,对对方来说,是最重要、最有趣的事情,一旦提出来做话题,对方一定会觉得愉快。

技巧 9

方圆合璧，才能纵横捭阖

方中有圆，圆中有方

方中有圆，圆中有方，是为人的因果律，又是大自然的法则。《易经》中说："天行健，君子以自强不息。"又有："地势坤，君子以厚德载物。"在这里，圆，象征着运转不息、周而复始的天体；方，象征着广大旷远、宽厚沉稳的地象。

晚清重臣张之洞就是一位善用方圆之道处世的名人。

张之洞少年时很聪慧，他身形似猿，传说为将军山灵猿转世；榜中探花，历任湖北、四川学政，山西巡抚，两广、湖广、两江总督，官至体仁阁大学士、军机大臣。在晚清风雨飘摇的政局中，他提出"中学为体、西学为用"的方略，办实业、造枪炮、勤练兵，为晚清王朝呕尽最后一滴血。

张之洞可算是一位性格刚烈、铁骨铮铮的人，然而他办事却很圆融。在他就任山西巡抚时，当时泰裕票号的孔老板表示要送一万两银子给他。张之洞婉言谢绝了孔老板的好意。可是当他考察了当地的情况之后，发现山西受罂粟的荼毒很是严重，于是决心铲除山西的罂粟，让百姓重新种植庄稼。而改种庄稼需要一笔费用，但山西连年干旱、欠收，加上贪官污吏的中饱私囊，拿不出救济款发放给老百姓。这时，他第一个想到的就是孔老板。

他想，如果说服孔老板把银子捐出来，为山西的百姓做善事，以银子换美名，他或许会同意。经过商谈，孔老板表示愿意捐出五万两银子，但必须满足他的两个条件：一是让张之洞为他的票号题写一块"天下第一诚信票号"的匾，二是要捐个候补道台的官衔。

刚开始张之洞觉得孔老板的这两个条件都不能答应，因为自己对他的票号一无所知，又怎么能说它是天下第一诚信票号呢？第二，他认为捐官是一桩扰乱吏治的大坏事。可是不答应他，又到哪里去弄五万两银子呢？

经过反复思考，张之洞决定采用折中迂回的手段，答应为孔老板的票号题"天下第一诚信"的匾，这六个字意味着：天下第一等重要的美德就是诚信二字，并不一定是说他们泰裕票号的诚信就是天下第一。

至于他的第二个要求，张之洞最后给自己找了一个台阶：一来，捐官的风气由来已久，不足为怪；二来，即使孔老板做了道台也不过是得了个空名而已。再者按朝廷规定，捐四万两银子便可得候补道台。于是，张之洞以这种退让的方式为山西百姓募来了五万两银子，可谓造福一方。

其实，张之洞在官场上也深得"妥帖"之要义，他把王之春从广东调到湖北这件事就做得相当漂亮。张之洞到湖北以后，想大兴洋务，但缺少得力的助手。这时，恰好湖北藩司黄彭年去世了，空出了职位。于是，他就想推荐自己的心腹去那里任职。

张之洞觉得现任广东臬司的王之春比较合适。王之春是张之洞在广东时一手提拔起来的，他对张之洞自然是忠心耿耿，感恩有加。但张之洞考虑问题又多了一层：现在要把王之春调来，就应该为广东物色一个合适的藩司人选，这样，王之春调来湖北的把握性才更大一点。

幕僚提出不妨推荐湖北臬司成允去广东做藩司，这样有两个好处：一是成允是现在军机处领班礼亲王世铎的远亲，世铎一定愿意帮助成全他，他自己京师门路也很熟。二来又可腾出湖北臬司一职，又多了一个帮手。这样在湖北办洋务力量就更强了。

经过张之洞的运作，王之春很快调到湖北，而成允则调去广东做藩司。接着，张之洞又让赋闲在家的陈宝箴当上臬司。这样一来，方方面面都被张之洞摆布得妥妥帖帖、皆大欢喜了。

孔子在《论语》里称赞史鱼说："直哉！史鱼。邦有道如矢，邦无道如矢。"意思是说不管环境如何，无论社会动乱还是安定，他的言行永远都像箭一样，尖锐而正直。我们不要曲解孔子的话，"直哉"是说一个人做人要心地方正、端直，不可以圆滑，但处世要圆融，要注意方式方法。说话办事也直来直去，别人就接受不了，事情也没办法办成。

《易经》中也反复强调"天圆地方"，众人为天，天圆就是处世要圆融，要有智慧；心田为地，地方就是心地方正，要有操守。

应对自如才能游刃有余

人们普遍认为，处理人际关系太复杂、太难了。其实，这是一道难者不会，会者不难的题。只要你能够运用不同的思考模式去对待不同的事情，综合运用方圆之术灵活地处理与人的关系和与事的境遇，那么你将在人际交往中如鱼得水，轻松享受到惬意的生活和成功的人生。

有一次，曹操邀请刘备到府中做客。酒喝到半醉时，忽然阴云漠漠，骤雨将至。随从把天边挂着的长龙指给二人看，曹操借题发挥，便问："您知道龙的变化吗？"

刘备说："知道的不太详细。"曹操说："龙能大能小，能升能隐，大则兴云吐雾，小则隐身藏形；升则飞腾于宇宙之间，隐则潜伏于波涛之内。现在正是深春时节，龙能够顺应时节而变化，就好像人得志了纵横四海一样。龙作为动物，可用世上的英雄来作比方。您长期以来，游历四方，一定知道当世英雄。请您试着说说吧！"刘备说："我是肉眼凡胎，哪里能认得英雄呢？"曹操说："您就不要太谦虚了吧！"刘备仍然装糊涂："我得您的庇护，作了朝廷官员。天下英雄，真的不知道啊。"曹操说："那么，既然您不知道他的长相，也应该听到他的名字吧。"再装糊涂是没有办法了，这条路堵死了，刘备另装糊涂，于是举出淮南袁术、河北袁绍、刘表、江东孙策、益州刘璋、张绣、张鲁、韩遂等人，但一一被曹操否定。刘备只好说："除这些人之外，我实在不知。"

曹操说："所谓英雄，是指胸怀大志，腹有良谋，有包藏宇宙之机，吞吐天地之志的人啊！"刘备说："那么，谁能称作这样的英雄呢？"

曹操用手指指刘备，又指指自己，说："今天下英雄，只有您与我罢了！"

曹操看似不经意的话，其实不仅是一种试探，更包藏着杀机，且不说刘备正在曹操的府上，即使在外边，如果证实了曹操的推测，他也不会放过刘备的。

刘备大吃一惊，到底被曹操识破真面目了。那么，自己"放下身段"的招法是不是没有瞒过奸雄曹操呢？如果这时默认或辩解，都无济于事，慌乱之中，他手中的汤匙和筷子掉到地上。恰在此时，大雨将至，雷声隆隆，刘备随即从从容容，不动声色地俯下身子，捡起了汤匙和筷子，又不紧不慢地说："雷声一震竟有如此大的威力，我的匙筷都掉了。"

曹操笑着说："男子汉大丈夫也害怕雷吗？"刘备说："圣人见到迅雷风烈还变色哪，怎么能不害怕呢？"一句话就把听到曹操的话而吃惊落匙的原因轻轻掩饰过去。

曹操果然相信了刘备的话，认为他打雷还要害怕，可见不是真英雄了，也就不再怀疑刘备了。

故事中，刘备寄人篱下，还不具备与曹操对抗的实力的时候，巧借雷声，灵活地应对了曹操试探，还让曹操以为他是一个胆小怕事之人，从而使曹操放松了对他的戒备，也才成就了后来的蜀汉。

不仅仅是中国的刘备，古罗马的塞维罗也是凭借这一点，使自己在政治斗争中掌握了局势，最终主宰了整个罗马帝国。

公元222年至235年间，古罗马的帝王因昏庸无能，激起了人民的不满，被大将塞维罗推翻，塞维罗当了新一代罗马大帝。

此时，塞维罗要主宰整个帝国，面临两大困难：一是尼格罗已在亚洲称帝，二是阿尔匹诺正在西方建立自己的政权。塞维罗知道，此时，他如以习惯性的思考模式去对待尼格罗和阿尔匹诺，就只有进军一途，坚决地消灭他们。但是，这两者的势力太大了，如不知进退，将是十分危险的。

于是，他决定动用不同的思考模式，采取灵活应变的方法去对付这两大强敌：对于西方的阿尔匹诺，他用退一步的方法，以赐给"恺撒"的称号来稳住他；对于亚洲的尼格罗，他则用突袭的方式予以剿灭。

最后，塞维罗如愿以偿，达到了他主宰罗马帝国的目的，而且还在法国活捉了被他赐封过的阿尔匹诺。

足见，机智灵活，应对自如，往往可以帮我们逢凶化吉，赢得控制权，甚至保全性命。这就要求我们平时就要培养自己的方圆意识，学习方圆之道，该方时方，该圆时圆，面对一切境遇都能应付自如，游刃有余。

方圆合璧让你无往不利

外圆内方的处世哲学是中国传统文化的重要组成部分，也是正确处理各种关系的有效方法。方是对原则的遵循，对道德标准的维护；圆是思路的变通，是手段的灵活。

人们处在各种关系之中，方圆之道是其安身立命、杀出重围的重要途径。特别是在与地位较高的人相处时，更要掌握方圆之道。

其实，清朝才子纪晓岚并没有我们想象中的风流倜傥，据史书记载，纪晓岚"貌寝短视"。所谓"寝"，就是相貌丑陋；所谓"短视"，就是近视眼。另外，跟纪晓岚交游数十年的朱珪有诗描述纪晓岚：

河间宗伯蛇，口吃善著书。
沉浸四库间，提要万卷录。

看来，纪晓岚还有口吃的毛病。当然，纪晓岚既然能通过各层科举考试，其间有审音官通过对话、目测等检查其形体长相以及说话能力，以免上朝时影响朝仪"形象"，应该不至于丑得没法见人。长得丑，近视眼，口吃，这些生理特点都成为纪晓岚一辈子与乾隆貌合神离、不得乾隆真正信任的重要原因。

为何如此说，其实这与乾隆用人的标准有关，他对身边近臣的标准是不但要求这些人机警敏捷，聪明干练，而且要相貌俊秀。例如和珅、王杰、于敏中、董诰、梁国治、福长安等人都是数一数二的"美男子"，故而得到重用，而纪晓岚如此丑陋，如何能够得到有此怪癖的皇帝的真正重用呢？因此，有人说，纪晓岚只不过是乾隆豢养的文学词臣而已。但是这位"词臣"却以他自己的处世方式在乾隆、嘉庆时期走上高位，并名留青史，成为文化巨人。

究其原因，这不仅仅是由于纪晓岚主持编著了伟大的《四库全书》，或者多年主持科举考试，对乾隆朝贡献重大，更因为他懂得方圆处世之道，因此能在乾隆帝对宠臣的怪癖要求中，自在地做事。有一个故事即可证明纪晓岚的这种处世方法。

有一次，乾隆皇帝想开个玩笑以考验纪晓岚的辩才，便问纪晓岚："纪卿，'忠孝'二字作何解释？"

纪晓岚答道："君要臣死，臣不得不死，是为忠；父要子亡，子不得不亡，是为孝。"

乾隆立刻说："那好，朕要你现在就去死。"

"臣领旨！"

"你打算怎么个死法？"

"跳河。"

"好吧！"

乾隆当然知道纪晓岚不可能去死，于是静观其变。不一会儿，纪晓岚回到乾隆皇帝跟前，乾隆笑道："纪卿何以未死？"

"我碰到屈原了，他不让我死。"纪晓岚回答。

"此话怎讲？"

"我走到河边，正要往下跳时，屈原从水里向我走来，他说：'晓岚，你此举大错矣！想当年楚王昏庸，我才不得不死；可如今皇上如此圣明，你为什么要死呢？你应该回去先问问皇上是不是昏君，如果皇上说他跟当年的楚王一样是个昏君，你再死也不迟啊！'"

乾隆听后，放声大笑，连连称赞道："好一个如簧之舌，真不愧为当今的雄辩之才。"

这就是纪晓岚，这就是纪晓岚的处世智慧，他一生经雍正、乾隆、嘉庆三朝，六十岁以后，五次出掌都察院，三次出任礼部尚书。他逝世以后，筑墓崔尔庄南五里之北村。朝廷特派官员到北村临穴致祭，嘉庆皇帝还亲自为他作了碑文，极尽一时之荣耀。

世界上有两种类型的思想，一种以"方"为代表，好比刺猬，以不变应万变；另一种以"圆"为代表，好比狐狸，遇事灵活。这两种思想可谓是优劣参半，其实将方圆合璧才是智者所为，毕竟方圆不仅是一种手段，更是一种层次。

大而言之，方是做人的底气，圆是成事的方法。将方与圆双剑合璧的人，才是能够纵横捭阖、任意挥洒的"武功"高手。

技巧 ⑩

"软火"炖熟"硬骨头"

以柔克刚，滴水穿石

中国人为人处世讲究方圆之道，讲究以柔克刚，而"柔"的做人智慧不仅仅是一种退让，还是一种审时度势，一种宽容的态度。只有恰当地运用和把握"柔"的尺度，才能成为最后的胜利者。

清初的孝庄皇后就是一位深知以柔克刚精髓的女人。

皇太极因病猝死——前一天还如平素一样忙碌一天，晚上却离世，"储嗣未定"。当时有希望继承皇位的主要有三个人：皇太极长子豪格、第九子福临和皇太极十四弟多尔衮。前后两者都手握重兵，实力不俗。只有中间的福临，虽然颇得皇太极的宠爱，但只有六岁，缺乏实力。八旗中，支持豪格和多尔衮的各占三旗，剩下的两旗则比较中立，只强调支持先帝的儿子，至于哪个儿子倒无所谓。

豪格与多尔衮两个集团在继承人会议上剑拔弩张，互不相让。最终有个折中方案出来：让福临即位。鹬蚌相争，渔翁得利，幼小的福临不费吹灰之力登上帝位。

而多尔衮毕竟势力强大，且对于皇位非常向往。由于他在诸王大会上首倡立福临，格局一成，便难以出尔反尔，推翻前议了。虽然他是摄政王，掌握大清军政大权，一人之下，万人之上，但毕竟没有遂其所愿，还是一种缺憾。因此，他对于孝庄母子来说一直是个威胁，于是孝庄只得以柔克刚，隐忍、退让、委曲求全。她不断给多尔衮戴高帽、加封号，以不使多尔衮废帝自立。因此，从"叔父摄政王"到"皇叔父摄政王"，乃至"皇父摄政王"，最后，她不得不以太后的身份下嫁多尔衮，福临称多尔衮为"皇父"，诸臣上疏称"皇父摄政王"。遇到元旦或者其他庆贺大礼，多尔衮还要与皇帝一起接受百官的朝拜，这便最大限度地满足了多尔衮对皇位的野心，化解了孝庄母子的危机。否则，孝庄母子根本敌不过手握重兵的多尔衮，顺治的皇位就更是个问题了，这一切不得不说是孝庄的功劳。

可就在这场权力斗争刚告一段落时，孝庄又陷入家庭矛盾的旋涡中。

满蒙联姻，是清太祖努尔哈赤在位时定下的国策。因为，清帝国的建立，蒙古八旗也立下汗马之功，蒙古王公在清廷政治生活中，一直是一股倚为股肱的力量。为了确保这种关系代代相传，也为了保持自己家族的特殊地位，福临即位不久，孝庄就册立自己的侄女博尔济吉特氏为皇后。待福临亲政，就大礼完婚，正中宫之位。自古帝王婚姻，总是带有明显的政治色彩，人的喜好与感情则是次要的。而福临恰恰缺乏一种胸怀，他更多地以自己的好恶来对待这种关系。他的皇后博尔济吉特氏聪明、漂亮，但喜欢奢侈，而且爱嫉妒。本来，作为一个贵族出身的女子，这些并不是什么大毛病，但福临却不能容忍，坚决要求废后另立。这个未成年的皇帝性格十分执拗，尽管大臣们屡次谏阻，他仍然坚持己见，毫不退让。

顺治十年（1653年）八月，孝庄拗不过儿子，只好同意皇后降为静妃，改居侧宫。为了消除这一举动可能带来的消极政治影响，孝庄又选择蒙古科尔沁多罗贝勒之女博尔济锦氏进宫为妃。但福临对这位蒙古包里出来的漂亮姑娘同样不感兴趣，反而如痴如醉地恋上了同父异母弟博穆博果尔的福晋董鄂氏。博穆博果尔经常从军出征，董鄂氏出入宫苑侍候后妃，与福临相识并坠入情网。孝庄察觉出这一危险的苗头，立即采取措施，宣布停止命妇入侍的旧例，同时赶紧给儿子完婚，博尔济锦氏成为第二任皇后。但这一切并不能阻止福临对董鄂氏的迷恋。为了获得更多接近董鄂氏的机会，顺治十二年（1655）二月，福临封博穆博果尔为和硕襄亲王。后来，博穆博果尔得悉其中内情，愤怒地训斥董鄂氏。这事被福临知道，他打了弟弟一耳光，博穆博果尔羞愤自杀。

宫中发生了这种事情，传扬出去自然是不光彩的，孝庄悄悄地处理了这件事：博穆博果尔按亲王体例发丧，二十七天丧服期满，董鄂氏被接入宫中，封为贤妃。一个月后，又按儿子的意愿，晋封她为皇贵妃。

后来，董鄂妃病逝，顺治帝也追随而去。孝庄便扶植八岁的玄烨登上皇位，是为康熙帝。

孝庄在辅佐皇子的路上，以柔克刚，委曲求全，终于换来了大清的几百年基业，这就是成大事者当借鉴的地方。

老子在《道德经》中指出，天下再没有什么东西比水更柔弱了，而攻坚克强却没有什么东西可以胜过水。这也是为何会有"水滴石穿"一说。

未出头时能而有度

大家都知道，帝王在选择太子时心理是很矛盾的。太子仁弱一点吧，怕将来继位后缺乏驾驭众人的能力；太子贤明一点吧，又怕众望所归会危及自己。宋太宗见到自己的太子颇得人心，就曾酸溜溜地说："人心都归向太子，欲置我于何地？"皇帝既有这种心态，太子委实难处。不能不得人心，也不能太得人心；不能太不及父皇，也不能太胜过父皇，这中间的尺寸确实是很难把握的。

隋炀帝的儿子杨柬就因为把握不好这个度，而与父皇产生隔阂。总体来说，造成他们父子失和的主要有两件事：

第一件事是为了一个美女。

有一次，乐平公主告诉炀帝，有个女子十分漂亮，但不知为什么炀帝听后无所表示。过了一段时间，乐平公主以为炀帝对此人不感兴趣，就把她推荐给了太子杨柬。杨柬马上把她纳入后宫。后来炀帝忽然记起这事，就问乐平公主："你上次说过的那个美人现在哪里？"乐平公主回答说："已经被太子收用。"

这件事本身是不能全怪杨柬，他不可能每得到一个美女都先请示一下父皇是否感兴趣。乐平公主是这件事的始作俑者，按理炀帝问起，她满可以将始末和盘托出。但这样一来，就有可能引起炀帝对她的不满。所以，当炀帝再度问起这件事，她意识到自己捅了娄子，只好含糊地说一句"在太子那里"，似乎与自己无关。

第二件事是因为打猎。

炀帝去狩猎，命令杨柬率领一伙侍从参加。狩猎的结果是杨柬猎获颇丰而炀帝一无所得。炀帝龙颜大怒，认为自己在众人面前丢了面子。一问左右，左右侍从害怕炀帝迁怒，推说是猎物被杨束手下一伙人阻挡,所以打不到了。炀帝因此猜忌起杨束来,认为他是为了想出风头,于是处处寻找杨束的不是。

俗话说"欲加之罪,何患无辞",何况太子本非圣人,结果太子的名号也就无法保留了。炀帝父子间从此结怨,直到后来宇文化及起来谋反,派人分别去囚禁、杀害炀帝父子时,炀帝还认为是杨束派人来抓自己的,而杨束也认为是炀帝派人来杀自己的,父子至死不能消除误会。

其实,不只是竞选太子、继承王位,在职场、商场等现实竞争中,"未出头时能而有度"处处都需要。因为能力太强,容易招人妒忌;处处出头,更容易受到打击。但做人做事又不能太过于羸弱,显得太无能也会危及自己的生存。所以,我们必须把握能而有度的方圆之道,特别是在个人力量没有强大之时。

言拙意隐,辞尽锋出

道家经典之作《止学》有言:"物朴乃存,器工招损。言拙意隐,辞尽锋出。"意思是,事物朴实无华才能得以保存,器具精巧华美才招致损伤。拙于言辞才能隐藏真意,话语说尽锋芒就显露了。

这不仅是一种哲学,更是成功为人处世的一种智慧。

王陵早年追随汉高祖刘邦东征西讨,十分勇敢。他为人仗义,性喜直言,争强好胜之心从不改变。

王陵的母亲曾被项羽抓为人质,王陵派人去楚军营中探望,他的母亲就私下对来人说:"请转告我儿,不要为我担心,好好地辅佐汉王吧。他样样都好,只是说话无忌,让我放心不下,让他以后慎言,这是我最后的嘱托了。"

王陵的母亲言罢自刎而死,绝了项羽的招降王陵的念头。

刘邦很讨厌雍齿,王陵却因早年和雍齿交好,始终不肯背弃他。刘邦一次把王陵召来,脸色阴沉地对他说:"雍齿为人卑鄙,行多不检,许多人都唾弃他。你和他并不是同类之人,我真不明白,为何你们能相处呢?"

王陵沉声说:"主公不喜欢的人,别人就不敢和他交往了。我看不出雍齿有什么不好,再说这也只是我的私事,主公何必干涉呢?"

刘邦心中有气,却也不便发泄,只好挥手让他告退。

王陵亦有怨气,就和好友周勃说了此事,周勃连叹数声,口说:"你不该和主公直言呐。主公向来恨雍齿,人人皆知,你不避嫌和他交往也就罢了,又怎能说出自己的心里话呢?这件事可大可小,主公一定会记挂在心的。"

王陵不服,仍道:"我忠于主公,从无二心,几句实话他也会放在心上?大丈夫光明磊落,畏首畏尾,口是心非的事不该去做。"

平定天下之后,论功行赏时,刘邦却不肯给王陵厚封,只封他为安国侯。许多人为王陵求情,刘邦却正色说:"行军打仗,王陵功劳不小,可别的方面就无过人之处了。打江山绝非只知勇猛这么简单,他还有什么委屈的呢?"

王陵心有怨气,直欲找刘邦争辩,他的家人跪地哭劝他说:"你的毛病全在嘴上,到了现在你还想惹祸生事吗?只怕你去理论,我们也和你一样活不成了。"

王陵这才作罢。

刘邦死后,惠帝继位,吕后掌权。王陵任右丞相两年之后,惠帝去世。一日,吕后把王陵和陈平、周勃等人召来,对他们说:"天下太平,吕氏出力甚多。我想让吕氏子弟称王,可以吗?"

陈平、周勃相视一眼,俱不作声,王陵却马上出言说:"先皇曾宰杀白马,歃血订盟,说

'倘非刘氏而立为王，天下人共击之。'先皇遗训如此，不能改变。吕氏立王之说，便不可行了。"

吕后十分不悦，转而问陈平、周勃的意见，他们二人却道："时势有变，其道自不同了。先皇平定天下，分封刘氏子弟为王，理所应该。如今太后临朝执政，吕氏子弟又有大功于国家，称王自无不可，合当施行。"

吕后笑逐颜开，对他们二人连连夸奖。

事后王陵指责他们阿谀奉承、背弃先皇，陈平答道："谏阻无益，强辩自不可取。我们当面谏阻不如你，可日后保全国家，安定刘氏后人，你就不如我们了。"

王陵被罢除宰相，十年后病死。而陈平和周勃却保全下来，成为日后诛杀诸吕的主力，重兴了汉室江山。

王陵虽然一心效忠朝廷，做事卖力，可是到头来，偏偏毁在自己的"直言不讳"上。这不仅是他个人的教训，也是我们所有行走江湖、闯荡社会之人都应牢记的教训。

言辞谨慎，不露锋芒，常常是成大事者智慧的显现。浅薄者信口开河，不仅暴露了他们的肤浅，也让人一眼看穿其心意，其架势更讨人生厌。言语作为了解一个人的重要窗口，如果不有所节制，他就毫无秘密可言；言语作为交际的一个重要手段，只有措辞得当，有所保留，才能勋事有成，与人无咎。

第二章 零压力社交
——建立和谐人际关系的技巧

技巧 ⑪

刚柔并济，轻松掌控主动

该刚则刚，当柔则柔

刚柔相济是一种顺畅处世的管理方法，它可使激烈的争论停下来，也可以改善气氛，增进感情。

下面这个例子是日本著名企业家松下幸之助的故事：

有一次，部下后藤犯下一个大错。松下怒火冲天，一面用挑火棒敲着地板，一面严厉责骂后藤。骂完之后，松下注视着挑火棒说："你看，我骂得多么激动，居然把挑火棒都扭弯了，你能不能帮我把它弄直？"

这是一句多么绝妙的请求！后藤自然是遵命，三下五除二就把它弄直了，挑火棒恢复了原状。松下说："咦？你的手可真巧呵！"随之，松下脸上立刻绽开了亲切可人的微笑，高高兴兴地赞美着后藤。至此，后藤一肚子的不满情绪，立刻烟消云散了。更令后藤吃惊的是，他一回到家，竟然看到了太太准备了丰盛的酒菜等他。"这是怎么回事？"后藤问。"哦，松下先生刚来过电话说：'你家老公今天回家的时候，心情一定非常恶劣，你最好准备些好吃的让他解解闷吧。'"

此后，后藤自然是干劲十足地工作了。

松下幸之助不愧是著名的管理者，批评后藤刚柔并济，自己一直掌握着主动权，既让后藤甘心改过，又让后藤在今后的工作中干劲十足，真是妙啊！

不只在日本，在我国古代，极具智谋的军师诸葛亮，也深谙刚柔并济的成功之道。

前秦时符坚于公元357年即位后，任用汉人王猛治理朝政，富国强兵，在近二十年的时间内，先后攻灭前燕、仇池、代、前凉等割据政权，占领了东晋的梁、益两州，把整个黄河流域和长江、汉水上游都纳入了前秦的控制。为了争取支持者，他对各族上层人物极力优容和笼络，如鲜卑族的慕容垂、羌族的姚苌，都毫不见疑地委以重任。对符坚这一做法，谋臣王猛曾多次劝说符坚对那些异族重臣要有所制约，甚至他还不止一次利用机会，设法除掉这些人。但符坚迷信自己对他们的恩义，阻止他这么做。

在鲜卑贵族慕容垂、慕容泓相继谋反后，符坚面责仍在自己手中的原前燕国主慕容玮说"卿欲去者，朕当相资。卿之宗族，可谓人面兽心，殆不可以国土期也。"在慕容玮叩头陈谢之后，他又说："《书》云，父子兄弟相及也。……此自三竖之罪，非卿之过。"但是，慕容玮并未为苻坚这一套所感化，在暗中仍企图谋杀苻坚来响应起兵复国的慕容氏鲜卑贵族，后来因谋泄才被苻坚擒杀。苻坚这才后悔不听王猛的忠谏，但这时大局已无法挽回了。

公元214年，刘备夺取四川后，诸葛亮在协助刘备治理四川时，立法"颇尚严峻，人多怨叹者"，当地的官员法正提醒诸葛亮，对于初平定的地区，大乱之后应"缓刑弛禁以慰其望"。诸葛亮认为自己的做法并没有错，他对法正说，四川的情况，与一般不同。自从刘焉、刘璋父子守蜀以来，"有累世之恩，文法羁縻，互相奉承，德政不举，威刑不肃。蜀土人士，专权自恣，君臣之道，渐以陵替"。现在如果我用在他们心目中已失去价值的官位来拉拢他们，以他们已经熟视无睹的"恩义"来使他们心怀感激，是不会有实际效果的。所以，我只能用严法来使他们知道礼义之恩、加爵之荣，"荣恩并济，上下有节，为治之要"。

这正如曾国藩所指出的：人不可无刚，无刚则不能自立；人不可无柔，无柔则不可亲。太刚则折，太柔则靡。不能自立也就不能自强，不能自强也就不能成就一番功业。刚就是一个人的骨头，是使一个人站立起来的东西。刚是一种威仪，一种自信，一种力量，一种不可侵犯的气概。由于有了刚，那些先贤们才能独立不惧，坚韧不拔。刚就是一个人的骨头。人也不可无柔，无柔则不亲和，不亲和就会陷入孤立，四面楚歌，自我封闭，拒人于千里之外。柔就是使人站立长久的东西，是一种魅力，一种收敛。

现在，你应该明白"该刚则刚，当柔则柔"的智慧大道了吧？

绵里藏针，柔中带刚

先说软的，可以在强敌面前取得进一步谋胜的机会；再说硬的，就可以显示一些威胁的力量。软的为绵，硬的为针，是为绵里藏针。

"绵里藏针法"的运用，招数因人而异，窍门却一通百通。

春秋时期的晋灵公奢侈腐化。某年他下令兴建一座九层高的楼台，遭到群臣劝谏，他火了，干脆又下了一道命令：敢劝阻建九层楼台者斩。这样一来便没人敢说话了。

只有一个叫孙息的大臣很讨灵公喜欢。他就告诉灵公说他能把九个棋子摞起来，上面还能再摞九个鸡蛋。灵公听了，觉得这事儿挺新鲜，立即要孙息露一手让他开开眼界。孙息也不推辞，就把九个棋子摞在一起，接着又小心翼翼地把鸡蛋往棋子上摞，放第一个，第二个……

孙息自己紧张得满头大汗，战战兢兢，看的人也大气不敢出一口。如果孙息不能把鸡蛋摞好，就犯了欺君大罪，是会被杀头的。

这时，灵公也憋不住了，大叫："危险！"孙息却从容不迫地说："这算什么危险，还有比这更危险的事哩！"灵公也被勾起了好奇："还有什么比这更危险？"

孙息便掂掂手中的鸡蛋，慢吞吞地说："建九层楼台就比这危险百倍。如此之高台三年难成，三年中要征用全国民工，使男不能耕，女不能织，老百姓没有收成，国家也穷困了。而国家穷困了，外国便会趁机打进来，大王您也就完了。你说这不比往棋子上摞鸡蛋更危险吗？"

灵公吓得出了一身冷汗，立即下令停工。

孙息让晋灵公看了场不成功的杂技表演，更受了一次形象生动的批评，那味道确实是又甜又苦。正在气头上的人，是难以与他正面争辩的。何况他还有无上的权威支持，那更是老虎屁股——摸不得。然而，"绵里藏针法"每每在这样的关键时刻，能起到逆转乾坤的作用。

庄重显力量，风趣显风度。在论辩中做到既庄重又风趣，可以叫对方无力招架，自叹弗如。庄重为绵，风趣为针，是为绵里藏针。

赵、魏等国合纵，赵为争夺合纵的领导地位，献出百里土地，请求魏国杀死魏相范座。

第二章 零压力社交
——建立和谐人际关系的技巧

范座入狱后，上书给魏王说："臣听说赵王要拿方圆百里的土地为代价，请求杀死我。杀死一个无罪的范座，不过是小事一桩；而得到百里的土地，可是很大的利益，臣暗自为大王感到得意。话虽然这样说，却有一点不可不留意，如果百里的土地没能到手，被杀死的人可就不能复生了，而且大王还一定会被天下人所耻笑。臣以为与其用死人同赵国做交易，不如拿活人做交易更好。"

最后，魏王释放了范座。

范座先请求大王赐他一死，然后再剖析这一行为的后果，让大王定夺取舍，自己不明确表态，可见绵里藏针的手法十分高明，尤其适合用在与地位比自己高的人身上。

一般来说，绵里藏针，话里藏话，总体上有两个基本功：一是能够听出对方的弦外之音、恶毒之意，否则便会成为笑柄，白白赔了笑脸；二是要委婉含蓄地表达自己，话要说得很艺术，让听话之人心领神会，明白你话中的锋芒所在。

所以，日常交际、辩论等时候，你不方便直接使用钢的策略，不妨将刚置于柔中，采用绵里藏针的策略，往往收效更显著。

乱其心智，不战而屈人之兵

有"气"才有"力"，心志乱了，再强壮的体魄也不堪一击。所以若能扰乱敌手心志，也就等于从根本上打乱了敌手的阵脚。

唐玄宗靠"政变"上台，所以当上皇帝后也很不安心。

不久，玄宗在骊山阅兵式上，以军容不整为由，判功臣兵部尚书郭元振死罪。大臣纷纷求情，请皇上看在郭元振功劳盖人的分上，饶他死罪，却被唐玄宗以赏罚有道之名拒绝了。最后郭元振被流放新州。

宰相刘幽求也是大功臣，他一贯和武党抗争，除灭韦党和太平公主，他也参与谋划，其功非小。玄宗因为一件小事就将他罢相，还告之说："百官之首当为百官作则，故朕对你要求甚严，也是正常之举。"

刘幽求十分不满，背后发牢骚说："皇上现在不念恩义，判若两人，他不该如此待我啊。我为他出生入死，谁知却落得个这样的下场！"

玄宗闻知马上又下旨把他贬为睦州刺史，并对群臣激愤地说："天下多乱，朕当严治臣子，此朕之职也。刘幽求以功和朕对抗，口出不逊，这便是大罪。朕若徇情枉法，让人有了造反的口实，朕怎会做此蠢事呢？"

后来，功臣王据、魏知古、崔日用也都一一被贬，朝中再无人敢以功臣自居。群臣整日战战兢兢，玄宗这才罢手。

震慑之法不仅在古时是帝王之策，在现代社会也有很大用处。让对方心中有所畏惧，有时一句话就可胜过千军万马。

王斌是某村的村长，在村里有很高的威望，村子里的大小事宜都会找他来帮助解决。有一次，村里有名的"恶媳妇"又开始对自己的婆婆破口大骂，却没有人敢管她的闲事。王斌对此也深知，只是没有合适的机会教训她。

这个恶媳妇又在很嚣张地高声叫骂，骂的内容越来越不堪入耳。王斌走了过去。这恶媳妇平时就对王斌很有意见，认为他管闲事太多，见王斌来了，她的叫骂声更大了。

对于这种人，只能对她进行震慑，因为任何劝说都不会起作用的。于是王斌走过去，说了这样的一句话："我听说你的那个小叔子快从监狱里出来了，你知道这事吗？"

原来，这恶媳妇的小叔子也是村中一霸，心狠手毒，不通人情。前几年和人打群架，被关进了监狱。这恶媳妇一听到她的小叔子，立刻把要骂的话收了回去，低下头走回了家。从此，她再也不敢对婆婆施加冷脸了。

精神攻击，是一场针对人性弱点的心理战。对于人来说，是"意识决定物质"，心是一个人的主宰，如果心志刚强，那就很难战胜，如果方寸大乱，那就不堪一击。

人与人的竞争，有时候不仅仅是智慧和体力的竞争，也是一种意志和情感的竞争，所以现代战争也很讲究心理战，如果能在心理上压服对手，那胜利就指日可待。而每个人都有自己心理上的"死穴"，总有自己感情上的柔软之处，抓住其虚弱处轻轻一击，可不战而屈人之兵。

技巧 12

观风撒网，圆润通达

反常的举动背后必有反常的意图

1929年，美国发生了一件震动全国教育界的大事，美国各地的学者都赶到芝加哥去看热闹。在几年之前，有个名叶罗勃·郝金斯的年轻人，凭借半工半读从耶鲁大学毕业，当过作家、伐木工人、家庭教师和卖成衣的售货员。现在，只经过了八年，他就被任命为芝加哥大学的校长。他有多大？30岁！真叫人难以相信。老一辈的教育人士都大摇其头，人们的批评就像山崩落石一样一齐打在这位"神童"的头上，说他太年轻了，经验不够，教育观念很不成熟，甚至各大报纸也参加了攻击。

在罗勃·郝金斯就任的那一天，有一个朋友对他的父亲说："今天早上我看见报上的社论攻击你的儿子，真把我吓坏了。"

"不错，"郝金斯的父亲回答说，"话说得很凶。可是请记住，从来没有人会踢一只死了的狗。"

不错，这只"狗"愈重要，踢它的人愈能够感到满足。越是有能力、地位显赫或者成绩卓著的人，越是会被"羡慕嫉妒恨"。"攻击比自己优越的人"是人的一个本性。哲学家叔本华说过："小人常为伟人的缺点或过失而得意。"总有那么一些人，以讥讽、打击比自己优秀、比自己优越的人为荣，从中得到片刻的心理满足，实际上也是一种虚荣心在作怪。没有任何人喜欢别人的批评，但绝对不可能不受批评，我们不能阻止别人对自己做任何不公正的批评，但我们可以做我们自己：不管别人怎么说，只要知道自己是对的就可以了。

只要你超凡脱俗，就一定会受批评，不要恼怒于别人的言语冒犯或恶意批评，这意味着你已经有所成就，而且是别人注意的，别人只不过想通过指责你来得到满足感。收起你遮挡批评的伞吧，也许，但丁的那句名言最能代表明智的做法："走自己的路，让别人去说吧！"

免费的午餐里大多有"毒药"

古时有个读书人叫张生，博学，口才极好，本来是可以有所作为的，但他很爱占小便宜，被一个骗子骗去了一大笔银子。张生自然又气又恨，想到各地去漫游，希望能抓住那个骗子。事有凑巧，忽然有一天，他在苏州的闾门碰上了那个骗子。不等他开口，骗子就盛情邀请他去饮酒，并且诚恳地向他道歉，说是上次很对不起，请他原谅。过了几天，骗子又跟张生商量说："我们这种人，银子一到手，马上就都花了，当然也没有钱还给你。不过我有个办法，我最近一直在冒充三清观的炼丹道士。东山有一个大富户，和我已经说好了，等我的老师一来，就主持炼丹之事，可我的老师一时半会儿又来不了，你要是肯屈尊，权且当一回我的老师，从那富户身上取来银子，我们对半分，作为我对你的赔偿，而且还能让你多赚一笔，怎么样呢？"张生听说有好处，就答应了那个骗子的要求。于是这个骗子就让张生剪掉头发，装成道士，自己装作学生，用对待老师的礼节对待张生。那个大户与扮成道士的张生交谈之后，深为信服，两人每天只管交谈，而把炼丹的事交给了骗子。大户觉得既然有师傅在，徒弟还能跑了？不想，那个骗子看时机成熟，就携大户的银子跑了，于是大户抓住"老师"不放，要到官府去告他。倒霉的张生大哭，然而等待着他的，却是一场牢狱之灾。

抱着侥幸心理，企盼拥有免费的午餐，就会像张生一样被人利用，无法脱身。

我们应该在诱人的利益面前，低声问问自己："这种好事怎么会落在我头上？"多一分小心谨慎，才能少一些危险和磨难。

凡事有利必有害，而"免费的午餐"背后更可能隐藏着大害。自古至今，只有能明事非、辨利害，才能不会身受其害。

特别能忍耐的人必有过人之处

在1805年的奥斯特利茨战役和1807年的弗里德兰战役中，俄军被法军打得大败，实力大大减弱。刚登基的亚历山大一世重整旗鼓，与拿破仑展开了新的较量。与以往不同的是，这次他使用了新的"壮举"，卑躬屈膝地讨好对方，处处表现出退让的姿态，以屈求伸。

1808年，拿破仑决定邀请亚历山大在埃尔特宫举行会晤。这次会晤，是拿破仑为了避免两线同时作战，用法俄两国的伟大友谊来威慑奥地利。

亚历山大认为目前俄国的力量不足对抗拿破仑，还必须佯装同意拿破仑的建议，并向他"献媚取宠"，争取准备的时间，妥善做好准备，时机一到，就从容不迫地促成拿破仑垮台。有一次看戏，当女演员念出伏尔泰《奥狄浦斯》剧中的一句台词，"和大人物结交，真是上帝恩赐的幸福"时，亚历山大一脸真诚地说："我在此每天都深深感到这一点。"这使拿破仑非常满意。

又一次，亚历山大有意去解腰间的佩剑，发现自己忘了佩戴，而拿破仑把自己刚刚解下的宝剑赐赠给亚历山大，亚历山大装作很感动的样子，热泪盈眶地说："我把它视作您的友好表示予以接受，陛下可以相信，我将永不举剑反对您。"拿破仑对他也彻底消除了戒备。1812年，俄法之间的利益冲突已经十分尖锐，这时亚历山大认为俄国已做好准备，于是借故挑起战争，并且打败了拿破仑。

亚历山大总结经验教训时说："拿破仑认为我不过是个傻瓜，可是谁笑到最后，谁就笑得最好。"亚历山大伪装自己，使拿破仑放松了警惕，又暗中壮大自己的势力，最终打败了对方。

拿破仑被亚历山大的"忍让"迷惑了，终于失掉了自己的帝国。在很多时刻，忍耐并非是出自真心，而是在暗中积蓄力量。忍耐可以让权力转换在瞬间完成，那些看似波澜不惊的退让，会使你在几个回合之后失掉自己的优势。

在中世纪的欧洲，国王的权力来自教皇，君权神授，神权高于君权。

1076兵荒马乱时，德意志帝国皇帝亨利与罗马教皇格里高利争权夺利，斗争日益激烈，最后发展到了势不两立的地步。

亨利首先发难，召集德国境内各教区的主教们开了一个宗教会议，宣布废除格里高利的教皇职位。格里高利则针锋相对，在罗马拉特兰诺宫召开全基督教会的会议，宣布驱逐亨利出教，不仅要德国人反对亨利，也要在其他国家掀起反亨利浪潮。

一时间，德国内外反亨利力量声势震天，德国境内大大小小的封建主都兴兵造反，向亨利的王位发起挑战。

亨利面对危局，被迫妥协，1077年1月，他身穿破衣，骑着毛驴，冒着严寒，翻山越岭，千里迢迢前往罗马，向教皇忏悔请罪。

格里高利不予理睬，在亨利到达之前躲到了远离罗马的卡诺莎行宫。亨利没有办法，只好又前往卡诺莎拜见教皇。教皇紧闭城堡大门，不让亨利进来。为了保住自己的皇帝宝座，亨利忍辱跪在城堡门前求饶。

当时大雪纷飞，地冻天寒，身为帝王之尊的亨利屈膝脱帽，整整在雪地上跪了三天三夜，教皇才开门相迎，宽恕了他。

亨利恢复了教徒身份，保住了帝位。当他返回德国后，集中精力整治内部，将曾一度危及他王位的内部反抗势力逐一消灭。在阵脚稳固之后，他立即发兵进攻罗马，以求报跪求之仇。在亨利的强兵面前，格里高利弃城逃跑，客死他乡。

这里我们看出亨利"含辱负屈的卡诺莎之行"是别有用心的。在他与教皇对峙、国内外反对声一片，特别是内部群雄并起、王位岌岌可危的情况下，他利用苦肉计取得和解，赢得喘息时间，然后重整旗鼓，再和教皇较量。教皇没有看到他的用心，最后客死他乡。

一时的"胯下之辱"或者表面的"负荆请罪"都会让我们以为对方有真心诚意，但实际上，大多能忍奇辱之人，日后必有过人之处。这是我们最应该防范的。

圆通，无伤害地实现目的

生存在复杂的现实社会中，圆通是一种处世哲学，虽不高深，却并非人人皆可悟其精义，得其要领。因为处世圆通，不但须要阅历与智慧，而且要有不问是非之心，善和稀泥之技。

时代与时代不一样，为官之道也是有所区别的，房玄龄能做二十年的太平宰相，一生极尽荣宠，关键还在于那是个和平年代，稳定的政治环境为他施展自己的抱负提供了充分的机会。倘若一个人处在"城头变幻大王旗"的乱世，那么忠侍一主则极有可能被时代无情地吞噬掉。俗话说"乱世宜用重典"，有"心机"的人应该知道乱世要学学圆通的智慧。

清末民初的官场上，徐世昌就是一位深谙此道的"教父级"人物。

徐世昌是1905年入值军机处的，在军机处，他仍行"中庸"的做官之道。

军机大臣当时是庆亲王奕劻，他与袁世凯关系密切，当时与奕劻和袁世凯对立的是瞿鸿机。瞿鸿机在其任期内做了三件大事：

一是否决了袁世凯欲推奕劻任总理组阁的建议。

二是赞同新设立的陆军部收回北洋六镇。

三是弹劾奕劻父子收贿纳妾，向慈禧建议解除其军机大臣之职，举醇亲王载沣以代之。

瞿鸿机与袁世凯、奕劻对立，对徐世昌却颇有好感，他"独信徐世昌，谓其谨厚"。另一位军机大臣鹿传霖，又以乡谊与徐世昌亲近，因此徐世昌在军机处颇为得意。

徐世昌与瞿鸿机亲近，与袁世凯更近，在清末著名的"丁未政潮"中，岑春煊对慈禧痛言奕劻贪黩误国，要求罢免奕劻，但后来奕劻却保住了自己的权位，还与袁世凯一起反击，结果岑春煊被罢职。

袁世凯在给两江总督瑞方的密信中说："幸大老（奕劻）平时厚道，颇得多助，复出此内外夹攻之厄。伯轩（世续）、菊人（徐世昌）甚出力，上（慈禧）怒乃解。"由此不难看出，徐世昌为保奕劻是出了大力的。

徐世昌不得罪奕劻，也不得罪瞿鸿机。奕劻与瞿鸿机暗斗，奕劻总想把瞿鸿机挤出军机处，袁世凯对瞿鸿机亦早有不满。奕、袁二人商议，以瞿鸿机当时兼领外务部尚书为由，派他出洋，他自然无法推却，只能启程离京。但奕劻、袁世凯让徐世昌在军机处提出此议，这下子，徐世昌为难了。瞿鸿机听了徐世昌的话，一下子就明白了，他说："我老了，不能远涉重洋，还是让年富力强的人去吧！"徐世昌随机应变，立即改为自请成行，给了瞿鸿机一个台阶下。瞿鸿机由此对徐世昌十分感激。

后来，徐世昌见上层斗争太激烈，难以应付，就请调东北三省总督，避开了官场激烈斗争的漩涡。这不失为明智之举。

做人难，难做人。生活在这纷繁的世界，做人真的很难，要做到人人喜欢更难。综观世界历史，大凡能成就伟业者，无不深谙方圆之道，知道做人何时应该进，何时应该退，何时应该发脾气，何时应该深藏不露。

那些成大事者，多方圆通达，在危难时刻总能把做人的机智发挥得淋漓尽致。处在乱世时，态度一定要圆通；假使处于末世，就要方圆并用了。这是因为在太平盛世时，大道得以通行无阻，所以可以放心地依道而行；但如果身逢乱世，眼见正道不再通行，做人就要圆通一些，以免替自己招来不幸。方正的言行，原是无可厚非的，但在动荡不安的时候，还不晓得明哲保身，而陷身于危境，就未免太不明智了。

既要坚守原则又要懂得变通

只知道坚守而不知道变通的人就走向了另一个极端——固执。根本的原则和正确的原则要坚守，但不合理的就要懂得变通。

一个固执的人在烈日下急匆匆地赶路。
他热得大汗淋漓，然而却不肯扇扇子。一只鸟儿飞过来，对他说：
"你为什么不肯扇扇子呢？"
"哼，我靠我自己活在这个世界上，不需要任何外力的帮助！"
"我用翅膀为你扇风吧？"
"走开！我宁可热死，也不要任何外力帮助！"固执的人继续走他的路。
他来到一条很宽很深的河边，他过不去了，站在岸边。
"去找渔家借条船吧，你会很快渡过河去的。"那只鸟儿又追来了。
"哼！借？我长这么大，从来没向别人借过东西！我要靠我自己过河去。"固执的人说。
固执的人说完，径直朝河里跳去，一会儿，他就沉了底。
"唉！这个人真是太固执了。"鸟儿叹了一声，飞走了。

蒲公英借助风力把它的种子撒向四方，鸟儿借助树木把它的家安置妥当。世界上哪里有不借助外物而孤立存在的人呢？这个固执的人坚持了自己的错误的原则，不知因时因事而变，最终受害的只能是自己。过于固守原则，就会到处碰壁。

技巧 13

圆熟老道，因人而异

成全别人的好胜心，成就自己的获胜心

人人都有自尊心，人人都有好胜心，若要联络感情，应处处重视对方的自尊心，因为重视对方的自尊心，必须抑制你自己的好胜心，成全对方的好胜心。

若能做到这一点，在危险中你将可以保全自己，在竞争中你将更容易获胜，在日常与人相处中你将获得好人缘。

下面这个例子讲的就是名相萧何如何通过成全刘邦的好胜心而保全了自己。

汉初良相萧何，泗水沛（今江苏沛县）人。曾任沛县主吏掾、泗水郡卒吏等职，持法严明不枉害人。秦末随刘邦起兵反秦，刘邦进入咸阳，萧何把相府及御史府的法律、户籍、地理图册等收集起来，使刘邦知晓天下山川险要、人口、财力、物力的分布情况。项羽称王后，萧何又劝说刘邦接受分封，立足汉中，养百姓，纳贤才，收用巴蜀二郡的赋税，积蓄力量，然后与项羽争天下。为此他深得刘邦信任，被任为丞相。他极力向刘邦举荐韩信，认为刘邦要取得天下非任用韩信不可。后来韩信在楚汉战争中的才干证明萧何慧眼识人。楚汉战争中，萧何留守关中，安定百姓，征收赋税，供给军粮，支援了前方的战斗，为刘邦最后战胜项羽提供了物质保证。西汉建立后，刘邦认为萧何功劳第一，封他为侯，后被拜为相国。萧何计诛了韩信后，刘邦对他就更加恩宠，除对萧何加封外，刘邦还派了一名都尉率五百名士兵作相国的护卫。

当天，萧何在府中摆酒庆贺。有一个名叫召平的人，穿着白衣白鞋，进来对萧何说："相国，您的大祸就要临头了。皇上在外风餐露宿，而您长年留守在京城，您既没有什么汗马功劳，又没有什么特殊的勋绩，皇上却给您加封，又给您设置卫队，这是由于最近淮阴侯在京谋反，因而也怀疑您了。安排卫队保卫您，这可不是对您的宠爱，而是为了防范您。希望您辞掉封赏，再把全部私家财产都捐给军用，这样才能消除皇上对您的疑心。"

萧何听从了他的劝告，刘邦果然很高兴。同年秋天，英布谋反，刘邦亲自率军征讨。他身在前方，每次萧何派人输送军粮到前方时，刘邦都要问："萧相国在长安做什么？"使者回答，萧相国爱民如子，除办军需以外，无非是做些安抚、体恤百姓的事。刘邦听后总默不做声。使者回来后告诉萧何，萧何也没有识破刘邦的用心。

有一次，偶然和一个门客谈到这件事，这个门客忙说："这样看来您不久就要被满门抄斩了。您身为相国，功列第一，还能有比这更高的封赏吗？况且您一入关就深得百姓的爱戴，到现在已经十多年了，百姓都拥护您，您还在想尽办法为民办事，以此安抚百姓。现在皇上所以几次问您的起居动向，就是害怕您借关中的民望而有什么不轨行动啊！如今您何不贱价强买民

间田宅,故意让百姓骂您、怨恨您,制造些坏名声,这样皇上一看您也不得民心了,才会对您放心。"

萧何说:"我怎么能去剥削百姓,做贪官污吏呢?"门客说:"您真是对别人明白,对自己糊涂啊!"萧何又何尝不知道这个道理,为了消除刘邦对他的疑忌,只得故意做些侵夺民间财物的坏事来自污名节。不多久,就有人将萧何的所作所为密报给刘邦。刘邦听了,像没有这回事一样,并不查问。当刘邦从前线撤军回来,百姓拦路上书,说相国强夺、贱买民间田宅,价值数千万。刘邦回长安以后,萧何去见他时,刘邦笑着把百姓的上书交给萧何,意味深长地说:"你身为相国,竟然也和百姓争利!你就是这样'利民'啊?你自己向百姓谢罪去吧!"刘邦表面让萧何自己向百姓认错,补偿田价,可内心里却窃喜,对萧何的怀疑也逐渐消火。

刘邦身为开国皇帝,自是不希望臣子的威信高过自己。萧何采纳了门客的建议成功的保全了自己。

人们在人际交往中也是如此,每个人都有好胜心,懂得成人之美,是一种双赢的智慧。

鉴才有道,大权控、小权授

在现实的管理世界,领导事必躬亲不但不可能,而且会培养一批没有开拓精神的员工。聪明的领导者,都善于鉴别人才,能对合适的人才授以适当的权力,但自己始终掌控大的权力,从而既调动员工积极性,又有效掌控大局。

不得不承认,总有这样一些领导,什么事情都得亲自去做,委托下级去做他就不放心。死抱住自己的工作不放手的领导是失职的。不愿把工作交给别人做,是担心自己的存在价值,还是怕年轻人超越自己?他们到底是怎么想的呢?

这些领导一过四十岁,快接近主要管理职务时,就担心自己在公司内的寿命越来越短;一过五十岁,就开始为保住自己的位置而拼命想办法。事实上,这是对工作的一种非常严重的误解。二三十岁的职员与四五十岁的职员,现场工作者与管理者,他们各自的作用是不同的。管理者的功绩并不是从他直接从事的工作中体现出来的,是否能够培养出优秀的部下,才是左右管理者功绩的重要因素。

领导比下级经验丰富,应该从事更高级的工作。所以,领导把工作让给下级,就是把下级的工作提高了一个台阶,让下级有挑战高级工作、提高自身能力的机会。如果领导只是想保住自己的优势地位而不愿把工作交给下级做,那么领导就无法提高自己,下级也得不到锻炼。

曾经,"权限委让"一词流行一时。当时以大企业为首,中小企业也纷纷把权限委让给下级。但是,问题在于把权限下放后,下级是否真的能干好。企业可不能用来做实验,因为它毕竟担负着所有员工及其家庭成员的生活。一旦失败,那后果是不堪设想的。

如果要将权限下放的话,那首先得培养出有能力承担这个权限的后继者,而绝不能一下子把权限全部下放。但是,现在很多领导还是不懂得培养下级。有句话说得好:"总经理从上任的那天起,就得开始着手培养教育下一任总经理。"

因此,不能一个人死抱着一项工作不放,英明的领导善于调动每一个员工的积极性,选贤任能,让下属有权、有职、有责,在自己的权力范围内放开手脚解决问题。

日本最大的电器企业松下公司的创建者松下幸之助认为,个人的才干与能量都是有限的,只有让每个人各司其职,充分施展才能,公司的管理才能搞好。因此,从创业之初,他就对所属部门进行授权,把公司的管理按适当的规模划分为一个个相对独立的事业部。

松下说:"公司繁荣时期,主持者不要干预下面的工作,当遇到困难时,主持者便应亲自指挥一切!"正因为如此,松下公司的上上下下均能明确自己的职责并努力工作。

第二章 零压力社交
——建立和谐人际关系的技巧

对待不同的人，选择不同的方法

每个人的性格、思想以及地位身份的不同，决定了我们对待不同的人，应该有不同的方法。

明宇的上司对公司上半年的营销状况极不满意。事实上，问题出在公司的广告宣传上。上司甩出一沓报表，把主管营销的明宇大训一通。明宇心里有很多疙瘩，但不便马上反驳——否则更是火上浇油。他一边洗耳恭听，一边拿出笔记本做记录。等上司发完脾气，情绪稍稍平稳一些，他才说："能否听我解释几句？"

在获得上司的许可之后，他说："我们应该在营销策略上再下工夫，这是毋庸置疑的。但是公司每一季所做的广告在媒体的选择上很有问题。譬如把婴儿纸尿片的广告放在电台的非黄金时段及时尚杂志上做，既浪费钱，又没效果；电视上看不到我们新产品的踪迹……我的建议是：应赶紧转移广告投放重点，配合我们新颖的促销活动，及时调整应该还来得及。"

上司听后连连称是，随即招来广告部负责人，就广告宣传问题重新商定，安排下一步促销活动。

阿峰是明宇的同事兼对手，自然关系微妙。老板比较喜欢差遣明宇，因为明宇凡事好商量。一来二去，阿峰十分嫉妒，有事没事便找碴与明宇对着干。对于这样的人，明宇的姿态是不卑不亢，平时十分注意将相关的工作处理得当，让他无话可说，遇到阿峰非要找碴，明宇也是避免跟他当着同事的面发生冲突。他常常这样说："我们争归争，别影响工作，我们到隔壁的会客室谈，好吗？"

单独相处时，明宇会正色说："大家都会有心情不好的时候，但迁怒于别人恐怕不是聪明人的做法。这是一个竞争的社会，你的长处在哪里，不应只表现在嘴上，而要常跟老板沟通。要是我们总是在办公室吵吵闹闹，手下的员工会怎么看？我这次不计较了，或许下一次情况就不同了。实在不行，只好请老板评理。"

明宇软硬话都说了，虽然阿峰不承认自己发火是针对他，但此后也不乱发脾气了，并且计划在工作实绩上超过对手。

有句俗话说得好，叫"看人下菜碟儿。"没错，对待不同的人，就是要综合他的性格、身份、年龄、地位，等等，然后采取不同的方法，从而各个击破。

我们都知道，世界上没有两片完全相同的树叶，同理，也没有两个完全相同的人。在出现摩擦与问题时，我们必须学会根据不同情况区别对待。

技巧 14

适者生存，而非强者生存

与强者博弈，识时务者为俊杰

狐狸碰到狼，被狼打了一巴掌，狐狸问：为什么打我？狼说：叫你不戴帽子！

第二天，狐狸戴着帽子在街上又碰到了狼，又被狼打了一巴掌，狐狸问：怎么又打我？狼说：叫你戴帽子！

第三天，狐狸找到森林大王老虎投诉，老虎答应帮忙解决。

第四天，狐狸经过老虎家的门口，听见狼在屋里被老虎训话：你也太笨了，狐狸都来投诉了，你这不是叫我为难吗？话也不会说，你要是想打狐狸，就应该吩咐狐狸去给你拿洗衣服的东西，如果狐狸拿的是肥皂，你就打它，说你要的是洗衣粉；如果狐狸拿的是洗衣粉，你也打它，说你要的是肥皂。

第五天，狐狸又碰到了狼，狼说：狐狸，你去给我拿洗衣服的东西。狐狸问：你是要洗衣粉还是肥皂？狼心想：这狐狸真聪明！难不住它。

然后狼又给了狐狸一巴掌，狐狸问：你为什么打我？狼说：叫你不戴帽子！

在狼面前狐狸是弱小的，狼是规则的制定者，它想打狐狸，可以找任何理由。

制定规则永远是强者的专利，在博弈中哪一方处于强势地位，制定的博弈规则必然对其有利，例如WTO条款的制定是对欧美发达国家有利的，因为欧美发达国家是WTO规则制定中强势的一方。法律是一个国家的规则，一国的法律也是体现统治阶级意志的。在最古老的法律——《古罗马法》中，规定了奴隶是奴隶主的私人产品，不允许奴隶背叛，奴隶也是可以买卖的。这就体现了奴隶主阶级的意志。实力决定地位，决定利益，如果你想让游戏规则按自己的意志制定，那就要不断增强自己的实力。

但在现实生活中，我们有些时候会处在弱势地位，那该怎么办呢？从博弈的角度，答案只有一个，即暂时隐忍、退避，万万不可贸然与强者正面交锋。对于弱者来说，不是没有获胜的机会，而是在力量还不够强大时，需要用智取的方式获胜。

清朝的康熙皇帝智除鳌拜就是一个靠智慧以弱胜强的经典例子。

康熙亲政后，决定收回大权，并准备取消辅政大臣的辅政权力。这一措施使鳌拜受到了极大的威胁，鳌拜与康熙帝早已存在的矛盾就更加激化了。

但鳌拜在朝廷中势力很大，康熙不敢妄动，一旦逼反鳌拜，很可能使自己皇权不保，所以康熙深知不能与鳌拜正面交锋，必须智取。平时的朝中大事皆由鳌拜说了算，他经常当着康熙的面呵斥大臣，而且稍不如意，就在康熙面前大吵大闹。康熙帝表面上对其百般忍让，暗地里却在冥思苦想对付鳌拜的办法。他暗中训练了一批武功高强的少年卫士，准备找合适的时机将鳌拜及其附属势力彻底铲除。

康熙八年（1669年）五月十六日，鳌拜因事入奏，康熙借此良机，利用自己训练的一批少年卫士将他捉住，送入大狱。接着命康亲王杰书等进行审问，列出主要罪行三十款，朝廷大臣决议应将鳌拜革职、立斩；其亲子兄弟亦应斩首；妻并孙为奴，家产籍没；其族人有官职及在护军者，均应革退，各鞭一百。康熙考虑到鳌拜是顾命辅臣，且有战功又效力多年，不忍加诛，最后定为革职籍没，与其子纳穆福俱予终身禁锢。后来鳌拜死在狱中，纳穆福获得释放。鳌拜死党穆里玛、塞本特、纳莫、班布尔善、阿思哈、噶褚哈、泰必图、济世等主要罪犯，一律处以死刑。曾经猖獗一时的鳌拜集团就这样被彻底铲除了。

所以，面对强者，要避开其锋芒行事，这既可保全自己，又可以给除掉对手创造机会。在与强者博弈中一定要懂得"识时务者为俊杰"的道理，绝对不能干螳臂挡车的蠢事。如果没有实力除掉对手，就要继续隐藏下去，修炼内功，等待时机。

最强的实力，最低的存活率

了解博弈论的人都知道，借助于这种理论，现实生活中的许多看起来匪夷所思的事实都能得到合理的解释，比如竞争对手经常比邻而居，聪明人往往受到现实的愚弄，等等。除此之外，博弈论中有一个经典的模型"枪手博弈"，也是现实中某种出人意料结局的高度抽象。

甲、乙、丙三个枪手彼此仇视，互不相容。有一天，他们在街上不期而遇。一瞬间，氛围紧张到了极点。在这三个人中，甲的枪法最好，十发八中；乙枪法次之，十发六中；丙枪法最差，十发四中。

这时，如果三人同时开枪，并且每人只发一枪；第一轮枪战后，谁活下来的机会大一些？

很多人认为甲的枪法好，活下来的可能性大一些。但结果并非如此，存活几率最大的是枪法倒数第一名丙。

只要分析一下各个枪手的策略，就能明白其中的原因了。

枪手甲的最佳策略是先对枪手乙开枪。因为乙对甲的威胁要比丙对甲的威胁更大，甲应该首先干掉乙。

同理，枪手乙的最佳策略是第一枪瞄准甲。乙一旦将甲干掉，乙和丙进行对决，乙胜算的概率自然大很多。

枪手丙的最佳策略也是先对甲开枪。乙的枪法毕竟比甲差一些，丙待甲被干掉再与乙进行对决，丙的存活概率还是要高一些。

那么三个枪手在上述情况下的存活几率分别为：

甲：24%（被乙丙合射40%×60%=24%）。

乙：20%（被甲射100%-80%=20%）。

丙：100%（无人射丙）。

通过概率分析，我们发现枪法最差的丙存活的几率最大，枪法好于丙的甲和乙的存活几率远低于丙的存活几率。

如果改变游戏规则，假定甲乙丙不是同时开枪，而是他们轮流开一枪。

先假定开枪的顺序是甲、乙、丙，甲一枪将乙干掉后（80%的几率），就轮到丙开枪，丙有40%的几率一枪将甲干掉。即使乙躲过甲的第一枪，轮到乙开枪，乙还是会瞄准枪法最好的甲开枪，即使乙这一枪干掉了甲，下一轮仍然是轮到丙开枪。无论是甲或者乙先开枪，乙都有在下一轮先开枪的优势。

如果是丙先开枪，情况又如何呢？

丙可以向甲先开枪，即使丙打不中甲，甲的最佳策略仍然是向乙开枪。但是，如果丙打中了甲，下一轮可就是乙开枪打丙了。因此，丙的最佳策略是胡乱开一枪，只要丙不打中甲或者乙，在下一轮射击中他就处于有利的形势。

从这个模型中，我们发现，三个枪手中实力最弱的丙的存活率反而最高，通过以上分析，这个结果就顺理成章地出现了。

枪手博弈告诉我们：在多人博弈中常常由于复杂关系的存在，最终的胜利者，不一定是实力最强者，一位参与者最后能否胜出，不仅仅取决于自己的实力，更取决于实力对比关系以及各方的策略。

在认识到这种规律之后，我们不论是强者还是弱者，当遭遇枪手博弈时，如何采取恰当的策略才是取胜的关键。

与弱势对手结盟，合力击垮最强对手

枪手博弈中，你可能已经发现：在这场生死决斗中，枪手乙和枪手丙似乎达成了某种默契，在甲被杀死以前，他们相互间不是敌人，也即在丙和乙之间达成了一个攻守同盟。

这不难理解，毕竟人总要优先考虑对付最大的威胁，同时这个威胁还为他们找到了共同的利益，联手打倒这个人，他们的生存机会都会上升。

其实，这一策略历史上很早就有人用过。

据《史记》记载，秦始皇称帝后第五次巡视全国各地，随行的有丞相李斯和中车府令赵高。秦始皇有二十多个儿子，但只有十八子胡亥被允许同行，因为他深受秦始皇喜爱。这次巡视东至会稽，渡江至琅玡，再取道西返。七月，车驾至平源津，秦始皇病重。由于他忌讳说死，群臣谁也不敢谈论死的事。至沙丘平台，他病情更加严重。他自知不能治愈，于是命令赵高拟定诏书给长子扶苏，要扶苏把军务托付给蒙恬，速回咸阳办理丧事。诏书写毕，还来不及封口交给使者，秦始皇就去世了。

赵高拿了秦始皇的玉玺和遗诏，心中感到十分沉重。当时知道遗诏内容的只有李斯、胡亥和他三个人，其他的大臣一概不知。因为秦始皇死在出行的路上，立太子的事未定，丞相李斯恐天下发生动乱，就命令秘不发丧。每到一地，按例进膳，朝廷百官照样还要报告政务，亲信宦官就在车中假托皇帝命令批复百官的奏本。

赵高曾经是胡亥的老师，教给胡亥"书及狱律令法事"，两人关系密切。赵高原是赵国国君的远亲，自幼受宫刑，长大后进宫当宦官。他曾经犯下大罪，秦始皇命蒙毅去审理，秉公执法的蒙毅判赵高死罪。秦始皇因赵高办事比较干练，又精通刑狱法令，所以就赦免了他。这时的赵高担心如果按秦始皇所云让公子扶苏即位，与扶苏关系密切的蒙恬、蒙毅兄弟就会得到宠信，这将对他不利。这个时候，扶苏成了赵高的最大敌人。为此，赵高策划了一场夺嗣的争斗，决定把胡亥推上皇位。

赵高扣下皇帝的信件，游说胡亥道："皇上驾崩，没有遗诏封诸皇子为王而只赐信给长子扶苏。扶苏一到咸阳，就将即帝位。公子你却无尺寸之地可以立足，你想过该怎么办吗？"胡亥说："贤明的君主了解大臣，贤明的父亲了解儿子。我还有什么好说的？"赵高面露一丝奸笑说："现在皇位的归属取决于你、我和李斯三人，希望公子要抓住机会。'臣人与见臣于人，制人与见制于人'，岂可同日而语呢？"胡亥对赵高的奸计心存恐惧，但皇位对他的诱惑实在太大了，也就不管那么多了，最后只是有点担心："现今父皇的遗体还在路上没有发丧，此事怎么对丞相说呢？"

赵高虽然也把李斯当做一大对手，但是在眼前的情势下，他知道没有丞相李斯的支持，他的阴谋是无法得逞的，遂去劝说李斯。李斯起初还以忠于君事自命，但赵高晓之以利说："无论才能、功劳、谋略、声望以及和扶苏的私人情谊，你李斯哪一点比蒙恬强？公子扶苏即位，

第二章 零压力社交
——建立和谐人际关系的技巧

必定宠信蒙氏，以蒙恬为丞相。这样，你的荣华富贵不仅没有了，而且你的子孙也将会受到伤害。只有公子胡亥，人非常仁慈宽厚，轻钱财，重人才，在始皇的所有公子中没有谁比得上他。我认为继承皇位的应该是他，所以我特地来和你商议，把谁即皇位定下来。"出于对共同利益的考虑，李斯终于被赵高说服，同意照赵高的意思办。

三人狼狈为奸，对外宣称李斯接到始皇的诏书，立胡亥为太子。而原先处于强势地位的扶苏最终在赵高和李斯的攻守同盟中落败。

这种与竞争对方合作从而在多人博弈中取胜的策略，在职场、谈判场、商场及人际圈中均适用。

例如，可口可乐和百事可乐，在一般消费者看来，他们是饮料市场上两个水火不相容的对手，两家的市场竞争也可谓你死我活，似乎每家都希望对方忽然发生重大变故，而把市场份额拱手相让。但是多年来，这种局面让每一家都赚了个盆满钵满，而且从来没有因为竞争而使第三者异军突起。

其实我们认真分析一下就会发现，这两位饮料市场的龙头老大，实际上在进行着一种类似于枪手丙和乙之间的攻守同盟。他们真正的目标是消费者，以及那些虎视眈眈的后起之秀。只要有企业想进入碳酸饮料市场，他们就必须展开一场心照不宣的攻势，让挑战者知难而退，或者一败涂地。

隔岸观火，坐山观虎斗

在"枪手博弈"中，枪手丙的优势策略就是暂时按兵不动，因为另外两位枪手的第一枪都不会对准他，丙要做的就是"坐山观虎斗"，静待局势的发展变化，再进一步采取行动。

《史记·张仪列传》中有这样的话："两虎方且食牛，食甘必争，斗则大者伤、小者死；从伤而刺之，一举必有双虎之名。"这是"坐山观虎斗"的出处，它的意思是在进攻之时，不妨对敌我之间的各种利害关系进行灵活把握，这样才能用最省力的方法成为主动的一方，这正是枪手博弈中枪手丙最佳策略的写照。

东汉末期，袁绍在仓亭被曹操打败之后，心情抑郁，不久便得病身亡。临死前，袁绍立幼子袁尚为继承人，任命其为大司马将军。曹操这时斗志正旺，亲率大军前来讨伐袁氏兄弟，企图一举平定河北。曹军以破竹之势攻占了黎阳，很快便兵临冀州城下。袁尚、袁潭、袁熙、高干等带领四路人马合力死守，曹操一连几天都攻打不下。

曹操的谋士郭嘉献计说："袁绍废长子立幼子，兄弟之间必然会为争夺权力相互争斗，各自树立自己的势力帮派，他们之间情况危急时刻还可相救，一旦危机解除就会彼此相互争斗。不如先举兵南下去攻打荆州，征讨刘表，等袁氏兄弟相互争斗发生变故之后，再来攻打他们，就能一举而定。"曹操认为郭嘉言之有理，便留下贾诩镇守黎阳，曹洪镇守官渡，自己则率军征讨刘表去了。果然，曹操大军一撤走，长子袁潭便同袁尚为争夺继承权大动干戈，互相残杀起来。袁潭打不过袁尚，派人向曹操求救。曹操乘机再次出兵北进，杀死袁潭，袁熙、袁尚逃往辽东投奔公孙康，曹军很快占领了河北。

平定河北之后，夏侯惇等人劝曹操说："辽东太守公孙康一直没有臣服我们。现在袁熙、袁尚又去投奔他，必定成为我们的后患。不如趁他们还没有防备之际就去讨伐，这样就能取得辽东了。"曹操却笑着说："不烦你们再次出兵了。几天之后，公孙康会把二袁的首级亲自送来。"诸将都不相信。没过几天，公孙康果然派人将袁熙和袁尚的首级送来了。众将大惊，都佩服曹操料事如神。曹操大笑说："果然不出奉孝所料！"说着，拿出郭嘉临死前留给他的一封信。郭嘉在信中写道："如果听说袁熙、袁尚去投靠辽东，主公千万不要加兵。公孙康一直担心袁氏被吞并之后，二袁去投奔他。倘若率兵去攻打他，他们肯定并力迎敌，欲速则不达；

倘若慢慢地谋取，公孙康、袁氏兄弟必然会互相图谋对方。"

原来，袁绍在世之日就一直有吞并辽东之心，公孙康对袁氏家族恨之入骨。这次袁氏二兄弟去投奔，公孙康就存心想除掉他们，但又担心曹操引军攻打辽东，想利用二人助己一臂之力。所以，袁熙、袁尚二人来到辽东，公孙康并没有马上相见，而是派人迅速前去探听曹军的动静。当探子回报曹操并无攻打辽东之意时，公孙康立即将袁熙、袁尚斩首，使曹操兵不血刃便达到了目的。

曹操使用"隔岸观火"之计，"坐山观虎斗"，以微小的代价换取了胜利。

当敌方矛盾突出、相互倾轧的气氛越来越显露时，不可急于去"趁火打劫"。操之过急常常会促其形成暂时的联合，从而增强敌方的还击能力。故意让开一步，坐等敌方内部对抗矛盾发展以致出现互相残杀的动乱，就能达到削弱敌人、壮大自己的目的。

技巧 15

以退为进，有屈才有伸

掩盖自己的锋芒，放低身架做人

中国有个成语叫"锋芒毕露"，形容一个人将才气和才华全都显露出来，多指人好表现自己。从某种意义上讲，人有锋芒是好事，是事业成功的基础，在适当的场合显露一下既有必要，也是应当。然而，锋芒可以刺伤别人，也会刺伤自己，运用起来应小心翼翼。所谓物极必反，过分外露自己的才华只会导致自己的失败。

唐德宗时，杨炎与卢杞一度同任宰相。卢杞脸上有大片的蓝色痣斑，相貌奇丑无比，是一个除了逢迎拍马之外一无所长的阴险小人。与卢杞同为宰相的杨炎，却满腹经纶，一表人才。

博学多闻、精通时政、具有卓越政治才能的杨炎，虽然具有宰相之能，性格却过于刚直。因此，像卢杞这样的小人，他根本就不放在眼里，从来都不屑与卢杞往来。为此，卢杞怀恨在心，千方百计想要算计杨炎。

正好节度使梁崇义背叛朝廷，发动叛乱，德宗皇帝命淮西节度使李希烈前去讨伐。杨炎认为李希烈为人反复无常，坚决阻挠重用李希烈。

其时，德宗已经下定了决心，对杨炎说："这件事你就不要管了！"可是，刚直的杨炎并不把德宗的不快放在眼里，还是一再表示反对用李希烈，这使本来就对他有点不满的德宗更加生气。

不巧的是，诏命下达之后，正好赶上连日阴雨，李希烈进军迟缓，德宗又是个急性子，于是就找卢杞商量。卢杞便对德宗说："李希烈之所以拖延徘徊，正是因为听说杨炎反对他的缘故，陛下何必为了保全杨炎的面子而影响平定叛军的大事呢？不如暂时免去杨炎宰相的职位，让李希烈放心。等到叛军平定之后，再重新起用杨炎，也没有什么大关系！"

德宗果然听信了卢杞的话，免去了杨炎的宰相职务。

很显然，一味刚直的杨炎就因为不愿与小人交往而莫名其妙地丢掉了相位。

用违背道义、奉迎权势的态度处世，固然会毁坏名气、丧失气节；但一味刚正不阿，不懂韬光养晦，最终只会祸害自己。因此，正直虽然是美好的品行，但为了更好地坚持正义和保存自己，即使你是一个才华横溢的人，即使你有绝世无双的本领，必要的时候还是得收起锋芒，放低身架做人，必须学会适应环境、审时度势，万不可清高自傲、一意孤行、我行我素；应虚怀若谷，团结别人，用自己的品行感染和凝聚志同道合的人。这样，既能有效地保护自我，又能充分发挥自己的才能，在社会上争得一席之地。

以退为进，有屈才有伸

以退为进是一种智谋策略。运用这一策略，一般是在施计方暂时力量薄弱、时机不成熟的情况下，不得不采取的即先忍受屈辱，委于对方，以这种暂时的屈辱，使对方放弃预先的打算，而使己方避凶化吉，蒙混过关，赢得时间。然后再依计行事，逐渐壮大自己的势力。

石勒是十六国时期后赵的开国君主，他是从奴隶到皇帝的第一人。石勒年轻时被卖为奴，后来聚众为盗，最后投奔刘渊。刘渊称汉帝后，石勒便成为他手下一名得力的战将。石勒有胆略，善骑射。他在与晋军争战的过程中，不断壮大了自己的势力。刘渊对他十分重视，任他为安东大将军，给他很多特权。晋永嘉六年（公元312年），他身边的谋臣张宾见他东征西战，流寇一般，劝他在襄国和邯郸间择一根据地，消灭群雄，称王称霸。石勒听取了张宾的建议，率兵占据了襄国。

当时，晋大司马、尚书令王浚是石勒开创王业最大的拦路虎。永嘉七年（公元313年），石勒决定铲除王浚这个障碍，于是与部下商议策略，张宾又进计道："王浚表面上是晋臣，其实有篡位之心。此时，他肯定想招揽各路勇士，以图谋天下。将军如要成就大业，就得先卑身事人，向他俯首称臣。取得他的信任后，再设法除掉他。"石勒认为此法甚是，于是派门客王子春等携带奇珍异宝，献给王浚，并进表劝其称天子。

王浚也非酒囊饭袋之辈，开始时他并不相信，因为石勒独据赵国旧都，与自己成鼎峙之势，岂肯甘心臣服于自己。王子春则装作很坦诚的样子解释道，石勒不是不想称帝，只是担心他一称帝会招致天怒人怨，所以他才想拥戴"州乡贵望，四海所宗"的王浚称帝，而他愿效犬马之劳。王浚听他说得合情合理，就相信了石勒，封王子春为列侯，并派使者带着特产回报石勒。

王浚终于完全中了圈套，把石勒当成了助自己成就大业的一员猛将。建兴二年（公元314年），一支精锐的轻骑兵日夜兼程，奔袭幽州，这就是石勒的军队。石军行至易水时，王浚诸将闻讯，请求出兵阻截，王浚却发怒道："石勒来幽州，是想拥立我为天子，谁敢声言攻击他，就格杀勿论。"说完，命人准备筵席，以款待石勒。天亮时，石勒兵临蓟城门下，叫开城门后，石勒唯恐城中有伏兵，便先把数千头牛羊赶在前面开道，说是送给王浚的见面礼，实际上是用这些牛羊堵塞各条街巷，使王浚纵有伏兵也无法出击。王浚这才感到大事不妙，可惜为时已晚。王浚最后被斩首。

就这样，石勒以巧计扫除了通往帝位道路上的一大障碍。

人们常说做人就要铁骨铮铮，不可轻易向他人低头。但是在人生路上，如果我们做事缺少韧性，不会适当地弯曲，就很容易中途受阻，甚至与成功无缘。因此，做人必须懂得屈伸之道。人在遇到不测风云时，能站起来就站起来，站不起来就得见机振作。要能屈能伸，才有东山再起之日。

做不挨枪子的出头鸟

俗话说"枪打出头鸟"，人太完美、太露锋芒，是很难走远的。精明的人，总是会故意在明显处留点瑕疵，决不做挨枪子的出头鸟。留一点儿瑕疵，让人一眼就看见"他连这么简单的都搞错了"，这样一来，尽管你出人头地，木秀于林，别人也不会对你敬而远之。一旦他发现"原来你也有错"，反而会缩短与你之间的距离。

马林在某公司人事部工作。有一天，企划总监突然叫他整理一份优秀员工的资料。据知情人士透露，这其实是一次考试，它将关系到马林是否还能继续在人事部待下去。对这样的材料，马林本来并不感到为难，但有了无形的压力，便不得不格外用心。他熬了一个通宵，写好后反复推敲，又抄得工工整整，第二天一上班，就把它送到了总监的桌子上。

马林很快完成任务，字又写得道劲、悦目，而且内容、结构上也没有什么可挑剔的，总监当然高兴了。可是，总监快看到最后，笑容渐渐没有了。末了，他把文稿退回，让马林再认真修改修改，满脸的严肃。马林转身刚要迈步，总监像突然想起了什么似的说："对，对，那个'副经理'的'副'字不能写成'付'，改过来，改过来就行了。"就这么简单！总监又恢复了先前高兴的样子，一个劲儿地夸道："来得快，不错。"考试自然过关，还是优秀呢！

原来，马林怕自己写得太好，盖住上司的光芒，故意写了一个错别字，把"副"写成了"付"。

有时，人们要学会适当地犯一点无伤大雅的小错误，不要在他人面前显得过于完美。如果上级派你去办一件事情，在事情还没有办完之前，你就不能打包票说一切都没有问题，即便真是没有一点问题，那么你也要向上级说中间可能会有一点点的小问题，在过程当中还是会遇到一点点的小困难等，否则，上级肯定会认为你在吹牛，降低你对他的信任度。

在与他人相处时，适当地把自己安置得低一点儿，就等于把别人抬高了许多。当被人抬举的时候，谁还有放置不下的敌意呢？既然人不是上帝，那么适当地犯点小错，相信人人都能够谅解。并且，你的这些小错误也让别人获得满足，这样，就不会因为嫉妒而攻击你。表面上看来，犯错是不好的，实际上却是给自己搭了一个获得好人缘的梯子。

所以，在与他人相处的时候，我们不妨恰当地暴露一下自己的缺点，在明显的地方留一点点瑕疵。

打探消息，首先隐藏你的真实动机

高明的人士在打探消息时，总能把自己迫切需要某一消息的事实巧妙地掩盖起来。如果对自己关注的东西显示出过度的注意，往往会显露我们探求消息的用意，反而会把事情弄糟。

很多时候，为了让行动得以顺利进行，我们所要掩饰的不是行动本身，而是动机。至于如何去做，很容易，就是假装出一种动机来给你要蒙骗的对方看，而把自己的真实动机隐藏起来。

南北战争后，美国国内有很长一段时间是多事之秋。因为南方的重建问题，总统约翰逊与议会产生了分歧，作为军权在握的国家军事首脑，格兰特将军的处境最为艰难。作为反对约翰逊的一方，他不想因为二者之间产生明显的决裂而有损政府的威信。于是，他运用了一个策略，就是假装病倒，并因此得以脱身。

道奇将军曾经说，他曾经和林肯就某一个问题探讨很长时间，可林肯的真实用意直到几年以后他才知道。道奇是西部联邦军队里的一位将军，他前往东部波恩特城军营，在格兰特将军那里待了两个星期后，顺便赴白宫拜见林肯总统。和林肯谈了一会儿，道奇就准备起身告辞，可是林肯把其余的来宾一一打发，单单把他留了下来，并把他领到了另外一间屋子里。

道奇后来对人回忆起这段经历时说，林肯这时见他脸上略微露出了不安的神色，便从书桌上随手拿起了一本书。他跷着二郎腿，把那本书打开，开始朗诵书里的一段话。那是一篇非常幽默的文章，道奇听着听着就忍不住笑了起来，马上便觉得很自在了。然后，林肯留道奇共进午餐，向他打听了格兰特将军及其军队的一些情况。道奇说："过了很多年之后，我才明白他这段问话的用意所在……但在当时，我可一点也不知道，林肯桌上已经堆满了要求撤换格兰特的信函。"

因为巧妙地伪装出一种动机，林肯得到了自己想知道的所有信息，却丝毫没有把自己的真实用意或感情表露出来。

曾任芝加哥第一国家银行总裁的韦特莫尔说："直接的问话往往不能得到满意的答案，但是如果向别人表示你对他们事业的关心，却能让对方主动给你所需要的东西。"没错，向别人探听消息时，太直接很容易引起对方的怀疑，甚至是敌意，我们往往需要隐藏自己的真实用意。

商人兰德说道："与自己所经营的事业有直接关系的人，在与他们的交往中保持绝对的率直没有任何问题。可是，对局外人谈论私事的结果往往不堪设想，那绝对是一种'罪过'。一个喜欢把'公司的秘密'告诉别人的人，我不相信他在事业上会取得多大的成功。"

因此，探听消息的不二法则就是要尽量掩藏你的真实动机。

技巧 16

看透不点透，方能保周全

谁都想掩盖自己的底牌

现实世界充满了诡诈和陷阱，人们为了成功或者为了谋取自己的利益，都想掩饰好自己的内心，藏好底牌，以待关键时刻露出制胜的一手。

为人处世最难的就是"知人心"，我们常说的"人心难测"、"知人知面难知心"等，说的就是这个道理。其实，从心理学角度来讲，人心既有可知的一面，又有不可知的一面，既有共性，也有特性。由于社会的复杂性和个人经历的复杂性，人心又具有一些特殊性，即有悖常理的心思、心态和心情，如莫名恼怒、仇恨自己和仇恨社会等。有人把人心比作一泓深潭，里面游动着哪些生物，谁也说不清楚。

人的复杂性并不仅仅是生理构造上表现出的复杂性，更重要的还在于心理上表现出的复杂性，而这种复杂具有抽象性和不确定性因素。因此，当你不了解某人时，最好不要轻易被他的表象左右你的判断。因为，这种表象很可能是一种假象。

美国心理学者奥古斯特·C·伯伊亚曾经做过一个实验，让几个人用表情表现愤怒、恐怖、诱惑、漠不关心、幸福、悲哀，并用录像机录下来，然后，让人们猜哪种表情表现哪种感情。结果是，每人平均只有两种判断是正确的，当表现者做出的是愤怒的表情时，看的人却认为是悲哀的表情。

人是一个矛盾的综合体。人们的喜怒哀乐，远非自身所表现出来的那么简单。欢笑并不一定代表高兴，流泪并不一定代表伤心，鞠躬并不一定代表感谢，拍手并不一定代表赞赏……所以，你要认真分析，学会识别人心，掌握一些读懂你周围的人的本领。而这种本领是你轻松掌控别人，进而掌控生活主动权的必备武器。

古代的奸贼在皇帝面前往往是以忠臣的面孔出现的，总是显得比谁都忠于朝廷；而在皇帝背后却欺凌百姓，玩弄权术。他们往往长于不动声色，老谋深算，满肚子鬼胎，使敌手来不及防备便遭暗算。

人生如棋牌，天下最难以捉摸的一张牌，即为对手的"底牌"。底牌是人保护自己，攻击对手的武器之一。别人要掩盖底牌，我们就要想方设法探得别人的底牌，这样才能未雨绸缪，在对方打出底牌之前想出应对之策，避免被他的底牌所伤。

你的人生，不能没有心理学
改变命运的100个心理学技巧

水至清则无鱼

在人际交往中，有的事不必弄得太明白，只要大家心知肚明就可以了。俗话说：看透别说透。事情说得太白，反而会伤和气，或显得太无聊。即使对方不大清楚，他也会因不理解而推崇备至。懂得此术，在交际中百难可解。

在一次会议上，张教授遇见了一位文艺评论家。互通姓名后，张教授对这位文艺评论家说："久仰久仰，早就知道您对星宿很有研究，是位大名鼎鼎的天文学家。"评论家半天没有反应过来，以为是张教授搞错了，忙说："张教授，您可真会开玩笑，我是搞文艺评论的，并不研究什么天文现象。您是不是弄错了。"张教授正言答："我怎么是跟您开玩笑。在您发表的文章里，我时常看到您不断发现了什么'著名歌星'、'舞台新星'、'歌坛巨星'、'文坛明星'等众多的星宿，想来您一定是个非凡的天文学家。"弄得这位评论家尴尬不已，什么也没说，坐了一会就走了。

无独有偶，还有一个故事同样是"看透别说透"的有力证明。

一日，老姜在县上巧遇好友老刘。寒暄之后，老刘说道："我正想去找你，恰好你来了。"
"有啥事我能帮上忙的？"老姜好奇地问。
"×镇的朱××诉H镇的周××赔偿一案，是你们受理的吧？"
"是啊。"
"周××是我的老乡。他是复员军人，共产党员，这人……"老刘说。
老姜插话笑道："你不必介绍他的政治面貌了，我们又不选拔干部。如果看政治面貌，那么，若遇上一件书记告贼的民事案子的话，岂不是连审判程序也不必进行，直接判书记胜诉就行了么？"
"对对对。"老刘连连点头。
"大凡人们总爱把犯过错误的人看扁，犯过错误的人又不敢激烈申辩自己的正确主张。你是明理之人，为他辩护即可起到维护其合法权益的作用。你说对吗？"老姜说。
"言之有理。"
一番说笑后，二人分手了。老王与老胡之间却没有因此产生半点隔阂。

为人处世，虽需练就一双"火眼金睛"，同时也要做一只"闷嘴葫芦"，这样才能万无一失。

像故事中的张教授以为自己看得挺明白，于是就对人大加指责；而故事中的老姜则不同，他明白"看透不说透"的道理。这两种人在处理事情时得利的结果也自然不同了。

谁都会有出错的时候，如果只是一味地泄私愤、横加批评、讲刺话，总是数落对方"你怎么这么笨"、"你怎么总是这样"、"你这样做太不应该了"等，是不太妥当的。

人非圣贤，孰能无过？因此要把握好指责他人的分寸，即使看破别人的心思也不要去点破。要保全别人的面子，这是在人性丛林中生存的法宝。因为你不去点破他人的心思，充其量是落得他人的埋怨，却不至于引发什么危机。

因此，当某人行事真有问题时，在他内心有时会有反省，觉得抱歉、恐慌、不知所措。此时如果你再批评指责他，那么他会因为你的谴责而羞愧难过，有的甚至从此一蹶不振，无法再树立自信。如果换种语气，换个方式，比如"从今以后，你会做得比这次好"，或者"我想，下次你一定不会再犯这样的错误了"等诸如此类的话，对方不仅会感激你对他的信任，同时会感受到你的真诚。更重要的是有了改正错误的信心，对方在今后的工作、生活中，必定小心谨慎。

正如法国哲学家罗西法古所说："如果你要得到仇人，就表现得比你的朋友优越吧；如果你要得到朋友，就让你的朋友表现得比你优越。"为人处世不可"逞能"，聪明人最易成为众人眼中的"靶子"。看透不点透才是真正的明哲保身之道。

读懂但不被发现，让你的行动有下文

在识人的过程中，如果被对方发现你已读懂了他的心，那么，你不仅会失去操控对方的机会，反而容易陷入对方的掌控之中。

中国古代有一种明哲保身之策，就是不要知道太多，因为知道得太多会惹祸。

齐国一位名叫隰斯弥的官员，住宅正巧和齐国权贵田常的官邸相邻。田常为人深具野心，后来欺君叛国，挟持君王，自任宰相执掌大权。隰斯弥虽然怀疑田常居心叵测，不过依然保持常态，丝毫不露声色。

一天，隰斯弥前往田常府第进行礼节性的拜访，以表示敬意。田常依照常礼接待他之后，破例带他到邸中的高楼上观赏风光。隰斯弥站在高楼上向四面眺望，东、西、北三面的景致都能够一览无遗，唯独南面视线被隰斯弥院中的大树所阻碍，于是隰斯弥明白了田常带他上高楼的用意。隰斯弥回到家中，立刻命人砍掉那棵阻碍视线的大树。正当工人开始砍伐大树的时候，隰斯弥突又命令工人立刻停止砍树。家人感觉奇怪，于是请问究竟。隰斯弥回答道："俗话说'知渊中鱼者不祥'，意思就是能看透别人的秘密，并不是好事。现在田常正在图谋大事，就怕别人看穿他的意图。如果我按照田常的暗示，砍掉那棵树，只会让田常感觉我机智过人，对我自身的安危有害而无益。不砍树的话，他顶多对我有些埋怨，嫌我不能善解人意，但还不致招来杀身大祸，所以，我还是装着不明白，以求保全性命。"

现代的人心透视术也正强调注意此点，不要让对方发觉你已经知道了他的秘密，否则就完全失去了透视人心的意义。如果故意要使对方知道你能看穿他心意的话，当然就不在此限之内。

如果被别人发现你已读懂了他的心，那么，你往往没有机会操控对方，而且容易陷入被动境地，受到对方的掌控。足见，与人交往中，当自己看穿对方心意之后，千万不要露出破绽，让一切计划进行得很自然，这样才能使你的策略实行得圆满顺利。

技巧 17

吃亏是福，大舍才能大得

故意吃亏不是亏

这个世界上，谁都不愿意做亏本的生意。最先尝到甜头的人未必到最后也饱尝硕果，倒是最先吃亏的人占了最后的大便宜。其实，故意吃亏并不是真的亏。

东汉时期，有一个名叫甄宇的在朝官吏，任太学博士。他为人忠厚，遇事谦让，人缘极好。有一年临近除夕，皇上赐给群臣每人一只外番进贡的活羊。

具体分配时，负责人为难了：因为这批羊有大有小，肥瘦不均，难以分发。大臣们纷纷献策：

有人主张抓阄分羊，好坏全凭运气。

有人主张把羊只通通杀掉，肥瘦搭配，人均一份。

……

朝堂上像炸开了锅，七嘴八舌争论不休。这时，甄宇说话了："分只羊有这么费劲吗？我看大伙儿随便牵一只羊走算了。"说完，他率先牵了最瘦小的一只羊回家过年。

众大臣纷纷效仿，羊很快被分发完毕，众人皆大欢喜。

此事传到光武帝耳中，甄宇得了"瘦羊博士"美誉，称颂朝野。不久在群臣推举下，他又被提拔为太学博士院院长。

甄宇牵走了小羊，从表面上看他是吃了亏，但是，他得到了群臣的拥戴，皇上的器重。实际上，甄宇是占了大便宜。故意吃亏不是亏，而是有着深谋远虑的精明之举。

然而，在生活中，一些人目光只会停留在眼前利益，无论做什么都不舍一分一厘，只求自己独吞利益，常常因一时赚得小利，而不顾长远之大利，可谓捡了芝麻，丢了西瓜。李嘉诚却正好相反，他深谙舍弃小利而赢得大利的道理。

李嘉诚出任十余家公司的董事长或董事，但他把所有的袍金都归入公司账上，自己全年只拿5000港元。以20世纪80年代中的水平，像长实这样赢利状况甚佳的大公司主席的袍金，一间公司就有数百万港元。5000港元还不及公司一名清洁工的年薪。进入90年代，袍金便递增到1000万港元上下，而李嘉诚20多年依旧维持不变。

李嘉诚每年放弃了上千万元袍金，却获得公司众股东的一致好感，爱屋及乌，他们自然也信任长实的股票。甚至李嘉诚购入其他公司股票，投资者也随其买进。李嘉诚是大股东，长实的股票被抬高，长实的股值大增，得大利的当然是李嘉诚。就这样，李嘉诚每欲想办大事，总

第二章 零压力社交
——建立和谐人际关系的技巧

会很容易得到股东大会的通过。

1994年4月至1995年4月,李嘉诚所持长实、生啤、新工股份所得年息共计有124亿港元。

有人说,一般的商家只能算精明,唯李嘉诚一类的商界超人,才具备经商的智慧。李嘉诚其实是小利不取、大利不放,甚至可以说是以小利为诱饵钓大鱼。

人生中,是看到眼前的比较直接的小利益,还是把眼光放长远一些,发现更大却比较隐蔽的利益呢?这可是很大的学问。要学会不做亏本的买卖,通过吃小亏赚大便宜,这是智者的智慧。

予人玫瑰,手留余香

俗语说:"赠花予人,手上留香!"付出是美好人性的体现,这是一种吃亏哲学,同时也是一种处世智慧和快乐之道。幸福犹如香水,你不可能泼向别人而自己却不沾几滴。学会分享、给予和付出,你会感受快乐和满足。

在生活中,超越狭隘、帮助他人、撒播美丽、善意地看待这个世界……快乐、幸福和丰收会时时与我们相伴。正如罗曼·罗兰所言:"快乐和幸福不能靠外来的物质和虚荣,而要靠自己内心的高贵和正直。"

贝尔太太是美国一位有钱的贵妇,她在亚特兰大城外修了一座花园。花园又大又美,吸引了许多游客,他们毫无顾忌地跑到贝尔太太的花园里游玩。

年轻人在绿草如茵的草坪上跳起了欢快的舞蹈;小孩子扎进花丛中捕捉蝴蝶;老人蹲在池塘边垂钓;有人甚至在花园当中支起了帐篷,打算在此过他们浪漫的盛夏之夜。贝尔太太站在窗前,看着这群快乐得忘乎所以的人们,看着他们在属于她的园子里尽情地唱歌、跳舞、欢笑。她越看越生气,就叫仆人在园门外挂了一块牌子,上面写着:私人花园,未经允许,请勿入内。可是这一点也不管用,那些人还是成群结队地走进花园游玩。贝尔太太只好让她的仆人前去阻拦,结果发生了争执,有人竟折走了花园的篱笆墙。

后来贝尔太太想出了一个绝妙的主意,她让仆人把园门外的那块牌子取下来,换上了一块新牌子,上面写着:欢迎你们来此游玩,为了安全起见,本园的主人特别提醒大家,花园的草丛中有一种毒蛇。如果哪位不慎被蛇咬伤,请在半小时内采取紧急救治措施,否则性命难保。最后告诉大家,离此地最近的一家医院在威尔镇,驱车大约50分钟即到。

这真是一个绝妙的主意,那些贪玩的游客看了这块牌子后,对这座美丽的花园望而却步了。

可是几年后,有人再往贝尔太太的花园去,却发现那里因为园子太大,走动的人太少而真的杂草丛生,毒蛇横行,几乎荒芜了。孤独、寂寞的贝尔太太守着她的大花园,她非常怀念那些曾经来她的园子里玩的快乐的游客。

篱笆墙是农家用来把房子四周的空地围起来的类似栅栏的东西,有的上面还有荆棘,不小心碰上会扎人。篱笆墙的存在是向别人表示这是属于自己的"领地",要进入必须征得自己的同意。贝尔太太用一块牌子为自己筑了一道特别的"篱笆墙",随时防范别人的靠近。这道看不见的篱笆墙就是自我封闭。

不懂得与他人分享的自我封闭者,就像契诃夫笔下的装在套子中的人一样,把自己严严实实包裹起来,因此很容易陷入孤独与寂寞之中。他们在封闭自己的同时,也把快乐和幸福封闭在外面。

每个人心中都有一座幸福的大花园。如果我们愿意让别人在此种植幸福,同时也让这份幸福滋润自己,那么我们心灵的花园就永远不会荒芜。

明处吃亏，暗处得利

世事变幻莫测，人性微妙复杂，大家往往都希望维护自己的利益，赢得越多越好。然而，有时为了赢利，我们在明处吃些小亏是完全必要的。因为，这样可以赢取别人的信任，从而在暗处得利。

美国得克萨斯州有一家年代久远的汽车厂，它的效益一直不好，工厂面临倒闭。该厂总裁决定从推销入手，扭转危机。

采用什么样的推销方法最好呢？总裁认真反思了该厂的情况，针对存在的问题，对竞争对手以及其他商品的推销术进行了认真的比较分析，最后博采众长，大胆设计了"买一送一"的推销方法。该厂积压着一批轿车，未能及时脱手，资金不能回笼，仓租利息却不断增加。所以广告中便特别声明——谁买一辆驰利牌轿车，就可以免费得到一辆卡尔牌轿车。

买一送一的推销方法，由来已久，使用面也很广，但一般做法只是免费赠送一些小额商品。如买电视机，送一个小玩具；买录像机，送一盒录像带等。这种给顾客一点恩惠的推销方式，最初的确能起到很大的促销作用。但时间一久，使用者多了，消费者也就慢慢不感兴趣了。

给顾客送礼给回扣的做法，也是个推销老办法。但是，所送礼品的价值或回扣数目同样都较小，不可能起到引起消费者震动的效果。

而这家汽车厂居然大胆推出买一辆轿车便送一辆轿车的"出格"办法，果然一鸣惊人。许多人闻讯后不辞远途也要来看个究竟。该厂的经销部一下子门庭若市，过去无人问津的积压轿车很快被人纷纷买走。

如此销售，等于每辆轿车少卖了不少钱，是不是亏了血本？

其实不然，这家汽车厂不仅没有亏本，而且由此还得到了多种好处。因为这些车都是积压的库存车，仅以积压一年计算，每辆车损失的利息、仓租以及保养费等就已接近了这个数目。

而现在，不仅积压的车全卖光了，而且资金迅速回笼，可以扩大再生产了。另外，随着驰利牌轿车使用者的增多，该品牌的市场占有率迅速提高，其名声变大的同时，卡尔牌也被带出来了——这一低档轿车以"赠品"问世，最后开始独立行销。

这家老汽车厂从此起死回生，生意兴隆。

老汽车厂的起死回生，充分验证了吃亏在竞争中的必要性。所以，为了整体利益，长远利益，一定要学会在别人看得见的地方吃亏，使别人对自己产生信任。而自己由吃明亏得到的利益，定会比明争明斗要多。

技巧 18

揣着明白装糊涂，交际场上好生存

看穿是非得失，心中有数即可

虽然说人生如戏，但是真正的高人，不在戏中迷失自己。是是非非、纷纷扰扰不过是过眼云烟，不值得挂怀。面对再多的诱惑，也知道该放弃时则放弃，在混杂中活得清楚明白。

什么是看穿是非，说白了就是懂得跳出来，懂得放弃。

汉代司马相如所著《谏猎书》有云："明者远见于未萌，而智者避危于未形。"意思是说，明理的人在事物还没有发生之前就预见到了事情的发生，聪明的人可以在危险出现之前就已经安排好了避免危险的方法。

得失都是一样，有得就有失，得就是失，失就是得，所以一个人到最高的境界，应该是无得无失，但是人们非常可怜，都是患得患失，未得患得，既得患失。塞翁失马，焉知非福？所以，我们不要把得失看得太重。

中国有句古语说："苦海无边，回头是岸。"偏偏有人就执迷不悟，因此，烦恼都是自找的。

超然忘我，放下得失之心，不苦苦执著于自己的得与失、喜与悲，便不会活得那么"屈服"。有人说，人的一生之中只有三件事，一件是"自己的事"，一件是"别人的事"，一件是"老天爷的事"。

今天做什么，今天吃什么，开不开心，要不要助人，皆由自己决定；别人有了难题，他人故意刁难，对你的好心施以恶言，别人的事与自己无干；天气如何，狂风暴雨，山石崩塌，人能力所不能及的事，只能是"谋事在人，成事在天"，过于烦恼，也是于事无补。人活得"屈服"，离道越来越远，只是因为，人总是忘了自己的事，爱管别人的事，担心老天爷的事。所以要想轻松自在很简单：打理好"自己的事"，不去管"别人的事"，不操心"老天爷的事"。

不要点破他人的心思

在识人的过程中，如果被对方发现你已读懂了他的心，那么，他会感觉自己的隐私受到了"侵犯"，从而对你产生戒备。

现代的人心透视术也正强调注意此点，不要让对方发觉你已经知道了他的秘密，否则就完全失去了透视人心的意义。如果故意要使对方知道你能看穿他心意的话，当然就不在此限之内。

秦朝曾有一位非常能干的宰相，名叫应侯，他擅弄权术，又极具才华。应侯的封地汝南在一次战争中被韩国夺走，秦昭襄王同情应侯，问他说："你失去了封地是否忧愁？"

"我不忧愁。"

"为什么呢？"

"梁国有个叫东门吴的人，他的儿子死了却不忧愁。他的管家说：'您这样疼爱您的儿子，天下少有，如今儿子死了，怎么不忧愁呢？'东门吴说：'我原是无子之人，没有儿子时，我不忧愁；现在儿子死了，就和没生儿子一样了，我又有什么可忧愁的呢？'我当初是平民之子，为平民之子时不忧愁；现在失去了汝南，也和失子的梁国平民一样，我为什么要忧愁呢？"

秦王认为这不是心里话，就告诉大将军蒙傲说："现在，我若有一个城邑被围困，就连吃饮也不觉有香味，躺着也不能安眠。现在应侯失去了封地却说不愁，这难道是真情话吗？"

蒙傲说："请让我试探一下他的真情。"

蒙傲于是去见应侯，说道："我想死。"

应侯说："你说的什么话啊？"

蒙傲说："秦王尊您为师长，天下人所共知。如今我作为秦王的将领率领着秦兵，我原以为韩国是个小国，没想到它竟敢违逆秦国的命令，夺走了您的封地，我活着还有什么意思，不如死了算了。"

应侯听后，立即向蒙傲下拜道："这件事便全拜托给您了。"

蒙傲把应侯的话回报给秦昭襄王。从此之后，应侯每谈到韩国的事情，秦王都不听信，总认为这是他为了夺回汝南的封地所说的话。

可见，与人交往中，当自己看穿对方心意之后，千万不要露出破绽，让一切计划进行得很自然，这样才能使你的策略实行得圆满顺利。

会装糊涂才是真精明

与人打交道，聪明一点是非常必要的，但是太过于表现自己的聪明就不能称作是真聪明了。枪打出头鸟，人有嫉妒心。所以，即使你很聪明也要学会装糊涂，即使你很懂，也不要完全挑明，以免给别人会被你"拍在沙滩上"的恐惧。

聪明是一件好事，但聪明是一个带有限定性的词，处理不好，即会被聪明误，所谓物极必反，任何事情都有一个限度。游刃职场，也是如此，我们可以聪明，但一定要把握"度"，过了，倒霉的就是自己。

某公司来了两个新职员，一个是研究生李全，一个是本科生孙恒。

李全没有什么过人之处，相貌普通，能力平平，一个研究生连基本的电脑操作都不懂，让人惊讶的程度不亚于听说一个高中生不会写自己的名字，于是同事常见他坐在电脑前忙忙碌碌，或者对一些简单得不得了的问题不耻下问。但周围的同事对他的评价还都不错，觉得这个年轻人谦虚肯干，踏实勤勉，一点都没有研究生的架子。

相反，另一个大学生孙恒，做事风风火火，效率极高。什么事到他手上，他只需留心看看人家的做法，便已熟知工作流程，三两下就完成了，别人需要三天做的事他可能一天就绰绰有余，所以在大家眼中，孙恒总是无所事事，游手好闲。

年终考评时，李全得到大家一致好评；对孙恒，很多人选择了语气虚虚的"也不错"。看得出孙恒聪明能干的，对他心怀戒备，唯恐他日被"后浪"拍在沙滩上，于是都装聋作哑，领导赏识李全的勤勉，也相信群众的眼睛是"雪亮"的。

不只是职场，商场、谈判场等，只要是在需要与他人打交道的环境中，精明过头都不是件好事，会装傻才是真精明。

第三章

5分钟和陌生人成为朋友
——人生必备的沟通技巧

技巧 19

口会择言，心有算盘

口不择言闯大祸

几乎人人都知道这样一句话："口不择言闯大祸。"没错，与别人谈话时，必须讲究方圆曲直，该说的说，不该说的就不要出口，否则口无遮拦，很容易让自己陷入危险境地。

纪晓岚中进士后，当了侍读学士，陪伴乾隆皇帝读书。

一天，纪晓岚起得很早，从长安门进宫，等了很久，还不见皇上到来，他就对同来侍读的人开玩笑说："老头儿怎么还不来？"

话音刚落，只见乾隆已到了跟前。因为他今天没有带随从人员，又是穿着便服，所以没有引起大家的注意。皇上听见了纪晓岚的话，很不高兴，就大声质问："'老头儿'三字作何解释？"

旁边的人见此情景都吓了一身冷汗。纪晓岚也吃了一惊，说这话本无其他恶意，但却被皇上听到了，而且还当着众臣的面。纪晓岚突然灵机一动，战战兢兢地说："万寿无疆叫做'老'，顶天立地叫做'头'，父天母地叫做'儿'。"

乾隆听了这个恭维自己的解释，才转怒为喜，不再追究了。纪晓岚这才把提到嗓子眼的心收了回来。

虽然这只是个民间传说，我们不需要去考证它的真实性。但它给我们带来一个启示：即使你是铁齿铜牙，说话也不可口无遮拦。

在与他人言谈的过程中，我们要恰当地回避他人忌讳的东西，这样才能使彼此交流融洽。就拿最常见的朋友聚会来说，大家不免要开开玩笑，使气氛更加欢愉，这是一种乐趣。然而，如果你把不该说的话说了，如揭了朋友的伤疤等，就很容易使气氛骤变，尤其是有朋友携好友或恋人在场的时候，情况会更糟。

小张长得高大魁梧，在大学校园内有"恋爱专家"的雅号。如今他是一家外资公司的高级职员。英俊的长相和丰厚的薪水使他在众多的女友中选上了貌若天仙的小丽。正值春风得意之际，小张带着小丽去参加朋友聚会。

就在大家天南海北闲谈的时候，同学小王无意转了话题，谈起了大学校园罗曼蒂克的爱情故事，故事的主人公自然是"恋爱专家"小张。小王眉飞色舞地讲述小张如何引得众多女生趋之若鹜，又如何在花前月下与女生卿卿我我。小丽刚开始还觉得新奇，但越听越不是滋味，终于拂袖而去。小张只好撇下朋友去追小丽。

故事中，小王并不是有意要揭小张的伤疤，但他口无遮拦地追忆往事却无端造出了乱子，使小丽耳不忍闻，终于拂袖而去。这不仅使小张要费不少周折去挽回即将失去的爱情，而且使在场的人心里也不愉快。

可见，无论在什么场合，什么情况下都要把握说话分寸，尽量做到该说的说，不该说的就不说，这样才能创造一个和谐的氛围。

宁可犯口误，不可犯口忌

现实生活中，言谈交际往往是一场没有硝烟的战争。谁掌握了语言的运用要领，谁就掌握了战争中武器的运用要领。无数实践证明，语言策略中，宁可犯口误，也不可犯口忌。

康熙皇帝在年轻时励精图治，创下不少功业。但到了晚年，由于年纪渐长，产生了一个怪脾气——忌讳人家说"老"。如果有谁说"老"，他轻则不高兴，重则给对方治罪。所以，臣子们都知道他这个心理，一般情况下都尽量回避说"老"。

有一次，见天气风和日丽，康熙便率领一群皇妃在后花园的湖中垂钓，不一会儿，渔竿一动，他连忙举起钓竿，只见钩上钓着一只老鳖，心中好不喜欢。谁知刚刚拉出水面，只听"扑通"一声，鳖却脱钩掉到水里又跑掉了。康熙长吁短叹连叫可惜，在康熙身旁陪同的皇后见状连忙安慰说："看样子这是只老鳖，老得没牙了，所以咬不住钩子了。"

皇后话音还未落地，旁边一个年轻的妃子却忍不住大笑起来，而且一边笑一边不住地拿眼睛看着康熙。康熙见了不由得龙颜大怒，他认为皇后是言者无心，而那妃子则是笑者有意，是含沙射影，笑他没有牙齿，老而无用了。于是将那妃子打入冷宫，终身不得复出。

年轻的妃子因为笑了一笑而被打入冷宫，除了她自身的修为不够之外，很大一部分原因在于她不懂得语言运用的禁忌，触犯了皇帝的大忌。康熙由于上了年纪，体力和精力都有所下降，但又不肯承认这个现实，而且也希望他人在客观上否认这个现实，故而一旦有人涉及这个话题，他心理上就承受不了。虽然表面看来是皇后说出那句话，是皇后触犯了大忌，但皇后未被治罪是由于她与妃子同康熙的感情距离不同。皇后说的话，仔细推敲一下，有显义和隐义两种意思，显义是字面上的意思，因为康熙与皇后的感情距离较近，他产生的是积极联想，所以他只是从字面上去理解，知道皇后是一片好心的安慰，即便是有错，也不过是口误。妃子虽然没有说话，只是笑了一笑，但她是在皇后的基础上的引申，是把那只逃掉了的老鳖比做皇上，是对皇上的大不敬。所以，同样的问题，同样的环境，由于不同人物的不同理解便引出不同的结果来。正所谓"说者无心，听者有意"。

美国的保罗·魏里希提出了一种语言博弈中的策略型均衡，指在两种都会带来损失的策略中选择损失较小的那个，以达到一个相对的均衡。具体到上面这个故事，在犯错和犯忌这两个非优策略中，选择犯错而非犯忌显然可以达到一个策略型均衡。一般说来，人不怕犯错，最怕犯忌。犯错，可以说是"各人造业各人担"，是一种疏失，可以避免；犯忌则是自己招惹是非，无法补救。深谙策略型均衡智慧的人都明白，宁可犯错也不要犯忌。

人常说："不打勤不打懒，专打不长眼。"人生在世有很多忌讳，如果你在无意之中触犯了别人的忌讳，就会在无形之中得罪对方。所以在工作和生活中，与他人进行言语上的博弈时，一定要眼观六路、耳听八方，千万不要触犯了别人的忌讳。

这壶不开提那壶

虽然说"金无足赤，人无完人"，但与人打交道的时候，无论是他人提到你的短处，还是

你的人生，不能没有心理学
改变命运的100个心理学技巧

你去提及他人的短处，即使那些短处是显而易见的，基本都会招致当事人反感。对此，想让交际顺畅，最好的办法就是"这壶不开赶紧提那壶"，扬长避短。

关于怎样不去触及他人的短处，就是莫拿他人的缺点、隐私等让对方不悦的事情当话题，多聊对方的长处或得意之事，做到这一点比较简单，只要你口会择言即可。

可是，当别人触及我们的短处时，我们该如何做到"这壶不开提那壶"呢？概括来讲，做不了完人可以尽量向完人靠拢。具体途径主要有两种。

一是先很有技巧地坦然承认自己的缺点，然后模糊掉这些缺点所带来的弊端，最终将缺点过渡为优点。

某求职者到一家名企去面试。

面试官看了看求职者的成绩单，问道："你为什么曾经留级过一年？"

求职者巧妙地回答道："我也觉得留级一年很不应该，当时我担任社团的负责人，全身心投入到社团活动上，反而忽略了自己当学生的本分，等我察觉到这个错误时，我已经留级了。虽然我花在社团的心血，也带给我不少的收获，可是一想到自己因此而留级，就觉得很可耻，我一直都为此事耿耿于怀，更不愿重蹈覆辙。"

听完这番话，面试官决定录用这位求职者。

事例中，这位求职者能够成功应聘，不得不归功于他的语言技巧。首先，他给主考官留下了一个主动承认错误，知错就改的印象。其次，主考官听了他的回答后会认为虽然留级一年，但造成这种结果的原因却是良性的，他会猜测该求职者的社交、组织能力很不错。由此，该求职者实现了缺点到优点之间的平稳过渡。

二是当别人当面评价你的缺点或短处时，你也可以淡化缺点，避而不谈，去转向其他的优点。

戴维："很抱歉，我们的谈话随时有可能被打断。不过，法拉第先生，你很幸运，此时此刻仪器还没有爆炸。你的信和笔记本我都看了，你好像在信中并没有说明你在什么地方上大学。"

法拉第："我没有上过大学，先生。"

法拉第接着说："我尽可能学习一切知识，并在用自己的房间建立的实验室里进行试验。"

戴维："唔，你的话使我很感动。不过科学太艰苦了，付出极大的努力只能得到微薄的报酬。"法拉第："但是，我认为，只要能做这种工作，本身就是一种报酬！"

这段对话十分精彩，它是英国科学巨匠法拉第当年向戴维爵士求职时的对话。当戴维爵士提到法拉第没有受过正规教育时，法拉第仅一句带过，话锋立刻投向他的长处——执著、勤奋，而这正是从事科学研究所需要的品质。最终法拉第被爵士破格录取为自己的助手。

还有些时候，尤其在面试中，我们经常会被问到一个非常尖锐的问题，那就是"你认为自己最大的弱点是什么？"

这是一个棘手的问题。如果照实回答，你就是在暴露自己的致命弱点，可能会毁了自己在对方心中的好印象；如果你回答没有什么缺点，又实在不能令人信服。对方试图使你处于不利的境地，观察你在类似的语言困境中将作出什么反应。

对此，完满的回答便是用简洁正面的介绍抵消缺点本身带来的不良效果。请记住以下几个原则：

——不要说自己没什么缺点。

——不要把那些明显的优点牵强地说成缺点。

——切勿不经思量地说出那些对人际或工作等能造成严重影响的缺点。

——不要说出一些令人不放心、不舒服的缺点。

——可以说出一些表面上看是一种缺点，但从工作、生活等另一个角度看却是优点的缺点。

巧妙地运用以上的方法，便能漂亮地解决这个棘手的问题。例如："朋友们都说我做事情过于追求完美，以致于有些吹毛求疵。记得学校校庆时我负责宣传板报的制作，返工了4次，被和我搭档的同学埋怨了好久。"这样的回答，说的虽是自身的缺点，但却表现了正面的效果，体现了你对工作的认真和负责。

一个人有缺点并不可怕，可怕的是不敢承认它、改正它，反而强词夺理。从辩证的角度看，缺点与优点是相互转化的，前提是正确地认识缺点，实实在在地改正缺点。"横看成岭侧成峰"，对缺点本身来讲，有些"缺点"对某些工作来说恰恰是优点；对有缺点的人来说，无论是消除误会，还是坦然承认，都会使消极评价转化为积极评价。

别人的隐私，可以听但不可以说

每个人都有自己不想让人知道的那一部分小秘密，即所谓的隐私。有些人喜欢把它夹在日记本里永远珍藏，有些人喜欢把它密封在小盒子里永远封印，有些人喜欢把它深埋心底只有自己可以回味……

既然隐私有其"隐"的一面，我们在与他人相互闲聊或调侃时，哪怕感情再好，都不要把他人的隐私公布于众，更不能拿来当做笑料。正如那句老话"祸从口出"，为人处世一定要把好口风，什么话能说，什么话不能说，什么话可信，什么话不可信，都要在脑子里多绕几个弯子，心里要有分寸。你知道了哪些人的机密？这些机密是不是应该保住？如果他们是一些对个人隐私极度保护、敏感万分的人，万一传出去，结果会怎么样？

钱云和妻子结婚才半年就生了一个小孩，同事们纷纷赶来道喜，陆路也来了。他拿来了自己的礼物——字典，钱云先谢过了他，但带着迷惑的眼神问："你给这么小的孩子赠送字典，不太早了吗？"

"不，您的小孩儿太性急。本该四个月后才出生，可他偏偏现在就蹦出来了，再过半年，他肯定会去上学，所以我才给准备了字典。"

陆路才说完，全场哄然大笑，钱云夫妇却显得有点不高兴。

陆路一句话明显就把他们未婚先孕的隐私给捅了出来，本来不想让人知道的事一下传播开了，这样令大家都处于尴尬的局面。

钱云是一个特要面子、自尊心很强的人，很少和人聊天，上班期间就专注于工作，别人对他也不是很了解，觉得他属于沉默寡言的一类。这样一个人自然也不喜欢外漏隐私，不想让别人知道太多自己的事情，用他的话说："像把自己脱光了站在大街上给人看。"

经过这事，他们夫妇俩就再也没有和陆路来往过，见了面都装作没看见。

可见，调侃时如果说出了他人的隐私，有时即使言者无意，但听者却有心。他会认为你是有意跟他过不去，从此对你恨之入骨。他做的事别有用心，极力掩饰不使人知，如果被你知道了，必然对你不利。如果你与对方非常熟悉，绝对不能向他保证你绝不泄密，那将会自找麻烦。最好的办法是假装不知，若无其事。

有时候，遇到朋友谈论其自身或他人隐私的时候，若是迫于情境需要，如朋友的刻意诉苦等，你可以选择听，但最好不插言，一听而过。要知道，听完别人的隐私，把住口风是责任。大多数人，尤其是假面人，把隐私看得很重，认为隐私承载了他众多不为人知的秘密，绝对不能被传开，成为人们茶余饭后的谈资，否则他必定想象自己穿得再多，在知道秘密的人面前都是裸体一个。一旦他知道你说出了他的隐私，那么麻烦就大了，轻则断交，重则报复，所以最好要把别人的隐私锁在舌头上，严把口风。

当然，若不是迫于情境的需要，朋友谈论其自身或他人隐私的话题时，你最好装做什么也没听见，远远躲开。来说是非者，必是是非人。有的人别有用心，就是想借刀杀人，让你为他传播是非。对于这样的人我们最好敬而远之。

技巧 20

把握分寸，嘴上带尺脚下有路

说出来的永远少于需要说的

不知道你是否有这样的感触：当你想用言辞来给人们留下深刻印象的时候，你说得越多，在别人眼里就越是平淡无奇，你所能控制的也就越少。

这是因为，你说得越多，说出愚蠢的话的可能性也就越大。很多时候，如果你能把话说得隐晦一点，神秘一点，多给人留一点遐想，那么即使你是老调重弹，别人也会觉得你的见解独到。正如那些有权力的人，总是说得很少，他们给人的印象却很深刻，而且总是能威慑到别人。

提起"刘罗锅"——刘墉，人们脑海里立刻出现了一个聪明机智、正直勇敢、不失几分幽默的人物形象。他凭着自己的正直和聪明周旋于危机重重的封建官场，左右逢源，游刃有余。但很少有人知道，刘墉也曾遭遇重大挫折，受到乾隆皇帝的申斥，本该获授的大学士一职也旁落他人。究其原因，不过是刘墉守口不密，说话不周，酿成了祸患。一次乾隆谈到一位老臣去留的问题，说若老臣要求退休回籍，乾隆也不忍心不答应。刘墉便将这话泄露给了老臣，而老臣真的面圣请辞。乾隆大为恼火，认为这是刘墉觊觎补授大学士的明证，是"谋官"的明证，因而训斥一通，将大学士一职改授他人。

足见言语谨慎对于一个人立身、处世具有很重要的意义。处世戒多言，多言必失。与世人相处切忌多说话，说话太多必然有失误。说话犯了随便胡扯的毛病就会听起来荒诞不经；说话犯了繁琐啰唆的毛病就会使人感到支离破碎，不得要领。说话不小心会招致祸患，行动不谨慎会招来侮辱，君子处世应当谨慎。

武则天《臣轨·慎密》中有言：嘴巴好比一道关卡，舌头好比射箭的弩机。一句不妥，驷马难追。嘴巴和舌头犹如一柄双刃剑，一句话说得不恰当，就会反过来伤害到自己。因为话虽然是自己说的，别人既然听到了，你就无法阻止别人去传播，由此所带来的影响你根本没办法控制。刘墉由于说话不慎，而将到手的大学士丢了，就是最好的明证。

"言多语失"，说话应谨慎，舍弃那些不可说的话，即使是可以说的话也应该按需要的程度，能省则省。要知道，虽然有时你说话并无恶意，但对听者而言，却可能伤及他的自尊心。

诸多事实证明，话说得得体，则让人高兴；反之，只会让人伤心。就是同样意思的话，出自两个不同身份的人，听起来也有区别。你自己信口开河，根本意识不到会伤害人，但别人却认为你是有意的，如俗话所说"口乃心之门"，你明显是故意伤害他。很多不爱多说话的人，他内心并不是糊涂得无话可说，而是他明白话说多了鲜有不败事的道理。

日常生活中，一个人如果光说不做，久而久之，只会让人生厌。多说话比起多做事往往给人以夸夸其谈的印象，倒不如少说话，踏踏实实地多做实事则让人感觉勤奋踏实，值得信任。一个人只有做行动上的巨人，少言多思，才能取得成就。

司马迁作为一代伟大的历史学家，他在《史记》中对汉代名将李广有一段深刻的评价，大意如下：《论语》上说过位居于上的人行为端正，不发命令，下属也会效法他的行为去做；位居于上的人行为不端正，即使下了命令，也不会有人遵照去做。这说的就是李广将军这类人。我见过李广将军，他诚信忠厚，简单得像个乡下人，不善于谈吐。可是当他逝世的时候，天下无论是认识或不认识他的人，都因为他的死而哀痛不已。这是他忠诚笃实的品质取得了人们对他的依赖的缘故！

所以，逢人只说三分话，未可全抛一片心。还是很有道理的。

响鼓无须重锤敲

人非圣贤，孰能无过？可是，当别人犯了错误，我们该如何不伤彼此颜面地去批评对方呢？看了下面的故事，你就会大有收获了。

宋朝知益州的张咏，听说寇准当上了宰相，对其部下说："寇公奇才，惜学术不足尔。"这句话一语中的。张咏与寇准是多年的至交，他很想找个机会劝劝老朋友多读些书。

恰巧时隔不久，寇准因事来到陕西，刚刚卸任的张咏也从成都来到这里。老友相会，格外高兴。临分手时，寇准问张咏："何以教准？"张咏对此早有所考虑，正想趁机劝寇公多读书。可是又一琢磨，寇准已是堂堂宰相，居一人之下，万人之上，怎么好直截了当地说他没学问呢？张咏略微沉吟了一下，慢条斯理地说了一句："《霍光传》不可不读。"回到相府，寇准赶紧找出《汉书·霍光传》，从头仔细阅读，当他读到"光不学无术，闇于大理"时，恍然大悟，自言自语地说："此张公谓我矣！"是啊，当年霍光任过大司马、大将军要职，地位相当于宋朝的宰相，他辅佐汉朝立有大功，但是居功自傲，不好学习，不明事理。这与寇准有某些相似之处。因而寇准读了《霍光传》，很快明白了张咏的用意。

故事中，张咏与寇准过去是至交，但后来寇准位居宰相，直接批评效果不一定好，在这种情况下，张咏的一句赠言"《霍光传》不可不读"可以说是绝妙的。别看这仅仅是一句话，其实它能胜过千言万语。"不学无术"，这是常人难以接受的批评，更何况是当朝宰相，而张咏通过教读《霍光传》这个委婉的方式，使寇准愉快地接受了自己的建议。正所谓："响鼓不用重锤敲。"寇准是聪明人，也是知错能改的自觉人，因此只需轻轻点拨即可。

有的批评者明白这一道理，采取一种十分高明的暗示手段，效果不一般，这就是请教式批评。

有个人在一处禁捕的水库内网鱼。远处走来一位警察，捕鱼者心想这下糟了。警察走近后，出乎意料，不仅没有大声训斥，反而和气地说："先生，您在此洗网，下游的河水岂不被污染？"这情景令捕鱼者十分感动，连忙诚恳地道歉。

试想，如果警察当即责骂捕鱼者，那效果肯定不一样了。最为高明的手段是根本不提"批评"二字，而是逐渐"敲醒"听者，启发他做自我批评。

还有一则例子，也很好地说明了"响鼓不用重锤敲"这一道理。

1887年3月8日，美国最伟大的牧师及演说家亨利·华德·毕奇尔逝世。就在那个星期天，莱曼·阿伯特应邀向那些因毕奇尔的去世而哀伤不已的牧师们演说。他急于做最佳表现，因此把他的讲道词写了又改，改了又写，并像大作家福楼拜那样谨慎地加以润饰，然后读给他妻子听。

实际上，他写得很不好，就像他以前写的大部分演说一样。如果他的妻子不懂得批评的技巧，她也许就会说："莱曼，写得真是糟糕，念起来就像一部百科全书似的，你会使所有听众都睡着的。你已经传道这么多年了，应该有更好的认识才是，看在上帝的分上，你为什么不像普通人那样说话？你为什么不表现得自然一点？如果你念出这样的一篇东西，只会自取其辱。"她"也许"会这么说，而且如果她真的那么说了，其后果是可想而知的。

但是，她只是说，这篇讲稿若登在《北美评论》杂志上，将是一篇极佳的文章。换句话说，她称赞了这篇讲稿，但同时很巧妙地暗示，如果用这篇讲稿来演说，将不会有好效果。莱曼·阿伯特知道她的意思，于是把他细心准备的原稿撕碎，后来讲道时甚至不用笔记。

所以，批评的话并不是随口说出来的，我们必须思考应该以什么样的方式把它说出来才不会让对方难堪。对于那些有自知之明的人，最好采用暗示的方式，因为这样做就可以达到劝说的目的了，无须再把话挑明，多加一层伤害。

掌握火候，说笑间得"笑果"

开玩笑是生活的调味品；开玩笑可以减轻疲劳，调节气氛，缩短朋友和同事之间的距离，彼此之间产生矛盾时，一句玩笑话可以化干戈为玉帛，消除积怨；开玩笑也可以用作善意的批评或拒绝某人的要求。

然而，开玩笑要把握尺度，掌握分寸。玩笑开得过火会给人一种被耍弄的感觉，弄不好会加深或引发与他人的矛盾，导致谈笑后只能吃"苦果"。因此，必须随时记住开玩笑会有伤人的危险，要小心翼翼不能踏错一步，以免一步走错全盘皆输，得不偿失。

一天，几个同事在办公室聊天，其中有一位胡小姐配了一副眼镜，于是拿出来让大家看看她戴眼镜好看不好看。大家不愿扫她的兴，都说很不错。这件事使老常想起一个笑话，他就立刻说出来："有一个老小姐走进皮鞋店，试穿了好几双鞋子，当鞋店老板蹲下来替她量脚的尺寸时，这位老小姐——我们要知道她是近视眼，一看到店老板光秃秃的头，以为是她自己的膝盖露出来了，连忙用裙子将它盖住。她立刻听到一声闷叫，'混蛋！'店老板叫道，'保险丝又断了！'"

接着是一片哄笑声，孰料事后胡小姐竟从未戴过眼镜，而且碰到老常再也不和他打一声招呼。

胡小姐和老常之间发生如此大的变化，其中的原因不难明白。说者无心，听者有意，对老常来说他不过是说起一则近视眼的笑话，然而，胡小姐则可能这样想："你取笑我戴眼镜不要紧，还影射我是个老小姐。我老吗？我才26岁！"

所以，说笑话要先看看对哪些人说，先想想会不会引起别人的误会。开玩笑之前，先要注意你所选择的对象是否能承受得起你的玩笑。

一般来说，人可分为三类：第一种，狡黠聪明；第二种，敦厚诚实；第三种则介乎上面两者之间。对第一种人开玩笑，他是不会使你占便宜的，结果是旗鼓相当，不分高下。第二种敦厚诚实者，喜欢和大家一起笑，任你如何取笑他，他脾气绝好，不致动怒。对这两种人，你可以先看看对方当时的心情，是否可以开玩笑。而对于第三种人，则要十分小心。这种人一般也爱和别人笑在一起，但一经别人取笑，既无立刻还击的聪明机智，又无接纳别人玩笑的度量，如果是男的则变成恼羞成怒、反目不悦，如果是女的就独自痛哭一顿，说是受人欺侮。

再者，开玩笑要有轻有重。"重"的玩笑多半是开不得的，它只能在比较特殊的场合才能开。若在一般场合开比较"重"的玩笑，可能就不再可笑了，甚至会变成悲剧。

据某报刊载：张某和几个朋友一起喝酒，几两酒下肚后，张某脑袋就有些昏昏沉沉了。两

第三章 5分钟和陌生人成为朋友
——人生必备的沟通技巧

位朋友边喝边和他开玩笑:"瞧你这丑样,你那儿子倒很漂亮,莫不是你媳妇跟别人生的?"张某是个大大咧咧的人,平时也爱丢三落四,但此时在醉态中却牢牢记住了这句开玩笑的话。等张某跌跌撞撞回家后,就向妻子找碴:"你说!我长的是啥样,为什么这孩子却是那模样?到底是不是和我生的?"他边说边逼近妻子。突然,他冷不防从妻子怀里抓过孩子,拎着小腿,把孩子扔到炕上,又顺手抓起枕头压在了哭叫不已的孩子的脸上,可怜的孩子顿时没有了哭声。见此情景,妻子极力想救孩子,却被丈夫打倒在炉灶前。妻子急恨交加,顺手抓起炉灶旁边的炉钩,死命地甩向张某。只听张某"哎呀"一声,松开了枕头,慢慢地瘫倒在地上。妻子从地上爬起来,不顾一切地向儿子扑了过去。她急忙掀去枕头,儿子的小脸儿憋得青紫,已经奄奄一息了。再看丈夫,他倒伏在地上,一动不动,一股青紫色的液体顺着他的右腮淌下。原来她甩过去的炉钩的尖端,刚好嵌进张某的右边太阳穴,她见状吓得昏了过去。

一边是只剩下一口气的宝贝儿子,一边是一口气也没有的丈夫。顷刻间,好端端的一家人,家破人亡,毁于一旦。

看来,开玩笑之前,我们务必要考虑这个玩笑带来的后果。

具体来讲,开玩笑需要把握的分寸主要包括以下几方面:

第一,和长辈、晚辈开玩笑忌轻佻放肆,特别应忌谈男女情事。几辈同堂时的玩笑要高雅、机智、幽默、解颐助兴、乐在其中。在这种场合,忌谈男女风流韵事。当同辈人开这方面玩笑,自己以长辈或晚辈身份在场时,最好不要掺言,只若无其事地旁听就是。

第二,和非血缘关系的异性单独相处时忌开玩笑(夫妻自然除外),哪怕是开正经的玩笑,也往往会引起对方反感,或者会引起旁人的猜测非议。要注意保持适当的距离。当然,也不能拘谨别扭。

第三,和残疾人开玩笑,注意避讳。人人都怕别人用自己的短处开玩笑,残疾人尤其如此。俗话说,不要当着和尚骂秃子,瘸子面前不谈灯泡。

第四,朋友陪客时,忌和朋友开玩笑。人家已有共同的话题,已经形成和谐融洽的气氛,如果你突然介入与之玩笑,转移人家的注意力,打断人家的话题,破坏谈话的雅兴,朋友会认为你扫他面子。

此外,开玩笑的时候,如果你说了伤人的话,一定要诚心诚意道歉,不能就此放任不管。

技巧 21

迂回入题，少碰钉子

巧用暗示，拒绝也不得罪人

众所周知，"不"字是很难说出口的，但很多时候我们不得不去拒绝别人。许多人都苦于找不到合适的办法，其实通过暗示来说"不"是一种不错的选择。当然这种暗示既可以是语言的暗示，也可以是身体动作的暗示。

美国出版家赫斯脱在旧金山办第一张报纸时，著名漫画大师纳斯特为该报创作了一幅漫画，内容是唤起公众来迫使电车公司在电车前面装上保险栏杆，防止意外伤人。然而，纳斯特的这幅漫画完全是失败之作。发表这幅漫画，有损报纸质量。但不刊这幅画，怎么向纳斯特交待呢？

当天晚上，赫斯脱邀请纳斯特共进晚餐，先对这幅漫画大加赞赏，然后一边喝酒，一边唠叨不休地自言自语："唉，这里的电车已经伤了好多孩子，多可怜的孩子，这些电车、这些司机简直不像话……这些司机真像魔鬼，瞪着大眼睛，专门搜索着在街上玩的孩子，一见到孩子们就不顾一切地冲上去……"听到这里，纳斯特从坐椅上弹跳起来，大声喊道："我的上帝，赫斯脱先生，这才是一幅出色的漫画！我原来寄给你的那幅漫画，请扔入纸篓。"

故事中，聪明的赫斯脱，通过自言自语的方式暗示纳斯特的漫画不能发表，让纳斯特欣然地接受了意见。

另外，通过身体动作也可以把自己拒绝的意图传递给对方。当一个人想拒绝与对方继续交谈时，可以做一些如转动脖子、用手帕擦拭眼镜、按太阳穴以及按眉毛下部穴位等漫不经心的小动作。这些动作意味着一种信号：我较为疲劳、身体不适，希望早一点停止谈话。显然，这是一种暗示拒绝的方法。还有，微笑的中断、较长时间的沉默、目光旁视等也可表示对谈话不感兴趣、内心为难等心理。

某天，为了配合下午的访问行程，小王想把甲公司的访问在中午以前结束，然后依计划，下午第一个目标要到乙公司拜访。但是，甲公司的科长提出了邀请："你看到中午了，一起吃中饭吧？"

小王与甲公司这位科长平常交情不错，又是非常重要的客户，不能轻易地拒绝。但是，和这位爱聊天的科长一起吃中饭，最快也要磨蹭到下午一点才能走。小王怎样才能不伤和气地拒绝呢？

答案就是在对方表示"要不要一起吃饭"之前,小王就不经意地用身体语言表示出匆忙的样子,如说话语速加快或自然地看看表等。

动作暗示确实是个非常不错的拒绝方式,但也要记住:暗示的时候千万不要提早露出坐立不安的神情,急得让人怀疑你合作的诚心。

毫不夸张地说,在现实生活中,你若想人际关系顺畅,一定要学会一套巧妙的暗示拒绝法,在短时间内表达出"不"的意思,把正事办妥,并且做到不伤和气。

放枚"糖衣炮弹",批评奏效不伤人

为人父母的朋友都知道,小孩很怕苦,所以吃药片的时候,加点糖水一起送入孩子口中,他们便会愿意服用。

与之类似,我们在批评别人时,直话直说很容易激起对方的愤恨。如果我们给自己的批评语言裹上一层"糖衣",那么,对方就会在享受甜蜜的同时欣然接受批评了。

战国时期,晏婴是齐国一位善谏的大臣。齐景公的一匹心爱的马突然死去,齐景公非常伤心,一定要杀掉马夫以解心头之恨。众位大臣一起劝阻齐景公不可为一匹马而滥动刑罚,而齐景公却已铁定了心,众人的劝告一概充耳不闻。

这时,相国晏婴走了出来,众臣都以为晏婴也有劝诫齐景公的意思,谁也没有料到,晏婴却明确地表态说:"这个可恶的马夫,该杀!"

齐景公十分高兴,就把那个心含冤屈的马夫喊来,听晏婴解释他的罪过。

晏婴历数马夫的三大罪状:"你不认真饲马,让马突然死去,这是第一条死罪;你让马突然死去,却又惹恼君主,使君主不得不处死你,这是第二条死罪。"

听晏婴痛斥马夫的前两条死罪,齐景公心中真是乐滋滋的。可晏婴话锋一转,说出了马夫的第三条罪状:"你触怒国君因一匹马杀死你,使天下人知道我们的国君爱马胜于爱人。因此天下人都会看不起我们的国君,这更是死罪中的死罪,罪不可赦!"

听晏婴诉说马夫的第三条罪状,齐景公开始还连连点头咧嘴笑。当晏婴说到"使天下人知道我们国君爱马胜过爱人"时,他张开的嘴却定在那里,脸上的表情也一阵红一阵白。晏婴又吆喝一声:"来人,按大王的意思还不推出去斩了!"这时齐景公如梦初醒,赶紧对晏婴说道:"相国息怒,寡人知错了。"

晏婴没有正面批评齐景公,却达到了劝谏救人的目的。可见,"裹着糖衣"的委婉批评会取得很好的效果。在这样的场合中,一方面,该说的话不能不说,根本利益不能牺牲,原则不可放弃;但另一方面,关系又不可弄僵,彼此的面子与和气不能伤害。所以,这就需要首先承认对方的实力、地位、权威,甚至他的主张,然后突然插入你的话锋,你的话虽委婉动听,但实际上却是对对手彻底的否定。

晏婴死了17年后,齐景公有一次请大夫们喝酒。景公射箭射到了靶子外面,满屋子的人却众口一词地称赞他。景公听后变了脸色,并叹了口气,把弓丢在一旁。

这时,弦章进来了。景公说:"弦章,自从我失去晏婴到现在已经有17年了,从来没有听到别人对我过失的批评。今天我射箭射到了靶子外,他们却众口一词赞美我。"

弦章说:"这是那些大臣不好。他们本身素质不高,所以看不到国君哪些地方不好;他们勇气不够,所以不敢冒犯国君的尊严。但是,您应该注意一点,我听说:'国君喜欢的衣服,那么大臣就会拿来替他穿上;国君喜欢的食物,大臣就会送给他吃。'像尺蠖这种虫子,吃了黄颜色的东西,它的身体就要变黄,吃了绿颜色的东西,它的身体就要变绿,作为国君,大概总会有人说奉承话吧！"

　　弦章的话在景公听来颇有道理，他明白了奉承者不过是投自己所好，如果自己对奉承话深恶痛绝的话，就很少会有人来自讨苦吃了。弦章虽未直接批评景公喜欢听奉承话才造成如此局面，但通过以尺蠖为喻，以正常推理"作为国君，大概总会有人说奉承话吧！"为宽慰，使景公已深刻领悟到了这一点。事实上，若弦章再画蛇添足地批评景公一番，效果反而不好。

　　总之，批评他人之时，如果语气委婉，被批评者就会容易接受。因为对方认为你的委婉是给了自己"面子"，感激之余，就会积极地改正。反之，如果批评者语气生硬，对方就会认为你伤了他的"自尊"，而心生反感，这样就不会达到批评、教育人的目的。

近话远说，迂回入题正切题

　　在某些特定的场合，如果把话说得太直、太透，可能会引起对方的不满，或者对自己产生不利的影响，但意思又不能不表达。这时，如果采用"借他人之言，传我腹中之事"的方法，借用一个并不在场的第三者之口说出，便可以弱化对方的不满和对我方的不利影响。

　　在语言策略上，这种方法被称为近话远说。运用此法，能够人为地拉开话题与现场之间的距离，给双方留下一个缓冲带。

　　西安事变前夕，张学良和杨虎城就频繁晤面，都有心对蒋发难。可对于这样一个关系到身家性命和国家前途的大事，在对方亮明态度之前，谁都不敢轻易开口。眼看时间越来越近，双方都是欲说还休。

　　杨虎城手下有个著名的共产党员叫王炳南，张学良也认识他。在又一次的晤面中，杨虎城便以他投石问路，说道："王炳南是个激进分子，他主张扣留蒋介石！"张学良及时接口道："我看这也不失为一个办法。"于是两个聪明的将军开始商谈行动计划。

　　当时，张学良的实力比杨虎城大得多，且又是蒋介石的拜把子兄弟。杨虎城如果直接把自己的观点摆在张的面前，而张又不赞同，后果实在堪忧。于是就借了并不在场的第三者之口传出心声，即使不成也可全身而退，另谋他策。

　　说话转个弯儿，在表达了自己的意见的同时，也为自己留了条后路。对于不宜直言的问题，绕个弯儿说话，有时会让自己化险为夷。下面就是一个非常典型的例子：

　　我国古时候，有一个县官很喜欢附庸风雅，尽管画技不佳，但画画的兴致很高。他画的虎不像虎，反而像猫。并且，他还每画完一幅画，都要在厅堂内展出示众，让众人评说。大家只能说好话，不能说不好听的话，否则，就要遭受惩罚，轻则挨打，重则流放他乡。

　　有一天，县官又完成了一幅"虎"画，悬挂在厅堂，召集全体衙役来欣赏。

　　县官得意地说："各位瞧瞧，本官画的虎如何？"

　　众人低头不语。县官见无人附和，就点了一个人说："你来说说看。"

　　那人战战兢兢地说："老爷，我有点怕。"

　　县官："怕，怕什么？别怕，有老爷我在此，怕什么？"

　　那人："老爷，你也怕。"

　　县官："什么？老爷我也怕。那是什么，快说。"

　　那人："怕天子。老爷，你是天子之臣，当然怕天子呀！"

　　县官："对，老爷怕天子，可天子什么也不怕呀！"

　　那人："不，天子怕天！"

　　县官："天子是天老爷的儿子，怕天，有道理。好！天老爷又怕什么？"

　　那人："怕云。云会遮天。"

　　县官："云又怕什么？"

那人:"怕风。"
县官:"风又怕什么?"
那人:"怕墙。"
县官:"墙怕什么?"
那人:"墙怕老鼠。老鼠会打洞。"
县官:"那么,老鼠又怕什么呢?"
那人:"老鼠最怕它!"来人指了指墙上的画。

故事中,被点名的差役没有直接说县太爷画的虎像猫,而是接二连三地抬出第三方,绕着弯说话。让县官在众人面前保住了脸面,又让自己避免了一场灾难。

人常说:"良言一句三冬暖,恶语伤人六月寒。"善言的高手,即使遇到棘手的话题,也能够运用一些巧妙的方法,如近话远说,来避免恶语伤人,从而有效地保全自身。

亡羊没关系,迂回去"补牢"

我们生活在一个人与人构成的社会当中,交流是必要的,既然要说话,难免有口误,说错话并不是少有的事。

但是,说完错话我们该如何收场呢?就把错一直留在那里不管吗?当然不行了,那样很容易使错误升级,为今后的道路制造障碍。你一定听过亡羊补牢的故事,亡羊后重点在于怎么把"牢"补上。其实,说错话也是同样的道理。

当你在他人面前言行失误时,心里不要紧张和恐慌,这时关键是要施以巧言挽回失误。具体有以下几种方法可供参考:

真心巧表,妙用修辞

南朝梁有个大臣叫萧琛,能言善辩。在萧衍还没有称帝时,他就与之交好。后来萧衍当了皇帝,两个人之间的关系还是很亲密。

有一次,武帝萧衍举行大型宴会,萧琛也参加了。酒过三巡后,萧琛有些醉意,就趴在桌子上。武帝见了,就用枣子投他,正好打中萧琛的头。萧琛抬起头,竟然不假思索地拿起食品盒里的栗子向武帝投去,正好打中武帝的脸。这时,旁边的官员都看到了,吓得大气都不敢出。武帝的脸也一下子沉了下来,刚要动气,萧琛急忙说道:"陛下把赤心投给臣,臣怎敢不用战栗来回报呢?"

武帝一听,转怒为笑。

这里,"赤心"是借用枣的形态作比喻的,"战栗"则是借用了"栗"的谐音。可以想象,如果萧琛不能机智快速地反应,及时想出应答的办法,等待他的岂不是大祸临头!

在他人面前,尤其是职位比自己高的上司面前,做错了事,道歉并不总是唯一正确的选择。因为道歉过后,对方可能只是原谅了你,怒气消了不等于喜气来了,而如果能像萧琛这样,明明是做错了事,可短短一句话,不但消解了对方的怒气,而且还带来了喜气,岂不是更高明的选择?给自己的失误加上一个美丽的修饰,错误反而成了向上司表达忠心的举动,难道不令人拍案叫绝吗?

先恭维,再道歉

余先生被调派到分公司工作了半年,一回到总公司,马上就赶着去问候以前很照顾他的老朋友——陈科长。余先生对过去陈科长经常不辞辛苦地跑到分公司给予指导的事,反复地致谢,可是,不知怎么搞的,对方反应似乎很冷淡。

当余先生纳闷地走出门时,一位同事才过来告诉他:"陈科长已经升为副处长了呀!"

不知道对方已经升官,依然用以前的职称称呼,可能会使对方的心里觉得不舒服。余先生顿时恍然大悟,后悔自己没有事先确认对方的职位是否已经有所变化,所以失了言,但说错的话已经收不回来,怎么办?他想了想,马上返回到陈处长的办公室,开口说:"陈处!真是恭喜您了!您也真是的,刚才也不告诉我一下。我在分公司难免消息不灵通。不过,错漏您升官的消息,总是我的不是,真对不起,请原谅!"

像这样明白地讲出来,并把衷心的祝贺表达出来,自然也就化解了陈处长心中的不快。

犯了类似无心之过时,先用甜言蜜语恭维一番对方,再真诚地分析你的失误,表示你的歉意,不失为消除对方心中不快的好办法。

坦率道歉

有一次小王在和同事聊天时,开玩笑地说上司"像个机器人",不巧的是正好被上司听到了。于是,小王给上司写了一张条子,约他抽空谈一谈,上司同意了。

"显而易见,我用的那个词绝无其他用意,我现在倍感悔恨。"小王向上司解释道,"我之所以用'机器人'之类的字眼,只不过想开个玩笑,我感到您对工作一丝不苟,但对我们有些疏远,因此,'机器人'三个字只不过是描述我这种感情的一种简短方式。请您谅解!以后我会注意自己的表达方式。"

上司为小王合情合理的解释和自我批评的行为深受感动,他甚至当即表态,说要努力善解人意,做个通情达理的领导。

小王的坦率道歉,让他和上司的关系化干戈为玉帛。有些人在对上司说了不敬的话后,往往会一味地自我谴责甚至自我羞辱,然后低声下气地去道歉。但许多情况下,仅靠一句"对不起"不会取得对方的谅解。道歉要坦率,更重要的是,要通过道歉把问题讲清楚,只有这样才能促成和对方的充分沟通,从而顺利解决自己言行失误带来的感情危机。

在交际中,当你遇到和他人之间的不愉快,尤其是因为自身原因引起的不愉快时,千万不要刻意回避,不要因为难以启齿或碍于情面而使解释的时间越拖越长。要知道,这样会使误会越陷越深,到最后无限制的拖延会造成更加令人苦恼的后果;而且拖的时间越长,你就越被动,你的损失就越来越大。鼓起勇气,迂回地去"补牢",才是明智之举。

技巧 22

说话滴水不漏，办事天衣无缝

实话要巧说，坏话要好说

人与人之间交流，语言是最主要的手段。虽然说起话来仅用一张嘴，但由于言谈中要对他人的面子、自尊等有所顾忌，或某些事情需要保密等，实话实说往往会令人尴尬、伤人自尊。

这就要求我们言谈不仅要动嘴，而且要动脑。实话是要说的，却应该巧说。那么该如何巧妙地去表达呢？如何才能说得既让人听了顺耳，又欣然接受呢？

这里，为大家介绍几点有效的方式：

抓住心理达到目的

这就是要抓住人的心理，运用激将的方法，进而达到自己真正的目的。

一位穿着华贵的妇女走进时装店，对一套时装很感兴趣，但又觉得价格昂贵，犹豫不决。这时一位营业员走过来对她说，某某女部长刚才也看好了这套时装，和你一样也觉得这件时装有点贵，刚刚离开，于是这位夫人当即买下了这套时装。

这位营业员能让这位夫人买下时装，是因为她很巧妙地抓住了这位夫人"自己所见与部长略同"和"部长嫌贵没买，她要与部长攀比"的心理，用激将的方法进而巧妙地达到了让夫人买下时装的目的。

藏而不露巧表达

运用多义词委婉曲折地表明自己要说的大实话。

林肯当总统期间，有人向他引荐某人为阁员，因为林肯早就了解到该人品行不好，所以一直没有同意。一次，朋友生气地问他，怎么到现在还没结果。林肯说，我不喜欢他那副"长相"。朋友一惊道："什么！那你也未免太严厉了，'长相'是父母给的，也怨不得他呀！"林肯说："不，一个人超过四十岁就应该对他脸上那副'长相'负责了。"朋友当即听出了林肯的话中话，再也没有说什么。

很显然，这里林肯所说的"长相"和他朋友所说的"长相"，根本不是一回事。林肯巧妙地利用词语的歧义性，道出了"这个人品行道德差，我不同意他做阁员"这句大实话，既维护了朋友的面子，又达到了自己的目的。

由此及彼肚里明

两个人的意见发生了分歧，如果实话"实说"直接反驳就有可能伤了和气，影响团结。这个时候就需要我们采取这种方法，因为这样可能会避免一些麻烦。

有这样一个例子：

一次事故中，主管生产的副厂长老马左手指受了伤被送往医院治疗，厂长老丁来病房看望时，谈到车间小吴和小齐两个年轻人技术水平较强，但组织纪律观念较差，想让他们下岗一事。老马当时没有表态，只是突然捧着手"哎哟哎哟"大叫。丁厂长忙问："疼了吧？"老马说："可不是，实在太疼了，干脆把手锯掉算了。"老丁一听忙说："老马，你是不是疼糊涂了，怎么手指受了伤就想把手给锯掉呢。"老马说："你说得很有道理，有时候，我们看问题，往往因注重了一方面而忽视了另一方面啊。老丁，我这手受了伤需要治疗，那小吴和小齐……"老丁一下子听出老马的"弦外之音"，忙说："老马，谢谢你开导我，小吴和小齐的事我知道该怎么处理了。"

老马用手有病需要治疗类比人有缺点需要改正，进而巧妙地把用人和治病结合起来，既没因为直接反对老丁伤了和气，而且又维护了团结，成功地解决了问题，实在是高！

总之，无论是想说好话，还是想说坏话，语言表达产生的效果往往比你最初要表达的想法更重要，只有把话说得让对方乐于接受，你的表达才算有正面意义。

安慰，好话一句三冬暖

俗话说："患难见真情！"人生在世，有些不如意、烦恼，甚至不幸和痛苦很正常。对于那些遭遇失意的朋友，我们若能给予得体的安慰，就等于将他们向快乐与成功的方向推进。

具体怎样才能在某个人处于困难时对他说适当的话呢？虽然没有严格的准则，但有些办法可使我们衡量情况并做出得体而真诚的反应，这里就有一些不错的建议：

说话要切合实际，但是要尽可能表现乐观

泰莉·福林马奥尼是麻省综合医院的护理临床医生，曾给几百个艾滋病患者提供咨询服务。据她说，许多人对得了绝症的人都不知道说什么才好。

他们说些"别担心，过不了多久就会好的"之类的话，明知这些话并不真实，而病人自己也知道这是假话。"你到医院去探病时，说话要切合实际，但是要尽可能表示乐观。"福林马奥尼说，"例如'你觉得怎样'和'有什么我可以帮忙的吗'，这些永远都是得体的话。要让病人知道你关心他，知道有需要时你愿意帮忙。不要害怕和他接触，拍拍他的手或是搂他一下，可能比说话更有安慰作用。"

留意对方的感受，不要以自己为中心

当你去探访一个遭遇不幸的人时，你要记得你到那里去是为了支持和帮助他。你要留意对方的感受，而不要只顾自己的感受。

不要以朋友的不幸际遇为借口，而把你自己的类似经历拉扯出来。要是你只是说："我是过来人，我明白你的心情。"那当然没有什么关系。但是你不能说："我母亲死后，我有一个星期吃不下东西。"每个人的悲伤方式并不相同，所以你不能硬要别人用和你一样的方法表达自己的情绪。

尽量静心倾听，接受他的感受

丧失了亲人的人需要哀悼，需要经过悲伤的各个阶段和说出他们的感受和回忆。这样的人谈得越多，越能产生疗效。要顺着你朋友的意愿行事，不要设法去逗他开心。只要静心倾听，接受他的感受，并表示理解他的心情。有些在悲痛中的人不愿意多说话，你也要尊重他的这种态度。一个正在接受化学治疗的人说，她最感激的是一个朋友的关怀。那个朋友每天给她打一次电话，每次谈话都不超过一分钟，只是让她知道他惦记着她，但是并不坚持要她报告病情。

主动提供具体的援助

一个伤恸的人，可能对日常生活的细节感到不胜负荷。你可以自告奋勇，向他表示愿意替他跑腿，帮他完成一项工作，比如替他接送学钢琴的孩子。"我摔断背骨时，觉得生活完全不在我掌握之中。"一位有个小女孩的离婚妇人琼恩说，"后来我的邻居们轮流替我开车，使我能够放松下来。"

要有足够的耐心

丧失亲人的人的悲痛在深度上和时间上各不相同，有的往往持续几年。"我丈夫死后，"一位老人说，"儿女们老是说：'虽然你和爸爸的感情一直很好，可是现在爸爸已经过去了，你得继续活下去才好。'我不愿意别人那样对待我，好像把我视作摔跤后擦伤了膝盖而不愿起身似的。我知道我得继续活下去，而最后我的确活下去了。但是，我得依照我自己的方法去做。悲伤是不能够匆匆而过的。"

在另一方面，要是一个朋友的悲伤似乎异常深切或者历时长久，你要让他知道你在关心他。你可以对他说："我能理解你的日子一定不好过。但我觉得你不应该独立应付这种困难，让我帮你好吗？"

在朋友失意的时候，要想说些既能达到劝慰目的又中听的话，其实并不容易，因为这个时候，对方的内心极其情绪化，很多话对他来说很容易引起反感。因此，在对他进行劝慰的时候，一定要站在他的角度来进行劝说，不能一味强调事情的糟糕，这样只会加重他的烦恼，起不到"良言一句三冬暖"的好效果。

批评与赞扬并用

交际中，当他人有些错误你必须要当面指出时，有一件事是你必须要做的，那就是批评之后给对方铺退路。否则，风水轮流转，一旦与人结了仇，很容易在日后遭到对方的报复。

经常会听到有人斥责说："事情到了这种地步，你说该怎么办？"对方或许会想，要是知道该怎么办的话，也不会到了这种地步。于是矛盾上升到最高点，双方都爆发，不欢而散，更确切地说从此敌对。

要知道，真正有效的批评，应该是可以使对方发愤图强的斥责，是当对方诚心诚意地道歉时，问他："到底是怎么一回事？""对不起，因为我的疏忽，所以……""如果你真的觉得不对的话，那么先……下次谨慎点，办得圆满些！"如此，不但不会伤害对方的自尊心，还可有效地提升其斗志，使之更加努力。

有时候，为了让对方下台，尤其是那种位高权重的人，不妨先把实话说出来，然后再对对方赞扬一番，既让对方知道自己的错误，也能让对方高高兴兴地下台。

1909年德皇威廉二世执政，他目空一切，发表了一篇荒诞绝伦的演说，他说德国是世界和平的主宰，只有使德国建立强大的陆海军才能稳定欧洲，并且维护英国的利益。他还声称自己是英国的友人，他曾使英国不受俄法两国的压力在非洲获得胜利。

这篇演说在《每日新闻》上刊登后，举世震惊，并把整个局势搅得越发混乱。世人都对这篇骄横狂妄的演说加以攻击批评，尤其是在英国这种攻击最为激烈，连德国的政客都不胜惊惶，德皇至此也后悔不该说那么露骨的话。为了保持自己的尊严，德皇就把责任推到总理大臣布洛克亲王身上，叫他来声明那篇演说是出自亲王的建议。布洛克得知此事后就对德皇说："陛下，恐怕世人不会相信它是事实。"德皇闻之大怒，便说："你以为我是笨猪，能犯你永不犯的错误。"布洛克立即发现自己的错误，于是连忙改正说："陛下，我说的话绝无这个意思,实际上陛下各方面的学识都远胜过我,我所懂的只是军事和外交上的一些粗浅知识,而陛下在这方面懂得比我多得多,并且精通一切自然科学。陛下每次谈及各种科学原理时,我都深感佩服,因为我完全是个外行,一点儿都不懂。"

德皇经过他这样一补充,心中的不快顿时全消,因为他相信布洛克没有鄙视之意,并且敬佩自己的才能,于是很高兴地握着布洛克的手说:"我们继续互相合作,团结一致,如果有人说布洛克不好,我将对他的鼻子猛击一拳!"

其实,事后德皇也心知肚明自己的不足,重新考虑了布洛克所说的话,只不过当时被弄得下不了台,自然是非常恼火的。在这个时候,指责的人就要赶快给他铺条退路,好让他风风光光地退场。

为了给对方"铺退路",你还可以假定双方在一开始时没有掌握全部事实。例如,你不妨这样说:

"当然,我完全理解你为什么会这样设想,因为你那时不知道那回事。"

"在这种情况下,任何人都会这样做的。"

"最初,我也是这样想的,但后来当我了解到全部情况时,我就知道自己错了。"

总之,话不能说绝了,把退路都堵死了,这样难免会令对方灰心、失望,在错误的道路上越走越远。给别人台阶下,事情常常会得到圆满的解决。

技巧 23

废话少说，开门就捕获人心

"凝离效果"，为你开个好头

相信大家一定都有过这样的生活经验：偶尔在车上、商场或其他社交场合，无意间听到别人谈话时，如果其中有专门用语或外国话，你就会特别注意说话的人；寒冷的大冬天，大街上的人们几乎个个裹着又厚重又严实的棉衣，但偏偏有一个年轻女子穿着短裙和扎眼的小夹克，她的回头率几乎百分百……

这些情形，均属于心理学上的"凝离效果"。人类记忆的规律表明，在许多要记忆的知识或事物中，对于突出标明的重点知识或与众不同的事物印象最为鲜明深刻。譬如，在一大串的数字中有一个温泉标志，那么很自然的这个标志就会变得特别明显。换而言之，在一大堆同样的东西中，只要有少数不同的东西存在，那么这些少数的东西就会成为大家所注目的对象，成为最吸引大家注意力的对象。

那么，我们在与人交流时，在表达的语言中加一些平常不用的专门用语或外语，或在表达过程中穿插一些特殊的动作，就会使别人更加注意到我们的表达，进而再意识到进行这些表达的我们。这种情形就人的心理来讲，是很自然的。

关于这一点，在演讲中体现得非常突出。有些人的演讲，一味使用书面词汇，或者平实得不能再平实了的词汇，结果自己累得口干舌燥，听众却感觉他们是在诵经。相反，有些人的演讲，英汉夹杂，尽管只是"ok"、"good"等非常简单的单词点缀，却能让演讲气氛十分活跃，再加上手势等身体动作，往往能让听众聚精会神，听得津津有味。

像那些常在人群面前高谈论阔的花花公子，他们的技巧之一就是使用"凝离效果"。当某个花花公子试图说服某位女性时，他会很自然地加上这么一句："莎士比亚就这么说过……"或"正如培根所言……"等让大家感觉很有素养的话。依照常理，人们一旦感觉某人有学问，对于这个人谈话的内容就会格外注意，然后再注意到这个人。那么，前面的花花公子，也许就因为这句话，让对方认为他是一个高级人士，而乐于和他交往。

像花花公子这样把令人感觉到文化气息的语言，自然而然地加在谈话之中，事实上确实有助于提高说者自己的形象。我们若在平常的言谈中，适时地加一点高雅动作和文学性语言，同样会使自己显得独特并且留给别人深刻的印象。

此外，还需要注意的是，物极必反。如果使用得太频繁，总是口若悬河，就会使"凝离效果"减弱，甚至消失。这样，反而会使对方感觉谈话的人肤浅，给人一种往自己脸上贴金的不良印象。

说好第一句话,让他瞬间心动

与陌生人打交道,谁都会存有一定的戒心,这是初次交往的一种障碍。而初次交往的成败,关键要看如何冲破这道障碍。

诸多事实证明,如果你用第一句话吸引对方,或是讲对方比较了解的事,那么,第一次谈话就不仅仅是形式上的客套了。如果运用得巧妙,双方会因此打成一片,变得容易相处了。

比如,在一个严冬的夜晚,你与一位陌生人见面,"今晚好冷"这句话自然会成为你们之间所使用的开场白。单纯地使用它,虽然也能彼此引出一些话来,但这些话也可能对彼此无关紧要,这样,再深一步的交谈也就困难了。但是,如果你这样说:"哦,今晚好冷!像我这种在南方长大的人,尽管在这里住了几年,但对这种天气还是难以适应。"如果对方也是在南方长大的,就会引起共鸣,接着你的话头说出一些有关的事。如果对方是在北方长大的,他也会因为你在谈话中提到了自己的故乡在南方,而对你的一些情况产生兴趣,有了想进一步了解你的欲望,这样就可以把交谈引向深入。而且把自我介绍与谈话有机地结合,也不致令人觉得牵强、不自在。人们在不知不觉之中,就放弃了戒备的心理,从而产生了"亲切感"。

当然,如果你采用一种很自然的、叙述型的谈话开头,也能给人一种亲切感,同时还能让人想继续向你询问一些细节。

总体来说,说第一句话的原则就是:亲热、贴心、消除陌生感。下面是三种非常常见的且有效的谈话方式,不妨来借鉴一下。

问候式

"您好"是向对方问候致意的常用语。如能因对象、时间的不同而使用不同的问候语,效果则更好。对德高望重的长者,宜说"您老人家好",以示敬意;对年龄跟自己相仿者,称"老×(姓),您好",显得亲切;对方是医生、教师,说"李医师,您好"、"王老师,您好",有尊重意味。节日期间,说"节日好"、"新年好",给人以祝贺之感。早晨说"您早"、"早上好"则比"您好"更得体。

攀认式

赤壁之战中,鲁肃见诸葛亮的第一句话是:"我,子瑜友也。"子瑜,就是诸葛亮的哥哥诸葛瑾,他是鲁肃的挚友。短短的一句话就定下了鲁肃跟诸葛亮之间的交情。其实,任何两个人,只要彼此留意,就不难发现双方有着这样或那样的"亲"、"友"关系。

例如,"你是××大学毕业生,我曾在××进修过两年。说起来,我们还是校友呢!""您来自苏州,我出生在无锡,两地近在咫尺,今天得遇同乡,令人欣慰!"

敬慕式

对初次见面者表示敬重、仰慕,这是热情有礼的表现。用这种方式必须注意:要掌握分寸,恰到好处,不能胡乱吹捧,不要说"久闻大名,如雷贯耳"之类的过头话。表示敬慕的内容也应该因时因地而异。

例如,"您的大作《教你能说会道》我读过多遍,受益匪浅。想不到今天竟能在这里一睹作者风采!""桂林山水甲天下。我很高兴能在这里见到您这位著名的山水画家!"

还需要记住的是,说好了第一句话,仅仅是良好的开端。要想谈得有味,谈得投机,你还得在谈话的过程中寻找新的共同感兴趣的话题,这样才能吸引对方,使谈话顺利地进行下去。

4条沟通秘诀,让你无往不利

卡耐基作为举世公认的交际大师,总结了许多与人交往的秘诀,这些秘诀有助于人们建立融洽的人际关系。

尽量让对方说话

卡耐基发现,多数的人为了使别人同意他自己的观点,常常将话说得太多了,尤其是推销员，常犯这种错误。尽量让对方说话吧，他对自己的事业和他的问题了解得比你多。

所以应向他提出问题，让他告诉你几件事。

如果你不同意他，你也许会很想打断他。但不要那样，那样做很危险。当他有许多话急着说出来的时候，他是不会理你的。因此你要耐心地听着，要有一个开阔的心胸；要做得诚恳，让他充分地说出他的看法。

因此，如果你要别人同意你的观点，应遵循的规则是"使对方多多说话。"试着去了解别人，从他的观点来看待事情就能创造生活奇迹，使你得到友谊，减少摩擦和困难。

记着，别人也许完全错误，但他并不认为如此。因此，不要责备他，试着去了解他，聪明的人都会这么做。别人之所以那么想，一定存在着某种原因，找出那个隐藏的原因，你就拥有了解答他的行为的方法，也许是他的个性的钥匙。

强调共同目的

卡耐基指出，跟别人交谈的时候，不要以讨论异议作为开始，要以强调而且不断强调双方所同意的事情作为开始。不断强调你们都是为相同的目标而努力，唯一的差异只在于方法而非目的。

换位思考

如果你对自己说："如果我处在他的情况下，我会有什么感觉，有什么反应？"那你就会节省不少时间及苦恼，因为"若对原因发生兴趣，我们就不会不喜欢结果。"而且，除此以外，你将大大增加在做人处世上的技巧。

"在你表现出你认为别人的观念和感觉与你自己的观念和感觉一样重要的时候，谈话才会有融洽的气氛。在开始谈话的时候，要让对方提出谈话的目的或方向。如果你是听者，你要以你所要听到的是什么来管制你所说的话。如果对方是听者，你接受他的观念将会鼓励他打开心胸来接受你的观念。"

如果你想改变人们的看法，而不伤害对方的感情或引起憎恨，请遵循以下规则：试着诚实地从他人的观点来看事情。

卡耐基认为如果你想拥有一个神奇的法宝，使你可以阻止争执、除去不良的感觉、创造良好气氛，并能使他人注意倾听，可以这样打开话题，"我一点也不怪你有这种感觉。如果我是你，毫无疑问的，我的想法也会跟你的一样。"

像这样的一段话，会使脾气最坏的老顽固软化下来，而且你说这话时，应有百分之百的诚意，因为如果你真的是那个人，你的感觉当然就会和他完全一样。

事实上，你所遇见的每一个人，甚至你在镜子中看见的自己，总是把自己看得很高，在作自我评价时，总认为自己是个大好人，而且公正无私。因此，要善于换位思考，才能更好地与别人相处。

委婉地提出批评

如果你希望人们接受你的思考方式，请遵守这一条规则：诉诸高贵的动机。

与此相反，当面指责别人，只会造成对方顽强的反抗；而巧妙地暗示对方注意自己的错误，则会受到欢迎。

若要不惹他人生气而改变他，只要换两个字，就会产生不同的效果。

很多人在开始批评之前，都先真诚地赞美对方，然后接一句"但是"再开始批评。例如，要改变一个孩子读书不专心的态度，我们可能会这么说："约翰，我们真以你为荣，你这学期成绩进步了。但是，假如你代数再努力点的话，就更好了。"

在这个例子里，约翰可能在听到"但是"之前，感觉很高兴。但马上，他会怀疑这个赞许的可信度。对他而言，这个赞许只是要批评他失败的一条设计好的诱饵而已。可信度遭到曲解，我们也许就无法实现我们要改变他学习态度的目标。

这个问题只要把"但是"改变为"而且"，就能轻易地解决了。

要改变一个人而不伤感情、不引起憎恨，应该"间接地提醒他人注意他自己的错误。"

技巧 24

打好太极，柔杀对方

用眼神架起沟通桥梁

车尔尼雪夫斯基曾说："富有表情的眼睛是最美的。"当丰富的内心世界无法用语言表现时，当心情因为激动而起伏变化时，眼神一瞬间就能把说不完道不尽的东西表露出来。黑格尔也曾指出，不但是身体的形状、面容、姿势，就是行动和事迹，语言和声音，以及它们在不同生活情况中的千变万化，全部由艺术化成眼神，人们从这眼神里就可以认识到内在、无限、自由的心灵。

其实，在人际沟通中，眼神若加以很好的利用，可以在短时间内迅速柔杀对方。具体如何来利用眼神呢？下面就是非常实用有效的参考：

积极表现自我

说话者应以明亮有神、热情友善、充满智慧、自信且坦荡、敏锐的目光，去告诉对方你是怎样的人，积极说明自己的坦诚、自信以及内在的修养，这一点非常重要。目光的流露是假装不得的，实际上这样也不可能达到好的效果。

视线沟通技巧

卡耐基认为，只有在眼光接触的情况下，才能建立真正的沟通基础。与别人谈话时，有些人令我们感觉自在，有些人却不然，似乎不值得我们信赖。这主要和他们说话时注视我们或正视我们视线的时间长短有关。

研究指出，为了建立和谐的人际关系，我们在和别人谈话时，自己的视线应该和对方的视线相接触，这种视线接触的总时间大约应为全部谈话时间的60%至70%。那么，与人沟通的时候就应避免戴深色眼镜，因为那样会影响我们与对方的视线沟通，甚至会使对方感到我们在瞪他。

和大部分肢体语言的动作一样，凝视说话对象的时间长短也是由不同地区的文化背景决定的。南欧人的凝视时间较长，因而显得具有侵略性；日本人谈话时，则注意对象的颈部而非脸部。因此在下结论时，务必考虑文化背景。

视线相接的时间长短值得注意，你所注视的范围也很重要，因为这也影响到沟通效果。这些信号透过无言的传递和接收，对方很可能会自行加以解释。大约需要30天有意识的练习才能熟练应用下列的眼部动作，增进你的沟通技巧。

1.商谈视线

商业会谈中，请你想象对方的额头和双眼之间有一块正三角形区域。你的视线直视这个区域，会产生一种严肃的气氛，对方会感到你在正经的谈生意。如果你的视线不下降到对方眼睛以下的位置，你就能够继续控制彼此的互动关系。

2.社交视线

视线下降到对方的眼睛以下时，社交气氛便会产生。试验显示，在社交场合中，一般人会注视对方双眼和嘴巴之间形成的倒三角形区域。

3.亲密视线

亲密视线越过双眼往下经过下巴到对方身体其他部位。近距离时，在双眼和胸部之间形成三角形；距离遥远时，则由双眼到下腹部之间。男人和女人使用亲密视线表示对异性的兴趣，而被注视的异性若也感兴趣，则立即回报亲密眼神。

4.斜视

斜眼看人表示兴趣或敌意。和挑高的眉毛或微笑一起出现时，表示感兴趣而常被作为求爱信号使用，但是和下垂的眉毛、皱眉头、下垂的嘴角一起出现时，则表示怀疑、敌意或批评。

适应内心情感的变化

说话者在说话时，他的思想感情总是随着话语的内容起伏变化的。有时深沉，有时哀伤，有时激昂高亢，有时又可能像涓涓细流那样不胜缠绵。然而，不管是什么样的感情，说话者都应尽可能让目光产生相应的变化，以便启发对方对于所说话语的理解和所传达的感情的体验。例如说到兴奋的时候，你可以让眼睛发出兴奋的光芒；说到哀伤处，让眼睛呆滞一会儿，使这种情感显露出来。目光和说话内容的密切配合，传情达意的作用就更加明显。

灵活控制

巧妙地使用目光颇有讲究。使用扫视全场的环视法，可以迅速了解到听众对你说话所持的态度、兴趣点所在等，以便你就有关内容进行调整或即兴发挥，做到与听众合拍。有时可以使用点视法，即重点观察某一局部听众，保证他们及时理解你所表达的意思。对那些面有疑云的听众，若投以启发引导性的目光，可使其渐趋安定；对那些欲言又止者投以赞许性的眼神，往往会使询问者壮起胆子，提出问题；而对于交头接耳、窃窃私语者，说话暂时停顿一下，投以制止性的目光，听话者就能触目知错，知趣地停止小动作。

卡耐基认为，与人说话时，切忌死死盯住对方的眼睛，否则会令对方浑身不安，甚至造成误解。另外，需要你注意的还有：你变化眼神时要有一定的目的，切忌出现那种故弄玄虚、神秘莫测的眼神；在演讲过程中不能有过多的凝视，以免使听众产生压力；你的眼神应该随你的感情变化而相应产生，并且要与口头语言、手势、身姿等密切配合，协调一致。

从心里说出的"谢谢"，可以刻在他的心底

在诸多从西方传入的节日中，有一个节日叫感恩节。在这个节日，人们会以各种形式对自己生命中所感恩的人说"谢谢"。对于这两个字，你一定非常熟悉了，甚至有些不以为意。但你可能没有意识到，"谢谢"这两个字对人们进行顺畅沟通、营造良好的人际关系而言，至关重要。

无论你走到哪一家公司，如果你能够对为你服务的女职员说一声"谢谢"，她一定会打心里感激你的。反过来说，如果她的这种工作被人所漠视，或者被认为是应该如此做的话，她一定感觉不舒畅。关于这一点，甚至有资料显示，某些公司的职员就是因为自己真挚的"谢谢"被漠视而感到不满，最终辞职。

因此，我们在善意回应他人"谢谢"的同时，更应该尽可能地在交际中给对方"谢谢"的感激之语，以便给人际关系带来好的影响。

不过，卡耐基曾指出，我们在表达这种"谢谢"的时候，感情应该是发自内心的。那么，有些注意事项就绝对不容忽视：

说"谢谢"时语调必须清晰

当我们对他人说"谢谢"时，切勿不好意思，以极小的声音说。因为这么一来，对方会以为：他为你做的事是不值得感谢的，你只是在情面上敷衍他，随口一声谢谢而已。因而，当你

想"感谢"对方时，必须清晰愉快地说出来。

说"谢谢"时最好指出对方姓名

当你欲对某人说谢谢时，最好先称呼对方的大名，然后再表示你的感激之情。

例如，"玛丽小姐，非常感谢您！"

如果，你欲向几位人士同时表示谢意的话，则最好不要说："谢谢大家！"而应该一位一位地称呼他们的名字，然后说"谢谢"。例如，"琼斯先生，非常谢谢您！"、"切尔西小姐，非常谢谢您！"，等等。

说"谢谢"时必须看着对方

如果你对想表示感激的人，以冷漠的态度说"谢谢"的话，势必会给对方留下恶劣的印象。试想，感谢应该是在向对方传达积极、热情的情感，而冷漠地说"谢谢"就像抛冰块一样，怎么能让人感到暖意呢？因而，当你对他人说一声"谢谢"时，必须看着对方的脸，打从心底说出你的感激之情。

最好在对方未期待之时，说"谢谢"

"谢谢"这两个字，非常平常，有些时候对方在帮忙时就已经意料到你会这么说，这种情况下你可能会觉得这两个字说了也没有太大的必要。可事实上，这两个字在这种情况下仍然具有其效果，仍然可以增进双方的情感沟通。与上述情况相反，有时候我们会在对方丝毫没有心理准备时说出这"谢谢"这两个字，这样效果在沟通交际中的影响是非常大的，会让对方感到一股突如其来的暖流，从而乐于同你交流，甚至还愿意下次继续为你帮忙或效力。

总之，在交际沟通中千万不要吝惜"谢谢"这两个最温馨的字眼，从心底说出来，这种温馨便会印刻在对方的心底，从而起到促进沟通的作用。

适时小幽默，再棘手的问题也能化解

世界闻名的幽默大师林语堂曾说："达观的人生观，率直无伪的态度，加上炉火纯青的技巧，再以轻松愉快的方式表达出你的意见，这便是幽默。"

幽默的力量体现在它可以润滑人际关系。即使对方能言善辩，甚至有些刁钻刻薄，幽默也可以帮你化解冰霜，进而获得良师益友。一个幽默感十足的人，他最大的魅力并不止于谈吐风趣、会说话而已，他还能在紧急关头发挥才气，以一种了解、体谅的态度来待人处事、化解僵局。

美国马塞诸塞州议会某议员，因劝告一位正在发表冗长乏味演讲的议员先生结束演讲，而被对方斥责"滚开"。他气冲冲地向议长申诉，议长说："我已查过法典了，你的确可以不必滚开！"

幽默的魅力不仅体现在语言上，在现代人际交往中，幽默感越来越重要，甚至被誉为没有国籍的亲善大使。因为人人都喜欢和机智风趣、谈吐幽默的人交往，而不愿和动辄与人争吵的人，或沉默寡言、言语乏味的人来往。幽默，可以说是一块具有强磁场的磁石，以此吸引着大家；也可以说是一种调换剂，使烦恼变为欢畅，使痛苦变成愉快，将尴尬转为融洽。

人际交往中，磕磕碰碰总是经常的事。在遇到棘手的问题或尴尬的局面时，恰当地运用幽默，能产生出乎意料的效果。

小镇上一家酒馆老板脾气不好，听不得半句坏话。一次，一个过路人在此喝酒，刚喝一口，就忍不住叫起来："酒好酸。"老板听后大怒，吩咐伙计操起棍子准备揍这个人。这时又进来一位顾客，问："老板为什么打人？"老板说："我卖的酒远近闻名，这人偏说我的酒是酸的，你说他该不该打？"这个人说："让我尝尝。"刚尝一口，那人眼睛眉毛都挤在一起，脱口说道："你还是把他放了，打我两棍子吧。"大家情不自禁大笑，一句幽默的话语平息了一场纠纷。

　　一句诙谐的话就把彼此的矛盾融化了，紧张的气氛一下子变得轻松了，自然而然他的人缘一定很好了。

　　幽默还可以让人放松心情，拉近彼此的距离。发生争执的时候，适时的笑话又可以化干戈为玉帛。有时我们确实需要以有趣并有效的方式来表达自己的感情，给人们提供某种关怀、情感和温暖。

　　据说有一位大法官，他寓所隔壁有个音乐迷，常常把电唱机的音量放大到使人难以忍受的程度。这位法官无法休息，便拿着一把斧子，来到邻居门口。他说："我来修修你的电唱机。"音乐迷吓了一跳，急忙表示抱歉。法官说："该抱歉的是我，你可别到法庭去告我，瞧我把凶器都带来了。"说完两人像朋友一样笑开了。

　　不过，在社交场上，幽默不是无孔不入的，应恰如其分，因地因时制宜。比如大家正聚精会神地在讨论研究一个具体问题，你突然插进了一句全无关系的笑话，不但不能令人发笑，反而使人觉得讨厌。所以，幽默是好，但也不能随便开，幽默要自然，要灵活。如果一曝十寒，平时压根儿忘了幽默为何物，过了许久才突然想起，急着找乐趣，那么很容易发现心情已尘封到不知道如何重返快乐家园的地步，会让人更痛苦、更沮丧。
　　那么，怎样保证自己能"幽默常在"呢？请你在日常的生活中多做幽默"深呼吸"。

快乐地面对生活
　　对生活丧失了信心的人不可能再运用幽默的资本，整天垂头丧气的人也无法品尝幽默的妙用。因此，能够幽默的人首先应该充满对生活的期望和热爱，自信地对己对人，即使身处逆境也应该快乐。
　　要使自己变得幽默，快乐是幽默的源泉，拥有快乐，不仅可以常给自己幽默，还可以让别人幽默起来。怎样才能保有"快乐"呢？秘诀之一是自娱自乐。这一点每个人都会，但最好不要敷衍了事。心情忧郁时，找点自己愿意做的事，使情绪转向欢乐的方向。

收集资料
　　幽默是可以学习的，因此为了开发自己的幽默资源，就必须先进行资源共享。多读些民间笑话、搞笑小说，多看一些喜剧，多听几段相声，随时随地收集幽默笑话。你可以将幽默、有趣的文章剪贴，并加以分类整理。
　　周围世界中充满了幽默，你得睁大眼睛、竖起耳朵，去倾听，去收集。这儿有两则生活中极幽默的广告和标语："欢迎顾客踩在我们身上！"这是瓷砖和地板商店门口的广告。另一则是花店门口的广告："先生！送几朵鲜花给您所爱的女人吧，但同时别忘了您太太。"
　　幽默来源于两个世界，一个是你真诚的内心世界，一个是生活中无处不在的客观世界。当你用智慧把两个世界统一起来，并有足够的技巧和创造性的新意去表现你的幽默，你就会发现自己置身于趣味的世界中，人际关系由此顺畅起来，成功也就指日可待了。

技巧 25

赞美有道，用言语攻破对方心防

赞美也要讲究"度"

一个气球再漂亮、再鲜艳，吹得太小，不会好看；吹得太大很容易爆炸。赞美就如吹气球，应点到为止，适度为佳。

在赞美他人时一定要坚持适度的原则。夸奖或赞美一个人时，有时候稍微夸张一点更能充分地表达自己的赞美之情，别人也会乐意接受。但如果过分夸张，你的赞美就脱离了实际情况，让人感觉到缺乏真诚。因为真诚的赞美往往是比较朴实的、发自内心的。只有恭维、讨好才是过分夸张和矫揉造作的。

要做到点到为止、褒扬有度是有技巧的。

比较性的赞美

两个人或两件事相比较，在夸奖对方的同时，让他意识到自己的优点和存在的差距，使对方对你的赞美深信不疑。

有一次，汉高祖刘邦与韩信谈论诸将才能高下。刘邦问道："你看我能指挥多少兵马？"韩信回答："陛下至多能指挥十万兵马。"刘邦又问："那你能指挥多少兵马呢？"韩信自豪地回答："臣多多益善耳。"刘邦笑道："既然你带兵的本领比我大，却为什么被我控制呢？"韩信很诚实地说："陛下不善于指挥兵，但善于驾驭将，这就是我被陛下控制的原因。"

刘邦自己也曾说过，统一指挥百万军队，战无不胜，攻无不克，他不如韩信。这是他做了皇帝以后对自己的评价。韩信的赞美，首先肯定了刘邦控制大臣为自己效命的能力，但又指明了他在带兵作战方面与自己相比有不足之处，正与刘邦的自我评价相吻合。话说得很实在、很坦诚，刘邦不但不怒，反而很满意。

根据对方的优缺点提出自己的希望

金无足赤，人无完人。有所保留的赞美应既要看对方的优点和长处，同时还要看到他的弱点和不足，讲究辩证法。常言道："瑕不掩瑜。"指出对方的缺点和不足，并提出一定的希望，不仅不会损害你赞美的力度，相反，还会使你的赞美显得真诚、实在，易于为人接受。尤其是领导称赞下属时，要有一是一，有二是二，把握分寸，要有所保留。可以多用"比较级"，千万慎用"最高级"。领导可以在表扬时，把批评和希望提出来。

有效的赞美不应该总是绝对化

像"最好"、"第一"、"天下无双"这类的帽子别乱戴。有个企业的广告词说："只有更好，没有最好。"就显示了企业的真诚承诺，而不是哗众取宠、华而不实，在消费者中影响很好。实际上，一般人都对自己有个客观的认识和评价，如果你的赞美毫无遮拦，就会让人感觉你曲意奉承，难以接受。赞美时必须记住：一个人的成绩和优点毕竟是有限的。因此，赞美别人，应当一分为二，有成绩肯定成绩，有不足也要说明不足，控制好赞美的度。

过分的夸张对于被赞美者来说也是有百害而无一利的。高尔基曾经说过："过分的夸奖一个人，结果就会把人给毁了。"因为过分的夸奖，往往会使被赞美者不思进取，误以为自己已经是完美无缺了，从而停止前进的脚步。

赞美也要讲创新

"喜新厌旧"是人们普遍具有的心理。陈词滥调的赞美，也是很没劲的；新颖独特的赞美，则使人回味无穷。

赞美也要讲求创新，因为人都是喜新厌旧的动物。如果听一种赞美太多了，就不会产生愉悦的感觉，这对于交际来说是没有益处的。那么，如何赞美才算创新呢？

给人耳目一新的语言

赞美是所有声音中最甜蜜的一种，赞美应该给人一种美的感受。新颖的语言是有魅力的，有吸引力的。简单的赞扬也可能是振奋人心的，但是一种本来是不错的赞扬如果多次单调重复，也会显得平淡无味，甚至令人厌烦。

新颖的赞语，给人清爽、舒心之感。妙语连珠的赞美，既能显示赞美者的才能，也能使被赞美者更快乐地接受。只要你多琢磨，多运用，你会赞语新颖，打动人心的。

不一样的角度

一些人在公共场合赞美别人时，自己想不出怎样赞美，只能跟着别人说重话，附和别人的赞美。

常言道："别人嚼过的肉不香。"每个人都有许多优点和可爱之处。赞扬要有新意，当然要独具慧眼，善于发现一般人很少发现的"闪光点"和"兴趣点"，即使你一时还没有发现更新的东西，也可以在表达的角度上有所变化和创新。

法国某将军屡战屡胜，有人称赞他："你真是个了不起的军事家。"他无动于衷，因为他认为打胜仗是理所当然的事。而当那人指着他的髭须说："将军，你的髭须真可与美髯公相媲美。"这次，将军欣然地笑了。

赞美的角度很重要，新颖的角度将起到事半功倍的效果。正如每把锁都会有相应的钥匙，每个人都有其独特之处，先要把握好"点"，把握好角度，才能沟通得轻松、顺畅。

新鲜的表达方式

赞美他人，在表达方式上是可以推陈出新、另辟蹊径的。

富兰克林年轻时，在费城开一家小小的印刷所。那时，他参加了宾夕法尼亚州议会的选举。在选举前夕，困难出现了。有个新议员发表了一篇很长的反对他的演说，在演说中，把富兰克林贬得一文不值。遇到这么一个出其不意的敌人，是多么令人恼火呀！该怎么办呢？富兰克林自己讲述道：

"对于这位新议员的反对，我当然很不高兴，可是，他是一位有学问又很幸运的绅士。他的声誉和才能在议会里颇有影响。但我绝不对他表现一种卑躬屈膝的阿谀奉承，以换取他的同情与好感。我只是在隔数日之后，采用了一个别的适当的方法。

"我听说他的藏书室有几部很名贵，又很少见的书。我就写了一封短信给他，说明我想看看这些书，希望他慨然答应借我数天。他立刻答应了，并且在以后没有进一步为难我。"

富兰克林用一种不露痕迹的赞美方式赞美新议员，恰如春雨润物细无声。

表达赞美的方式有很多，要针对不同人、不同场合、不同时间选择最为恰当的方式。选择赞美方式时，既要考虑表达方式的新意，又要考虑对方的感受及最后的效果，综合性去思考，将会找到最适宜的表达方式。

假借他人之口进行赞美

假借别人之口来赞美一个人，可以避免因直接恭维对方而导致的吹捧之嫌，还可以让对方感觉到他所拥有的赞美者为数众多，从而心里获得极大的满足。

俗话说："雾里看花花更美。"赞美之词未必要从你嘴里说出来。可以以第三者的名义。比如，若当着面直接对对方说"你看来还那么年轻"之类的话，不免有点恭维、奉承之嫌。如果换个方法说："你真是漂亮，难怪某某一直说你看上去总是那么年轻！"可想而知，对方必然会很高兴，而且没有阿谀之嫌。

在一般人的观念中，总认为"第三者"所说的话是比较公正的、实在的。因此，以"第三者"的口吻来赞美，更能得到对方的好感和信任。

1997年，金庸与日本文化名人池田大作展开一次对谈，对谈的内容后来辑录成书出版。在对谈刚开始时，金庸表示了谦虚的态度，说："我虽然过去与会长（指池田）对谈过世界知名人士不是同一个水平，但我很高兴尽我所能与会长对话。"池田大作听罢赶紧说："你太谦虚了。您的谦虚让我深感先生的'大人之风'。在您的72年的人生中，这种'大人之风'是一以贯之的，您的每一个脚印都值得我们铭记和追念。"池田说着请金庸用茶，然后又接着说："正如大家所说'有中国人之处，必有金庸之作'，先生享有如此盛名，足见您当之无愧是中国文学的巨匠，是处于亚洲巅峰的文豪。而且您又是世界'繁荣与和平'的舆论界的旗手，正是名副其实的'笔的战士'。《春秋·左传》有云：'太上有立德，其次有立功，其次有立言，是之谓三不朽。'在我看来，只有先生您所构建过的众多精神之价值才是真正属于'不朽'的。"

在这里池田大作主要采用了"借用他人之口予以评价"的赞美方式，无论是"有中国人之处，必有金庸之作"，还是"笔的战士"、"太上……三不朽"等，都是舆论界或经典著作中的言论，借助这些言论来赞美金庸，既不失公允，又能恰到好处地给对方以满足。

在生活中，要善于借用他人，特别是权威人士的言论来赞美对方，借此达到间接赞美他人的目的。权威人士的评价往往最具说服力，因此引用权威言论来赞美对方是最让对方感到骄傲与自豪的，如果没有权威人士的言论可以借用，借用他人的言论也会收到不错的效果。

技巧 26

软钉子不伤人，拒绝的语言要委婉

委婉地拒绝，给被拒绝的人留面子

自尊之心，人皆有之。因此在拒绝别人时，要顾及对方的尊严。人们一旦投入社交，无论他的地位、职务多高，成就多大，无一例外地关心外界对自己的评价。由于来自外界评价的性质、强度和方式不同，人们会作出不同的反应，并对交际过程及其结果产生积极或消极的影响。

尊之则悦，不尊则哀。也就是说，当得到肯定的评价时，人们的自尊心理得到满足，便会产生一种成功的情绪体验，表现出欢愉乐观和兴奋激动的心情，进而"投桃报李"，对满足自己自尊欲望的人产生好感和亲近力，采取积极的合作态度，交际随之向成功的方向发展。反之，当人们不受尊重、受到不公正的评价时，便会产生失落感、不满和愤怒情绪，进而出现对抗姿态，使交际陷入危机。

顾及对方的尊严是拒绝别人时必不可少的注意事项，有这样一个例子：

某校在评定职称时，由于高级职称的名额有限，一位年龄较大的教师未能评上。他听说了这一消息后就向一位负责职称评定的副校长打听情况。副校长考虑到工作迟早要做，便和这位老教师促膝交谈：

校长：哟，老×，什么风把你给吹来了。
老师：校长，我想知道这次评高职我有希望吗？
校长：老×，先喝杯茶，抽支烟。我们慢慢聊，最近身体怎么样？
老师：身体还说得过去。
校长：老教师可是我们学校的宝贵财富，年轻教师还要靠你们传帮带呢！
老师：作为一名老教师，我会尽力的。可这次评定职称，你看我能否……
校长：不管这次评上评不上，我们都要依靠像你这样的老教师。你经验丰富，教学也比较得法，学生反应也挺好。我想，对于一名教师来说，这一点，比什么都重要，你说呢？
老师：是啊！
校长：这次评职称是第一次进行，历史遗留的问题较多，可僧多粥少，有些教师这次暂时还很难如愿，要等到下一次。这只是个时间问题。相信大家一定能够谅解。但不管怎样，我们会尊重并公正地评价每一位教师，尤其是你们这些辛辛苦苦工作几十年的老教师。

老教师在告辞时，心里感觉热乎乎的，他知道自己这次评上高职的希望不大，但由于自身得到了别人的尊重，成绩受到了别人的肯定，他能接受那样的结果。用他对校长的话讲："只要能得到一个公正的评价，即使评不上我也不会有情绪的，请放心。"

这位校长可谓是顾及别人尊严的典范，如果开始他就给这位老教师泼一桶冷水，那么后果就不堪设想了。

在社交场合上，无论是举止或是言语都应尊严他人，即使在拒绝别人的时候也要顾及对方的尊严。也只有这样，才能赢得别人的尊重。

先承后转式拒绝，让对方在宽慰中接受拒绝

我们经常会遇到这样的情况，对方提出的要求并不是不合理，但因条件的限制无法予以满足。在这种情况下，拒绝的言辞可采用"先承后转"的形式，使其精神上得到一些宽慰，以减少因遭拒绝而产生的不愉快。

李刚和王静是大学同学，李刚这几年做生意虽说挣了些钱，但也有不少的外债。两人毕业后一直没有来往，一天，王静突然向李刚提出借钱的请求，李刚很犯难，借吧，怕担风险；不借吧，同学一场，又不好张口。思忖再三，最后李刚说："你在困难时找到我，是信任我、瞧得起我，但不巧的是我刚刚买了房子，手头一时没有积蓄，你先等几天，等我过几天账结回来，一定借给你。"

有的时候对方可能会很急于事成而相求，但是你确实又没有时间，没有办法帮助他的时候，一定要考虑到对方的实际情况和他当时的心情，一定要避免使对方恼羞成怒，以免造成误会。

拒绝还可以从感情上先表示同情，然后再表明无能为力。

黄女士在民航售票处担任售票工作，由于经济的发展，乘坐飞机的旅客与日俱增，黄女士时常要拒绝很多旅客的订票要求，黄女士每每总是带着非常同情的心情对旅客说："我知道你们非常需要坐飞机，从感情上说我也十分愿意为你们效劳，使你们如愿以偿，但票已订完了，实在无能为力。欢迎你们下次再来乘坐我们的飞机。"黄女士的一番话，叫旅客再也提不出意见来。

先扬后抑这种方法也可以说成是一种"先承后转"的方法，这也是一种力求避免正面表述，而采用间接拒绝他人的方法。先用肯定的口气去赞赏别人的一些想法和要求，然后再来表达你需要拒绝的原因，这样你就不会直接地去伤害对方的感情和积极性了，而且还能够使对方更容易接受你，同时也为自己留下一条退路。

一般情况来说，你还可以采用下面一些话来表达你的意见，"这真的是一个好主意，只可惜由于……我们不能马上采用它，等情况好了再说吧！""这个主意太好了，但是如果只从眼下的这些条件来看，我们必须要放弃它，我想我们以后肯定是能够用到它的。""我知道你是一个体谅朋友的人，你如果对我不十分信任，认为我没有能力做好这件事，那么你是不会找我的，但是我实在忙不过来了，下次如果有什么事情我一定会尽我的全力来支持你。"……

表情友善，拒绝不伤和气

当遇到别人不合理的请求时，你千万不要因为不能说"不"而轻易地答应任何事情，而应该视自己能力所及的范围，不要明明做不到却不说，结果既造成了对方的困扰，又失去了别人对你的信任。

业务员的销售技巧里有这么一招：从一开始就让顾客回答"是"，在回答几个肯定的问题之后，你再提出购买要求就比较容易成功。同理，当你一开始对自己说："我做不到"，或

第三章 5分钟和陌生人成为朋友
——人生必备的沟通技巧

"我不行"的时候,自己就陷入了否定自我的危机,然后就会因拒绝任何的挑战而失去信心。

30出头就当上了福克斯电影公司董事长的雪莉·茜,是好莱坞第一位主持一家大制片公司的女士。为什么她有如此能耐呢?主要原因是她言出必践,办事果断,经常是在握手言谈之间就拍板定案了。

好莱坞经理人欧文·保罗·拉札谈到雪莉时,认为与她一起工作过的人,都非常地敬佩她。欧文表示,每当她请雪莉看一个电影脚本时,她总是马上就看,很快就给答复。不过好莱坞有很多人,给他看个脚本就不这样了,若是他不喜欢的话,根本就不回话,而让你傻等。

一般人十之八九都是以沉默来回答,但是雪莉看了给她送去的脚本,都会有一个明确的回答,即使是她说"不"的时候,也还是把你当成朋友来对待。这么多年以来,好莱坞作家最喜欢的人就是她。

拒绝别人不是一件什么罪大恶极的事情,也不要把说"不"当成是要与人决裂。是否把"不"说出口,应该是在衡量了自己的能力之后作出的明确回应。虽然说"不"难免会让对方生气,但与其答应了对方却做不到,还不如表明自己拒绝的原因,相信对方也会体谅你的立场。

不过,当你拒绝对方的请求时,切记不要咬牙切齿、绷着一张脸,而应该带着友善的表情来说"不",才不会伤了彼此的和气。除了对别人说"不",对自己也要勇敢地说"不"。

美国电话及电报公司的创办者塞奥德·维尔,他经历过无数次失败之后,才学会了说"不"。

年轻时的他,无论做什么事都缺乏计划,一事无成地虚晃日子,连他的父母也对他感到失望,而他自己也陷入了绝望之中。

20岁那年,他离家独自谋生时,给自己写了一封信:"夜晚迟迟不睡,而撞球或者喝酒,这些事是年轻人不该做的,所以我决定戒除。但是对这决定我应该说什么呢?是不是还照旧说'只这一次,下不为例呢?'还是'从此绝不'了呢?以前已经反复过好几次了。"

维尔最大的野心是买皮毛衣及玛瑙戒指,虽然在当时不能说是太大的奢望,但对他来说是很难买的。于是他无时不克制自己,以求事事三思而后行。这种坚决的克制态度,使得他由默默无闻的员工调升到铁路公司的总经理。

他向别人说"不"的同时,也要向自己说"不",尤其是创立电话电报这样巨大组织的时候,他时时刻刻地说"不"。正因为这样,他才能避免因一时冲动的手段而误了大事。

说"不"没什么开不了口的,只要站得住立场和对自己有益的,就请勇敢地向别人和自己说"不"吧。

技巧 27

软硬兼施，有效沟通的问话心理学

销售提问的诀窍

问什么，怎么问，会不会问，都是大有学问的。当你张口发问时，应根据你提问的目的及所问事物的性质，选用巧妙的提问方式。

销售提问需要注意以下几点。

用词准确贴切

提问时，用词贴切，抠准字眼，方能取得最佳的交际效果。

某售货员与前来的顾客打招呼，开始这样提问："同志，您要什么？"不礼貌的顾客则回答："我要的东西多啦，你给吗？"售货员如鲠在喉。后改问："同志，您想买什么？"青年顾客则笑答："不买还不能看看吗？"售货员啼笑皆非。后又改问："同志，您想看点什么？"终于获得了顾客的理解。

比较以上三个问句，由于选用了不同的动词谓语也就产生了不同的交际效果：第一句中的"要"表义含混且兼有乞讨味；第二句中的"买"将售货员与顾客置于买卖关系之中，并会有迫人购物之嫌；第三句的"看"则表达了对顾客的尊重并暗示了顾客有自由选择商品的权利，即使不买，也不觉得尴尬。三个不同的动词导致出现三种不同的局面，由此可见用词贴切的重要性。

选择恰当句式

问句按句式的结构划分，可分为是非问、特指问、选择问、正反问、猜度问等不同类型。在提问时，应根据不同的内容需要，恰当地加以选择。

有家咖啡店卖的可可里面可以加鸡蛋。售货员原来这样问顾客："要加鸡蛋吗？"后在一位人际关系专家的建议下将是非问改为选择问："要加一个鸡蛋，还是两个鸡蛋？"从此，销售额大增。

又如，你到一家餐馆去就餐，点菜时你问："鱼新鲜吗？"通常情况下，店主出于营利的需要，即使鱼不新鲜，他也会作肯定的回答，所以你等于是白问了。而如果换一种句式，将是非问改成特指问："今天有什么好菜吗？"老板为了给本店树招牌、扬声誉，他必然会将该店独具特色的拿手好菜介绍给你。显然，特指问句帮你达到了目的。

巧换提问语序

提问时，根据情况来巧妙地改变、调整词语的顺序，可以收到满意的效果。

有两名烟瘾很重的教士，其中一名问他的上司："我在祈祷时可以抽烟吗？"这个请求遭到了上司的斥责。另一名教士也向上司提出了同样的请求，只是变换了一个词语的顺序："我在抽烟的时候,可以祈祷吗?"上司莞尔一笑,竟然应允了他的请求。第二个教士的机智表现在他将原问句的状语与谓语的中心词调换了位置,用以表现自己时时处处都在为上帝祈祷的忠诚,因而取得了成功。

一边软语磨耳,一边硬招袭心

在谈判中,一味地用和气、温柔的语调讲话,一个劲地谦虚、客气、退让,有时并不能让对方信赖、尊敬及让步,相反,如果一开始就以较强硬的态度出现,从面部表情到言谈举止,都表现高傲、不可战胜、一步也不退让,留给对方的也将是极不友好的印象。这样会使对方对你的谈判诚意持有异议,从而导致失去对你的信赖和尊敬。只有二者相结合,才能收到理想的效果。

1923年,苏联国内食品短缺,苏联驻挪威全权贸易代表柯伦泰奉命与挪威商人洽谈购买鲱鱼事宜。

当时,挪威商人非常了解苏联的情况,想借此机会大捞一把,他们提出了一个高得惊人的价格。柯伦泰竭力进行讨价还价,但双方的差距还是很大,谈判一时陷入了僵局。柯伦泰心急如焚,怎样才能打破僵局,以较低的价格成交呢?低三下四是没有用的,而态度强硬更会使谈判破裂。她冥思苦想终于想出了一个办法。

当她再一次与挪威商人谈判时,柯伦泰十分痛快地说:"目前我们国家非常需要这些食品,好吧,就按你们提出的价格成交。如果我们政府不批准这个价格的话,我就用自己的薪金来补偿,你们觉得怎么样?"

挪威商人听了她的话,一时竟呆住了。

柯伦泰又说:"不过,我的薪金有限,这笔差额要分期支付,可能要一辈子,怎么样,同意的话咱们就签约吧?"

柯伦泰的这句话虽然让挪威商人很感动,但也感到了其中某种强硬的意味。最后,经过一番深思熟虑,他们最终还是同意降低了鲱鱼的价格,按柯伦泰的条件签订了协议。

本来是紧张的商业谈判,最后却因为一方的示弱发生了意想不到的改变。这种示弱在商业谈判中叫做"软硬兼施"。当谈话陷入僵局,要想让谈判继续下去,一方就要做出让步。让步不是无谓的退缩,而是在谋划周全后,为了争取最大利益而做出的举动。

柯伦泰在双方分歧较大的时候提出,用自己的钱买挪威人手中的货物,还言辞恳切的询问对方的意见如何。这些话麻痹了对方的神经,以为她真的会按自己说的去做,没想到这只是柯伦泰的一种策略。

无论生活中还是谈判桌上,当我们遇到类似于故事中的局面时,不妨试用一下软硬兼施的谈判方式,很可能会取得意想不到的好结果。

动机性问题引蛇出洞

面试的时候,招聘方选择的是适合于公司空缺职位的人选,这样的人不仅要业务优秀,为人踏实诚恳,更关键的,他的择业动机要和招聘方相契合。求职者的动机多种多样,有图利的,有图公司名的,有希望获得出国发展机会的,还有希望能解决户口的,面对这些复杂的动机,面试官如果把握不好,就很难看清求职者的真正意图,自己也会被蒙蔽。

王森是一家公司的面试官,经他面试的人不少于千人。这天,又有一个面试者来到他面前。

求职者：您好，我是来应聘工作的。
王森点头微笑：你好，你为什么来应聘我们公司呢？
求职者：因为贵公司是行业里的领军者，实力雄厚，是每个人都想试一试的舞台。
王森：来我们公司就是为了这个？
求职者：对，就是为了这个，我现在还是学习阶段，不图其他。
王森：嗯，这不是你的第一份工作吧？
求职者：不是，这是第二份了。
王森：说说上份工作的情况，为什么辞职？
求职者：那是个小公司，我在那里工作一年多，最后还是个普通职员，关键是那个公司的待遇非常不好。
听了这个回答，王森微微一笑：你刚才不是说现在是学习阶段，不图其他的吗？
求职者：呃……呃……贵公司的实力是有目共睹的，我来这儿的目的就是学习和提升的。
王森：说一下你选择工作的标准是什么？
求职者：这个嘛，其实我要求也不多了。首先要有一个能施展自己才华的舞台，当我给公司带来收益的时候，也期待能得到相应的回报。
王森：我明白了，你离开上个公司就是因为它没给你应得的回报是吧？
求职者：算是吧，不过对贵公司我不会那样的，在这里我还是以学习为主的。
王森：好了，面试先到这里吧，有消息会通知你的。
最后，王森并没有录用那个人。他觉得对方太看重自己的个人利益。

王森是个经验丰富的面试官，他知道只有有目的的问，有动机的问，才能问出求职者的真实想法，判断他是不是适合进入公司任职。

按照惯例，王森先问了对方来公司面试和辞去上份工作的原因。他想看透求职者找工作的动机是什么，是为了待遇、舞台还是发展空间。如果求职者前后给出的理由一致，王森就要看看本公司是不是能接受拥有这样想法的人，如果不一致，说明对方在撒谎，是不可信的，不能录取。

案例中的求职者属于后者，他声称应聘王森的公司是为了给自己一个舞台，是为了学习，除此之外并没有其他希图。但当他提到自己辞掉上份工作的原因时却说是对方待遇不好。前后矛盾，可见，求职者在故意隐瞒自己的真实动机。

故意掩藏动机的人，在应聘中比比皆是。遇到这样的求职者，面试官就可直接问其工作动机是什么，并让其具体说明。否则，对方就会一直绕下去，时间也会这样白白浪费。

技巧 28

言语催眠，帮你进退自如地沟通

把握对方的心理后再说话

求人办事时，通过对方无意中显示出来的态度、姿态，了解他的心理，有时能捕捉到比语言表露得更真实、更微妙的内心想法。

懂得心理学的人常常通过人体的各种表现，揣摸对方的心理，达到为自己办事的目的。那么怎样才能很好地做到把握对方的心理后再说话这一点呢？

首先，先设法了解对方的想法。

有一位人力资源专家曾经这么说："假如对方很爱说话，那么我就有希望成功地说服他。因为对方已讲了七成话，而我们只要说三成话就够了！"

很多时候，人们为了要说服对方，滔滔不绝地摆事实、讲道理，把话说完了七成，只留下三成让对方"反驳"。这样如何能顺利圆满地说服对方？所以，你要学着尽量将原来说话的立场改变成听话的角色，去了解对方的想法、意见，以及其想法的来源或凭据，这才是最重要的。

其次，站在对方的立场上考虑问题。

当你感觉到对方仍对他原来的想法保持不舍的态度，此时最好的办法就是先接受他的想法，或者先站在对方的立场发言。

这样做主要是因为每一个人都有很强的自尊心，当他的想法遭到别人无情的否决时，尽管有时自己也意识到了你是正确的，但极可能为了维护尊严或咽不下这口气，而变得更倔强，更加坚持己见，拒绝反对者的新建议。若是你说服别人落到这个地步，成功的希望就不大了。

曾经有一位推销员挨家挨户推销洗衣机，当他到一户人家里，恰好这户人家的太太正在用洗衣机洗衣服，就忙说："哎呀！你这台洗衣机太旧了，用旧洗衣机洗衣服是很费时间的。太太，该换新的啦！"

结果，还没等这位推销员说完话，这位太太马上产生反感，驳斥道："你在说什么啊！这台洗衣机很耐用的，我都用了六年了，到现在还没有发生过一次故障，新的也不见得好到哪儿去，我才不换新的呢！"这位推销员只好无奈地走了。

过了几天，另一名推销员又来拜访那位太太。简单地沟通后，他初步了解了太太的心理，便说："这是一台令人怀念的洗衣机，因为很耐用，所以对太太有很大的帮助呀。"

这位推销员先站在太太的立场上说出她心里想说的话，使得这位太太非常高兴，于是她说："是啊！这倒是真的。我家这台洗衣机确实已经用了很久，是有点旧了，我正在考虑要换一台新的洗衣机呢。"

于是推销员马上拿出洗衣机的宣传小册子，提供给她做参考。没过几天，那位太太就定购一台新的洗衣机。

第二位推销员与第一位推销员的差别之处，就在于他是在揣摩对方的心理说话，因此很容易就达到了自己的目的。

有时你在求别人办事时，对方会有一些感到不安或忧虑的问题，对此，你要事先想好解决之道，一旦对方提出问题时，可以马上说明。如果你的准备不够充分，讲话时模棱两可，反而会令人感到不安。所以，在行动前，你应事先预想一个引起对方可能考虑的问题，此外，还应准备充分的资料，给对方提供方便，这是相当重要的。

善于观察与利用对方微妙心理，是帮助自己提出意见并说服别人的重要策略。如果你能洞悉他们的心理，并加以疏导，你的成功率就会大大地提高。

场面上，要说场面话

"场面话"是人性丛林里的现象之一，而说"场面话"也是一种生存智慧。这不是罪恶，也不是欺骗，而是一种"必要"。"撇开道德的标准，谎言就是一种智慧"，所以，有时，说一些无碍于原则与是非标准的场面话，也是一个人在纷纭复杂的社交场所立足的本能。

人一踏入社会，应酬的机会自然就多了，这些应酬包括做客、赴宴、会议及其他聚会等。不管你对某一次应酬满不满意，"场面话"一定要讲。

什么是"场面话"？简言之，就是让别人高兴的话。既然说是"场面话"，可想而知就是在某个"场面"才讲的话，这种话不一定代表内心的真实想法，也不一定合乎真实，但讲出来之后，就算别人明知你"言不由衷"，也会感到高兴。聪明人懂得："场面之言"是日常交际中常见的现象之一，而说场面话也是一种应酬的技巧和生存的智慧。

学会几种场面话

当面称赞他人的话：如称赞他人的孩子聪明可爱，称赞他人的衣服大方漂亮，称赞他人教子有方等。这种场面话所说的有的是实情，有的则与事实存在相当的差距，有时正好相反，这种话说起来只要不太离谱，听的人十有八九都感到高兴，而且旁人越多他越高兴。当面答应他人的话：如"我会全力帮忙的"、"这事包在我身上"、"有什么问题尽管来找我"等。说这种话有时是不说不行，因为对方运用人情压力，当面拒绝，场面会很难堪，而且当场会得罪人；对方缠着不肯走，那更是麻烦，所以用场面话先打发一下，能帮忙就帮忙，帮不上忙或不愿意帮忙再找理由，总之，有缓兵之计的作用。

如何说场面话

去别人家做客，要谢谢主人的邀请，并称赞菜肴的精美、丰盛可口，并看实际情况，称赞主人的室内布置，小孩的乖巧聪明……

赴宴时，要称赞主人选择的餐厅和菜色，当然感谢主人的邀请这一点绝不能免。

参加酒会，要称赞酒会的成功，以及你如何有"宾至如归"的感受。

参加会议，如有机会发言，要称赞会议准备得周详……

参加婚礼，除了菜色之外，一定要记得称赞新郎新娘的"郎才女貌"……

说"场面话"的"场面"当然不只以上几种，不过一般大概离不了这些场面。至于"场面话"的说法，也没有一定的标准，要看当时的情况决定。不过切忌讲得太多，要点到为止最好，太多了就显得虚伪而且令人肉麻。

总而言之，"场面话"就是感谢加称赞，如果你能学会讲"场面话"，对你的人际关系必有很大的帮助，你也会成为受欢迎的人。

但从另一个角度来讲，如果别人在某些特定的场合、特定的际遇下对你说了一些场面话，作为听众的你千万不可把这些场面之言当真。

对于称赞或恭维的"场面话",你尤其要保持你的冷静和客观,千万别因别人两句话就乐昏了头,因为那会影响你的自我评价。冷静下来,反而可看出对方的用心如何。

在社交场合,我们要学会说点场面话,给别人一点甜头,但万不可被别人的场面话所迷惑,轻信别人的一时之言有时不只是一种善良,更是一种愚钝。

察言观色,把话说得恰到好处

会说话的人都会倾听。学会倾听,不仅是对他人的尊重,还可以更好地注意到他人的言谈神色,判断出他人的心理活动,说话的时候就可以有的放矢。正所谓知己知彼,战无不胜。

汉高祖刘邦建国的第五年,消灭了项羽,平定了天下,大行奖赏。在这个时候群臣彼此争功,吵了一年都无法确定。刘邦认为萧何功劳最大,就封萧何为先锞侯,封地也最多。但是群臣心中不服,议论纷纷。在封赏勉强确定之后,对席位的高低先后又起了争议,大家都说平阳侯曹参身受创伤七十余处,而且攻城略地,功劳最大,应当排他第一。刘邦因为在封赏的时候已经委屈了一些功臣,多封了许多给萧何,所以在席位上难以再坚持,但心中还是想将萧何排在首位。

这时候关内侯鄂君已经揣摩出刘邦的意图,就挺身上前说道:"群臣的决议都错了!曹参虽然有攻城略地的功劳,但这只是一时之功。皇上与楚霸王对抗五年,常常丢掉部队四处逃跑。而萧何却源源不断地从关中派兵员填补战线上的漏洞。楚、汉在荥阳对抗了好几年,军中缺粮,都靠萧何转运粮食补给关中,粮饷才不至于匮乏。再说皇上有好几次逃到山东,都是靠萧何保全关中,才能接济皇上,这才是万世之功。如今即使少了一百个曹参,对汉朝有什么影响?我们汉朝也不必靠他来保全!为什么你们认为一时之功高过万世之功呢?我主张萧何第一,曹参其次。"刘邦听了,当然说好。于是下令萧何排在第一,可以带剑入殿,上朝时也不必急行。

后来刘邦说:"我听说推荐贤人,应当给予最高的奖赏。萧何虽然功劳最高,但因听了鄂君的话,才得以更加明确。"刘邦没什么文化,在分封诸侯的时候,将一些从前跟着他出生入死、身经百战的功臣比喻为"功狗",而将发号施令、筹谋划策的萧何比喻为"功人",所以萧何的封赏最多。

刘邦虽然表面上不再坚持萧何应排在第一,但鄂君早已揣摩出他的心意。于是顺水推舟,专拣好听的话讲,刘邦自然高兴。鄂君也因此多了一些封地,被改封为安平侯。

对他人的意思细心倾听之后,再投其所好有所作为。这是一种说话的策略,在双方力量悬殊的情况下,不妨运用一下这种策略,以屈求伸。这与两面三刀是不同的,两面三刀是小人的卑劣行径,而投其所好是智者的智慧。再者,两面三刀是阴险诡秘,为人所不齿,而投其所好是为了保全自己而采取的策略。

在应酬交际场合,我们也要机灵些,善于观察,说出的话才更动听,更容易被他人接受。

用谐音把话说圆

谐音,是指利用语言的语音相同或相近的关系,有意识地使用语句的双重意义,言在此而意在彼。谐音的妙用,在于能让人把话说圆而摆脱困境,甚至化险为夷。因为许多字词在特定场合中,用本音是一个意思,而用谐音则成了另一个意思。

据传,从前有个宰相,他有一个名叫薛登的儿子,生得聪明伶俐。当时有个奸臣金盛,总愍陷害薛登的父亲，但苦于无从下手，便在薛登身上打主意。有一天，金盛见薛登正与一群孩童玩耍，于是眉头一皱，诡计顿生，喊道："薛登，你像个老鼠一样胆小，不敢把皇门上的桶砸掉一只。"

薛登不知是计，一口气跑到皇门边上，把立在那里的双桶砸碎了一只。金盛一看，正中下怀，立即飞报皇上。皇上大怒，立刻传薛登父子问罪。

薛登父子跪在堂下，薛登却若无其事地嘻嘻笑着。皇上怒喝道："大胆薛登！为什么砸碎皇门之桶？"

薛登想了想，反问道："皇上，您说是一桶（统）天下好，还是两桶（统）天下好？"

"当然是一统天下好。"皇上说。

薛登高兴得拍起手来："皇上说得对！一统天下好，所以，我便把那只多余的'桶'砸掉了。"

皇上听了转怒为喜，称赞道："好个聪明的孩子！"又对宰相说："爱卿教子有方，请起请起！"

金盛一计未成，贼心不死，又进谗言道："薛登临时胡编，算不得聪明，让我再试他一试。"皇上同意了。

金盛对薛登嘿嘿冷笑道："薛登，你敢把剩下的那只也砸了吗？"

薛登瞪了他一眼，说了声"砸就砸！"便头也不回，奔出门外，把皇门边剩下的那只木桶也砸了个粉碎。

皇上喝道："顽童！这又如何解释？"

薛登不慌不忙地问皇上："陛下，您说是木桶江山好，还是铁桶江山好？"

"当然是铁桶江山好。"皇上答道。

薛登又拍手笑道："皇上说得对。既然铁桶江山好，还要这木桶江山干什么？皇上快铸一个又坚又硬的铁桶吧！祝吾皇江山坚如铁桶。"

皇上高兴极了，下旨封薛登为"神童"。

谐音是一语双关的表现形式之一。在上面这个例子中，薛登之所以能够化险为夷，就在于他巧妙地运用了谐音把话说圆了。

第四章

高效工作的秘密
——双利双赢的职场艺术

技巧 29

进退有术，让自己在面试中脱颖而出

15秒吸引住面试官眼球

日常生活中，我们经常会通过第一印象来判断一个人，从而决定是否与他深入交往。良好的第一印象，往往能够增加别人对你的好感，为你赢得更多的信赖。面试也是如此，如果你想获得一份心仪的工作，就必须给面试官留下一个良好的直观印象。

那么，在面试的过程中，我们如何给面试官留下美好的第一印象呢？简历很关键，因为简历是面试官获得的关于你信息的第一手资料。就像人们经常根据封面判断书的好坏一样，简历对面试官来说也是如此。

可以说，简历是你的门面，是第一块敲门砖，是你在众多的求职对手中脱颖而出的前提，同时也是面试时的主要参照物。面试官需要通过它获得关于你的第一手资料与信息，进而在交谈之前，定下一个基点，并依据简历对你提问，进行更深入地了解。那什么样的简历才能真正打动面试官？我们又如何让自己的简历不致变成"弃儿"呢？

一份完美的简历往往能够出奇制胜，它不仅能够充分展现出应聘者的才能，还可以瞬间抓住未来雇主的注意力，给面试官留下一个良好的直观印象。

如果你的简历是一篇推销你的文章，人事专员就是你们的客户。但记住一点，你的客户正在做一份非常辛苦的工作。他在看你的简历时，还有上百份的简历在等着他。通常他会在你的简历上停留8秒钟左右。如果你能做到让他停留在你的简历上的时间越长，你被挑出的可能性就越大！

换位思考的思维方式在任何时候都是解决问题的首要考虑！把自己摆在工作到十点，还有上百份的简历等着看的状态下，这时你会选自己的简历吗？你会给你的简历打多少分？然后再去改进你的简历。那么我们来看一看，世界500强的人事经理是怎样看待简历的。

花旗中国区人事部门招聘经理于女士想看到的求职目标明确的简历。一页纸的简历，在简历写作中，推敲你的措辞，围绕你的目标来写，不要什么都写。好简历让人感觉舒服，这个要求从字体到版面布局，从纸张到写作，都要让面试者看着舒心。

英特尔中国区招聘经理陈女士这样说：首先，简历要写得清晰明了；其次，你的主要工作经历要与申请职位相关；最后，由于英语是英特尔的工作语言，日常用语、文件写作、技术用语以及与亚太区的合作都是用英文，我们不要求员工的语法学得多好，但必须能用英语在工作中交流。

"掺水"的简历在英特尔没有前途。负责招聘的经理们都有一定经验，伪造的东西很容易被看出来，面试时问几个问题就可以了解你。到那时，不管你有怎样的能力和资格，也许你只是想锦上添花，但对不起，我们对品德不好的人不感兴趣。

爱立信人力资源部副总裁牛女士如是说：好的简历，目的性要强，用人单位需要什么，你就提供什么。"抒情"的句子句子不必要。如"给我一个支点，我将撬起地球"、"让我们风雨同舟"、"给我一个机会，我会还你一个惊喜"……这样煽情的话，就像谈恋爱时，第一次见面就冲上来进行肉麻的表白，结果只会适得其反。

另外：对于职务要求表述要简洁、平实、有力，语言要清晰，逻辑性要强。这些是基本的要求。你还应该做个有心人，针对招聘单位的特点和要求，"量体裁衣"特制一份简历，表明你对用人单位的重视和热爱。

中国台湾百胜肯德基人力资源部资深经理邱女士的观点是：头脑必须清晰，条理分明。展现在履历上，除了要清楚表达自己的学习经历之外，自传上最好能够清楚表达自己，这包括：个人的性格、价值观、学习态度、未来的目标和工作理念等，并从过去的经验来佐证，比如，之前做过哪些专题，获得哪些启发，或是曾经遇到过哪些问题，如何解决的等。

如果应征者在履历上能详细注明社团经验和打工经验，都有加分效果。最好是能够详述之前当过哪些干部、办过什么样的活动，并从中展现自己乐于与人互动的特质。带点创意的履历和自传容易在众多应征履历中脱颖而出。

通过人事经理的视角，我们不难看出完美简历具备以下几个特点：

——包装不必花哨，精益求精才是正道。

——巧妙地阅读诱导和精准的信息定位。

——凸出你的关键信息，向招聘人员展示他们最需要的内容。

——突出个人魅力，展现个性特点，不能模板式的千篇一律。

——干净、整齐、利落的职业化写作风格。

许多专业的面试官都会告诉你，真正优秀的简历在15秒内就能抓住他们的眼球，可见面试官对你的第一印象，只需秒针转过90度，就已经基本建立了。因而牢牢把握住完美简历的要点，一定能够演奏出最佳的职场序曲，为你展现令面试官最为心动的一面。

看人下菜，到哪山上唱哪歌

人的性格是各种各样的，有健谈的，有沉默的，有和蔼可亲的，有冷若冰霜的……面试官也是普通人，他们并非流水线上生产的"招聘机器"，也会因个人的性格特点及情绪波动，而产生相应的主观反应。只不过由于职业和岗位的要求，他们都或多或少受过一些特定的训练。

古云："夫用兵之道，攻心为上，攻城为下。心战为上，兵战为下。"因而，在面试过程中，为了说服招聘者，取得求职成功，我们就需要学会识别和分析招聘者的性格类型，然后随机应变，见招拆招。

常言道"到什么山上唱什么歌儿，见什么人说什么话"，就是说，对待不同的人，要针对其性格特点，巧妙应对，面试也是这样，不同的面试官，也应采用不同的手段和战术。

狐狸在捕猎之时，会事先观察所捕获动物的性格和习惯，然后设下陷阱，进行捕杀。例如观察到刺猬看见水就竖起刺，就会知道刺猬怕水，它就用树枝钩着刺猬，将其拖入水中。倘若遇到狸猫，它会主动示好，假装亲善可爱，一旦对方松懈，它就会趁机捕杀对方。如果遭遇大型猛兽，它会投其所好，主动将自己捕获的猎物拱手相让，然后再吃对方吃剩下的残渣以生存。

不难看出，狐狸之所以捕猎成功的几率很高，就是因为它知道先揣测对方的性情，或是了解对方弱点，或是投其所好，抓住对方性格习惯使自己有可乘之机。因而，对傲慢无礼的人说话应该简洁有力；对沉默寡言的人就要直截了当；对于瞻前顾后、草率决断的人，说话时要把话分成几部分来讲。说一句别人爱听的话，可以拉近彼此的距离。

谭聪去应聘一家美资企业。通过初试之后，获得了同外籍总经理面试的机会。

他敲门进去时，那位外籍总经理正在打电话。招呼他坐下后，总经理一边打电话一边示意谭聪帮他拿一个红色的文件夹，说需要告诉客户一些数据。谭聪站起来走向文件柜，拿出一本红色文件夹递给他。谁想他突然挂了电话，说："面试结束了，你可以走了。"见谭聪傻了眼，他又解释道，"你犯了3个错误。第一，文件柜里共有5个红色文件夹，上有编号，你没问我几号而是随便拿了一个；第二，对方正在等我的回话，你应该跑向文件柜以节约时间；第三，在你拿到文件夹的同时应该问我需要哪些数据，然后翻开找到它们再递给我。你知道，现在的杭州人才齐齐（济济），我们需要的是各方面都很过硬的人才。"

谭聪知道自己没戏了。但临走时，还是对这个美国人回敬了一句："请问人才'齐齐'是什么意思？"他笑着说："当然是人才很多的意思。"谭聪反唇相讥："但是正确的说法是人才'济济'，所以我提醒您在没有搞清楚之前，不要乱用中国的词汇。"

结果出乎意料，谭聪收到了聘用通知，两个月后成为这家公司的正式雇员。后来他才得知，正是他大胆地纠正总经理的用词错误，为他赢得了这次机会。因为西方的管理者一般比较欣赏下属的自信和勇气。

其实谭聪是运气好，他的勇气和胆量正好碰上了欣赏这些的面试官。但是我们好不容易得来的面试机会，总不能交给命运去打理。试想，如果谭聪面对的是一个度量狭小的面试官，那么他的勇气和胆量会造成什么后果？结果不言而喻。如果你事先就掌握了如何应对各种类型的面试官，就可沉着应对了。

徐文远是名门之后，幼年跟随父亲被抓到了长安，那时候生活十分困难，难以自给。他勤奋好学，通读经书，后来官居隋朝的国子博士，越王杨侗还请他担任祭酒一职。隋朝末年，洛阳一带发生了饥荒，徐文远只好外出打柴维持生计，凑巧碰上李密，于是被李密请进了自己的军队。李密曾是徐文远的学生，他请徐文远坐在朝南的上座，自己则率领手下兵士向他参拜行礼，请求他为自己效力。徐文远对李密说："如果将军你决心效仿伊尹、霍光，在危险之际辅佐皇室，那我虽然年迈，仍然希望能为你尽心尽力。但如果你要学王莽、董卓，在皇室遭遇危难的时刻，趁机篡位夺权，那我这个年迈体衰之人就不能帮你什么了。"李密答谢说："我敬听您的教诲。"

后来李密战败，徐文远归属了王世充。王世充也曾是徐文远的学生，他见到徐文远十分高兴，赐给他锦衣玉食。徐文远每次见到王世充，总要十分谦恭地对他行礼。有人问他："听说您对李密十分倨傲，对王世充却恭敬万分，这是为什么呢？"徐文远回答说："李密是个谦谦君子，所以像郦生对待刘邦那样用狂傲的方式对待他，他也能够接受；王世充却是个阴险小人，即使是老朋友也可能会被他杀死，所以我必须小心谨慎地与他相处。我察看时机而采取相应的对策，难道不应该如此吗？"等到王世充也归顺唐朝后，徐文远又被任命为国子博士，很受唐太宗李世民的重用。

徐文远之所以能在隋唐五代之际的乱世保全自己，屡被重用，就是因为他针对不同的人有不同的应对之法，灵活变通，懂得看人下菜，到哪山上唱哪歌。在与面试官的交流过程中，牢牢抓住他们的性格特点，迎合面试官的性情，扣准脉络，以求一击即中，才能获得他们的认可，使自己脱颖而出。

面试准备，患寡而不患多

庖丁解牛说的是齐国的一位叫丁的厨师，因为对牛的身体结构熟稔在心，目无全牛，切割牛肉时能够很好地避开硬结，顺着牛的肌理结构下刀，从而做到游刃有余。面试也是这样，我

第四章 高效工作的秘密
——双利双赢的职场艺术

们需要摸透面试官提出的问题的"猫腻"，做到成竹在胸，才能够应对自如。

面试的过程实际上是面试官与求职者之间的一个深入交流的过程，主考官首先从简历上获取了面试者的基本信息，同时，面试官们还希望能够了解求职者更多的信息，临场反应无疑成了最好的测试方式。在临场反应中，求职者一方面要展示出自己的优势，另一方面又要尽量掩饰自己的弱点，巧妙地回答面试官提出的问题。

然而，出色的临场反应离不开充分的事前准备，清楚面试官问题中的本质，在面试时，你才能游刃有余地做出解答。

面试是一场智力游戏，更是一场演出，你要做的就是避开陷阱，完美地展现自己。"凡事预则立，不预则废"，不打无准备之仗。在用人单位通知你进行面试之后，你需要有目的、有针对性地做一些准备工作。

有一位自称"成功自第十八次失败开始"的求职者，就是通过完善面试前的准备，改变了自己的命运。

"先介绍一下自己吧"！又是老套，每家公司的招聘人员都好像例行公事一样。我强打精神从大学讲起，直到说完最后一份工作，然后"挤"出一个微笑看着面试者，心想：该问问题了吧？

这已是我到第十八家公司参加面试。北京工作机会多，但竞争激烈，一个好职位往往有几十人来竞聘。在吃了一次次"闭门羹"后，我仍旧每天不倦地挤公车、找工作，当被第十八家公司拒之门外时，我心灰意冷了。心想：要不是原公司经营不利进行裁员，打死我也会留在原公司。想着同事之间友好和睦，回忆工作中的点点滴滴，心有一丝惆怅。离职近一个月，我仍没找到工作，开始怀疑自己的能力。夜里，我辗转难眠，心想：自己是重点大学毕业，有两年的销售经验，英语流利，外形不算差，究竟是哪个环节出了问题？冥思苦想后我终于得出答案：自己觉得找工作易如反掌，其实面临着众多应聘者的竞争，因此必须调整自傲的心态。

我于是从以下几个方面入手。首先把简历改头换面。原有的简历平铺直叙，体现不出优势。我工作经验按时间顺序一一列出，让人一目了然。联系方式写在最显眼位置，然后在简历右上角贴上了自己得意的"玉照"。接下来我又穿梭于大大小小的招聘会，投递出大约30份简历。在网上也投简历，看到合适的职位就投上一份。投之前，我会认真给公司写封短信，谈谈对公司的看法、建议以及发展设想，以期给对方留下深刻印象。因为积极准备，我赢得了许多面试机会。吸取以往求职失败的经历，我深知面试时千万不能迟到，衣着要得体，到公司就算等上两个小时，也要面带微笑（没准这是公司变相地考察应聘者的忍耐力）。见到招聘人员尤其是年龄比自己大的，一定要讲礼貌。在谈工资之前，要认真了解市场行情，慎开"金口"。每每从一家公司走出来，我感觉都是打了一场硬仗。

几轮面试过后，同时有3家公司向我抛出"橄榄枝"，我从中选择了自己最为心仪的一个职位，是一家大型电信运营公司的副总裁助理。

同样的求职者，面对同样的面试官，事先准备是否充足，却会带来如此迥异的求职效果。由此可见，准备工作，只患寡而不患多。那究竟什么信息和问题是我们应当去了解和掌握的呢？

首先，尽可能地了解用人单位的情况。

面试时，如果你对用人单位的历史、现状、规模、业务、产品、服务等了如指掌，说得出该单位的优点和特点，甚至知道有关管理者的姓名。这样就容易让招聘者相信，你是一位对该单位有兴趣、工作认真、有能力、有责任感的人。对这个单位的喜欢和了解，也会缩短你与招聘者的心理距离。

为了实现上述目标，你可以查找公司的网站，获取公司以往的年报，然后认真研究；上网查找与公司有关的每一篇文章，仔细分析它们；购买这一领域的商业出版物，了解公司同行所作所为。一定要在你的问题列表上加入一些竞争者的信息，为你在面试中提问做好准备。基于你所挖掘的信息，制作一张关于公司详情的"列表"。

如果有可能，从该公司里找到你能联系上的人，并从他们那里挖掘一些对你即将来临的面试有帮助的信息。询问公司最近发生的活动；查明公司的管理结构；找出面试官在公司的位置。如果你不认识公司里的任何一个人，那么请找公司同行中你认识的人，从他们那里得到公司的消息。

其次，了解对方可能提到的问题。

招聘者在面谈时通常可能提到的问题有："你对我们单位了解吗？""谈谈你的情况好吗？""你的应聘动机是什么？""你的人际关系如何？""你有什么特长？""你有什么业余爱好？""你的主要缺点是什么？"……所有这些你都必须认真准备。

再次，准备好有关材料。

临近面试时，你要准备好跟自己求职相关的所有材料，如自传、简历、学习成绩、获奖证书、推荐单位，或者是原单位同意调动的证明、研究成果，等等。

你还要准备一下自己要提的问题。如"单位发展的目标是什么，前景如何？""干好这个工作需要什么特长？需要学习哪些方面的知识？"这些问题表明你对所应聘的工作有浓厚的兴趣，从而可以增加对方的好感。

如果你对上述问题有了充分准备，"牛"已在你的心中，此时你可以认为自己是世界上准备得最好的求职者，就可以信心百倍地和招聘者面谈了。

第四章 高效工作的秘密
——双利双赢的职场艺术

技巧 30

初来乍到，要懂得谦虚

与其抱怨世界，不如改变自己

职场上充满着很多不公：你干的很多，拿的却比那些会拍马屁的人少；明明晋升的机会是你的，公司却把职位给了领导的侄子；你加班加点，想把工作更细致一些，老板却说你不充分利用上班时间，等等。这时候，如果你一味地强调公平，甚至去和领导理论，你只会让自己碰得头破血流。

要知道，生活不是一场辩论，在这里，没有公平的法官出席。也许，它给别人的全是玫瑰花，而给你的则是刺人的荆棘。这时候，如果你一味地强调公平，甚至用仇视的眼光看这些刺人的荆棘，那么你眼里看到的永远是失望。而能够理解并热爱生活的人却绝不会强求生活给自己玫瑰，而是把自己手中的荆棘变成玫瑰。

某国一位著名的女高音歌唱家，仅30多岁就已经红得发紫，誉满全球，而且郎君如意，家庭美满。

一次她到邻国来开独唱音乐会，入场券早在一年以前就被抢购一空。当晚的演出也受到极为热烈的欢迎。演出结束之后，歌唱家和丈夫、儿子从剧场里走出来的时候，一下子被早已等在那里的观众团团围住。人们七嘴八舌地与歌唱家攀谈着，其中不乏赞美和羡慕之语。有的人恭维歌唱家大学刚刚毕业就开始走红进入了国家级的歌剧院，成为扮演主要角色的演员；有的人恭维歌唱家有个腰缠万贯的老板丈夫，而膝下又有个活泼可爱、脸上总带着微笑的儿子……

在人们议论的时候，歌唱家只是在听，并没有表示什么。等人们把话说完，她才缓缓地说："我首先要谢谢大家对我和我的家人的赞美，我希望在这些方面能够和你们共享快乐。但是，你们看到的只是一面，还有另外的一个方面没有看到。那就是你们夸奖的活泼可爱、脸上总带着微笑的这个小男孩，其实是一个不会说话的哑巴，而且，在我的家里他还有一个姐姐，是需要长年关在装有铁窗房间里的精神分裂症患者。"

歌唱家的一席话使人们震惊得说不出话来，你看看我，我看看你，似乎很难接受这样的事实。

这时，歌唱家又心平气和地对人们说："这一切说明什么呢？恐怕只能说明一个道理：上帝是公平的。那就是上帝给谁的都不会太多，也不会太少。"

上帝究竟是不是公平的？有些人穷其一生都在质问这个问题，他们埋怨着生活对自己的不公，慨叹着自己生不逢时，慨叹着生活的不公正，这一生就在怨天尤人中蹉跎而过。其实，不管生活对你是不是公正的，你都别无选择地要面对它。

在我们这个世界上，许许多多的人都认为公平合理是生活中应有的现象。我们经常听人说："这不公平！"或者说："因为我没有那样做，你也没有权利那样做"。我们整天要求公平合理，每当发现公平不存在时，心里便不高兴。应当说，要求公平并不是错误的心理，但是，如果因为不能获得公平，就产生一种消极的情绪，这个问题就要注意了。

实际上绝对的公平并不存在，这着实让人不愉快，却是我们不得不接受的真实处境。但是，我们承认生活是不平等的客观事实，并不意味着一切消极的开始，正因为我们接受了这个事实，我们才能放平心态，找到属于自己的人生定位。命运中总是充满了不可捉摸的变数，如果它给我们带来了快乐，当然是很好的，我们也很容易接受。但事情却往往并非如此，有时，它带给我们的会是可怕的灾难，这时如果我们不能学会接受它，反而让灾难主宰了我们的心灵，那生活就会永远地失去阳光。

威廉·詹姆士曾说："心甘情愿地接受吧！接受事实是克服任何不幸的第一步。"

成功学大师卡耐基也说："有一次我拒不接受我遇到的一种不可改变的情况。我像个蠢蛋，不断作无谓的反抗，结果带来无眠的夜晚，我把自己整得很惨。后来，经过一年的自我折磨，我不得不接受我无法改变的事实。"面对不可避免的事实，我们就应该学着做到诗人惠特曼所说的那样："让我们学着像树木一样顺其自然，面对黑夜、风暴、饥饿、意外等挫折。"

面对现实，并不等于束手接受所有的不幸。只要有任何可以挽救的机会，我们就应该奋斗！但是，当我们发现情势已不能挽回时，我们最好就不要再思前想后，更不要拒绝面对，要接受不可避免的事实，唯有如此，才能在人生的道路上掌握好平衡。

明白了这些，你就会善于利用不公正来培养你的耐心、希望和勇气。缺少时间的时候，可以利用这个机会学习怎样安排一点一滴珍贵的时间，培养自己行动迅速、思维灵敏的能力。就像野草丛生的地上能长出美丽的花朵，在满是不幸的土地上，也能绽开出美丽的人性之花。

心态对了，一切就对了

无论是刚毕业的大学生，还是初到新单位的员工，往往都雄心勃勃，他们不仅想很快得到足够的回报与无限的发展空间，而且也想大展拳脚尽快获得领导及同事们的认可，用自己的努力去征服"新世界"。但是，事与愿违，满腔热血的他们，在现实面前往往会很快碰壁，为什么会出现这样的情况？

很多新人面对这样的情况，要么抱怨上司不理解自己，要么抱怨现实太过冷酷，而现实真的是这样吗？

其实不然，是他们没有把握走进社会的第一法则：要想改变世界，必须先适应世界。换言之，与其抱怨外界，不如改变自己。

热播电视剧《潜伏》中，翠平刚到天津时，是一个地地道道的"土"八路。她听余则成说起"无声手枪"，兴趣大发，问他："有无声机关枪吗？"余则成对将要成为自己搭档的翠平十分无奈，道："有无声手雷，你要吗？"揶揄之情溢于言表。但是，后来翠平通过自己的努力，成了一名谨慎机敏的潜伏女特工，这样的转变，是她努力摆脱原本的浮躁，认真专注地对待工作所造就的。

翠平最开始非常不服气，她认为：之前自己也是个小队长，手下管着十来个弟兄，为什么要听你的？这种心态和很多职场新人很类似，有些人觉得自己有高学历高文凭，不愿做一些简单的琐碎的事情，这时候，他的高学历和高文凭就反而成了限制其发展的首要障碍。而如果能摆脱这种浮躁的心态，在一开始就脚踏实地地把每件事情都做好，将来的职场之路就会顺利很多。

一位著名女导演大学毕业后的第一份工作实际上是做场记，作为新人，其实就是打杂的。而第一天接到的第一个任务竟然是抄写电话簿——导演让她把一本厚厚的电话簿抄写到一个新的本子上。

第四章 高效工作的秘密
——双利双赢的职场艺术

一个大学毕业生干上了抄写员的工作，好像离她的导演梦太遥远了一点。但她没有多想，而是花了好几天时间认认真真地把活干完，然后交到导演手里。结果她不久就被导演提拔为副导演，此后她的导演路开始一帆风顺起来。

多年后，她问起带她入门的导演，为什么当年对她这么信任，没多久就能把副导演的工作交给她。导演告诉她，就是她抄写的电话簿让他对她的看法有了质的突破。当初让她抄电话簿，因为觉得她是个新人什么都干不了。可是当一本工工整整的电话簿交到自己手里时，导演知道这是个认真仔细的人——这样的人在工作上值得信赖。

刚刚入职的年轻人，往往非常在意自己在工作中的表现，希望尽快崭露头角，但是作为公司领导和老员工，却希望能磨一磨新人身上的锐气，让他们学会服从，能够脚踏实地，不要太浮躁。职场新人如果不能看透领导和同事的用意，或者性格过于敏感和孤僻，往往会把整个事情想得非常灰暗，给自己带来很大的烦恼和困扰，甚至会产生厌职情绪。但是厌职并不能解决问题，反而会影响自己的职业发展。

每个人初入职场时都会有这样那样的困惑，觉得跟当初的理想违背，觉得没有前途。"仿佛做了插班生"，不能融入工作团队，找不到工作归属感。如果同事态度不友好，领导不重视其发展，精神上的压力就更大了，由此便陷入了郁闷的心境中。

那么，对于职场新人来说，该怎么摆脱这种郁闷的心境呢？

首先，要调整好自己的心态，如果对业务还不熟悉，对自己所在的行业没有足够的了解，最好多做事、少说话。

其次，要把手边的每一件事都干好，只有任劳任怨，坚持从这些小事做起，才能让上级和同事看到你对待工作和环境的态度。

再次，要时刻保持空杯心态。谦卑的人更容易被人接受，从而快速融入新环境，工作也会逐渐进入状态，这样一来，很多情绪上的问题也就迎刃而解了。

逆来顺受不丢脸

在人的一生中，总是有一些事情，虽非心甘情愿，却也无可奈何。正如每一条所走过来的路径都有它不得不这样跋涉的理由，每一条要走上去的路途也都有它不得不那样选择的方向。逆来顺受是一种无奈，却也是人生的必修课。

历史上最有名的死亡，除了受难的耶稣外，就是苏格拉底。雅典市内的一小撮人——羡慕与嫉妒苏格拉底的人——控告苏格拉底，他受审并被判了死刑，当和善的狱卒把毒酒交给苏格拉底时说："请轻饮这必饮的一杯吧！"

苏格拉底果然如此，他平静柔顺地面对死亡，显示了他人性中最为高贵的一面。有的时候，逆来顺受并不是一种懦弱，而是内心最为和谐的声音，是一种人世间包容一切的伟大心态。

同样，在今天这个纷扰的世界中，在竞争激烈的职场中，在我们将不得已置身各种处境中时，记住这句话："请轻饮这必饮的一杯吧！"然后，卸下你沉重的行囊，奔赴远方陌生的前途。

李薇大学毕业后求职受挫，最后终于在一家小公司里谋得一份业务员的工作。相比她的"落魄"，其他同学运气要好得多，有很多人都得到了在大企业工作的机会。而李薇各方面条件并不逊色，命运似乎对她太不公平了，但她不计较。对于老板的一些过分要求，她要求自己能做到最好，就绝不做到"差不多"；对于一些刁钻的同事，她尽量忍受而不去逞一时口舌之快；面对无理取闹的客户，她告诉自己客户的批评是自己进步的动力……和李薇一起进来的其他新同事都说李薇太"逆来顺受"，可只有李薇自己清楚：初来乍到，只有学会忍耐，才能在办公室立足，才能取得事业上的发展。

因此，不管别人对自己有多么苛刻，她都时刻提醒自己：我是在学习，我要坚持。她咬紧牙关，忍受着各方面的压力，在一次次的挫折中总结经验，积攒力量。两年后，借着出色的业务能力和坚忍的态度，她成为该公司的业务经理。

初入职场，逆来顺受不是一种耻辱，而是一种生存智慧，因为在逆来顺受中，我们一方面沉潜了自己的心智，锻炼了自己的忍耐能力；另一方面在逆来顺受中，我们悄悄地积攒了自己的力量，让自己变得更加强大。

作为职场新人，面对别人给我们的脸色。我们不妨学学星云大师的"忍、耐、饶、退"四字诀：忍一句，祸根从此无生处；耐一时，火坑变作白莲池；饶一着，切莫与人争强弱；退一步，便是人生修行路。

过往业绩也可能成为你的累赘

过往业绩能够为你加分：获得老板的信任和尊重。但是如果你不能正确对待自己已经取得的功劳，过往业绩越优秀越会成为你的累赘。

所谓"花要半开，酒要半醉"，凡是鲜花盛开娇艳的时候，不是立即被人采摘而去，就是衰败的开始。炫耀除了获得一时的自娱自乐的快感之外，没有任何意义。

在麦当劳公司建立连锁店的问题上，创始人克罗克始终坚持，好的连锁店主可以获准购买新店的连锁权，使加盟连锁后分店更多；而经营不善，不遵守麦当劳协议的"犯规者"就会被毫不留情地清除出麦当劳，谁也不例外。

1957年，印刷工人爱伯特和妻子蓓蒂在克罗克的授权下在伊利诺伊州沃基根开了一家麦当劳连锁店，由于是该州第一家，克罗克对他们关怀备至，头一年该店销售额就高达25万美元。贫穷得靠挨户推销《圣经》的夫妻产生很好的赚钱示范效应，旋即为克罗克招来了24位加盟者，其中的3位加盟店还陆续开了29家、44家和46家连锁分店。爱伯特夫妇的连锁店对于克罗克来说，可谓功勋卓著。

然而居功自傲的爱伯特，开始藐视与麦当劳的协议了。他的口头语是："去他的，我才是老板！"于是，他在采购货物时以赚更多的钱为目的，只比价格而不比货的质量，这就违背了麦当劳货品统一的原则。他还违背了麦当劳只卖可口可乐的原则，擅自销售百事可乐。他的做法逐渐使克罗克忍无可忍，于是在双方合同到期后，克罗克果断地中止了与他的续约，坚决将爱伯特清除出麦当劳。爱伯特夫妇由此失去了麦当劳特许权，只得另谋生路。

对于企业而言，老板是绝不会允许犯规者存在的。将犯规者清理出局，即使犯规者曾给企业立下汗马功劳。这一做法看来似乎过于严酷，其实不然。企业不是老板一人的企业，他必须一切以企业生存发展为计，以企业整体利益为重。清退犯规者，是他的必然选择。

因此我们要正确对待自己的以往业绩。人生中，谦卑和渊博的人，往往低调；自大和粗浅的人，最喜招摇。前者眼光长远，虚怀若谷，总让人敬仰；后者看不到长远之利，为一点眼前成就手舞足蹈，怎能不成为众矢之的！因此，我们要学会在世间低调生活，即使我们已经功成名就，声名显赫！

技巧 31

低调隐忍，波澜不惊

最优秀的那个未必最受欢迎

现代企业竞争越来越激烈，人人都想变成企业的尖兵，可很多时候，最优秀的那个并不是最受欢迎的那个。一个人往往有了成绩却失了人际。

为什么？因为嫉妒。正所谓"不遭人嫉是庸才，常遭人嫉是蠢材"，我们要想在"人际"与"成绩"之间游刃有余，就必须让自己学会低调，少点"自我"。

若兰是个非常优秀的职员，业务出众，但是有一次与朋友聊天的时候，她却说道："哎呀，你不知道，我在单位快郁闷死了。他们都不理我，都不跟我玩，我像个孤魂野鬼，成天形单影只的。"

"你怎么得罪他们了，为什么不理你啊？"

"她们嫉妒我呗！没有能力、只知道背后暗算别人的人。"若兰冷冰冰地说道。

"嫉妒？是你太突出了吗？"

"大半年来我的业绩在部门里一直是最好的，根本没有人能与我抗衡。再难缠的客户只要到了我手里，保管能搞定。"若兰说这些的时候，眼里闪着得意的光芒。

"我明白了，正是因为你太优秀、太出色了，让你的同事感觉到了压力，所以他们联合起来孤立你。那你们领导应该很喜欢你啊，业绩这么好。"

"刚开始的时候，他们是挺高兴的，对我也很客气，像捡到宝了。现在也冷淡下来了，说我不注意团结同事。真是荒谬，他们嫉妒我，我还怎么跟他们团结啊？"若兰委屈地说。

身在职场，每个人都想通过自己的努力取得成绩，得到别人的认同和肯定。能成为业绩冠军是能力的一种体现，而能长期独占业绩榜的第一名，更是表明能力了得。

这本来是很好的事情，有业绩公司受益嘛，公司效益好，全体员工也受益。但在若兰的故事中，长期的骄人业绩反而成了她与同事交往的极大障碍，甚至最终令她失去了领导的支持。这对她的职业生涯来说无疑是个巨大的障碍，对她的心理也造成了一定的伤害。

为什么好事最后却带来伤害和阻碍呢？这是因为同在一个办公室里办公，大家能够支配的资源一样，如果你比其他的同事干得好，并且是好得多，自然会给别人造成一定的压力。

毕竟，同事之间在很大程度上是一种竞争关系，如果你太能干，别人在你的光环下就会显得暗淡。谁不想表现，谁不想被注视呢？但是，因为有了你的存在，因为你超强的业务能力，他们只能屈居第二；也因为有了你的存在，老板对他们的关注骤然减少，甚至很少过问，因为老板的全部心思都在你这里，你成了老板跟前的红人，而他们全部失宠了。

面对一个将自己处境改变了的对手，一个强劲得很难超越的对手，他们怎么能不嫉妒呢？于是，这种嫉妒最后就会以冷暴力的形式表现出来。这种方式既能让你感到难受，又不会给他们自己带来任何利益和形象上的伤害。

或许很多人要问了，取得好的工作成绩也是必需啊，毕竟老板是以成绩来决定一个人的去留和晋升的。不错，业绩很重要，但人际同样重要。那我们到底该如何平衡业绩与人际关系？怎样避免像若兰这样出了成绩、没了人缘的情况发生呢？以下两点需要我们注意。

1. 做人低调一些，态度上尽量谦虚。能在工作中取得一定的成绩，当然与自己的努力和才能分不开，但是因此沾沾自喜、恃才傲物是不可取的。如果你表现出得意扬扬的样子，一副志得意满的姿态，其他同事看到之后自然心生不快。但是如果你态度谦虚，不吹嘘自己的能耐，不显山、不露水，待人友好诚恳，尽量不在业绩上作比较，克制自己的优越感，那么别人也不会非要把你孤立起来不可。

2. 尽力帮助同事，态度要诚恳。"一个篱笆三个桩，一个好汉三个帮。"谁都会遇到自己克服不了的困难，当同事有困难而你又有能力帮助他的时候，不妨及时伸出你的援助之手。"君子成人之美"，成全别人、帮助别人的同时也是在成全和帮助自己。千万不要以为帮助别人就会让自己失去机会，恰恰相反，好的人际关系给你带来的机会和益处远远大于一个人单打独斗所创造的价值。

人人都渴望优秀。在职场上，你可以优秀，但要懂得谦虚，并且适时地去帮助别人，只有这样，你才能做到既有成绩又有人际。

内心动，但表面一定要静

职场上，每个人心里都有自己的小算盘。可为什么到最后，有的人能把自己的小算盘打响，有的人却把自己的小算盘打散？关键是有些人懂得隐藏，即便是他们心理波澜起伏，但是从表面上看，依然波澜不惊。而有的人却不懂隐藏，心里有什么想法，直接写在脸上，说在嘴上。可他们不知带职场上没有永远的朋友，过早暴露自己的野心，就等于过早向别人宣战。这样自己就可能成为众矢之的。

不想当将军的并不是好兵。有不断向上的心是好的，但正确的方法是：不妨先将自己的野心隐藏起来，悄然为自己布局，让一切操控都在别人不知不觉中进行。

南下打工的刘亮只用了两年的时间就成了一家公司的副总经理，不可否认，他是凭真本事坐上这个位子的，用他的话说，他所取得的一切成绩都是逼出来的。他自小就父母双亡，是外祖母一手将他拉扯大的，那时的日子过得很苦，但外祖母还是供他读完大学，他必须努力工作，用最好的成绩报答外祖母的养育之恩。

不论是从一开始做普通职员，还是后来做副总经理，刘亮都表现得非常出色。后来他发现总经理阿玲坐在那位子上可以说形同虚设，每次刘亮向她请示工作时，阿玲都认真听他说话，最后只说一句："你放心去做吧。"算是应允了。这样一切几乎都是刘亮在决策，但一遇上签合同时，客户总要和总经理面谈，令刘亮很不服气：不就是老板的小姨吗？一点水平也没有，却硬是占个位子。

刘亮想谋总经理位置的念头一现，就不想放弃了。他明明知道阿玲是老板的小姨，这事不太好办，但随着为公司赚钱的数目的增加，他的信心也越来越大了，他想：老板想给小姨工资，放在哪个位置都可以办得到，何必一定要做总经理呢？

老板是个笑面人，几次听了刘亮的怨语，从不动声色，只是笑问："我那小姨不会过多干涉你的工作吧？"刘亮心想：虽然如此，但总给我留下一块心病，就答："也许将阿玲放在别的位置上，公司的收益会更加好。"老板脸上依然笑着，但心里已有了盘算。

第四章 高效工作的秘密
——双利双赢的职场艺术

后来,老板劝小姨阿玲别做总经理了,这下却惹火了阿玲,作为大股东的阿玲越想越气,不久就炒了刘亮的鱿鱼。刘亮万万没有想到事情会是这样的结果,也始终想不明白这究竟是怎么了。

所谓"枪打出头鸟",说的也就是这个道理。因为,在这种情况下,人们往往总是希望自己的对立面越少越好,自己的竞争对手越少越好。所以,谁要是先出头,无疑会首先遭到攻击,这是必然的。其实,我们不妨看看所有的竞争过程,实际都存在一个比较普遍的规律:淘汰制。也就是说,它是通过不断淘汰来实现的。

而这种淘汰又往往是以某种不太公平的方式进行的。它不像在体育比赛中那样有一定的分组。而且,即使有一定的名额分配,那也还有一个机遇的问题。在把握不住的情况下如果晚点进行这个程序,观察得更仔细一些,往往成功的可能性也就越大。

你暴露出你的野心就会过早地卷入晋升之争,如果你过早地卷入晋升之争,就会过早地暴露了自己的实力,也同时显出了自己的缺陷,以至于在竞争中往往处于不利的被动境地。

所以,在竞争初期,我们要懂得谨慎保护自己,做到尽可能地不露声色。这样,便可以使自己较好地避免在竞争中受到别人及对手的"攻击"。正如兵书上所说的那样,自己在明处,对手在暗处,此为大忌。相反,尽可能地忍让、克制自己的欲望和冲动,便可以起到后发制人的作用,可以在知己知彼的情况下,获得竞争中的主动权。

忘了自己,轻装上阵

现实中,很多人把利益看得太重,把自己看得太重。比如在找工作时,他提出的工资是3000元,但是根据他的能力,你只能给他2800元,那这个人毫不犹豫地就走人了。

毋庸置疑,这个社会上,谁都想被别人看好,谁都想拿高薪坐高职位。然而,要想充分受人认可,没有足够的资本和后劲是不可能"梦想成真"的。

所以,在找工作时,我们要清楚,薪水只是一个方面,关键是这份工作能不能历练自己。

如果这份工作能历练自己,即使工资少,我们也要踏踏实实干。要知道,没有"背后"和"台下"的低调历练,我们便不会"一飞冲天"、"一鸣惊人"。

有一家非常有名的中外合资公司,前往求职的人如过江之鲫,但其用人条件极为苛刻,有幸被录用的比例很小。那年,从某名牌高校毕业的小李,非常渴望进入该公司。于是,他给公司总经理寄去一封短笺。很快他就被录用了,原来打动该公司老总的不是他的学历,而是他那特别的求职条件——请求随便给他安排一份工作,无论多苦多累,他只拿做同样工作的其他员工五分之四的薪水,但保证工作做得比别人出色。

进入公司后,他果然干得很出色,公司主动提出给他满薪,他却始终坚持最初的承诺,比做同样工作的员工少拿五分之一的薪水。

后来,因受所隶属的集团经营决策失误影响,公司要裁减部分员工,很多员工失业了,小李非但没有下岗,反而被提升为部门的经理。这时,他仍主动提出少拿五分之一的薪水,但他工作依然兢兢业业,是公司业绩最突出的部门经理。

后来,公司准备给他升职,并明确表示不让他再少拿一分薪水,还允诺给他相当诱人的奖金。面对如此优厚的待遇,他没有受宠若惊,反而出人意料地提出了辞职,转而加盟了各方面条件均很一般的另一家公司。

很快,他就凭着自己非凡的经营才干,赢得了新加盟公司的上下一致信赖,被推选为公司总经理,当之无愧地拿到一份远远高于那家合资公司许多的报酬。

当有人追问他当年为何坚持少拿五分之一的薪水时,他微笑道:"其实我并没有少拿一分的薪水,我只不过是先付了一点儿学费而已,我今天的成功,很大程度上取决于在那家公司里学到的经验……"

在这里，小李首先让自己忘记名牌大学毕业的身份，从最普通的员工做起；其次，小李不为利益所困，自愿比别人少拿工资，并把自己少拿的工资看成是学费；最后小李凭借多年的历练拿到了更高的薪水。

可见，高标必须以低调为基点，这好比弹簧，"压得越低则弹得越高"，只有安于低调，乐于低调，在低调中蓄养势力，才能获取更大的发展。小李的经历也正好说明了这一点：他通过自降身价来获取经验，当他的翅膀足够强硬时，他便毫不迟疑地为自己谋求到了更高更精彩的人生舞台。

放下身段，任何人都是老师

一个人在没有多少成绩时，忘了自己是为了让自己学到更多经验；而当一个人如果有了一定的成绩，为了让自己做得更好，也应该放低身段去和其他人学习。

所谓"尺有所短，寸有所长"，每个人身上都有我们值得学习的地方。身在激烈的职场上，我们更应该放低自己，不断向周围人学习，切忌小瞧任何人。正所谓"地低纳百川，人谦容千贤"，一个人只有真正放低自己，才能够学到更多，才能储蓄更多的能力，让自己变得更强大。

帕瓦罗蒂有一次到里昂演出，因为提前启程，他晚上住在一家旅馆里。因为害怕耽误第二天演出，帕瓦罗蒂晚上很早就睡了。

可是，他隔壁住了个小孩，还在哭哭闹闹。他本以为孩子哭一会就停了，可是事情根本不是他想的那样。孩子不但没停下来，反而越哭声越大。

帕瓦罗蒂有点恼怒了，他干脆爬起来。但很快一个问题开始萦绕在他的脑袋：孩子为什么哭这么久不沙哑呢？慢慢地，他竟把孩子的哭声当成歌声欣赏起来，也许能从孩子的哭声中学到不让自己沙哑的诀窍，帕瓦罗蒂告诉自己。

想到这里，帕瓦罗蒂竟然兴奋起来。他把自己的耳朵贴到墙壁上，用心倾听起来。果然，他最后发现了诀窍：孩子之所以哭多久都不沙哑，原因在于孩子是用丹田发音而不是用喉咙。

帕瓦罗蒂开始学着用丹田发音，果然达到了意想不到的效果。在第二天的演唱会上，他用饱满而洪亮的声音征服了观众。

人只有放低自己，才能发现身边一切可以学习的机会和可以学习的人。试想，如果帕瓦罗蒂当时抱着高姿态，他或许就会去找小孩的父母理论，那结果会是怎样？但是帕瓦罗蒂没有，他放低自己，发现了小孩的可学之处，一来宽容了小孩，二来他从孩子的哭声中找到了演唱的真谛，为自己事业的成功积蓄了能量。

身在职场，我们每一个人都有优于别人的时候，当你取得一些或大或小的成绩时，你会不会有一种优越于人的感受？会不会随着成绩的增长，自信心也暴涨？是不是时时想显摆一下自己的能耐？如果真的是这样，这将非常不利于你的发展。因为，自满会使一个人停滞不前，同时，自傲也会使你失去很多朋友。但此时如果你总能以低调的态度面对人生，即便是在成绩面前也能放下身段去和别人学习，去和别人交往，承认自己的不足，你就能够为自己积蓄更多的职场能量。

海纳百川，成汪洋之势，这是因为它地势最低。如果你想登上事业的顶峰，就必须要放下身段、放低自己。这既是我们对自己的理智审视，也是我们对别人的尊敬。

第四章 高效工作的秘密
——双利双赢的职场艺术

示弱，是为了减少别人的嫉妒

示弱可以减少乃至消除别人对你的不满或嫉妒。生活中，成功的人更容易被嫉妒，这时，如果用其他的方法无法一时消除这种社会心理，不妨学会用适当的示弱方式将其消极作用减少到最低程度。

大学毕业之后，张新幸运地成了一家机关单位的宣传干事。因为大学时，张新就是中文系的才女，进入单位后，她在自己的工作岗位上可谓得心应手。领导交代的任务，张新每一次都能出色地完成。再加上她工作特别勤奋，进单位不久，就深得领导器重。而那些时不时飞来的稿费，更让张新风光了好久。

可张新没想到，在风光到来的同时，麻烦也来了。先是很多在单位待了多年依然原地踏步走的同事讥笑她为了这几十块钱的稿费熬红了眼；接着又有很多不如自己的同事看到她拿荣誉证书，因为心里不平衡就到领导那里告张新的状，说她利用单位电话打私人长途，利用上班时间写私人稿子……一时间张新被搞得头晕脑涨。

可张新并没有因此就消沉下去，她明白当务之急就是找一条最佳的路子来摆脱自己的困境。

她沉下心来，积极挖掘同事们身上的闪光点。她发现那位经常打张新小报告的女同事身材特别好，于是就时不时说："你的身材太棒了，我要是有你这样的身材，我就知足了。哎！不过可惜，我身材臃肿。有空跟我分享一下你的瘦身之道吧，我可羡慕极了。"听张新这么一说，那位女同事竟然不好意思了，这样一来二去，他们之间的关系竟发生了变化，那位女同事再也没去打张新的小报告。那个经常讥讽张新的大姐，有一个非常优秀的女儿。在和她聊天时，张新时不时把话题扯到她女儿身上："大姐，你的女儿这么优秀，你是怎么教出来的？我这方面的知识几乎是零，我真该跟你好好学学。"谈起孩子，那个大姐一套接着一套，在一次次的交流中，她对张新的成见竟也慢慢消失了。

现实中，成功的人更容易遭人嫉妒。这时候，与其生气、消沉，倒不如来个主动"示弱"。就像张新那样，我们不妨也用自己的不足之处衬托出别人的优势，并真诚地给予一些赞美，让别人觉得你也有不如他的地方，这样不仅平和了别人的嫉妒心理，也为自己赢得了好人缘。

此外，在交际中，我们必须善于选择示弱的内容。比如一个地位很高的人不妨在地位低的人面前展示一下自己的低学历，表明自己其实也是一个很普通的人。一个很成功的人不妨在别人面前多说说自己失败的记录，让别人知道你的成功也很不易。对经济状况不如自己的人，我们可以适当诉说自己的苦衷：诸如子女学业不妙、父母健康欠佳、工作中遇到了诸多困难等，让对方感到"家家有本难念的经"。

古人云："鹰立如睡，虎行似病，正是他攫鸟噬人的法术。故君子要聪明不露，才华不逞，才有任重道远的力量。"《庄子》中也曾提出"意怠"哲学，"意怠"是一种很会鼓动翅膀的鸟，别的方面毫无出众之处。别的鸟飞，它也跟着飞；傍晚归巢，它也跟着归巢。队伍前进时它从不争先，后退时也从不落后。吃东西时不抢食、不脱队，因此很少受到威胁。表面看来，这种生存方式仿佛是保守迂腐的，而在布满着陷阱与危险的生活中，这才是最安全、最实用的生存哲学。

可以得意，但不能忘形

人一旦出头了，发达了，除了自己容易得意忘形之外，同时也容易成为众人注目的焦点，被人品评，被人臧否。因此，越是春风得意之时，越是要讲究不显不露，低调做人，唯此，才能使自己更受人尊重和喜爱。

你的人生，不能没有心理学
改变命运的100个心理学技巧

电视剧《潜伏》中，余则成在事业上可以说是非常成功的，从单枪匹马刺杀民族败类李海峰，到找出潜伏在延安的特务"佛龛"，再到暗杀特务袁佩林，除掉凶恶之极的陆桥山……每一次都很漂亮地完成了任务，但在胜利面前，余则成没有欣喜若狂，在高兴到极点时，也只是和翠平两人躲在家里偷偷喝上几杯白酒而已。再看身为行动队队长的马奎，好大喜功，仗着自己和毛人凤的关系，毫无顾忌地怀疑余则成、与陆桥山作对、查站长……以致最后得罪了周围所有人，被五花大绑送到外地受审。

在工作中，我们也可能和余则成一样，有着骄人的成绩，深受领导的喜爱，但风光得意之时一定要保持理智，不要像马奎那样觉得自己很了不起，目中无人，忘乎所以，否则只会让自己处于不利的境地。

小马是一家业务公司的业务员，因为她能说会道，加上性格又比较开朗，无论是什么样的客户她都能应对，所以她的业务一直做得有声有色，即便是刚进入这个行业那会儿，业绩也是超出老业务员很多。开始大家也没有把她当回事，只是在说起业务的时候经常恭维她几句，同事之间的关系也就平平淡淡的。

可是不久之后，她和一个大客户签订了一个大单子，使得她的业务量直线上升，并且还得到了很高的业务提成。为了奖励小马对公司的贡献，老板还特意给她包了一个红包，在公司的例会上还当众表扬了她的工作成绩。小马暗暗下定决心要再接再厉。

这本来是一件好事，但是事情并没有朝着小马想象中那样去发展。因为她在得到了红包之后，并没有现场感谢上司和同事们的协助，反而在同事面前不停地唠叨自己是怎么样怎么样才和那个大客户签订的合同，又吹嘘自己是怎么有能耐和有本事，惹得大家心里都不是滋味。大家虽然表面上没说什么，但心里却感到不舒服，于是就慢慢地和她产生了隔阂，因此，在以后的工作中时不时地和她对着干就在所难免了。而小马也因为上司的白眼，同事间关系的冷漠，最后她终因待不下去而辞职了。

小马本来是一个很有前途的人，只因为在对待荣誉的时候不知道低调，而是一味地吹嘘自己的能力和业绩，太过得意忘形，所以毁了自己的前程。

美国汽车大王福特说过："一个人如果自以为自己有了许多成就而止步不前，那么他的失败就在眼前了。许多人一开始奋斗得十分起劲，但前途稍露光明后，便自鸣得意起来，于是失败立即接踵而来。"

当你被领导夸奖甚至重用或者赢得某项荣誉的时候，你常常会自鸣得意吗？如果是，那你就要提醒自己注意了，要把夸奖或荣誉引起的兴奋压下去才好。要知道，你自己的目标是长远的，在你没达到最终目标之前，中途的一些夸奖或者荣誉只能算是微乎其微的小事。对待这些夸奖你应该一笑置之，然后继续埋头干下去，直到心中的大目标完成。那时候，你再去享受别人的夸奖，会是另外一番风景。

得意时不忘形，风光时勿失去理智，这是生存职场，并取得更大发展的关键，想和同事关系相处融洽，得到领导的赏识，步步高升，你就必须将此牢记于心！

技巧 32

一叶知秋，瞬间看透同事的真实想法

"他"在他的眼里

艾默生曾经说过："人类的眼睛和舌头所说的话一样多，不需要字典，却能从眼睛的语言中了解整个世界。"眼睛是心灵的窗户，它与人们的内心思想活动密切相关，能够毫不掩饰地显示出一个人的性格、学识、情操、趣味和品行。

目光清澈如水的人，往往心胸坦荡，为人正派；眼神狡黠阴暗的人，往往心胸狭隘、为人虚伪。目光执著的人，志向高远；目光浮动的人，为人轻薄。眼神内敛的人，往往比较自私；目光暴露的人，往往贪心不足。自信的目光坚毅而深邃，自卑的眼神晦暗而迷离。

眼睛是真情流露的发射源，"嘴可以说假话"，眼睛却守不住秘密，不仅仅是眼神可以倒映性格的影像，眼睛也往往能够透露人的性格特点。

常而言，眼珠黑亮，聪慧不疑；眼珠外露，可能短寿；眼怒而凸，此人苦楚；眼头破损，破财连连；眼如三角，此人趋恶；眼睛凸露，少情寡义；眼窝深陷、目光黑暗，一生苦干；眼神睿泽，富贵可嘉；眼如羊眼，孤独狠毒；眼睛短小，贫贱之交。

眼睛的动作也映射着人们的心理活动。在职场中，注意观察同事的眼睛动作以及眼神的基本内容可以读出他的心理状态。

眼珠转动快速的人。第六感敏锐，直觉快速，能看穿人心，所以反应快。反之，容易受人影响。这种人特立独行，具有情绪化的性格。

眼珠转动迟缓的人。身体五官感觉迟钝，感情起伏少的性格，不受他人影响，以自己的方式生活。没有协调性，人际关系不顺。

目光闪烁不定的人。缺少对事情深思的能力，浮躁的冲动派，不被信任，有撒谎的倾向。目光着点不稳定，精神不安定的状态，在内心深处有怨怼之气，心情不稳定且焦躁不安。

忙着眨眼的人。感受性强人一倍，容易紧张的类型。经常焦虑，精神过度疲劳，身体状态不佳。这种人头脑明晰有才能，但持续力及忍耐力不够。

眼睛往上吊的人。这种人心思多，往往心里藏着不可告人的秘密，有意识地夸张事实，性格属于消极，心里有事因此不敢正视对方。

眼睛往下垂的人。有轻蔑对方之意，要不然就是不关心对方的情形。性情孤傲冷漠，本质上只为自己设想，是任性的人。

通过观察一个人的眼睛的外在表象，我们大致可以领略到一个人的人格特色和内涵，一个人的修养从眼睛的具象表现就可以被解读出来。因此，在与同事的交谈过程中，不妨先粗略观察下他的眼睛，判断一下这个人的性格特点，以便随机应变。

"一言不发"胜过千言万语

现代心理学家经过长期观察发现，人的嘴型及其厚薄等具有反映一个人性格特征的功能。口阔而有棱，厚而不薄，正而不偏，唇色红润，形如角弓，或如四字，或口方唇齐，上下唇厚一致，相载相覆，开大合小，唇闭二不露齿，左右对称，这是理想的口唇形状。这样的形状，表明一个人正直、忠信，不妄言，有口德，身体健康状态良好。

那么，具体的口型又各代表着什么性格特点呢？

1.聪明好学的四方口。四方口，顾名思义，嘴型如同一个"四"字，方方正正。这种口型给人一种活泼开朗的感觉，他们无论做什么事都专心致志，头脑也比较灵活，乐观好学，很讨人喜欢。因为为人正派，常常会赢得别人的信赖和帮助，人生的道路也相对平坦一些。

2.笑不绝口的仰月口。这种口型比较方正，嘴角自然向上，是天生的乐天派。这种人往往唇如丹朱，齿如含贝，给人的印象很好，加上天生的笑脸，很容易博得别人的好感。他们好奇心强，博闻强识，往往出口成章，经常成为社交中的焦点人物。

3.消极悲观的覆船口。口型如倒扣的船只，嘴角下垂，下唇绷得很紧，而且轮廓模糊。这样的人心态消极，无论什么事情都往坏处想，反应迟缓，是典型的悲观主义者。

嘴唇的厚薄也透露出一个人的品质和性情。嘴唇厚的人为人实在，嘴唇大且厚的人性格刚毅，嘴唇薄者喜欢吹毛求疵，嘴唇松弛的人缺乏耐力。嘴部无声的语言，"一言不发"地将这些都告知给我们。当然这还要依赖于对身体语言的理解，才能真正发挥其作用。

人们常说："好马长在腿上，好人长在嘴上。"这告诉我们嘴的视觉功能可以影响外在形象，并且雄辩的嘴有着胜过千军万马的功用，如同苏秦、张仪那般一张嘴合纵连横，震动四方。

在职场中，通过观察人们的嘴巴动作，我们也可以攫取一定的信息，看透世间百态。

嘴巴抿成"一"字形的人。这种嘴巴动作通常在作重大决定，或事态紧急的情况下出现。这样的人一般都比较坚强，具备坚持到底的顽强精神，面对困难不会临阵脱逃，而是想尽办法战胜它，克服它。同时，他们的性格也是相当倔强的，每件事情都经过深思熟虑才采取行动，这时谁也无法阻挡他们前进的步伐，绝对是不到黄河心不死，往往在人生的道路上也容易取得成功。

偶尔用手捂住嘴巴的人。这种人容易害羞，特别是在陌生人面前，一般都沉默少语。他们的性格特点是保守、内向，在与他人交往的过程中往往极力掩盖自己的真情实感，同时也不喜欢在公众场合表现自己。有时候他们的这个动作类似吐舌头，表示已经意识到刚才的错误了。

谈吐清晰的人。这种人给人的第一印象是嘴上功夫了得，能说会道。通常他们会处在两种极端，要么才华横溢，要么平庸无奇。前者能够口若悬河，凭借着自己丰厚的知识底蕴，说出的话有理有据，不容辩驳；后者则大相径庭，他们虽然话多，长篇累牍，像老太太的裹脚布——又臭又长，不堪一击，但他们有敏捷的思维，在交往过程中，不会出现半点呆板和迟钝，拥有很好的人脉。

说话缓慢的人。这种人往往在表达方面缺乏一定的素养，孤僻，喜欢独处，自娱自乐，结果各个方面都无法得到真正的锻炼，表现也非常平淡，成功对他们来说一直是遥远的未来。但还有另一种人属于"不鸣则已，一鸣惊人"的类型。有位哲人曾说：沉默的人总是最危险的人。在别人夸夸其谈的时候，他们通常是沉默寡言，但在脑中却不停地进行思考，他们虽然不善言谈，但必定一语中的，语出惊人。

高昂下巴的人。这种人心高气傲，向来不会觉得自己会出现差错，即使客观事实摆在面前，也会绞尽脑汁，想方设法地进行辩解。他们有着非凡的优越感，仿佛自己是个亿万富翁似的。他们有着极强的自尊心，不允许他人对自己有半点的不敬，爱面子，为了维护自己的面子拒绝承认错误和别人的成绩。

牙齿咬嘴唇的人。这种人在与人言谈的时候，经常上牙齿咬下嘴唇、下牙齿咬上嘴唇或者双唇紧闭。人们都会看到他们是一副聚精会神的样子，而他们也正是在聆听别人的话语，同时在心中仔细揣摩话中的含义。他们一般都有很强的分析能力，遇事虽然不能迅速作出判断，但决定一旦作出，往往不会有后顾之忧。

收缩下巴的人。这种人胆小如鼠，办事总是小心翼翼，确实能做好手头的工作。但他们往往只注重自己眼前的工作，正是由于这种保守，故步自封，同时还不善于接纳别人的意见，常常因为不信任别人而拒人以千里之外。

嘴角上挑的人。这种人机智聪明，性格外向，能说会道，善于和陌生人打招呼，并进行亲切的交谈。他们胸襟开阔，有包容心，不记恨别人。有非常好的人际关系，最困难的时候往往能得到别人的帮助。

人的外在形象是千姿百态的，而外在恰是内在的具象化，那些在社交场上的老滑头，都深晓识人之术，通过对外在的观察从而进一步了解一个人的基本个性，口型及动作等也很难逃出他们的法眼。

音调中的主旋律

在说话的过程中，有些人的声音轻缓柔和，有些人的声音沉重威严，有些人的声音沙哑无力……人们往往就是根据从这些声音所获得的印象去识人。

一般来说，声音可以表现一个人的内心活动、性格、人品，等等，有时还可以预测一个人的前途。当我们从脸部表情、动作、言辞而无法掌握心态时，从声调去揣摩对方的喜、怒、哀、乐等情绪变化就是一条很好的途径。

高亢尖锐的声音。发出这种声音的女性情绪起伏不定，对人的好恶感也非常明显。这种人一旦执着于某一件事时，往往顾不得其他。不过，一般情况下也会因一点小事而伤感情或勃然大怒。这种人会轻易说出与过去完全矛盾的话，且并不引以为戒。

声音高亢者一般较神经质，对环境有强烈的反应，如房间变更或换张床则睡不着觉；富有创意与幻想力，美感极佳，不服输，讨厌向人低头，说起话来滔滔不绝，常向他人灌输己见。面对这种人不要给予反驳，表现谦虚的态度即可使其深感满足。

男性中发出高亢尖锐声音者，个性狂热，容易兴奋也容易疲倦。这种人对女性会一见钟情或贸然地表白自己的心意，往往会使对方大吃一惊。声音高亢的男性从年轻时代开始即擅长发挥个性而掌握成功之运，这也是其特征之一。

温和沉稳的声音。音质柔和声调低的女性多属于内向性格，她们随时顾及周围的情况而控制自己的感情，同时也渴望表达自己的观念，因而应尽量让其抒发感情。这种人富有同情心，不会坐视受困者于不顾，属于慢条斯理型。一天中，上午往往有气无力，下午变得活泼也是其特征。

男性带有温和沉着声音者乍看上去显得老实，其实有其顽固的一面，他们往往固执己见绝不妥协，不会讨好别人，也绝不受别人意见影响。作为会谈的对象，这种人刚开始难以交往，但他们却是忠实牢靠的人。

沙哑的声音。女性发出沙哑声往往较具个性，即使外表显得柔弱也具有强烈的性格。虽然她们对待任何人都亲切有礼，却难以暴露自己的真心，令人有难以捉摸之感。她们虽然可能与同性间意见不合，甚至受人排挤，却容易获得异性的欢迎。她们对服装的品位很高，也往往具有音乐、绘画的才能。面对这种类型的人，必须注意不要强迫灌输自己的观念。

男性带有沙哑声者，往往是耐力十足又富有行动力的人，即使一般人裹足不前的事，他也会铆足劲往前冲。他们的缺点是容易自以为是，而对一些看似不重要的事掉以轻心。

具有这种声质者，会凭着个人的力量拓展势力，在公司团体里率先领头引导他人，越失败越会燃起斗志，全力以赴。这种声质者中屡见成功的有政治家、文学家、评论家。

粗而沉的声音。发出沉重的、有如自腹腔而发出声音的人，不论男女都具有乐善好施、喜当领导者的性格。喜好四处活动而不愿静候家中，随着年纪的增长，体型可能也会变得肥胖。

女性有这种声音者在同性中间人缘较好，容易受到别人的信赖，成为大家讨教主意的对象，这种人是最好相处的。

男性有这种声音者通常会开拓政治家或实业家的生涯，不过，其感情脆弱又富强烈正义感，争吵或毅然决然的举止会使其日后懊悔不已。这种人还容易比较干脆地购买高价商品。

这种类型的人不论男女均交友广泛，能和各种类型的人来往。

带点鼻音而黏腻的声音。女性发出这种声音，通常是非常渴望受到大众喜爱的人。这种人往往心浮气躁，有时由于过多希望引起别人好感反而招人厌恶。如果是单亲家庭的孩子，则表明内心期待着年长者的温柔对待。

男性若发出这样的声音，多半是独生子或在百般呵护下长大的孩子。这种人独处时感到特别寂寞，碰到必须自己判定事物时会感到迷惘而不知所措。他们对待女性非常含蓄，绝不会主动发起攻势。若是一对一地和女性谈话时，会特别紧张，因此这种人在别人眼中显得优柔寡断。

在言谈中，除了音调之外，语言本身的韵律也是重要的因素，从言谈的韵律上可以了解一个人的性格特征。

充满自信的人，谈话的韵律定为肯定语气；缺乏自信的人或性格软弱的人，讲话的韵律则犹豫不决。其中，也会有人在讲一半话之后说："不要告诉别人……"此种情况多半是秘密谈论他人闲话或缺点，但是，内心却又希望传遍天下的情形。

话题冗长、相当时间才能告一段落的情况，也说明谈论者心中必潜藏着唯恐被打断话题的不安。唯有这种人，才会以盛气凌人的方式谈个不休。至于希望尽快结束话题交谈的人，也有害怕受到反驳的心理，所以试图给予对方没有结果的错觉。

另外，声音的大小和个人的性格有着紧密的联系。

喜欢大声怒吼的人通常支配欲强，此类人喜欢单方面贯彻自己的意志，喜欢以自我为本位。可以说，用大嗓门喋喋不休地讲话的人，是外向性格的人。为了使对方听懂他的话，所以说话的声调甚为明快，这表示"他希望别人充分理解他"的思想。这也是比任何人都重视人际关系、擅长社交的外向型之人的特性。尤其是他的想法被对方所接受、达到情投意合的境地时，他的声音就会变得更大，而且声调里会充满了自信。

与说话声音大的人不同的是：声音小者，多半是性格极为内向的人，他们往往在说话时压抑自己的感情，话不说到一定的份上，他们一般不会把内心的想法和盘托出。这种人尽管好滔滔不绝，却多半是徒劳无功，说出来的话没有什么影响力。

读人、阅人是一门非常深奥的学问，需要对生活的深刻理解和深厚的阅历才能真正掌握。人的言谈及外在形象代表了一个人的性格习惯，通过揣度一个人的"嘴"，我们可以探知躲在深处的他人的内心世界。

技巧 33

营造气场，架构自己的办公室影响力

塑造王者风范

古人云："杀一人而震三军者，杀之！"为了一个组织的生存，过分宽容后进者往往是对整个集体的犯罪，因为这些人只会使得整个集团的利益大打折扣。从这个角度来说，领导必须保持一定的威严，这就是"王者风范"。

当年吴王委派孙子训练宫中嫔妃成为娘子军。起初，宫妃们觉得好玩，视同儿戏。

孙子一再劝说，并告诫如不听命，即要严惩。其中吴王最宠爱的两个妃子根本听不进去。三日过去，孙子果然行使无情军法，斩掉了那两个妃子，宫妃们肃然起敬，立即军容整肃，井井有条。

在管理者与下属关系上，没有令对方感到畏惧的震慑力，是不容易行使职责的。只是有一张和蔼的脸、一番美丽动听的言辞有时并不能起到令行禁止的作用。保持王者风范，你在工作中才能保持客观性。关于自己的观点、情感、主意、思想，不是说全部封闭，只是要注意合适的界限。本田车系的创始人——本田宗一郎就是一个具有王者风范的人，他铁面无私，备受下属敬重。

本田公司的技术干部都曾受到本田先生的严格训练。如果他们不注意，违背了本田的方针，那就会随时遭遇一场暴风雨的袭击。前董事长杉浦在任技术研究所所长的时候，在其部属面前便被本田揍了一顿。

一天，杉浦正在办公室工作，突然一个部属通知他说董事长找他。杉浦急忙赶到本田那里，以为有什么好差事要指示。本田二话不说，出其不意伸出右手，打了杉浦一巴掌。杉浦不知何故，忙问："董事长，到底出了什么事？"

"谁叫他们这样马虎地设计？是你吧！"杉浦还没来得及开口为自己辩护，又挨了本田一巴掌。杉浦很气愤："董事长，你怎么不听解释就动手打人？"他心想，设计问题自己固然有责任，但我是有1000名部属的研究所所长，至少有一点权力，当众羞辱我，以后让我在部属面前如何立足？他于是想辞掉这个差使。

杉浦正要提出辞职的时候，猛然发现本田的双眼湿润润的，他有些怀疑，难道董事长也会自责自己过于鲁莽？还是恨铁不成钢？似乎都有。杉浦顿时领悟到，董事长是诚心诚意要帮助他，哪怕一个零件也不能粗心大意，必须严谨、认真、细致防止任何差错的出现，否则，不可能生产出顾客信赖的商品。这是董事长的"机会教育法",打他是为了要大家了解技术、质量的精益求精性。一想到这儿,杉浦的怨恨情绪也烟消云散了,于是对本田说:"对不起,我错了!我要好好改过……"

"我也有错,不该随便打人。"本田脸上现出坦率的歉疚,并拍拍杉浦的肩膀。

本田利用王者风范既保护了自己的形象与威严,又教育了下属,更主要的是挽救了公司的声誉与利益。领导保持王者风范,最重要的就是给自己找好定位,与下属的距离不能太近也不能太远。近了,就可能让下属没大没小,从而淹没你的职位。远了则可能让人不敢靠近,让下属把你供起来。威严也不是恶言相对,整日板着面孔训人。与下属保持好一定的距离,领导才能保持王者风范,才能在工作时对待属下说一不二,让属下滋生敬畏之心。

让下属始终保有一定仰角来欣赏你,与此同时你用平视的目光来亲近他们,"鞭子"和"糖"并存。威慑力可以镇压他们的不良情绪,亲和力可以拉近彼此之间的距离,这就是领导的气场,王者魅力。

把工作当成事业,营造积极气场

英特尔总裁安迪·葛洛夫应邀对加州大学伯克利分校毕业生发表演讲的时候,提出以下的建议:"不管你在哪里工作,都别把自己当成员工——应该把公司看做自己开的一样。"职业生涯除了自己之外,全天下没有人可以掌控,这是你自己的事业。你每天都必须和好几百万人竞争,不断提升自己的价值,增加自己的竞争优势以及学习新知识和适应环境,并且从转换中以及产业当中学得新的事物——虚心求教,这样你才不会成为某一次失业统计数据里头的一分子。而且千万要记住:从星期一开始就要启动这样的程序。

我们常常认为只要准时上班,按点下班,不迟到,不早退就是完成工作了,就可以心安理得地去领工资了。其实,首先是一个态度问题,需要热情和行动,需要努力和勤奋,需要一种积极主动、自动自发的精神。积极主动的员工,将获得工作所给予的更多的奖赏。

按时上下班,一味"低头拉车"的人,气场只会越来越弱,慢慢地失去进取心,失去前进的动力,甚至渐渐对生活的憧憬也越来越弱。

坦诚地说,现在的许多年轻人是茫然的。他们每天在茫然中上班、下班,到了固定的日子领回自己的薪水,高兴一番或者抱怨一番之后,仍然茫然地去上班、下班……他们不思索关于工作的问题:什么是工作?工作是为什么?可以想象,这样的年轻人,他们只是被动地应付工作,为了工作而工作,他们不可能在工作中投入自己全部的热情和智慧。他们只是在机械地完成任务,而不是去创造性地、积极主动地工作。

我们经常说生活磨去了我们的锐气,其实,就是因为参加工作之后,我们没有努力去经营自己的气场,保持战斗力和对未来的憧憬。消极的生活态度留下的是委靡不振的气场,让我们越来越没有存在感。为此,我们应当努力营造积极的气场,以工作为事业,比老板更用心地工作。

皮克·菲尔在他的著作《气场》中指出,要想在自己身边营造积极的气场,必须拥有下面10种心态。

决心:最重要的积极心态就是决心。是"决心"在改变你的命运,而不是环境。

企图:对于达到自己预期的目标要有强烈的成功意图,而不仅仅是计划和希望。

主动:被动只会将命运交给别人安排,只有主动出击,机遇才把握在自己手中。

热情:提起精神来,用笑脸去对待别人和工作!

爱心:这是乐观的源泉。愿意奉献,不求短期回报,热爱你的事业,成功就会离你最近。

学习:随时充电。

自信:相信自己的实力,不断地争取成功,并不断地想象成功,随时保持信心!

自律:每个人都崇尚自由,但你须知道,自由的代价是自律。

顽强：你不打败困难，困难就会打败你！

　　坚持：假如成功只有一个秘诀，一定就是这两个字。制定一个合理的目标，然后"坚持"下去，这是最积极有效的争取！

　　将工作作为事业的人，他具备绝对的主动性，对工作和生活充满热情，随时知道学习的重要性，同时自信满满，有决心和企图去经营事业，不会对工作产生懈怠，严格自律，面对困难，顽强而执著，无所畏惧，坚持自己的信念，相信自己一定能够有所成就。

　　当然，我们并不提倡工作狂，那样只会透支我们的生命。一个具备积极气场的人，只会通过自己的头脑工作，通过自己的人格魅力来影响他人。因为工作是一个包含了诸多智慧、热情、信仰、想象和创造力的词汇。卓有成效和积极主动的人，他们总是在工作中付出双倍甚至更多的智慧、热情、信仰、想象和创造力，却不会浪费自己的精力和体力，而失败者和消极被动的人，却将这些深深地埋藏起来，他们有的只是逃避、指责和抱怨。

　　成功取决于态度，成功也是一个长期努力积累的过程，没有谁是一夜成名的。所谓的主动，指的是随时准备把握机会，展现超乎他人要求的工作表现，以及拥有"为了完成任务，必要时不惜打破常规"的智慧和判断力。知道自己工作的意义和责任，并永远保持一种积极主动的工作态度，为自己的行为负责，是优秀员工和平庸员工的最根本区别。

　　因此，营造积极的气场，主动工作，打造自己的职场事业，即使遭遇困难及新的挑战，也无所畏惧。遇强则强，在职场中保持持久的战斗力，同时，在你气场的影响下，与你的同事共同进步，成为职场中的不老松。

发现并经营自己的长处

　　比尔·盖茨，这位世界级的成功人士，他的成就令多少人仰慕不已。但是我们知道，每一个人的成功都不是偶然的，比尔·盖茨的成功与他的资质分不开，也与他懂得去经营自己的优势紧密相连，在把握住未来大趋势的同时，懂得经营自己的强项。比尔·盖茨拥有着计算机领域的核心技术，懂得如何运作自己，如何掌控自己，因而深受自己的合作伙伴的信赖，因为他的存在，微软能够在市场上久盛不衰。

　　盖茨一开始就与伙伴保罗·艾伦看出了个人电脑将改变整个世界的趋势，他们两个人经常通宵达旦地探讨个人电脑世界将会是什么样子，对这场革命的到来深信不疑。对于初出茅庐的微软来说，"它将到来"是他们的坚定信念，而他们就是为这将要到来的计算机时代开发软件，没想到竟使他们的公司迅速上升到世界舞台的前列，并发挥着超凡的作用。但当时他们至少窥见IBM或数字设备公司这样的主板生产公司已陷入自身无法意识到的困境了。"我记得从一开始我们就纳闷，像数字设备公司这样的微机生产商生产出的机器功能强大但价格低廉，那么他们的发展前景在哪里呢？""IBM的前景又在哪里呢？在我们看来，他们好像把一切都弄糟了，而且他们的未来也将是一团糟。我们对上帝说，天啊，这些人怎么能不警觉呢？他们怎么能不震惊害怕呢？"

　　盖茨的技术知识是微软所向披靡的成功秘诀中最重要的一条，而这也正是他的核心强项，他始终保持着对这一领域的决定权。许多时候，他能比他的对手更清楚地看到未来科技的走势。微软公司的同事们都盛赞盖茨的技术知识让他独具优势，他总是能提出正确的问题，他对程序的复杂细节几乎了如指掌。

　　不言而喻，微软公司今日的成功，很大程度上得益于盖茨准确的市场定位和产品的推陈出新，人们公认微软公司的成功是由于不停地创新，而盖茨对未来形势精确的分析和其独有的战略眼光，以及对自己强项的经营程度，不仅为微软公司的员工，也为其对手所称道。

　　这一切充分体现出：幸运之神是如此垂青忠于自己个性长处的人。正如松下幸之助所言：

人生成功的诀窍在于经营自己的个性长处，经营长处能使自己的人生增值，否则，必将使自己的人生贬值。

张扬个人魅力，让别人感到"有你真好"

无数事实证明，想要成为精神领袖，让周围的人们追随你，形成一个凝聚人心、催人奋进、具有强大吸引力的领导核心，仅仅依靠体制和职务赋予的权力是远远不够的，还需要给自身的魅力加些能让众望所归的"磁性"。

美国著名成功心理学大师拿破仑·希尔博士说："真正的领导能力来自让人钦佩的人格。"积极、真诚、守信、勇敢……能将这些世人向往的因素集于一身者，其魅力的人格便会在无意间吸引许多人，他们视其为一种信仰，甘愿成为其信徒。

在封建社会，统治者为了加强君权，经常采用的一个手段便是极力美化君主的人格："神圣者王，仁智者君，武勇者长，此天之道、人之情也。"统治者总是力图使人民相信：君主的人格是完美的，君主即代表着伟大、睿智、圣明、仁德、英武。

其实，古代不少君主不仅不可能具备上述美德，而且也不需要在实际上去追求这些美德。他们所要做的，仅仅是一番虚伪的表演，只要在臣民心目中造成君主人格神圣完美的假象，就算达到了目的。但他们十分注意，不从自己的口中露出一言半语不是上述美德的话，并且注意使那些看见君主和听到君主谈话的人都觉得君主是位非常之人。这样才能达到"顺应民心"的目的，为自己创造一大批忠心追随的信徒。

从积极的角度看，封建统治者非常重视提升自己的人格魅力，以此来加强自己的精神感召力和影响力，让人们心甘情愿地追随自己。人格魅力能创造多大的影响力？时代华纳总裁史蒂夫·罗斯为我们做出了回答。

虽然罗斯的生活沉浸在幻想之中，他的行事作风专擅独裁，但他绝不露出一副高高在上的模样，即使对低下的人也绝不摆出一副盛气凌人的架势。他至少不会给人以妄自尊大的感觉，他能顾及别人应有的尊严。

得力干将达利是这样表述罗斯的"亲和力"的："罗斯对周围人物的感受处处可见，他和每一位秘书都曾亲切地交谈。如果他离开时忘了向安或玛莉莎（达利的助理）道再见，他会说'天啊！我忘了说再见'，然后再折回去。如果他留在公司而由安替他做任何事情的话，第二天就会有一打红玫瑰放在她的桌上。"为了和公司低层的员工打成一片，罗斯可以说费尽了心思。他确实成功了。所有人都从内心深处尊敬他、感激他，并自动自发地追随他。

对于手下的得力干将，罗斯则另有一套方案创造信徒。他赋予部门主管绝对的自主权，他告诉他们犯错无妨，但就是不要太离谱。因此，他鼓励主管要有"自己就是老板"的意识。罗斯言行如一，从不干涉主管的决策，无论是否景气，他永远是他们忠实的支持者。这种亲切、温厚、如慈父般的作风完全符合他的个性，并且深入人心。当其他同行的管理阶层因流动率太高而元气大伤之际，华纳的高级主管一律长期留任。每当他的控制权受到来自合并的挑战时，他手下的主管便群起反对他的对手，从而帮助他渡过一次次的权力危机。

罗斯知道，要使员工真正成为信徒，还必须给他们以实惠。无论如何，运用各种手段将公司的财富与同僚共享，对罗斯而言似乎是天经地义的事。谈起薪资、津贴和一些千奇百怪的福利措施，华纳可说是一应俱全，称得上真正的全能服务公司。罗斯让他手下大将个个成为千万富翁，他们对他奉若神明，事实上，他的周遭人士对他不但绝对忠诚，而且近乎个人崇拜。

除以上几点之外，罗斯获得人们追随的保证还是他迷人的梦想以及实现梦想的超凡能力所建立起来的良好信誉。"要与罗斯相处，就必须是他忠诚的信徒。一旦进入他的世界——那里强调的是忠诚——则你的梦想（依照他的指示）都能够实现。"

古往今来，信徒式文化一直是维系人心的重要因素。就拿世界500强的宝洁公司来说，信徒式文化也产生了良好的效果。宝洁长期以来一直细心挑选新员工，雇用年轻人做最初级的工作，然后把他们培养成具有宝洁思维和行为方式的人，再让这些在宝洁文化中成长起来的"宝洁信徒"做中高级管理人员。这些忠实的员工在宝洁内部形成了上下一心、团结奋进的气氛，大家群策群力，以公司发展为信念，以信徒式的狂热，贡献出自己的全部力量。

充满"磁性"的人格魅力，才是聚集众人的精神力量。当你带着动人的人格魅力站在人们面前时，无需聒噪的鼓动与召唤，他们也会紧紧地追随在你身边，为你的目标而奋斗，为你的梦想而努力。

充分发挥自己的个人魅力，告诉他——你的梦想因我而实现，我对你很重要。让你周围的人感受因为有你，所以他们能够实现自己的理想，能够实现自我人生价值。

不要踩着别人的尊严施恩

古语云："不食嗟来之食。"意思是在最困难的时候，也要维护自己的尊严，不能任人呼来喝去。每个人都有伤不起的自尊，当你伸出援手、提供建议给有需要的朋友时，有时觉得效果似乎并不怎么理想，在助人过程中，有时觉得心有余而力不足，那是因为帮助别人也需要技巧。

战国时代有个名叫中山的小国。有一次，中山的国君设宴款待国内的名士。当时正巧羊肉羹不够了，无法让在场的人全都喝到。有一个没有喝到羊肉羹的人叫司马子期，此人怀恨在心，到楚国劝楚王攻打中山国。楚国是个强国，攻打中山易如反掌。中山被攻破，国王逃到国外。他逃走时发现有两个人手拿武器跟随他，便问："你们来干什么？"两个人回答："从前有一个人曾因获得您赐予的一壶食物而免于饿死，我们就是他的儿子。父亲临死前嘱咐，中山有任何事变，我们必须竭尽全力，甚至不惜以死报效国王。"中山国君听后，感叹地说："怨不期深浅，其于伤心。吾以一杯羊羹而失国矣。"

中山国君其实并不是一个不愿意帮助别人的人，设宴款待名士本来是对别人的一种恩惠，却因为羊羹不够伤了司马子期的自尊心，认为国君不尊重他，导致他怀恨在心，从而致使中山国君灭国。当然，我们也不难看到在亡国之后，那两个跟随他的死士却是因为当年他种下的善因而得的善果，在他们的父亲最需要帮助的时候，中山国君出手相助，换得了他们的誓死追随。

纽约的冬天真是冷极了，暴风雪几乎就是家常便饭，有时几尺厚的积雪使部分单位和商家也不得不暂时歇业。可是，公立小学却依旧照常开课。接送小学生的公车艰难地爬行在风雪路上，按时接送孩子。许多家长一样对校方的这种做法很不理解：有必要在这样恶劣的天气里非要让孩子们去学校吗？陈太太忍不住打电话给学校，打算向校方提出停课的建议。说明原委后，校方的答复却令陈太太感动良久："正如您所知，纽约是富人的天堂，穷人的地狱。不少穷人家庭冬天甚至用不起暖气，接送那些小孩到学校上学，他们不仅能享受一整天的温暖，还能在学校里享受到免费的营养午餐！""施恩的最高境界应该是保持人的尊严。我们不能在帮助那些贫穷孩子的同时，却践踏了他们的自尊。"

这位校长实在是个有心之人，他深刻地了解到帮助别人千万不能践踏别人的自尊。对于被帮助的人来说，践踏自尊，对他们的内心是极大的伤害，甚至雪上加霜，他们不但不会领情，还会对你怀恨在心。

在职场中，如果不注意这一点的话，你可能被人使坏，还不知道是为什么，总觉着自己对任何人都挺好，很愿意帮助人，殊不知你在帮助别人的时候，伤害了多少人的自尊心。

帮助别人时不要说得过于直露，挑得太明，以免令对方感到丢了面子、脸上无光；给别已经帮过的忙，更不要四处张扬。施恩于人，不要老是想从别人身上得到什么，应该想我能够给予别人什么，付出什么样的服务与价值来让对方先获得好处。施恩不可一次过多，以免给对方造成还债负担，甚至因为觉得被瞧不起而怨恨于你，这便是人们常说的大恩若仇。

帮助别人是件好事，但同时要考虑到对方的自尊心，在尊重的前提下给予帮助才会换来对方的感激。

帮别人就是在帮自己

人是具有社会性的存在，在日常生活中，离不开人与人之间的相互帮助，如何有技巧地帮助别人并让对方为我所用，是一门非常高深的学问。

贞观晚年，名将李勣患重病，名医遍治，均用药无效。有人提出唯有用须灰和药才能治疗。唐太宗闻讯，"乃自剪须以和药"。李勣得到龙须，感激涕零。突厥将领李思摩，原名阿史那思摩，因立军功，唐太宗赐姓李，授职右卫大将军。他于贞观十九年（公元645年）随驾出征，在进攻白岩城的战斗中，被弩矢中伤，唐太宗爱将心切，"亲为之吮血，将士闻之，莫不感动"。

唐太宗懂得如何施恩于人，换来了良臣的辅佐。

有句俗话说得好："天下一家亲，就看认不认。"在你没门子找门子、没路子找路子的时候，能利用一定的技巧与那些领导权贵搭上关系，那么你的事就很容易办了。关键是你要善于找方法，能够与那些能人说上话。而其中一个很重要的方法就是，在你帮过对方的忙后趁机求他帮忙，这时对方没有还口的余地，很自然地就帮你办事。

大名鼎鼎的中国香港富豪陈嘉庚是以橡胶制品白手起家的。当时有一家汽车配件厂刚开工，需要大量的橡胶，陈嘉庚求胜心切，找到这家工厂的厂长，不但没说成功还碰了一鼻子灰，原来这家工厂早已有意和另一家橡胶厂合作。

陈嘉庚觉得如果就这样知难而退放跑这条大鱼，未免太可惜了，于是他就想出另外一个办法。

这一次他不再去找老板，而是先与汽车配件厂的一个职员交上了朋友，然后假装漫不经心地从那个职员口中套知老板的有关情况，以选择突破口。那个职员谈到老板有一个儿子，整天缠着要去看赛马。老板很疼爱他，但自己的酒店开张在即，千头万绪，根本抽不出时间陪儿子。

职员是当做趣闻说起这件事的，可言者无意，听者有心，陈嘉庚感觉他已经找到了打开老板闭门拒客心理的钥匙。

陈嘉庚让这个职员搭桥，自掏腰包带汽车配件厂老板的儿子去跑马地快活谷马场看赛马，令老板的儿子喜出望外，兴高采烈。陈嘉庚的举动使老板十分感动，不知如何答谢才好，于是，同意以陈嘉庚的工厂生产的橡胶作为原料，事情最终以大功告成而结束。

陈嘉庚成功地找到了客户的心理需求点，通过帮助汽车配件厂老板的儿子，使得老板对他感恩戴德，最终实现了双赢。

帮助别人，一定要切中要害，让对方感受到你的好意，在别人最需要帮助的地方，给予相应的帮助，更容易获得别人的信赖和感激。

第四章 高效工作的秘密
——双利双赢的职场艺术

技巧 ㉞

来而有距，不做职场傀儡

同事不是朋友，公事不宜私办

初入职场的新人刚进入一个陌生的环境，习惯性地找一个比较容易接触的同事，然后全心全意为对方做事，希望关系更融洽、密切，甚至将"好事一次做尽"，以为自己也成了对方的密友，而在对方的心中却不过是一个很普通的同事而已。

对职场中人来说，千万不能被一时的热情所惑，几句话，就把普通同事当做了好朋友，甚至于把同事当做朋友一样随便使唤。不能以为两人关系不错就把公事私办，从而产生矛盾，影响同事关系的和谐。

文月和雅茹是一个办公室的同事，平时关系不错，可是最近却闹翻了。她们俩到底因为什么？其实也没有什么大不了的事。

这天，眼看着下班的时间就到了。文月的工作还没完成，可就在这时，领导又打来电话要求文月临时接待客户。由于平时和雅茹相处得不错，两人也经常互相帮助，这时，文月找到雅茹，请她帮忙接着完成手头的工作。

可雅茹当时手头也有活，见文月火急火燎地来找她，也就没推辞，只说："先放这儿吧，等我忙完了再帮你干。"文月放心地去招呼客人了。当她陪客人吃完饭并安排好住处，时间已经很晚了，文月也就直接回家了。

第二天早上，上司给她打来电话："你把昨天准备的文件给我一下，我马上开会要用。"

文月很有把握地说："我已经请雅茹帮忙了，应该已经完成了，您放心吧。"

文月走到雅茹面前看她正趴在电脑前忙乎着，冲着她就问："我交给你的事怎么样了？"

雅茹闻声抬起头，一副惊慌的样子，大叫一声："啊，不好，我给忘了。还没做呢。"

"你这不是在害我吗？公司马上要开会，我们头儿要用，文件没弄出来怎么办？你不是答应我的吗？怎么这么重要的事也能忘？"文月冲着雅茹劈头盖脸地训道。

"哎，文月你怎么这么说话？你让我帮忙，我有时间肯定会帮的。可我怎么知道这东西这么急？你怎么把工作推到我的头上？"雅茹也不客气。

"既然做不到，就别答应！现在被你整成这样，你让我怎么办？"文月的情绪很激动。

"这跟我没关系。你自己的事你自己负责，你凭什么给我布置工作，你又不是我领导。我自己的事还做不过来呢，从此以后，你别再找我帮忙。"雅茹正色道。

如此一来，两人越吵越凶，甚至把以前从未在意过的一些陈芝麻烂谷子都抖了出来，二人就此翻脸成仇。

上述场景在职场中不足为奇。现在公司人员精简，每个员工都有自己的工作要做。平时工作中，遇到自己忙不过来，你不能给他人"布置工作"。同事帮不帮忙，要看他们是否愿意。

同事不是朋友，彼此之间只是工作关系，各人干各人的活，各人挣各人的钱，互不相干。当然，同事之间也要讲合作，但这种合作，也基本上是出于工作职责所需，并不渗透个人情感在里面。

朋友就不同，不仅在工作上互相配合，互相支持，而且在个人生活上也是互相关心，互相帮助。好朋友之间，不仅要讲投脾气，还要有共同的人生观、价值观，对人对事的看法容易取得一致，值得信赖的那种。

像文月和雅茹的情况，虽然俩人私交不错，在工作中也应该分清你我。简单的忙可以帮一下，如果是大忙，就别公事私办了。实事求是地向上司反映情况，让上司重新调配人力资源，就不会出现个人间的矛盾了。

因此，越是关系好的同事，越是要按规矩来。公私不分，迟早会出问题。就像任何事情都要以适度为好，过犹不及，在人际交往中对别人好也需要适度。

同事之间"同流"不"合污"

职场中，每个人应该有一个属于自己的角色，而不是站在不同的派别中间，要么是无足轻重的路人，要么是被殃及的池鱼。在办公室的派系斗争中，适时地加入，又能清醒地抽身，不仅是明哲保身之道，更是对社会的一种领悟与洞察。

在办公室中，有派系活动是常事，没有才奇怪。如果你闭上眼睛漠视"办公室政治"的存在，那将是十分不明智的。面对派系斗争，职场人士必须有所准备，才有存活机会，才能避免陷入派系斗争的沼泽。否则一不小心的后果可不堪设想。要顺利处理职场人际关系，我们既要学会融入，又注意不可与人"合污"。

艾华进某公司市场部不久，就发现在这个十几个人的部门里，有一个三四人组成的小团体。这几个人相互之间工作特别默契，但对团体外的人则多少有点不配合，有时甚至暗中使绊。部门张经理有时也睁一只眼闭一只眼，而那个团体的核心人物的无形影响似乎比经理还大。

这些天，那个团体里的李大姐中午有事没事跟他套近乎，昨天问他父母是做什么的，今天问他有没有女朋友。当她知道艾华现在还没有女朋友时，马上表示愿意为他当"红娘"。艾华知道李大姐是想拉自己"下水"，成为他们那个团体里的人，他有些犹豫：如果自己不进他们那个小团体，今后自己在工作中难免会遭到刁难；如果进入他们那个小团体，自己又从心里厌恶这种拉帮结伙的行为，他有点不知所措。

也许你过去一直习惯生活在自己的世界里，当你进入职场，突然被推到一群陌生的同事当中时，你的确会面临一个艰难的选择：是保持自己的个性，还是尽快融入另外一个陌生的环境？你可能会觉得与其跟一大帮无趣的人混在一起，还不如坚守自己的空间。

于是，你坚持"三不原则"，即不和同事做朋友，不和同事说知心话，不和同事分享秘密。每天例行公事后，就埋头看书，与同事的关系越来越疏远，但是，你渐渐发现自己的工作越来越困难，虽然自己谁也没得罪，可一些负面评价老是左右陪伴着你。你的职场人际关系已经开始陷入泥沼。

马林进入公司工作，由于他在学校时就是班上优等生，所以在进入工作环境后，常常恃才傲物，不屑于融入同事当中。当时和他一起进入公司工作的还有安东。安东和马林一样也非常优秀，然而到了工作环境之后，他就收敛锋芒，主动热情地和同事打交道，于是很快就赢得了同事和上司的喜欢。

在年终评选优秀员工的奖励大会上，由于安东的优秀工作业绩和同事的支持，他受到了表彰，而马林也非常努力工作，甚至工作成绩比安东还好，可是由于同事背地里常说他的坏话，上司不喜欢他，等等，在评选大会上他一票也没得到，有好成绩也没受到表彰。马林认为自己不受重视，感觉英雄无用武之地，因此辞职而去。离开这家公司后，他走了几个地方，也没有找到满意的工作，他为此深感懊恼。

马林的独树一帜，让他在公司里待不下去，最后不得不走人。现代职场中，关系到分工合作、职位升迁，抑或利益分配，总会因为某些人的"主观因素"而变得扑朔迷离、纠缠不清。随着这些"主观因素"的渐渐蔓延，原本简单的同事关系，上下级关系变得复杂起来：一个十几个人的办公室，可以有几个不同的派系，更可以有由这些派系滋生出来的上百个纠缠不清的话题。

人际关系就像张渔网，缺了哪一方面都不行。要处理好职场人际关系，我们既要学会投身其中，又要懂得抽身离去，完全游离在派系以外是不可行的。作为职场中人，你可以在"同流"的情况下，你可以选择不"合污"。

等距离外交，远离派系纷争

职场中，人们有时会无端地被卷入对立的两派之间，而两边又都得罪不起，但是你又不能不表明态度和立场。这时候，就得用点博弈智慧：等距离外交，谁也不得罪。这是于夹缝中求生存的高招。《清稗类钞》中记载了这样一个故事：

清朝末年，陈树屏做江夏知县的时候，张之洞在湖北做督抚。张之洞与湖北巡抚谭继洵关系不太融洽，遇事多有龃龉。有一天，张之洞和谭继洵等人在长江边上的黄鹤楼举行公宴，当地大小官员都在座。其间，有人谈到了江面宽窄问题，谭继洵说是五里三分，曾经在某本书中亲眼见过。张之洞沉思了一会儿，故意说是七里三分，自己也曾经在另外一本书中见过这种记载。

督抚二人相持不下，在场僚属难置一词。双方借着酒劲儿吵了起来，互不相让。于是张之洞就派了一名随从，快马前往当地的江夏县衙召县令来断定裁决。知县陈树屏听来人说明情况，急忙整理衣冠飞骑前往黄鹤楼。他到了以后刚刚进门，还没来得及开口，张、谭二人同声问道："你管理江夏县事，汉水在你的管辖境内，知道江面是七里三分，还是五里三分吗？"

陈树屏对两人的过节已有所耳闻，听到他们这样问，当然知道他们这是借题发挥。但是，这两个人他谁都得罪不起，所以肯定任何一人都会使自己陷入困境。他灵机一动，从容不迫地拱拱手，平和地说："江面水涨就宽到七里三分，而水落时便是五里三分。张制军是指水涨而言，而中丞大人是指水落而言。两位大人都没有说错，这有何可怀疑的呢？"

张、谭二人本来就是信口胡说，听了陈树屏这个有趣的圆场，抚掌大笑，一场僵局就此化解。

所谓"等距离外交"，也就是指无论在工作上或生活上，你与所有的人都大致保持相同的距离，大都处于关系均衡的状态。因为你处在夹缝中，任何一方你都得罪不起，不采取这种博弈策略，你就会面临危险。

有人认为这种等距离外交，谁也不得罪的做法是一种墙头草的行径，让人瞧不起。大丈夫应敢作敢为，必须敢于挺身入局表明自己的立场。其实这是对等距离外交策略的一种误解。等距离外交不过是一种博弈手段，其目的是为了在冲突的最初阶段更好地保护自己，并且在将来挺身入局的时候能够占据更为有利的地位。所以它不是所谓墙头草的行径，而是一种智慧的选择。

其实，类似故事中陈、张、谭之间的博弈情况在现实生活中也屡见不鲜。比如，你的两个朋友为了小事发生了争执，你已经明显感到其中一个是对的，而另一个是错的，现在他们点名要你判定谁对谁错，你该怎么办？

此时，我们就该明白最好的策略是不说任何朋友的不是。因为这种为了小事发生的争执，影响他们作出判断的因素有很多。而不管对错，他们相互之间都是朋友。如果你当面说一个人的不是，不但会极大地挫伤他的自尊心，让他在别人面前抬不起头，甚至很可能会因此失去他对你的信任；而得到支持的那个朋友虽然当时会感谢你，但是等他明白过来，也会觉得你帮了倒忙，使他失去了与朋友和好的机会。

学会了等距离外交，你的处世水平当然就上升到了一个更高的档次。英文中有一句谚语叫做："涉入某件事比从该事脱身容易得多。"这可以说是对等距离外交的博弈智慧的一种反向总结。

如果你已经身为帮派的一员，并感受到自己的工作表现因此而受到了影响，那么与之保持距离将是十分重要的。工作之余，限制自己的社交活动，例如与其他同事共进午餐，为帮派之外的人提供帮助。切忌在办公室里高谈阔论你的周末是如何与他们共度的。

第四章 高效工作的秘密
——双利双赢的职场艺术

技巧 35

主动布局，升职道路一帆风顺

用心观察，像上司一样努力工作

一般说来，人们总是愿意同那些与自己兴趣相同，有共同爱好的人在一起。在职场中也同样，领导者最喜欢的员工是和他们气质相投的，而且，他们更加希望员工能和自己一样努力工作。

也许你并不喜欢现在的领导，也许他的某方面能力不如你。但上司之所以成为上司，肯定有他过人之处，而这些恰恰或是下属们所不及的。或许他销售经验丰富、业绩突出；或者他性格特点、能力潜质被领导认可；或许他为人处世颇受欢迎；或许他思路清晰，方法新颖而得当，等等。总之他们都会有下属所不具备的经历、技能或优势。

那么，想升职的你，要看到上司的优势，并虚心学习。最重要的是用心观察他们在做什么，平时关注什么，并且试图培养同样的爱好。只有这样，你才能容易引起上司的注意，接近并依效领导的做事风格。当你和上司"臭味相投"了，升职的机会也就来了。

张旭大学毕业后，顺利地进入了一家不错的设计公司工作。他特别高兴，开始了自己职业规划的第一步。张旭最近的职业目标是成为一个设计部的核心人物，只有这样他才能有晋升的机会，才能引起公司高层的注意。

如果只做一名普通设计师，永远也不无法达到开拓事业、实现梦想的目的。一旦得到公司领导的青睐，那么他就可以接触到许多一流的人物，学习最前沿的技术，才有机会实现成为一名著名设计师。

目标确定了，思路清晰后，张旭的第一步就是接近自己的上司。凡是和上司彼得有关的事情，张旭都会认真听，并且不动声色地记在心里。通过近两周的观察及从同事口中了解到彼得的一些情况。

彼得是从国外回来的，他追求完美，工作态度严谨，做事认真到几乎苛刻。由于他在国外是自费留学，曾经打工养活自己，甚至到处借钱，试图免费给人设计，却依然不被认可，吃了很多苦头。

如今，虽然彼得有了很高的声誉，但是他依然坚持以往的节俭作风。这些张旭从彼得平时的一些小细节可以感受到。比如，他养成了随手关灯、不用电脑的时候就关闭显示器的好习惯。

于是，张旭每天下班就把设计部所有人的电脑显示器检查一遍。恰好有一次下班走的时候，彼得看到张旭正在检查所有人的显示器，然后直到所有人的显示器都关闭了，再关好灯，才走出门。这个和彼得一样的细节，果然引起了彼得的好感。

不久，张旭就被提升为项目负责人，而彼得也亲自指点张旭设计一些重要客户的作品，放心地让张旭发挥自己的才能，遇到难题张旭会主动请教彼得，就这样，张旭的设计水平很快得到提高，逐渐成为设计的骨干人物。

如果你想在职场上有所成就，那促使自己更快速成长的最简单、最好的做法就是：像上司一样去工作。看看上司的上下班时间，尽可能比上司来得早，走得晚。学习上司处理工作的思路；观察上司是如何规划、设计和安排工作的；模拟上司遇到问题时，怎样利用资源解决问题……诸如此类，下属都可以去观察、去分析、去模仿。

"像上司一样去工作"，尽管对某些做法可能不理解，不知道为什么要这样做、要那样处理；甚至，上司的做法可能会有瑕疵；但是，"像上司一样工作"能够确保我们最快学习到上司的技巧和做法，促使自己更快速成长。

每个领导由于其学历、修养、性格、兴趣和阅历的差异，决定了他们的工作方法和思维方式存在着这样、那样的不同。如果希望自己能够尽快得到晋升，那就像上司一样去努力工作吧！

读懂上司，才能把握升职机会

我们在和上司交往的过程中，要通过接触了解上司平时待人接物的方式、方法，从他的个人经历、性格偏好等方面仔细揣摩他言行的本意，这样才能正确体会到上司的真正目的。

工作中，很多人正是因为错误地理解了上司的意思，才一次次痛失了升职加薪的机会。

小孙本是一个业务能力很强的员工，他也自认为会是本次经理的候选人。为了锻炼小孙，并为小孙接下来的升值做准备，领导决定让小孙去偏远的西北地区开发新客户。可小孙却认为是领导故意把自己支开，升其他的人做领导，想到这里小孙毫不犹豫地就拒绝了。当领导问小孙原因时，小孙竟然和领导吵了起来，没办法，领导当然得重新考虑候选人。

工作中，没有哪一个领导以整自己的员工为乐趣，更没有一个领导愿意让自己的员工陷入困难境地。因此，一个善于把握领导目的的人应当明白上司并非要将你"置之死地"，而是在帮你走出绝境，或者正在考验你并留有重用。一个人只有在洞悉了上司的良苦用心后，才会高兴地抖落掉上司打在你背上的"泥土"，并让它成为你晋升的台阶！

小李在一家新工厂工作的时候，他的老板松下吩咐当日留下五六个工人加班，但实际上只有小李一个人留了下来。

老板来视察，询问工作是否能完成的时候，发现工作还没有做完，便毫不客气地骂小李："实在太不应该了，怎么连你也做这种事情？"

小李无言以对，再三点头道歉，但小李心里却特别高兴。因为他从"连你也做这种事情"这句话里，感觉到了老板对自己的格外赏识之意，这就是说，比起其他人来，老板对自己寄予了更多的希望。

明白了老板的真实意图，小李当然十分欣喜。而事实也确实如此，老板对小李真的是另眼相看的，很快，小李被老板提拔为公司独当一面的一员大将。

听话知音，我们要像小李一样，善于从老板对自己的渴望中听出关怀和期望，这样才算得上是真正洞悉领导的目的。因此，老板对你说话时，你要仔细地揣摩他的言语，仔细分析他的言行举止的含义，从中体察到老板或上司的真正意图。

假如你不能理解上司的真实用意，不能和上司达成思想上的共识，那么你怎么可能使自己做到眼中有活，你只能像一只无头的苍蝇，东抓一把，西打一耙，做一些费力不讨好的无用之功了。

准确把握领导意图不仅可以掌握了解上司工作方法和思维方式,不仅可以到实际工作中去揣摩,还可以通过各种途径,如单位聚会、与领导一同出差等机会与其交流,增进彼此的了解。只有了解了领导意图,我们才能做有效功,提高自己的工作效率。

无论上司给予你的"绝望"和冷淡如何"惊天动地",最重要的就是你要有一双慧眼,要彻底洞悉上司的真正意图,这样你才会在工作中与上司配合默契。

准确了解上司的意图是你与上司搞好关系的前提条件。每位上司由于各自背景的不同,其工作方法和思维方式也各不相同。因此,与不同的上司相处时,应根据其性格、思维方式,因人而异地选择工作方法和处理方式。

读懂领导,准确领会其意图,并非一日之功。常言道:凡事预则立,不预则废。只有平时紧紧围绕领导关心的敏感点进行思考,才能准确把握领导意图。

先升值,再升职

拿加薪、做要职是每个职场人的梦想,但究竟能拿多少钱,能否顺利晋升,得由你的职场身价决定。自己的职场身价有多高,不仅仅取决于人际关系的优劣,更重要的是自身的能力的高低。你必须明白这样一个道理:先提高自身价值,才有晋升的资本。

职场之中的许多人可能都有这样的心理:"老板不重视我,我的能力没有发挥的余地。"其实,不是老板不重视你,而是你的能力和经验还没有提升到相应的档次。这时,如果能够明白"先升值,再升职"的道理,踏踏实实地工作就能取得事业上的成功。

在今天,产品不升级就没有市场,人不升值就可能被淘汰,就不能很好地发展进步。"先升值,再升职"是职场人士的生存之道,也是施展自己才能、发挥最大价值的途径。在如今这个竞争激烈的年代,如果不主动升值就意味着不断贬值,那么等待你的不仅不是升职,反而是被淘汰的命运。

王磊初进柯达公司的时候只是一名普通的业务员,后来一步一个脚印,由业务员成长为公司的市场部经理,随后又成为公司的市场总监。王磊究竟是如何一步一步成长起来的呢?让我们看看他由市场部经理成长为市场总监的过程。

成为公司的市场部经理后,王磊很快就对自己的工作有了一个正确定位:在企业的营销过程中,市场部经理的位置十分重要,一个优秀的市场部经理,在很大程度上能够协助市场总监完成营销战略任务。王磊认为一个优秀的市场部经理必须具备以下四种基本素质:

1.具有营销策划的能力。因为市场部的职能首先是为营销服务,如果一个公司的营销流程缺乏一个鲜明的营销目标来总领,那么这个公司的营销质量就不会得到很大的提高。

2.具有品牌策划的能力。品牌策划是一个很宽泛的概念,每个企业都能碰上,市场部经理最基本的责任就是把本企业的品牌在本企业所处的具体环境中,迅速做大做强,让品牌快速成长。

3.具备产品策划的能力,也就是具备从一个在设计、立意等方面配合产品的营销主题。

4.具有对市场消费态势潜在性的分析能力。如果公司的市场部经理或者市场总监能够对未来发生的消费态势进行一些前瞻性的捕捉,掌握领先一步的策略,那么公司以后的道路就会走得更好一点。

后来,王磊又认真研究了大多数公司对市场部经理的更高要求,他觉得自己应该在目前的能力基础上进一步学习,以提升自己的工作能力。

首先,他从掌握各项营销政策入手进行学习,因为他过去从事的是广告策划工作,对营销政策知之甚少。接着,他又开始不断强化自己的执行力,因为他发现自己对于公司营销推广的整个过程的监控实施力度很小。另外,王磊认识到自己的市场应变能力很差,缺乏市场销售过程的锻炼和市场销售经验,这是他在工作中最大的软肋。

有了这些深刻而全面的认识之后，王磊开始逐步提升自己的业务素质。他首先对自身不足进行弥补，先让自己成为一名优秀、称职的市场部经理。后来他又用了三年的时间亲自参与营销实践。与此同时，王磊学习了丰富的组织管理知识、全面的法律知识和财会知识，因为这些知识在工作的时候很有用处。当然，培养对团队的掌控能力也是王磊学习的一个重要方面，如果控制不了下属团队，那么一切都是空谈。

通过几年的认真学习和实践锻炼，王磊如愿以偿地成了公司的市场总监，他为公司的市场营销工作做出了突出的成绩。担任公司市场总监后，王磊仍然不断充实自己。现在，王磊已经成了公司中不断成长的楷模，董事长总是让其他员工向善于成长的他学习。

王磊通过学习相关知识，提高专业能力，最终得到了升职的机会。因此，要想升职，就得有升职的资格和本领，要有借以走上领导岗位、适应新工作、演好新角色并且不断得以升迁的素质和能力。

因此，人人都渴望成功，期待能在事业上得到发展、职务上得以提升。但提升的机会并不会从天而降，只有通过不断努力和学习，提升自己的能力，完善自己的人格，才有可能获得升职的机会。换言之，要想升职，就要从自己的升值开始。

实力决定结局

现代职场中，一些所谓聪明的人总是试图与某位领导"拉关系"，以此来作为自己职业道路上的"靠山"。尽管我们都明白"大树底下好乘凉"，可大树也有倒下的一天，无法为自己遮风挡雨，在紧要关头不可能总让自己化险为夷。因此，靠别人不如靠自己，找靠山不如拼实力。

在博弈中哪一方处于强势地位，制定的博弈规则必然对其有利，例如WTO（世界贸易组织）条款的制定是对欧美发达国家有利的，因为欧美发达国家是WTO规则制定中强势的一方。职场中也一样，两个能力有差别的下属，领导当然更青睐于有实力的那一个。

夏洁与丁薇在同一个杂志社工作，两人都是编辑，负责不同的内容。夏洁人长得漂亮，工作能力一般，可她特别会处理人际关系，公司上下没有不认识她的。夏洁性格开朗，常去主编室走动，工作上有问题很少与同事讨论，总是喜欢找主编请教。时间一长，主编感觉夏洁聪明，工作主动，越发越喜欢与她聊天。

丁薇却恰恰相反，性格内向，为人老实，平时衣着也朴素。与同事关系还算不错，但与主编却极少联系，除非主编有事找她，否则她是不会主动找主编沟通的。每天兢兢业业地工作，修改稿件，设计创意。当然，丁薇的工作能力是大家有目共睹的，她负责的杂志栏目深受读者的好评，读者来信几乎堆满了办公桌。业余时间，她除了回读者来信，还关注其他杂志社相关杂志的版块设计与栏目编排。

不久，杂志社副主编因出国，不得不离职。于是，主编决定在内部选拔一个人选。为体现公平，杂志社决定，所有编辑都可以参加竞选，要求以"杂志社未来前景"为题写一份稿件，然后请业内有关权威人士进行比评，优秀者当任副主编。

于是，夏洁与丁薇分别进行了准备。不同的是，夏洁把主编当成了晋升的靠山，多次对主编表达自己想当副主编的意愿，可是主编说了一句："你好好准备吧！"就笑着离开了。夏洁想当然地以为主编默许了。

由于丁薇平时业务知识丰富，工作能力强，查资料、写稿件对她来说非常轻松。此时，她还对自己以往得过的奖项与荣誉证书进行了整理，竟然装潢了整个抽屉。

结果出来了，众多专家对丁薇的文章赞不绝口，丁薇理所当然地坐在了副主编的位子。当夏洁怒气冲冲地冲到主编室质问主编，主编说："办杂志关键是文采，来不了半点虚假。"接下来，主编还用手指着桌子上丁薇的荣誉证书，并说："这才是实力。"

夏洁虽然试图找主编当靠山，可是还是没能如愿以偿，毕竟丁薇用自己的实力证明了自己。其实如果夏洁足够聪明，不会再跑去质问主编，她早就该明白"实力决定结局"这个道理。

职场中，一时的"关系"不难找，一世的"靠山"百世修。没有人能够在"靠山"的依附中活得豁达爽朗，幸福快乐；但要真正活得豁达幸福快乐，只有依赖于以自己为背景打造自己的实力"靠山"。

擦亮慧眼，做晋升路上的"机会主义者"

对于职场中期待晋升的人士而言，最大的苦恼在于找不到一个晋升机会。其实机会不是靠等待就能得到的，常常听到人们感叹机会难得，有些时候机会也要靠有心人去主动制造。同时，机会一旦出现就要牢牢抓住，没有抓住的永远都不能叫做机会。

机会是博弈制胜的关键，但机会都是随机的，它总是垂青于有准备的头脑。机会瞬间即逝，抓住机会，就有了晋升的最大把握。我们要善于抓住机会，成就自己的人生，因为机不可失，时不再来。

纽约的基姆·瑞德先生原先从事过沉船寻宝工作，在遭遇那只高尔夫球前，他的日子过得很平凡。

一天，他偶然看到一只高尔夫球因为打球者动作的失误而掉进湖水中，霎时，他仿佛看到了一个机会。他穿戴好潜水工具，跳进了朗伍德"洛岭"高尔夫球场的湖中。在湖底，他惊讶地看到白茫茫的一片，足足散落堆积了成千上万只高尔夫球。这些球大部分都跟新的没什么差别。

球场经理知道后，答应以10美分一只的价钱收购。他这一天捞了2000多只，得到的钱相当于他一周的薪水。干到后来，他每天把球捞出湖面，带回家让雇工洗净、重新喷漆，然后包装，按新球价格的一半出售。后来，其他的潜水员闻风而动，从事这项工作的潜水员多了起来，瑞德干脆从他们手中收购这些旧球，每只8美分。每天都有8到10万只这样的旧高尔夫球送到他设在奥兰多的公司，现在，他的总收入已达800多万美元。

对于掉入湖中的高尔夫球，别人看到的是失败和沮丧，而瑞德说："我主要是从别人的失误中获得机遇的。"瑞德对机会的把握是很准确的，别人打高尔夫球，失误在所难免，而瑞德却把这看成自己的机会，用它来赚钱。当别人都发现这个机会的时候，瑞德却另辟蹊径，从潜水员手里收购高尔夫球，终于成了一代富翁。

很多人都可能会发现高尔夫球落水的情况，却没有人把这当做一个机会去把握，因为他们没有一个有准备的头脑。在人生中，我们不能等待，要积极寻找并抓住机会，一时的等待可能会造成一生的遗憾。

要抓住机会，首先要拥有一双能够抓住机会的眼睛。作为下属应学会慧眼识机会，如果对机会之神的来访一无所知，失之交臂，终将悔之。俗话说："通往失败的路上处处是错失了的机会。"

发现机会是以主体自身的才能和努力为前提的。人们常说"打江山容易守江山难"，那么用于机会就是"发现机会容易，抓住机会难"。要抓住机会并获得机会需要我们用心去做，下面几点也许会让你有所收获：

别让领导等待在办公室中。任何人都不要忘记领导的时间比你的更宝贵，当他给你一项工作指标时，这项工作比你手头上的任何事都重要。如果你正在与别人通话，让领导等待，哪怕是短短的十几秒，也是缺少尊重的表现。

如果打来电话的人是你的客户，当然不能即时终止对话，但你需要让领导知道你已知道他在等你，例如给他使个眼色，用口型说出"客户"或写张小便条给他。

助领导一臂之力。公司考虑发展大计的时候，正是你显示才华的机会，如果你能花时间认真思考，提出一些颇有建设性的意见，领导自然会对你另眼相看，你被提升也是预料中的事。

处事不惊。处世冷静的人很多时候会得到好处和称赞，领导、客户甚至其他同事会对处事不惊的人另眼相看。如果时常保持镇定，心理上可随时对付难题，自信心也会增强，晋升的机会自然大增。处事不惊讲究个人的素质和临阵考验，所以要敢于处理突发的难题，处理多了，你的应急能力便会加强，当然那个时候你就会处事不惊了。

创造属于自己的机会，要分两步走：

第一步，给自己准确定位。通过给自己准确定位，你就能够创造机会。你可以定位于某种不够完善的服务，也可定位于一种新趋势。一旦发现市场上有这种需求，你就要从各种角度客观分析，然后发挥自己的创造性，看看自己怎样才能满足这种需求。这一策略对于创业和求职都是适用的。这样做，你可能会想到更好、更快、更便宜或更高质量完成某事的方法，也可能会获得提供一种全新服务的创意。

第二步，付出先于收获。向成功迈进的最好办法之一是付出。当你在自己拿手的领域付出时，这种方法将收到双倍的功效。无论你是主持一个免费的产业趋势博客论坛、撰写并发表免费文章，还是在产业活动中充当志愿者，你都在以有意义的方式提高自己的专业技能，并吸引人们的注意力。另外，要确定你所想要的和你所会接受的东西是什么，你的目标是什么。是得到一个职位，是找到自己想干的事情，还是为了出名？

机遇伴随时间而来，也伴随时间而去，它和时间一样来去匆匆。如果你不牢牢地将它抓住，它就会和时间一起从你的指间滑落，留给你的将只是无尽的怅惘和遗憾。因此，职场中的你应该擦亮眼睛，看准时机，主动把握时间，必要时创造机遇，做一个实实在在的"投机分子"，牢牢地将机遇抓在手里，一刻也不放松。

第四章 高效工作的秘密
——双利双赢的职场艺术

技巧 36

攻守兼备，明哲保身是长久生存之道

永远不要失去自我

你在老板眼里也许只是过客，没有旧情。无论何时，天下永远要靠自己打拼。再稳固的靠山，也不如自己的聪明和才智。所以，在职场中，任何时候都不要让工作控制了自己，失去自我。

人生总是会遇到不顺的情况，很多人处于不利的困境时总期待借助别人的力量改变现状，殊不知，在这个世界上，最可靠的人不是别人，而是你自己。为何总想着依赖别人，而不是依赖自己呢？

美国从事个性分析的专家罗伯特·菲利浦有一次在办公室接待了一个因企业倒闭、负债累累、离开妻女四处为家的流浪者。那人进门打招呼说："我来这儿，是想见见这本书的作者。"说着，他从口袋中拿出一本名为《自信心》的书，那是罗伯特多年前写的。

流浪者说："一定是命运之神在昨天下午把这本书放入我的口袋中的，因为我当时决定跳入密歇根湖了此残生。我已经看破一切，认为人生已经绝望，所有的人，包括上帝在内，已经抛弃了我。但还好，我看到了这本书，它使我产生了新的看法，为我带来了勇气及希望，并支持我度过昨天晚上。我已下定决心，只要我能见到这本书的作者，他一定能协助我再度站起来。现在，我来了，我想知道你能替我这样的人做些什么。"

在他说话的时候，罗伯特从头到脚打量着这位流浪者，发现他眼神茫然、神态紧张。这一切显示，他已经无可救药了，但罗伯特不忍心对他这样说。因此，罗伯特请他坐下，要他把自己的故事完完整整地说出来。

听完流浪者的故事，罗伯特想了想，说："虽然我没有办法帮助你，但如果你愿意的话，我可以介绍你去见这幢大楼的一个人，他可以帮助你赚回你所损失的钱，并且协助你东山再起。"罗伯特刚说完，流浪者立刻跳了起来，抓住他的手，说道："看在上天的分上，请带我去见这个人。"

流浪者能提此要求，显示他心中仍然存在着一丝希望。所以，罗伯特拉着他的手，引导他来到从事个性分析的心理试验室，和他一起站在一块窗帘之前。罗伯特把窗帘拉开，露出一面高大的镜子，罗伯特指着镜子里的流浪者说："就是这个人。在这个世界上，只有一个人能够使你东山再起，除非你坐下来，彻底认识这个人——当做你从前并未认识他——否则，你只能跳到密歇根湖里。因为在你对这个人未作充分的认识之前，对于你自己或这个世界来说，你都将是一个没有任何价值的废物。"

流浪者朝着镜子走了几步，用手摸摸他长满胡须的脸孔，对着镜子里的人从头到脚打量了几分钟，然后后退几步，低下头，哭泣起来。过了一会儿，罗伯特领他走出电梯间，送他离去。

几天后，罗伯特在街上碰到了这个人。他不再是一个流浪者形象，他西装革履，步伐轻快有力，头抬得高高的，原来的衰老、不安、紧张已经消失不见。他说，感谢罗伯特先生让他找回了自己，并很快找到了工作。后来，那个人真的东山再起，成为芝加哥的富翁。

人要勇敢地做自己的上帝，因为真正能够主宰自己命运的人就是自己，当你相信自己的力量之后，你的脚步就会变得轻快，你就会离成功越来越近。

从21世纪的竞争来看，社会对人才素质的要求是很高的，除了具备良好的身体素质和智力水平，还必须具备生存意识、竞争意识、科技意识以及创新意识。这就要求我们从现在开始注重对自己各方面能力的培养，只有使自己成为一个全面的、高素质的人，才能在未来的竞争中站稳脚跟，取得成功。

人若失去自我，是一种不幸；人若失去自主，则是人生最大的缺憾。赤橙黄绿青蓝紫，每个人都应该有自己的一片天地和特有的亮丽色彩。你应该果断地、毫无顾忌地向世人展示你的能力、你的风采、你的气度、你的才智。在生活的道路上，必须自己作选择，不要总是踩着别人的脚印走，不要听凭他人摆布，而要勇敢地驾驭自己的命运，调控自己的情感，做自己的主宰，做命运的主人。

善于驾驭自我命运的人，是最幸福的人。只有摆脱了依赖，抛弃了拐杖，具有自信、能够自主的人，才能走向成功。自立自强是走入社会的第一步，是打开成功之门的钥匙，也是纵横职场的法宝，在职场中，上司不喜欢唯唯诺诺的下属，领导不喜欢没有自我、没有主见的员工，相信自己吧，你就是最棒的！

别让自己太透明

金鱼缸是玻璃做的，透明度很高，不论从哪个角度观察，里面的情况都一清二楚。"金鱼缸效应"也可以说是"透明效应"。如果告诉你，你的办公室就是一个透明的金鱼缸，办公室内没有密不通风的墙，你会不会马上提高自己的警惕？

不过事实就是如此，办公室里没什么密不透风，也没什么坚不可摧。如果我们不想让自己被别人看得太透，不想成为别人随便拿捏的对象，我们就要正视这些规则，不要让自己完全透明，不要推心置腹地把自己的心事全部告诉你的同事。因为，你的私事就像是一颗地雷，告诉了同事，这颗地雷就有随时引爆的危险。

职场上，充满着激烈的竞争，如果别人的小辫子被你抓住了，那么，你就有了制服对方的有力武器。同样，如果你的小辫子被别人抓住了，别人就等于有了制服你的砝码。

所以，为了在职场上生存的安全，我们必须给自己的隐私上一把锁，不该说的话不要在职场上随便说。即便是你们是铁哥们，是死党，也不是随便把自己的隐私暴露给别人，尤其是关系你命运的隐私更不要说。

姜涛刚入职场时，怀着很单纯的想法，像大学时代对室友们无话不说一样，常将自己的一些经历及想法毫无保留地对同事讲。

姜涛工作不久，就因出色的表现成为部门经理的热门人选。可他曾无意中告诉同事，他的父亲与董事长私交甚好。于是，大家对他的关注集中在他与董事长的私人关系上，而忽视了他的工作能力。最后，董事长为了显示"公平"，任命一个能力和他差不多的职员为部门经理。

如果姜涛保护好自己的隐私，也许就能得到这个升职的机会。同事毕竟是工作伙伴同时又是竞争伙伴，在与同时交际当中，一定要把握好保护隐私的尺度，自己的秘密不要轻易示人，守住自己的秘密是对自己的一种尊重，是对自己负责的一种行为。秘密只能独享，不能作为礼物送人，再好的朋友，一旦你们的感情破裂，你的秘密将人尽皆知，受到伤害的人不仅是你，还有秘密中牵连到的所有人。

品行不端的人多见缝就钻、有机就乘，你的秘密或许就是他们要钻的空子，防范品行不端的人，首先重在识别，如果识别不出来，那就尽量管好自己的隐私，千万不要把同事当心理医生。有些同事喜欢打听别人的隐私，对这种人要"有礼有节"，不想说时就礼貌而坚决地说"不"。千万不要把分享隐私当成打造亲密同事关系的途径。适当地保护自己的隐私也是保护自己的前程和交际安全、生活稳定。要知道，世界上的事情没有固定不变的，人与人之间的关系也不例外。今日为朋友、明日成敌人的事例屡见不鲜。你把自己过去的秘密完全告诉别人，一旦感情破裂，对方不仅不为你保密，还会将所知的秘密作为把柄，到时后悔也来不及了。

小心那些"披着羊皮的狼"

职场人际关系错综复杂，在强敌如林的竞争者当中，不乏冷若冰霜的自私者，但更可怕的是笑里藏刀的"好心人"。这些"好心人"就像是一只"披着羊皮的狼"，往往带着一张友善的面具，很温顺，有着不错的人缘，心里却有着自己的小算盘，甚至在背后干着损人利己的勾当。

乔治·凯利和鲍尔同在爱德尔大酒店餐饮部掌厨。鲍尔在公司人缘极好，他不仅手艺高超，且总是笑脸迎人，待人和气，从来不为小事发脾气，和同事和谐相处，乐于帮助别人。同事对他的评价很高。都称他为"好心的鲍尔"。

一天晚上，乔治·凯利有事找经理。到了经理室门口时，听到里面有人正在说话，并且依稀有鲍尔的声音，他仔细一听原来是鲍尔正在向经理说同事的不是，平日里很多小事都被鲍尔添油加醋地说，像汤姆把餐厅的菜单拿给他做餐馆生意的叔叔，还有玛丽平时工作不认真，经常在工作时间给朋友打电话，并且还说乔治·凯利的坏话，借机抬高鲍尔本人。乔治·凯利不由心生厌恶。

从此以后，乔治·凯利对于鲍尔的一举一动、每一个表情、每一句话都充满了厌恶和排斥感，无论他表演得多好，说任何好听的话，乔治·凯利都对他存有戒心。同事也从乔治那里看出些什么，对鲍尔也敬而远之了。

鲍尔的可怕之处在于背后捅刀当面乐，让你找不出谁是使你蒙受不白之冤的幕后黑手，也让你分不清谁是敌，谁是友。"好心人"在工作中，面带笑容，表现得特别友好。暗地里，却使出手段造你的谣，拆你的台。这种人，往往容易让你吃了亏还不知道是怎么回事，因为许多人压根儿就不知道这一巴掌正是他打来的。

所以，在职场中，为了让自己生存得更安全，在与人相处时，我们不能只注意表象，也不能仅从某事来判断一个人。很多伪善和假象常欺骗我们的眼睛，我们只有擦亮双眼，提高警惕，仔细观察，谨慎处世，才能看清狡猾的"好心人"，在心理增设一道防线，防止他对自己造成伤害。

生于忧患，死于安乐

从前，恐龙和蜥蜴共同生活在古老的地球上。

一天，蜥蜴对恐龙说，天上有颗星星越来越大，很有可能要撞到我们。恐龙却不以为然，对蜥蜴说："该来的终究会来，难道你认为凭咱们的力量可以把这颗星星推开吗？"

几年后，那颗越来越大的行星终于撞到地球上，引起了强烈的地震和火山喷发，恐龙们四处奔逃，但最终很快在灾难中死去。而那些蜥蜴，则钻进了自己早已挖掘好的洞穴里，躲过了灾难。

蜥蜴的聪明之处，在于知道虽然自己没有力量阻止灾难的发生，却有力量去挖洞来给自己准备一个避难所。

这虽然只是一个寓言故事，却给每一个职场人士都带来了很好的警示和启迪，故事中的灾难在我们身边也会发生。随着时代的变化和企业的发展，企业对于员工的要求越来越高。职场中，很多人都听说过这样的话，"今天工作不努力，明天努力找工作"，"脑袋决定钱袋，不换脑袋就换人"。如果不提前为自己的未来做好各种准备，不努力学习新知识，那么，正如故事中的恐龙一样，被淘汰的命运很快就会降临到你的身上——如果你不主动淘汰自己，最后结果就只能是被别人所淘汰。

价值是一个变数，也会随着竞争的加剧而"打折"，今天，你可能是一个价值很高的人，但如果你缺乏危机意识，故步自封，满足于现状，明天，你就将你的价值就会贬值，面临生存危机。

林东是某集团公司的一名员工，他刚到公司的时候非常努力，很快就在工作中取得了突出的成绩。他聪明能干，年轻好学，很快就成了老板的"红人"。老板非常赏识他，进入公司不到两年，他就被提拔为销售部总经理，工资一下子翻了两倍，还有了自己的专用汽车。

刚做上总经理那阵子，林东还是像以前那样努力勤勉，每一件事情都做得尽善尽美，并且经常抽出时间学习，参加培训，弥补自己知识和经验方面的不足。

时间长了，经常会有朋友对他说："你犯什么傻啊？你现在已经是经理了，还那么拼命干吗？要学会及时行乐才对啊，再说老板并不会检查你做的每一件事情，你做得再好，他也不知道啊。"

在多次听到别人说他"犯傻"的话后，林东变得"聪明"了，他学会了投机取巧，学会了察言观色和想方设法迎合老板，不把心思放在工作上，也放弃了很多的学习计划。如果他认为某件事情老板要过问，他就会将它做得很好；如果他认为某件事情老板不会过问，他就不会做好它，甚至根本就不做。在公司中，也很少见到他加班加点工作的身影了。

终于，在公司的一次中高层领导会议中，老板发现林东隐瞒了工作中的很多问题。在年底的业务能力考核上，林东有几项考评成绩也大不如前，失望之余，老板就把林东解聘了。一个本来很有前途的年轻人就因为丧失了危机感，安于现状，而失去了一个事业发展的大好机会。

古人云，生于忧患，死于安乐，一味沉湎于过去的成绩，躺在过去的功劳簿上不思进取，只能让自己停滞不前，很可能像林东那样跌落云端。在动物界中，那些缺少天敌的动物往往体质虚弱，不堪一击；而拥有天敌的动物往往体质强壮，生命力强。危机感不仅是企业和组织常青的基石，同时也是一个人进取心的源泉，是一个人成长发展的重要动力。失去了危机感的个人或组织就会变得安于现状，裹足不前，那么等待他的就只有被淘汰的命运。

守口如瓶，保守职业秘密

俗话说："病从口入，祸从口出。"生活中的很多纠纷都是因为人们说话不慎而引起的。身在职场，我们一定要严格要求自己，要多思慎言，在说每句话之前，一定要仔细思考一番。特别是对公司里的秘密，我们更要做到够守口如瓶。

可以说，多思慎言、保守职业秘密是每一位智者的处世妙方。当然，一个人能保守住职业秘密也是一个人忠诚的表现。

而诱惑——无论什么样的诱惑——则是对忠诚最大的陷阱，也是对忠诚最大的考验。面对诱惑，无数人禁不住考验而丧失忠诚，昧着良知出卖了一切。其实，当他在出卖一切的时候，他也出卖了自己。

第四章 高效工作的秘密
——双利双赢的职场艺术

某公司销售部刘经理和董事会发生意见冲突，双方一直未能妥善处理，为此，刘经理耿耿于怀，准备跳槽到另一家竞争对手公司。

刘经理一方面是为了泄私愤，另一方面是为了向未来的"主子"表忠心，想尽一切办法把公司的机密文件和客户电话全部透露给各市场经销商，使得市场乱成一团麻，并引发了很多市场纠纷，各地市场上的电话几乎将公司电话打爆。

这还不算，他还打电话给当地工商、税务部门，说公司的账目有问题，虽然最后查证没有问题，但毕竟给公司带来了很大的伤害。

刘经理带着满意的"成果"去向竞争对手公司邀功请赏，没想到遭受了一番冷遇，新老板见刘经理如此对待老东家，谁知道他以后会不会如法炮制，对待自己的公司呢？身边有这样的一个人，不就像是埋下了一个随时可以爆炸的定时炸弹吗？自然不敢录用他。

让忠诚变质的后果是搬起石头砸自己的脚。这个世界是讲究回报的，你的付出不是竹篮子打水，而是会有更多的回报。付出总有回报，忠诚于别人的同时，你会获得别人对你的忠诚。当你忠诚于你的企业时，你所得到的不仅仅是企业对你的更大的信任，有时你的所作所为还会使企图诱惑你的人感觉到你的人格力量。

克里丹·斯特是美国一家电子公司很出名的工程师。这家电子公司只是一个小公司，时刻面临着规模较大的比利孚电子公司的压力，处境很艰难。

有一天，比利孚电子公司的技术部经理邀斯特共进晚餐。在饭桌上，这位经理问斯特："只要你把公司里最新产品的数据资料给我，我会给你很好的回报，怎么样？"

一向温和的斯特一下子就愤怒了："不要再说了！我的公司虽然效益不好，处境艰难，但我绝不会出卖我的良心做这种见不得人的事，我不会答应你的任何要求。"

"好，好，好。"这位经理不但没生气，反而颇为欣赏地拍拍斯特的肩膀，"这事儿当我没说过。来，干杯！"

不久，发生了令斯特很难过的事，他所在的公司因经营不善而破产。斯特失业了，一时又很难找到工作，只好在家里等待机会。没过几天，他突然接到比利孚公司总裁的电话，让他去一趟总裁办公室。

斯特百思不得其解，不知"老对手"公司找他什么事。他疑惑地来到比利孚公司，出乎意料的是，比利孚公司总裁热情地接待了他，并且拿出一张非常正规的大红聘书——请斯特去公司做"技术部经理"。

斯特惊呆了，喃喃地问："你为什么这样相信我？"

总裁哈哈一笑说："原来的技术部经理退休了，他向我说起了那件事并特别推荐你。小伙子，你的技术水平是出了名的，你的正直更让我佩服，你是值得我信任的那种人！"

斯特一下子醒悟过来。后来，他凭着自己的技术和管理水平，成了一流的职业经理人。

一个不为诱惑所动、能够经得住考验的人，不仅不会让他失去机会，相反会让他赢得机会。此外，他还能赢得别人对他的尊重。

所以，任何职业中任何人的忠诚都是可贵的、重要的，坚持自己的忠诚不容易，但是坚持住了忠诚，就是坚持住了你所认为人生最宝贵、最值得珍惜的东西。而斯特这样能够保守职业秘密，正是拥有了人生最宝贵的东西。

职场上，多思慎言是自我保护的良方，守口如瓶、保守职业秘密是让我们安全的处世妙方。"一言不慎身败名裂，一语不慎全军覆没。"如果一个人不能做到对公司的机密守口如瓶，不仅会给公司造成危害，也会给自己的职业生涯笼罩上一层难以抹去的阴影。

"言多必失"，为了避免多言招致祸患，我们不妨在自己的嘴上安个哨兵，让自己该说的说，不该说的不说。

技巧 37

借力打力，建立自己的职场智囊团

学会筛选调整自己的人际关系

在工作与学习的过程中，搜集与组织自己的关系网是有可能的，但试图维持所有关系似乎是不可能的，而想要在现有的人际网络内加进新的人或组织就更加艰难。因此，在组建人际关系网的时候，必须学会筛选放弃。换言之，你必须随时准备重新评估早已变得难以掌握的人际网络；对现有的人际关系网重新整理；放弃已不再对你感兴趣的组织和人。这是生活中我们必须做的。筛选虽然不易，但仍是可以做得到的，有失才有得，才有更好的人生等待着我们。

国际知名演说家菲立普女士曾经请造型顾问帕朗提帮她做造型设计。菲立普女士说："整理出来的衣服总共分成三堆：一堆送给别人；一堆回收；剩下的一小堆才是留给自己的。有许多我最喜欢的衣物都在送给别人的那一堆里，我央求帕朗提让我留下件心爱的毛衣与一条裙子。但她摇摇头说道：'不行，这些也许是你最喜爱的衣物，但它们却不适合你现在的身份与你所选择的形象。'由于她丝毫不肯让步，我也只得眼睁睁地看着自己的大半衣物被逐出家门。我必须学着舍弃那些已不再适合我的东西，而'清衣柜'也渐渐地成为我工作与生活的指导原则。不论是客户也好，朋友也好，衣服也罢，我们必须评估、再评估，懂得割舍，以便腾出空间给新的人或物。我也常用这个道理与来听演讲的听众分享，这是接受并掌握生命、生涯不断变动的一种方法。"

你衣柜满了，需要清理与调整，以便腾出空间给新的衣服。同样的道理，你的人际关系网也需要经常清理。很多时候，当你要跟某人中断联系时，你根本无须多说什么。人海沉浮，当彼此共同的兴趣或者话题不复存在，便是分道扬镳的时候，中断联系其实是个顺其自然的过程。无息退出或者向负责人说一下情况，如何处理"脱队"事宜，应视具体情况而定。

清理人际关系网的道理也和清除衣柜类似。帕朗提容许菲立普女士留下的衣服，当然是最美丽、最吸引人也是剪裁最得体的几套。"舍"永远不是件容易的事，虽然有遗憾，但从此拥有的不仅都是最好的，更重要的是也有更多空间可以留给更好的。

如果我们对自己的人际网络做同样的"清除"工作，在去粗取精之后，留下来的朋友不就都是我们最乐于往来的吗？我们应该把时间与精力放在让自己最乐于相处的人身上。在平时需要奔波忙碌于工作、社交与生活之间的我们，筛选人际关系网络是安排生活先后次序的第一步。

第二步就是排队。要对自己认识的人进行分析，列出哪些人是最重要的，哪些人是比较重要的，哪些人是次要的，根据自己的需要排队。这就像打扑克中要"理牌"一样，明白自己手里有几张主牌，几张副牌，哪些牌最有力量，可以用来夺分保底，哪些牌只可以用来应付场面。

由此，你自然就会明白，哪些关系需要重点维系和保护，哪些只需要保持一般联系和关照，从而决定自己的交际策略，合理安排自己的精力和时间。

第三步要对关系进行分类。生活中一时有难，需要求助于人，事情往往涉及很多方面，你需要很多方面的支援，不可能只从某一方面获得。

比如，有的关系可以帮助你办理有关手续，有的则能够帮助你出谋划策，有的则能为你提供某种信息。虽然作用不同，但对你都可能是至关重要的，所以一定要进行分门别类，对各种关系的功能和作用进行分析、鉴别，把它们编织到自己的关系网之中。

这时，你就可以画一张"求人联络图"了。记得过去样板戏京剧《智取威虎山》中，杨子荣就是凭一张"联络图"打入匪巢的。而土匪头子朝思暮想的也就是那张"联络图"，因为有了它，坐山雕就可以占山为王了。人脉好，关系广，但也要规划好，才能物尽其用。

借名人拓展自己的交际范围

李嘉诚的次子李泽楷家中实木装饰的餐厅里挂满了镜框，上面镶嵌着李泽楷与一些政界要人的合影，其中有新加坡总理李光耀以及英国前首相撒切尔夫人等。结交上层人士广植人脉，是李泽楷能够在商界游刃有余的坚实基础。

1999年3月，李泽楷凭父亲李嘉诚与他个人的人际资源，使香港特区政府确立了建设"数码港"的项目，并将其交由盈科集团投资独家兴建。李泽楷则再次利用丰富的人际资源，收购了上市公司得信佳，并将自己的盈科集团改名为"盈科数码动力"。盈科的收购行动及数码港概念的刺激，使其股市市值由40亿元变成了600亿元，成为香港第十一大上市公司，李泽楷一天赚了500多亿。

2003年月，李泽楷出席了在瑞士达沃斯举办的世界经济论坛，并与微软的比尔·盖茨、索尼的董事长兼首席执行官出井伸之这些杰出的企业家在一起讨论。这使得李泽楷的个人形象在商界更具有影响力，同时也为李泽楷在商界赚得更多财富，培植了广博的人际关系。

激励大师安东尼·罗宾曾说："人生最大的财富便是人脉关系，因为它能为你开启所需能力的每一道门，让你不断地成长，不断地贡献社会。"

人们成功机遇的多少与其交际能力和交际活动范围的大小几乎是成正比的。因此，我们应把营造好人脉与捕捉成功机遇联系起来，充分发挥自己的交际能力，通过结交社会关系总量大的人，不断扩大自己的人际范围。

有个人名叫艾布杜，本来穷困潦倒，身无分文，就是使用了交际手段，广求于天下，不但求来许多名人做朋友，还为自己求来了百万家财。

艾布杜是这样做的，他在自己的签名簿里贴有许多世界名人的照片，再模仿名人的亲笔字，签写在照片底下，艾布杜便带着这几本签名簿游历世界，登门造访工商巨子和富翁。

"我是因仰慕您而千里迢迢来拜访您的，请您贴一张玉照在这本《世界名人录》上，再请您签上大名，我们会加上简介，等它出版后，我会立即寄赠一册……"

被他拜访的富豪，一看到其中的照片和签名都是当代世界的名人时，会有什么反应呢？人都是好名的，尤其是有钱人更爱虚名。因此，多数的人都心甘情愿地签下大名，并提供照片。

又由于这些人非常有钱，又喜欢摆阔，一想到能跟世界名人排名在一起，便感到无限风光，这样一来，他们就会毫不吝惜付给艾布杜一笔为数可观的金钱。

每本签名簿的出版成本不过是一两美元。而富人所给的报酬，却往往超过上千美元。艾布杜整整花了6年的时间，旅行了96个国家，提供给他照片与签名的共有2万多人。给他的酬劳最多的2万美元，最少的也有50美元，总计收入大约500万美元。

艾布杜就是利用了那些富翁、名人的攀附之心，为自己赚得了大量钱财，可见这种做法的效果之大。

另外，巧妙利用别人的攀附之心，还因为有许多人都崇尚名人。因此，生意场上若能使自己的商品与某个名人挂上钩，销路自然大开。

北京北海公园琼岛北面有家名叫仿膳饭店的老饭庄，已有数十年历史。虽然这里的饭菜全是仿照清朝宫廷菜点的方法烹制，但生意一直很淡。后来他们通过调查，发现外国游客大都对皇帝的起居饮食怀有浓厚兴趣，于是决定以"皇帝吃过的饭菜"作为仿膳的特色，大张旗鼓进行宣传。他们搜集了许多关于宫廷菜点的传说和有关的逸事，编成故事，让服务员背下来，在点菜、上菜时根据不同顾客、不同场合加以介绍，生意一下子变得兴盛起来。

有一次，美国华盛顿市长在这里举行答谢宴会，席间服务员端上一盘点心，彬彬有礼地介绍说："慈禧太后夜里梦见吃肉末烧饼，第二天早上碰巧厨师为她准备的正是肉末烧饼，她高兴极了，认为这正是心想事成、吉祥如意的象征。今天各位吃的就是当年慈禧太后'梦寐以求'的肉末烧饼，愿大家今后事事如意，步步吉祥……"一席话把美国客人逗乐了。华盛顿市长高兴地敬了服务员一杯酒，说："下次来北京，愿再来你们这里做客！"

现在有许多商业广告喜欢用名人而不惜重金，实际上也是借别人攀附之心来做生意。声名鹊起的人都喜欢用的东西，普通人心理上容易认同："我和某某用的是同一个品牌。"同样是消费，多一层攀龙附凤的光环，自然很多人愿意借这个光。

攀龙附凤之心大部分世人都有，这就为我们求人办事多提供了一种方法。因此，我们在求人时，可以考虑一下运用这种方法达成拓展人脉的目的。

有人脉就等于有金矿！回到当今职场，新人对老的资深同仁，要以真诚的态度对待他们，即使你是他们的上司，也不能在他们面前放肆。因为他们在这个单位拥有坚实的基础，结交他们能够让你迅速扩张你在单位的人脉关系，更加轻松地提升你在单位的影响力。相反，如果你在他们面前大放厥词，恐怕得拎包走人的就是你了。

巧妙借助第三人之力

在人际经营中，我们有时需要某些目标人物的帮助，如求人办事等。然而，很多时候，我们与目标人物并不熟悉，甚至连面都没有见过，那该如何去寻求帮助呢？

这种情况下，最好是针对关键人物下工夫，突破关键人物这道关卡，谋求关键人物的赞同和协助，问题往往很容易得到解决。你可能会说，如果关键人物也找不到怎么办呢？对此，我们还可以找与关键人物密切接触的边缘人物。

因此，要想在解决问题过程中稳操胜券，除了着眼于主管、领导一类正式组织身份的负责人外，还应该争取足以影响主管领导的非正式的"权威人物"的同情、支持和帮助。通过当事人或上级主管人的亲友故旧，来结交当事人，成功的可能性就大得多。

从某一方面说，有些时候，即使是上级主管和具体办事儿人员同意解决的问题，也会由于下属某一环节作梗而搁置下来。负责这一环节的人不论职位大小，也就变成了解决问题所必须疏通的"关键人物"。

这时候你切不可因他无权无职，就以为可以随便应付，否则你的好事儿就可能坏在他的手中。

一天，一位办理房地产转让的房产公司推销员来到一位客户家，带着这位客户的朋友的介绍信。彼此一番寒暄客套之后，就听他讲开了："此次幸会，是因为我的同学孙某极为敬佩您，叮嘱我若拜访阁下时，务请您在这个雕像上签个名……"边说边从公文包里取出这位朋友最近才完工的一个小型雕像。于是这位朋友不由自主地信任起他来。在这里，孙某的仰慕和签名的要求只不过是个借口，目的是说明自己与孙某的关系，并且对这位朋友进行恭维，使他开怀。

　　素不相识，陌路相逢，如何让所求之人了解你与他是朋友的朋友，亲戚的亲戚，显然十分牵强，但一般人不会驳朋友的面子，断不至于让你吃闭门羹。这是一条求人的捷径，也是一条拓展人际的途径。

　　通过第三者来传达自己的心情和愿望，在拓展交际范围中是常有的事。人们会不自觉地发挥这一技巧。比如："我听同学老张说，你是个热心人，能够认识您非常荣幸"等。但要当心，这种话不是说说而已的，也不能太离谱，有时有必要事先做些调查研究。为了事先了解对方，可向他人打听有关对方的情况。第三者提供的情况是很重要的，尤其是与别人的初次会面有重大意义时，更应该尽可能多方收集对方的资料。但是，对于第三者提供的情况，也不能全部端来当话说，还要根据需要有所取舍，配合自己的临场观察、切身体验灵活引用。这一点非常重要，不然，说不定效果适得其反。

　　俗话说得好，不能在"一棵树上吊死"。盯死主要目标，全力以赴，固然很重要，但是对于目标周围的那些人，也要多多花费心思，有时甚至能起到意想不到的作用。他们就像一条条地道，可以顺利地把你送到成功的彼岸。

彼此交换，互惠互利

　　人际交往错综复杂，就像藤和瓜，根相连，藤相牵，不同的瓜在不同的藤上，我们要想找到自己想要的那个"瓜"，就一定要扩大自己的圈子，借助合适的藤，这是扩展我们交往范围的一大艺术。

　　人们普遍认为，朋友之间，大家都是平等的。然而，我们跟朋友之间之所以可以维持互动关系，是因为我们各自有可以提供给对方的东西，而且这种提供可能是同等价值，可能是不等价值，是通过交换来满足各自的需要，而且这对双方都有意义。

　　拓展人际交往范围时，也是这样，没有付出哪有收获。拿出你的，获取他的，这样的互动，双方都不吃亏，何乐而不为？

　　里昂那多就职于纽约市一家大银行，奉命写一篇有关某公司的机密报告。他知道某一个人拥有他非常需要的资料，于是，里昂那多去见那个人，他是一家大银行的董事长。当里昂那多被迎进董事长的办公室时，一个年轻的妇人从门边探头出来，告诉董事长，她这天没有什么邮票可给他。

　　里昂那多觉得很纳闷，怎么董事长还有集邮的爱好。

　　"我在为我那十岁的儿子搜集邮票。"董事长对里昂那多解释。

　　里昂那多说明他的来意，开始转入话题。董事长的说法很含糊、笼统、模棱两可，可以说没有什么有价值的信息。他根本就不想把实情说出来，无论怎样试探都没有效果。这次见面的时间很短，事实上也没有实际效果。

　　"坦白说，我当时不知道怎么办，"里昂那多事后说，他把这件事在希尔班上提出来，"接着，我想起他的秘书对他说的话——邮票，十岁的儿子……我也想起我们银行涉外部门搜集邮票的事——从来自世界各地的信件上取下来的邮票。"

　　"第二天早上，我再去找他，一传话进去，我有一些邮票要送给他的孩子，我是否很热诚地被带进去了呢？是的。他满脸带着笑意，客气得很。'我的吉米将会喜欢这些，'他不停地说，一面抚弄着那些邮票，'瞧这张！这是一张价值连城的稀世珍藏。'

"我们花了两个小时谈论邮票,瞧瞧他儿子的照片,然后他又花了一个多小时,把我所想要知道的资料全都告诉我——我甚至都没提醒他那么做,他把他所知道的,全都告诉了我,然后叫他的秘书进来,问他们一些问题。他还打电话给他的一些同行,把一些事实、数字、报告和档案全部告诉我。总之,我大有所获。"

里昂那多通过邮票的互动,不仅完成了任务,还与董事长有了较深刻的沟通。俗话说:"你敬我一尺,我敬你一丈!"人际交往中的微妙就在于此!

想一想,目前你的人际交往范围有多大,你想扩展你的人际资源吗?这个世界上没有人可以控制你人际交往范围的大小,唯有你自己可以掌握。它可以无限大,也可以无限小,这要看你的打造程度了,甚至于你的人际交往范围可以是这星球上的总人口。

你有一个香蕉,我也有一个香蕉,如果彼此交换,还是各有一个香蕉;但是,倘若你有一种建议,我有另一种建议,而彼此交流这些想法,那么,我们就各有两种建议;你有一个非常好的人际网,我有一个非常好的人际网,如果我们互相交换,那么,也许你有两个人际网,我也有两个人际网。所以,扩展人际资源最有效的方法就是与别人互通人际资源。

技巧 38

不走寻常路，赢得上司重用

凡事做到位，但不要越位

有人曾说过这样一句话："做得多不一定做得对。"其中的道理，在职场上体现得非常明显，尤其是与上司相处的过程中。工作中，摆正自己的角色位置，有节制地出力和做人，"越位"只会让你出力不讨好。

"做到位而不越位"讲的是个"度"的问题。在日常工作中，除了要摆正自己的位置，更重要的是把握好自己的职责权限。分内的事情努力做好，分外的事不要轻易插手，尤其不可做出越级越权的事情来。因为这样不但浪费了自己的时间精力，更会惹人讨厌。

小刘和小王是同一部门的普通工作人员，他们有一个共同的特点，就是精明果断、办事能力颇强。但该部门的主管却拖拖拉拉，优柔寡断。对此，心高气傲的小刘早就颇有微词。公司向该部门下达了新的业务指标，主管反复考虑，瞻前顾后，一直无法提出具体的计划和方案。心怀不满的小刘直接向总经理打报告，提出了自己的一套方案。而为人低调的小王选择跟主管共同商量，拿出相应的对策和方案。在小王的启发下，主管凭借自己丰富的实战经验，很快提交了一套同样出色的方案。最终，公司采纳了主管的方案。不久，主管获得提升，小王在他的推荐下，接替了他的位子。怨气冲天的小刘很快便离开了公司。

小刘忽视了一点：在很多情况下，主管的能力不一定比下属强，但这不能改变主管与下属之间从属的关系。把自己的聪明才智无私地奉献给主管，小刘可能认为这样太冤了，心理上难以平衡。事实上，只有主管得到提升，你才能有出头之日。你在紧急关头及时"救驾"，你的主管才会从此视你为得力干将，对你另眼相看。一有机会，你得到提升是水到渠成的事情。

越级越权，企图盖过上司的风头，在上司的上司那里表现自己，这种行为会严重损害到部门主管的感情，也会给自己以后的晋升带来难以逾越的障碍。因此，除非万不得已，千万不要越级。公司像一部复杂而精密的机器，每一个部件都在固定的位置发挥着不同的作用，以保障整部机器的正常运转。然而有一部分人为了突出自己，老是喜欢搞越级活动，这些人大部分都对自己顶头上司有某种不信任或者不服气。这样做的后果是扰乱了公司正常的工作程序，造成人为的关系紧张，反而影响了工作效率，更会影响到自己的晋升之路。

一般来说，"凡事做到位，不要越位"还必须遵守几条守则：

明确工作权限

进入某一岗位，需要弄清楚自己日常扮演的角色、应当履行的职责、应当遵守的行为规范。

分清"分内"和"分外"

在其位要谋其政，不属于自己职责范围的事情，便要小心谨慎，尽量少插手或不插手。当然，不排除有些上司会下放自己的某些权限，把本属于自己职责范围内的一些工作交给值得信赖的下属去做。此时，作为下属，一定要全力以赴，发挥自己的极限水平去做好。应当注意的是，必须由上司自己亲自委派你干这项工作，一般情况下不要主动要求，以免上司认为你插手太多，有越位之嫌。

不可轻越"雷池"

遇到自己不熟悉的工作时要多请示，否则，往往会不自觉地造成越权行为，好心办错事。"雷池"不可轻越，万事谨慎为先。

奖状给上司，你才可分享到奖品

不要和上司争功，如果你足够明智的话。奖状应主动让给上司，因为只有在这样，你才有机会分享到奖品。否则，不仅争不到奖，还可能惹一身祸。

汉代有一位能干的官吏，安民有方，平息了大灾害后的暴动。他鼓励人民垦田种桑、重建家园。经过几年治理，当地社会稳定，百姓安居乐业，这位官吏得到了人民极大的拥戴，名声响彻朝野。

皇帝突然在此时召他还朝，临行前，他座下的一位谋士突然前来求见，问他："天子如果问大人如何治理地方，大人打算怎么回答？"这位官吏坦然地回答："我会说任用贤才，使人各尽其能，严格执法，赏罚分明。"谋士连连摇头道："非也非也，此话将陷大人于不利，在天子心中，大人声名已经过于显赫了，再自夸其功，后果不堪设想。"官员心中一惊，"功高震主"的人往往没有好下场，这样的教训已经够多了。

于是在皇帝召见时，官吏一再推辞奖赏，只说"都是天子的神灵威武感化所致"。皇帝果然龙颜大悦，将他留在身边，委以显要的官职。

做下级的，最忌讳自以为有功便忘了上司。古今中外许多事实证明，功高震主时，往往也是失宠之日。在大多数人的心中，都或多或少藏着"嫉妒"的鬼火。一旦你的光芒太过耀眼，你的功劳太过卓著。上司在你身边，便会觉得自己黯淡无光，更会有地位被你动摇的联想。他们会很自然地将你视为竞争对手、心腹大患，而你在不知不觉中，就已面临着一场灾难。

如果肯大方利落地将功劳让给别人，受到礼让的人一定会大为吃惊，继而心生感激，常常会产生"我欠了此人一份人情"的想法，从此便会对此人好感大增。

不居功自傲不仅仅可以在上司心中留下美好的印象，更深层次的意义是能使你的人格变得更伟大。将自己用辛勤和汗水换来的功劳拱手相让，这本身就需要具备很好的修养。但是，也只有这种气量很大，不斤斤计较得失的人才能真正打动上司，他总有一天会设法偿还这笔人情债。当然，在他的帮助下，你也不会缺少再次建功的机会。只是有一点需要注意，礼让功劳的事绝对不能作为个人资本到处宣传。

所以，请永远记住：不要让你的光芒遮盖了你的上司！

具体来说，切勿冒犯上司，不抢上司的风头；做事情把握分寸，要到位而不要越位；总是比上司矮一截，任何情况下不能让上司觉得你对他是有威胁的。能够做到这些，你自然就能够在陷阱重重的权力森林中得以自保，进而提升自我，获得事业的成功。

第四章 高效工作的秘密
——双利双赢的职场艺术

自作主张很危险

在不该说话的时候说话、不该做主的时候做主，是职场新人常犯的毛病。你必须知道，无论你帮老板管了多少事，也无论你的老板多糊涂，甚至依赖你到了你不在他连电话都不会拨的程度，他毕竟还是你的老板，大事小情毕竟还得由他来做主。

下面就是一个让人深思的关于自作主张的故事：

有个杂志社给一个作家做了一期专访，等杂志出来以后，这个作家收到了一本，他想多要几本送给朋友，便打电话给这家杂志社主编。

主编不在，杂志社里一个小姐接了电话。"麻烦你转给一下主编，我希望多要几本这期杂志。""这个啊，没问题！您直接派人过来拿就成。"小姐爽快地说。

作家正打算驱车去拿杂志时，却接到主编的电话："对不起！刚才我不在，杂志收到了吧？我刚才派人给您多送了几本过去。"停了一下，主编又说："可是，对不起，我想知道是哪位小姐说您可以立刻过来拿。"

作家很奇怪，于是问道："有问题吗？"

"当然没问题，您要十本都可以，我只是想知道，是谁自作主张。"

事情的结果可想而知，那位自作主张的小姐免不了受到上司的一番责备。上司一定会认为她目中无人，她在主编心目中的印象也肯定会大打折扣。

不自作主张，这是你在处理公司事务时起码要做到的。而要想在这一方面做得更好，你还要做到遇事时多和上司商量，多让上司给你做主。

你有没有常常向上司询问有关工作上的事，或者是自己的问题？有没有跟他一起商量？如果没有，从今天起，你就应该改变方针，尽量详细地发问。部下向上司请教，并不可耻，而且是理所当然。有心的上司，都很希望他的部下来询问。部下来询问，表示他的眼里有上司、尊重上司、尊重上司的决定。另一方面也表示他在工作上有不明之处，而上司能够回答，才能减少错误，上司也才能够放心。

如果员工假装什么都懂，一切事都不想问。上司会觉得"这个人恐怕不会是真懂"而感到担心，也会对你是否会在重大问题上自作主张而产生担忧。在工作上，作重大问题的决策时，你不妨问问上司，"关于某件事，某个地方我不能擅自下结论，请您定夺一下"，或者"这件事依我看不这样做比较好，不知部长认为应该如何"等。这样不管功过如何，都与你没多大关系。

其实，客观来说，仅就工作而言，下属自作主张带来的后果，往往都不会是十分严重也并非全都是消极的方面。可以想象，哪有那么多员工笨到不知轻重的地步，敢于擅自替上司做出关乎单位整体利益的主张？除非他真的是个没有自知之明的人。然而，这种自作主张所带来的对职场上的等级及人际关系常态的冲击，往往是十分明显的。

上司反感下属的自作主张，其实不在于他的擅自决定给工作带来的损失——通常说来，这种损失是微小的。上司心中真正在意的是下属越权行事的行为，以及这种做事风格所反映的下属心中对上司的态度。

因此，工作中多与上司沟通，让他为你出谋划策。假使你有迷惑不解的事，苦恼的事，诸如工作上的难题、家中的困扰、男女感情的苦恼，也可以尽量向上司提出，同他商量。尽管你并不会真正听从上司的意见，但是这样做却会使上司产生"他什么事情都听我的"的心态，认为你在什么问题上都会重视他的意见，在工作上也不会私自越权决策。这可以为你以后犯一点小错误，打下信任的根基。

在职场上，你必须时刻牢记一条：上司永远是决策者和命令的下达者，无论我们有多大的把握相信自己的判断力，无论你代替上司决定的事情有多细微，都不能忽略上司同意这一关键步骤。否则，当上司意识到本应由自己拍板的事情，被属下越俎代庖，他所产生的心理上的排斥感和厌恶感，以及对于下属不懂规矩的气恼，足以毁掉你平时小心经营、凭借积极努力所换来的上司对你的认同。

所谓"一招不慎，满盘皆输"，莫过于此。

脑子里是"意见"，出口是"建议"

向上司、决策者贡献自己好的建议与计划，是我们每个人应尽的职责。然而，我们在献计献策的时候，往往会遇到不受重视、不被采纳的苦恼。尤其是当一个经过自己潜心研究、周密思考，确信是一个非常合理、非常优秀的建议和计划被上司断然拒绝的时候，我们的苦恼会更大。领导之所以拒绝你，是因为他与你身份、地位不同，因而存在一些微妙的心态。

因此，如果你有很不错的想法要告诉上司，就得需要一点策略，否则很容易"引火烧身"。

王凯在某企业负责工程项目很多年了，最近集团新来一个空降的副总裁，人非常能干。新官上任三把火，这个副总裁一上来就带来一个巨大的难题。他指挥的第一个工程方案就让王凯暗暗叫苦，因为按照这种操作手法在本公司是无法完成的，这个企业的员工的素质也无法和原来副总裁的外企相比的，资源和硬件更是无法相提并论的。

想到这里，王凯斗胆地向副总裁进言并说出了自己的想法。不料，副总裁很生气地对他说："我在这行干了这么多年，经验是成型的，没有完不成的任务，只有想不到的思路。你就按照我的指挥去做好了，完不成任务、达不到目标就是领导指挥无方。"

王凯的进言不仅没有起到实质性的效果，还受到了上司训斥并把球抛回给他，工作完成不了，责任反而要王凯担着，真是"乌龟卖鳖价——不合算"。职场上的确有很多无奈，让你欲哭无泪，你必须随时保持警惕，认真揣摩对方的心理，三思而后行。因为可能你的一句话、一个小小举动，就会影响到你的升职加薪，影响到你在公司的去留。

上司一般都不喜欢听意见，只喜欢听建议，聪明的下属，要学会巧妙地将"意见"转化为"建议"。那么，我们具体该怎样去向上司提这个"建议"呢？以下几条为我们提供了很好的参考：

态度要诚恳，言语要适度

给上司提建议时，说话的态度一定要诚恳，要注意敬语的运用，委婉地把自己的意见表达出来。因为你的坦率和诚意，即使对方不完全赞同你的观点，也不会影响到他对你个人的看法。同时，在谈话中，要学会察言观色。密切注意上司对你所说的话的反映，通过他的表情及身体语言所传达的信息，判断他是赞同你的观点还是反对你的观点，尽快调整自己的说话思路。

跟上司建立良好的关系

平时要经常和你的上司聊聊天，例如，开个玩笑、适当的唠唠家常等，还可以下班后一块吃饭、玩乐来拉近彼此的距离。当你准备提意见时，可以选择在下班后，找个轻松自在的地方，借吃饭之际或打高尔夫球之际，把自己的想法恰如其分地表达出来，这样会达到意想不到的效果。

提意见一定要找个适当的时机

你的上司再能干也是一个普通人，所以你要照顾他的心情，选择合适的时机说。一般早晨刚上班，上司心情好，谈话效率较高。下班前，他忙碌了一天，心情极其烦躁，你千万别再火上浇油了。

站在上司的立场想问题

不要总是想当然地站在自己或者自己这个圈子里想问题，一定要设身处地地站在上司的立场考虑问题。要有全盘意识，学会通盘考虑问题，注意并处理好各种利益之间的"牵一发动全身"的关系。不仅提出意见，更重要的是提出解决问题的方案。这样才能赢得上司的信任和赏识。

对聪明睿智的上司

对于聪明睿智的上司，千万不要表现得比他强，提意见时要在恰当的时候蜻蜓点水地提一下，让他心领神会。不一定非要在办公室提意见，可以在饭桌上、汽车里、走廊等不太正式的场合，趁他高兴，借着聊天开玩笑，随口就把意见温柔地抛过去。

性情暴躁、自以为是型的上司

对性情暴躁、自以为是型的上司，首先，要把自己的身份放低一点，说话中肯、谦虚一点。谈话时，时时注意对方的反应，通过表情和肢体语言，判断他是否接受你的观点。如果不接受，你千万别太坚持，让他自己撞了南墙再回头，到时候他反而会更加感谢你，并欣赏你的先见之明。

向上司要求升职加薪的4个技巧

大学毕业后小王在一家外贸公司工作，因为是第一份工作，所以格外珍惜，工作很努力。上司对他的工作态度也很肯定，还多次表扬了他，却从没有提过给他升职加薪的事。一次偶然的机会，他得知和他一起进公司的一位女同事的工资早已是他的两倍，但是她的工作并未见得比他优秀多少。他心里很不平衡，于是就找到上司开门见山地表达了他的不满，并要求上司给他加薪，否则他就辞职。可上司并没有理会他的要求。他因此对工作失去了热情，开始敷衍应付起来。一个月后，上司把他的工作移交给了其他员工，大概是准备"清理门户"了。他也觉得再做下去没什么意思，于是递交了辞呈。

接下来他又找到了一份工作，他仍旧很努力，连续几次在部门的成绩考核中名列前茅，但薪水依旧没有增加，升职也似乎很渺茫。

此后，他陷入了深深的苦恼之中，不主动提升职加薪吧，觉得委屈难受；提吧，又害怕像上次那样遭受失业之苦。此刻他多么希望能找到一个适当的方式来顺利达到自己的愿望。

不止小王一个人，对大多数职场中人来说，获得升职加薪纵然不是唯一的目的，也是至关重要的。

关于这个问题，如果我们采取消极等待的措施，恐怕不知道要等到何年何月；如果我们直接去找上司提出升职加薪的要求，往往会感到极度尴尬和紧张，不知如何开口，甚至还有可能薪职没有升，却把上司得罪了。

那么，在要求升职加薪的时候，有没有一种既能减轻心理负担又能达成目的方法存在呢？下面四种就是非常不错的选择。

趁热打铁

所谓趁热打铁法，就是在最有利于升职加薪的时机提出要求。比如：你刚刚完成了一项艰巨的任务，刚刚突破了某种推销"瓶颈"，刚刚引进了某种足以令公司节省大量开支的生产方法或生产工序，等等。此时你就可以巧妙委婉地提醒上司关注你所取得的成绩，这样就会给他留下较深的印象。这时你若以开玩笑的口吻、认真的态度提出升职加薪的要求时，他便很难拒绝了。"机不可失，失不再来"，趁热打铁抓住机会确实是个有效的方法。

尽情表功

假如你的工作表现在整个单位内算得上是上等水平，且并不拥有其他工作机会。此时，在上司面前亮出你的成绩，运用"尽情表功法"或许最为适当。

在运用这种方法前，你应先将过去一段时期内你所做成的最有意义和最不寻常的工作成绩开列一张清单。然后便正式谒见上司，非常诚恳地提出你的要求。和上司面谈的时候，你可以按照清单的次序指出和叙述你一系列的优异工作表现以及由此给公司带来的巨大利益，促使他当场做出良好而有效的评价。只要他没有消极性的评价，则你接下去所提出的升职加薪的要求便有可能获得接纳。

旁敲侧击

此方法不像前面两种方法那样,具有直接性。而是通过侧面敲击的方式,来打探上司的意向,让他间接地对此要求加以考虑,实现升职加薪的目的。

所用的具体方式也很多,比如,吃饭的时候在上司的秘书面前不经意地说:"唉,今天有猎头公司的人打电话给我。"或者请业务伙伴跟上司聊聊:"你们公司的薪水好像不高,不少人想走呢!"还可以拿一份薪资调查资料给上司看看,等等。

超过上司的期望

在工作中,如果你完成的每一项工作都达到了上司的要求,那么很好,你可以称得上是一名称职的员工,你不会失业,或许可以得到升职加薪。但你可能永远无法给上司留下深刻的印象,永远无法成为上司的重点培养对象,也永远无法在公司中达到你事业的顶点,也永远不会实现持续的升职加薪。只有超过上司对你的期望,你才能使他的眼睛一亮,才能让他在遇到一些高难度工作的时候想起你,给你一个锻炼的机会,为你的升职加薪创造一个个宝贵的契机。

当你和一批新员工一同跨入公司时,上司对每个人的期望都是一样。这时有些人达不到上司的要求,大部分人刚能达到上司的要求,只有极少数人能超过上司的要求。那些不能达到要求的人将很快被淘汰,大部分人将继续自己平淡的工作。而那极少数人将会被单独叫进上司的办公室,上司会在正常工作之外给他们分配一些具有挑战性的工作。随着上司对他们的期望越来越高,给他们的机会也会越来越多。他们也能在这种环境中迅速成长,他们的地位也就会越来越高,薪水也会持续上涨。

此外,在向上司提出升职加薪时,有些误区一定要避免。

主动提出加薪时,切忌就谈薪而谈薪。直接冲到上司的办公室,说:"我要加薪!"如此,你马上会得到上司100个拒绝的理由。

切忌拿其他员工的薪水和能力水平跟自己作比较,以此向上司要求升职加薪。

切忌选择不适宜的时间,在公司某项业务进展不好、上司正被公司的某件大事扰得心情不好的时候去谈这个问题。

切忌在提出加薪要求前不做好充分准备,不先研究同行业相关职位薪酬的大体数目,再根据自己工作中的表现,评测一下上司对自己的重视程度,而贸然提出不合理的要求。

技巧 39

恩威并用，领导者的艺术

站着指挥，不如干着指挥

作为领导，身居管理者职位，首先应当明白什么是管理。说得通俗一些，管理就是指挥好下属做事情。不过，这种指挥不是呼来喝去，而是要让下属愿意听你的才行。

不少领导者把自己看得太高，过分自信，跟下属有距离感。要知道"水能载舟，亦能覆舟"。下属若是迫于你的权势，不得不听你的，他们就会表面听实际心里不服，做事拖拉敷衍，日后一旦有报复的机会，你恐怕就惨了。

那么。如何才能成功指挥好自己的下属呢？如何让他们心甘情愿地辅佐你呢？事实证明，领导者在指挥下属工作的时候，"干着指挥"比"站着指挥"更能有效调动下属的积极性。

因为"干着指挥"是一种无声的命令，它甚至比有声的、文字的命令更有效，更有威力。这种威力，不是靠领导者手中的权力，不是强制力，而是靠领导者自身的模范带头作用，艰苦实干的作风。这是一种威望之力，也是一种最神圣的指挥。

历史上正义的战争，如果主帅亲征，都能极大地鼓舞士气。如果御驾亲征，就更是非同小可。这个亲征，如果不仅仅是督阵，而是亲自上阵杀敌，战士们必能舍生忘死，所向无敌，为亲征者冲锋陷阵。

身为领导如果仅仅是"站着指挥"，慢慢地就会与下属产生一种无形的距离，甚至一道鸿沟，指挥就会失去威力，甚至完全失灵。

"干着指挥"对下属的影响，在两种情况下力量最大：一种是在领导者担子最重的时候能选择最艰苦的工作与下属一起干。这道理不言自明。另一种是领导者能参加一些极平常的劳动，比如，打扫卫生、装订文件、整理报纸等，或者参加一些突击性的活动。

从分工来说，这些活当然属于下属工作人员，但你绝对不要认为与自己无关。当你有时间的时候，或者"就势"帮助下属做这些事情，你会给下属一种自重感，使他们感到你看重他的工作，尊重他的人格。同时，你又会给下属一种亲切感，使他感到你没有架子，平易近人而愿意在你的手下工作。

反过来，如果机械地看待自己与下属的分工。本来有空，一些突击性的活动也不参加，甚至一些"举手之劳"也懒得动手。下属就会觉得在你的手下工作不是滋味，即使目前仍在你的手下工作，也只是暂时性地混着日子，等待跳槽时机。

现在，你应该明白为什么很多"身先士卒"的领导深得人心了吧？

任人有道，让下属各司其职

《吕氏春秋·知度》中有言："人主之患，必在任人而不能用之，用之而与不知者议之也。"职场中，想做一位合作的领导者，不单单要有号召力，更要懂得任人之道。

我们再回顾一下电视连续剧《潜伏》中的一段情节：

余则成在军统天津站任职期间到底有些什么任务？作为潜伏者，他获取到一些重要情报，搅乱了天津站的内部人事；而作为军统工作人员，观众对他工作最深的印象恐怕就是敲诈穆连城。余则成一到天津接到的就是这样的任务，通过威逼利诱，从汉奸穆连城那里为吴站长搜罗到了大批财富。余则成的本意当然不想干这些勾当，他希望能涉入一些更重大的事件里，这样才能方便他拿到情报。可是一轮到这些事情，站长却都委派给了李涯。

这就是吴敬中的用人之道——给合适的人合适的职位和任务。余则成办事细心、低调，又是他以往的学生，所以可以纳为"自己人"，帮他敛财，成为他最喜欢的"招财童子"。而李涯对党国忠心不二，恪尽职守，可谓"拼命三郎"，所以吴敬中把对付共产党的大计划都交给他来执行。由此可见，吴敬中对下属相当了解，用人之道值得推敲。

领导者独木难成林，需要下属的辅佐。但并不是任何人都有这个能力或资本协助领导的。这时，作为领导的你就要在人群中选出你需要的人。

汉高祖刘邦曾说："运筹帷幄之中，决胜千里之外，我不如张子房；镇守国家，安抚人民、发饷送粮保障军队，我不如萧何；指挥百万军队，战必胜，攻必取，我不如韩信。他们三位，都是人中豪杰，因为我能任用他们，所以我能得到天下。"从这里完全看得出用人的重要性。现代职场中，作为领导者，一定要懂得选择合适的人来做合适的事。

一个关于"石油大王"保罗·盖蒂的故事里说他和几个老朋友聚会，其中有一个老板说准备将三个不成才的员工炒掉。他们是：总是喜欢鸡蛋里挑骨头的A先生；成天忧心忡忡，怕这怕那，担心工厂出事故的B先生；喜欢神侃海聊的C先生。盖蒂听后，微微一笑说："将他们三个让给我吧。"这个老板想这是辞掉他们的好机会，于是大手一挥："你真要？今天就可以让他们去！"

第二天，三人来到了盖蒂这里。盖蒂说："现在给你们三人任务，A负责检查产品质量，B负责生产安全和公司保卫，C到外面去搞商品宣传。"三人一听忍不住大拍手掌，兴冲冲地走马上任。不久，由于三人工作十分努力，工厂赢利直线上升。

这个故事有点后人杜撰的影子，不过它也的确说明了什么才是最英明的用人之道。最优秀的人永远是最适合他的岗位的人，一个领导认识到这一点才能更好地安排下属的工作，为自己服务，也让公司得利。

授权在先，监督在后

为了保证团队高效率工作，领导者应将能由下属替代做的事情尽量分解授权出去，自己则全力以赴去做那些别人无法替代做的更重要的事情。但必须留一手，就是：做好监督，授中有控。

戴尔电脑公司今天已经是全球举足轻重的跨国企业。从创业伊始，创办人戴尔就切身领悟到了很多宝贵的管理经验，其中一项就是授权。

由于戴尔开始创业时，他还在大学念书，习惯了晚睡晚起，所以，公司刚开始成立时，每天必须早起成为一件让戴尔头痛的事情。而戴尔又是唯一一个有公司钥匙的人，因此每次只要

第四章 高效工作的秘密
——双利双赢的职场艺术

他睡过头，匆匆忙忙赶到公司附近，远远就会看到二三十个人在门口闲晃，眼巴巴地等着戴尔开门进去。

为此，戴尔的企业刚成立时，公司很少在9点半以前开门；后来逐渐提早到9点；到最后，公司终于改成8点上班，而这时戴尔也开始把公司大门钥匙交给别人。

当然，要交出去的，不仅仅是办公室大门的钥匙。

有一次，戴尔正在办公室里忙着解决复杂的系统问题，有个职员走进来，抱怨说他的硬币被可乐贩卖机吃掉了。

戴尔听了非常奇怪，问他："这种事为什么要跑来告诉我？"

"因为贩卖机的钥匙是由您保管的呀！"

那一刻，戴尔才知道，应该把自动贩卖机的钥匙也交给别人保管。

把权力紧紧握在自己手里，下属还会有什么作为呢？应该给予他们发挥的空间，让他们有机会证明自己的能力。组织越庞大，职员就越渴望分享组织的权力。权力与责任是统一的，唯有充分授权，才能唤起职员担当责任的使命感，激发其进取心，提高其对工作的热忱。

如果没有高度而且充分的授权，成功的管理就是一件缘木求鱼的事。

当然，授权也不仅仅是简单意义上的授予其权力，其中一个很重要的环节是授中有控，做好监督工作。

沃尔玛公司的创始人沃尔顿早期创业时十分辛苦，许多事务他都要亲力亲为。随着公司的扩大，他意识到自己不可能参与一切事情，有必要对下属进行授权。于是，在开第二家沃尔玛店时，他第一次将本属于自己的权力下放给了一些优秀的管理人员。随着公司的发展，他不仅将更多的事务交给下属管理，而且允许其行动自由，并享有决策资格，有权根据销售情况订购商品并决定商品的促销策略。

在下放权力时，公司也一直注意在扩大自主权与加强控制权之间取得平衡。一方面，公司有许多规定是各分店要遵守的，如商品定价，而且，每一位职员都要严格遵守公司制定的《沃尔玛员工手册》；另一方面，每家分店又有自主权，如部门经理负责商品订购，分店经理则可以决定商品促销计划。而且，沃尔玛的采购人员比其他公司人员拥有更大的决定权。

授权必须是可控的，不可控的授权就是弃权。或者说，领导者在授权时要给下属两件物品，即一根绳子和一块糖，绳子是约束机制，控制被授权者的权限范围；糖是激励机制，是激发下属在权限范围内最大限度地发挥潜力。

只有糖和绳子这两样东西都具备，才能够在激发下属工作活力的同时，也能对他们实施有效的管理，如此才是最明智的授权。

下属有怨气，要疏不要堵

美国芝加哥郊外的霍桑工厂，是一个制造电话交换机的工厂。这个工厂建有较完善的娱乐设施、医疗制度和养老金制度等，但员工们仍愤愤不平，生产状况也很不理想。为探求原因，1924年11月，美国国家研究委员会组织了一个由心理学家等各方面专家参与的研究小组，在该工厂开展了一系列的试验研究。这一系列试验研究的中心课题是生产效率与工作物质条件之间的关系。这一系列试验研究中有一个"谈话试验"，即用两年多的时间，专家们找工人个别谈话两万余人次，并规定在谈话过程中，要耐心倾听工人们对厂方的各种意见和不满，并做详细记录，对工人的不满意见不准反驳和训斥。

这一"谈话试验"收到了意想不到的效果：霍桑工厂的产量大幅度提高。这是由于工人长期以来对工厂的各种管理制度和方法有诸多不满，无处发泄，"谈话试验"使他们的这些不满都发泄出来，从而感到心情舒畅，干劲倍增。社会心理学家将这种奇妙的现象称为"霍桑效应"。

霍桑试验的初衷是试图通过了解工人情况、改善工作条件与环境等外在因素，从而提高劳动生产效率。但是，通过试验，人们发现，影响生产效率的根本因素不是外因，而是内因，即工人自身。因此，要想提高生产效率，就要在激发员工积极性上下工夫，要让员工把心中的不满一吐为快。

霍桑工厂的"谈话试验"之所以会提高工作效率，主要原因就是它正好切合了人内心的某些潜在的心理特点。

当管理者们深切地领悟了"霍桑效应"的妙处之后，就立即不失时机地应用到自己的管理中。比如，设立"牢骚室"，让人们在宣泄完抱怨和意见后，全身心地投入到工作中，从而使工作效率大大提高。

近年来，法国还出现了一个新兴行业——运动消气中心，仅巴黎就有上百个。出此创意的人大都是学运动心理专业的，他们认为运动可以解决人们的心理问题，尤其是心情积郁等诸多问题。每个运动中心都聘请专业人士做教练，指导人们如何通过喊叫、扭毛巾、打枕头、捶沙发等行为进行发泄。也有的通过心理治疗，先找出"气源"，再用语言开导，并让"受训者"做大运动量的"消气操"。这种"消气操"也是专门为这项运动设计的。

总之，由于种种原因，你的下属可能满怀怨气，那么，身为领导，有必要恰当地让下属消解心中的怨气。至于具体的方法，可以参考下面两种：

主动自责

谁都有犯错的时候，不要以为自己是领导，就高高在上。当自己说错话，办错事时不妨主动承认自己的错误，只有这样才能让员工消解怨气，让自己树立威信。

当下属因为你过激的批评而心怀怨气时，能主动找到下属，作真诚的自责。这实际上就是传达一种体贴和慰藉，责的是自己，慰的是下属。这样做有利于在对方本已紧凑的心理空间辟出一块"缓冲地带"，让命令得以执行，工作能够顺利地开展下去。

晓以利害

下属与上司的一个不同之处在于，上司除了关心自己的利益之外，更应该关心单位的整体利益，而下属却有权关注自己的切身利益胜过关注整体利益。因此，对下属说话应该常记住"晓以利害"这一技巧。当他们对某件事有与单位上司不同的想法时，作为上司的你就应该明智地对他们做一番权衡利弊的分析。只有让他们觉得你的决定才是真正有利于他们切身利益的时候，他们才会真心地消除不满，转而支持你的工作。

当下属心怀怨气的时候，单纯劝导难以起到真正的作用，只有把他们心中的"怨结"打开，才能让他们豁然开朗。而打开"怨结"的关键就是抓住令他们生气的问题的实质，带领他们走出思想的误区。

第四章 高效工作的秘密
——双利双赢的职场艺术

技巧 ㊵

防微杜渐，小心驶得万年船

职场，小心驶得万年船

看过电视连续剧《潜伏》的朋友，应该还记得下面这段剧情：

"把茶叶交给克农同志。"

这是余则成为了警醒大大咧咧的翠平而讲给她的故事：我方派到敌方的地下工作者，一直以来都很警惕，行事说话谨慎小心，因为他们知道这是危险的潜伏工作，四周都是特务的眼睛。但是其中一个潜伏者做梦时说了一句梦话："把茶叶交给克农同志。"就是这样一次"不小心"被敌人抓住，最后杀害了他，而地下工作也遭受到了极大地破坏。

以往做事粗心大意的翠平，开始渐渐明白了余则成工作的危险性和重要性。就仿佛是行走在万丈深的悬崖边上，走错一步就有可能粉身碎骨。而后她甚至在李涯的盯梢下，谨慎地拿到了余则成暗示留给她的茶叶罐，从中找到了余给她的指示。可惜翠平是个文盲，只跟官太太们学会了麻将上的几个字，怎么认识余则成留给她的字面指示呢？翠平找到一个小孩子，用糖果引诱她念字。别以为翠平又犯傻，她这次可是考虑周全了。小孩子心思单纯，一心想吃糖，根本不会留心字条上的内容，就算注意了也多半不会知道是什么意思。所以找小孩子念字条是找对人了。而心细的翠平怕一个小孩子念错了，又找了另外的小孩重复了一次，确保内容传达无误。

这个过程里，翠平的小心谨慎可见一斑。其实，现代职场上虽然不比战争年代的间谍潜伏，但我们还是应该多存一个心眼儿。尤其是刚刚走上工作岗位的新人们，更应该小心翼翼地处理手边的每一件事。因为你入职不久，对身边一起工作的同事没有更多的了解。毕竟是人心隔肚皮，知人知面不知心。别人的想法你不可能尽知，何况手有五指参差，人也良莠不齐。有些人就专捡别人的弱点进攻以获取不义之财，这种人比窃贼更心狠手黑，更难于提防。一旦被他们抓住机会，你就会面临灭顶之灾。

所以，在职场生存，与周围人打交道，一定要谨慎小心，洞悉对方底细之前，切不可推心置腹，将自己的底细抖落个一干二净。下面这则故事可能会让你领悟到几分小心的必要性。

在高速公路上发生了一起车祸，有两辆轿车互相擦撞，所幸车主都没有受伤。虽然车主没受伤，可是各自受到的惊吓却不小，身体颤抖不已，也没有力气争个谁是谁非了。两人在路边坐下来，互相交换名片，一位是徐律师，另外一位是林医生。

徐律师从口袋里掏出一小瓶酒来，对林医生说："来，压压惊！"林医生说了声谢谢，拿起酒瓶灌了好几口,才把酒瓶还给徐律师。徐律师接过酒瓶,盖上瓶盖放到口袋里。林医生见他没喝酒,于是问他:"你不喝吗?"没想到徐律师马上回答:"要啊!但是要等警察来过以后再喝。"

林医生听了这话,大概恨不得把喝下去的酒全给吐出来,等警察来了发现他满嘴的酒味儿,怕是跳到黄河也洗不清了吧!徐律师使用心理战术解决车祸问题,显然胜之不武。但就专业上的敏锐度来讲,医生在法律问题上当然比不上律师了。

初入职场的菜鸟们,千万不能步林医生的后尘。面对那些看似好意的面孔,多留一个心眼儿。在和同事们熟识之前,千万不要把自己的真实想法都悉数传达。害人之心自然不可有,但是防人之心却是绝对不可少的。

面对上司也一样,上司说他对你很放心,事实可能正好相反。就像《潜伏》中的吴站长,他虽然一手提拔了余则成,并且经常和他推心置腹。但事实上,他一直在旁敲侧击着余则成。尤其是余则成的初恋情人左蓝以敌方的身份出现时,站长察言观色的本领发挥到了极致,余则成只要稍微露出一点马脚就会被窥破。还好余则成够谨慎,了解言多必失的道理,干脆装傻到底,躲过了一劫。因此,当上司表现得很相信你时,自己心里必须要有本账。多站在对方的角度思考问题,千万不可麻痹大意。

简而言之,在职场中,小心驶得万年船。

要与"红人"保持良好关系

职场中,有些人被称作"红人"。他们与领导的关系非常密切,对领导的决策、用人及其他问题的看法都会产生重要的影响。

当今,很多人都认为,在公司里只要尽心尽力,取得业绩,赢得领导的赏识和欢心,加薪提升便指日可待了。因此不把那些领导身边的心腹放在心上,他们认为这些人的职位不怎么高,权力也不怎么大,跟自己没什么直接关系,没必要认真地重视他们,只要不得罪就行了。殊不知,这样一来,让自己走了不少弯路。下面有一个聪明人的例子,以供办公室人士学习、借鉴。

张健刚满24岁,就已经是部门主管了,而且很有发展前途。一到各部门主管开会的时候,他总是先听,然后才发表自己的意见,既中要害,又显得谦虚,令人叹服。

公司里的领导对他十分欣赏,对他提出的意见和建议十分重视。可是他对领导十分恭敬,对领导的得力助手——分管人事的副总却出人意料地亲近。逢年过节,必然登门拜访,且总要拎一点家乡的土特产。

大家很奇怪,领导明明是一个很难得的有魄力、知人善任的人,而那副总明明是一个本事不大,心眼却不少的人,他为什么一个劲地对后者好呢?于是有亲密的朋友去问他,他说,副总虽然没多少业务方面的本事,但他的心眼都用在为人处事上,他不一定能起什么好作用,但如果在背后给你起点消极作用,你也吃不消呀。我之所以和他那么好,就是希望他不要在背后给我做手脚,那就谢天谢地了。

那分管人事的副总对这个小伙子也很好,他经常向这位小伙子通报一些情况。两个人处得还真不错。

生活中我们已经形成了一种心理定式,那就是:什么人受人尊重、有能力、有学问、有头脑、有良好的品德,我们跟他比较亲近;而如果什么人专门斗心眼、一心钻营,我们往往躲着他们、疏远他们。结果是自己给自己设置绊脚石,只好磕磕绊绊地走在艰难的谋职路上。这个小伙子做得就很对。很多领导身边的"红人",如上级的副手、亲人、太太等,都是"红人"。虽然他们没有决策权，但却十分知情，对领导有很大的影响力。在工作中，我们固然要认真做好本职工作，同时也要给"红人"让道，别让自己不明不白地倒下。

"红人"古今都有，三国时的曹丕是曹操的大儿子，他和自己的弟弟曹植争夺太子的宝座。曹植自恃文才过人，父亲又重才胜过一切，便不拘小节，违背曹操的意愿。曹丕自知文才不如曹植，便极力拉拢曹操身边的红人，为自己出谋划策。这些谋臣也多为曹丕美言不已。曹丕尊敬一切父亲身边的人，顺利地走上了从政之路。据史书记载，他还是一个很有政绩的帝王。现在看来，曹植过于夸大父亲的作用。他以为父亲是说一不二的一国之主，只要父亲喜爱自己，就不必顾及其他人了，因此失掉一展抱负的机会。曹丕就比较聪明，他调动了父亲方方面面的"亲信"为自己说话，终于登上了皇位。

领导身边的"红人"出于其地位上的原因，比领导更需要尊重和理解。他们虽然不能说一句顶一句，但他们有自己的圈子和能量，千万不要低估，更不能回避，否则容易产生一些不必要的误会。如果他本身并没有多少值得敬重的地方，就更要敬他三分了，免得牵动他敏感的神经。

一句箴言："红人"能红自然有他的道理。

领导相争，保持"等距离外交"

如果单位里的领导之间存在矛盾，无论你是向左还是向右，都会失掉一边。因此，聪明的做法是站在竞争派别的中间。

美国总统大选期间，基辛格给尼克松的竞选团队打了一个电话，十分明确地表示他可以向尼克松阵营提供宝贵的内部情报，如果尼克松竞选成功的话可以给他一个国务卿的位子。尼克松团队当即高兴地采纳了他的提议。

与此同时，基辛格也向民主党的提名人韩福瑞表示了他的这种意愿。韩福瑞要求他提供尼克松那边的内部消息，以便能够与尼克松抗衡。基辛格就把尼克松的一切也全盘托出了。

也许人们会认为基辛格是个两面三刀的政客，其实基辛格的目的就是获得国务卿这个位子，一切的手段都着眼于此。而尼克松和韩福瑞都答应了给他这个位子，因此不管谁获胜，基辛格都将从中获利，得到他想要的位子。

最终胜利者是尼克松，基辛格自然也如愿以偿地当上了国务卿，但他仍然小心翼翼地与尼克松保持着一定距离。因此当福特上台时，原来与尼克松非常亲密的人都被迫下台了，唯独基辛格又继续成了福特的官员。他正是因为先前与尼克松保持了适当的距离才幸免于难，继续在动荡的年代里叱咤风云。

作为下级，要想在单位中求生存、获发展，就必须搞好与领导集体中每个成员的关系。如何与互相有矛盾的上司相处呢？以下两点是需要注意的：

做到"等距外交"

"等距外交"的意思是指无论在工作上或生活上，你与所有的上级领导大致保持等距，大都处于关系均衡状态。做到这一点其实也并不难，只要你能按照以下几方面要求去做就可以了。

为了实现等距外交，你首先必须把思想摆正，要从工作出发、从大局考虑、从发展着眼，努力与不同水平、不同风格的上级搞好关系。要拥有平等待人的思想作风、善于容人的气度胸怀、求同存异的价值标准。

对每个领导在态度上同样尊重、友好、不卑不亢。要善于控制自己的情感状态，不以个人的喜恶作为评价上级的标准，对所有的上级都努力做到以礼相待。

不越级越位请示、汇报工作。凡事都找"一把手"，也会搞得他很为难，而直接负责的上级知道后，不仅会影响他们之间的关系，你以后的工作也就更无所适从了。所以说，应当善于权衡利弊，尽量争取直接负责的上级的支持。

正确对待领导间的矛盾

一般而言，采取中立的态度是可取的。也就是说，进行一种等距离的工作方式，跟谁都不过分密切。或者说，完全从一种纯工作的角度着想，没事尽量少与上司们打交道，特别要注意不让其中一个上司认为你是另一个上司的人。

所以，千万不要陷入领导间的矛盾冲突中。不然的话，你不但会在无谓的纷争中浪费自己的精力，而且会在两败俱伤中使自己受到牵连。

第五章

男女为何不来电
——婚恋中的心理学技巧

技巧 41

知此知彼，方能百战百胜

喜欢一个人需要理由吗

没有爱情滋养的人生是暗淡的人生。爱情对一个人来讲非常重要，但爱的火花缘何爆发往往不得而知。常常听到有人提出这样的问题："喜欢一个人需要理由吗？"对这个问题可谓仁者见仁，智者见智。不过，心理学家却认为，喜欢一个人确实是有原因的，并且就这个问题展开了研究，下面为大家介绍几个具有代表性的恋爱理由。

对性格的喜好

性格，是我们寻找恋爱对象时一个重要的衡量因素。简单地说，任何人都喜欢找一位性格好的异性做自己的伴侣。

美国学者安德森曾经做过一项调查，研究人们喜欢哪种性格。他准备了555个形容性格特性的词语，然后请100名大学生为这些词语评分，评分标准分0~6七个等级。结果表明，得分较高的有诚实、正直、善解人意、忠实、可以信赖、理性、可靠和心胸宽广等，而得分较低的有爱撒谎、卑鄙下流等。可见，人们对性格的喜好具有共性。

为个人形象吸引

所谓个人形象的魅力，简单地说就是一个人容貌和体态的魅力。心理学的很多实验也证明，形象好的人更容易获得异性的青睐。不过，并不是所有形象好的人都会成为自己的恋爱对象。

如果对方的形象魅力高出自己太多的话，我们自己就会先打起退堂鼓，心想：对方的容貌太出众了，我配不上他（她），如果我开口的话，肯定会遭到拒绝。在大多数情况下，人都愿意找与自己形象相近、魅力相当的人谈恋爱。心理学将这种心理称为"匹配假说"。

彼此了解

了解对方的喜好、心情，对促进彼此的交流有重要的意义。在情侣分手时，我们经常能听到这样一句话：我根本就不了解你在想什么！对彼此了解不够深入，就容易产生误会，以致痴心错付。

当然，在恋爱开始时，了解对方喜欢自己的心情，也是非常重要的。对于喜欢自己的人，人容易产生一种喜欢上他（她）的倾向。这叫做"好感的回报性"，即接受了爱情，我们也想用爱情回报对方。

"同"性相吸

曾经有一对陌生男女，在家用电器卖场的电视机专柜前被同一个电视节目所吸引。当他们发现对方和自己喜欢同一个节目时，便互相产生了好感，几次交流下来发现彼此情投意合，后来成了情侣。

第五章 男女为何不来电
——婚恋中的心理学技巧

当人的价值观、金钱观、喜好等相似的时候，容易相互产生好感。人的态度、行为模式的相似性越高，就越容易喜欢对方，这是使人们陷入爱情的"相似性原因"。反之，情趣爱好、行为模式相差很远的两个人，也很难发展恋情。美国心理学家经调查发现，即使一对情侣都喜欢体育运动，如果各自喜欢的项目不同，他们最终也不容易走向婚礼的殿堂。

如果对方比自己稍微优秀一点，即自己对对方充满了尊敬的话，那么相似性的效果会加强，自己更容易喜欢上对方。如果两个人相似性比较多，在谈话中能够找到共同的乐趣，那么人的认知会达到一种平衡的状态。如果这种状态能保持下去，互相之间也会产生好感。

周边环境的影响

当你考上大学之后，会发现身边的朋友都开始谈恋爱了。在这样的环境中，你也想找个人谈恋爱。这也是同调行为的一种体现。当周围朋友中谈恋爱的人数逐渐增多时，人的同调行为会逐渐转变成一种强迫观念，认为自己不谈恋爱不行。结果，降低了自己对恋爱对象的理想或标准，于是很容易就恋爱了。

恋爱冲动也与心理状态有关

当内心平静的时候，有一位漂亮、可爱的异性出现在自己面前时，我们不一定会喜欢上对方。但在一定的兴奋状态下（比如心情很好的时候），人就有种想找个人谈恋爱的冲动。想找个人陪的心情叫做"亲和欲求"，当人情绪不安的时候，亲和欲求就会高涨起来。

当爱情在靠近，不管是哪种理由所诱发，往往让人容光焕发，徜徉于情海的人幸福而美丽。

"约拿情结"让优秀男人把美女拱手相让

和两个朋友上街购物，迎面走来一个相貌平庸、装扮没有品位的男人，搂着一个如花似玉、装扮时尚、有着天使般笑容的女孩。其中一人等他们一走过去就说："那男的肯定是大款，把那女的给包了，那女孩看起来挺纯的，没想到也是一傍大款的！"

这样的对话或是类似的想法应该存在于很多年轻人当中。为什么"郎才女貌"的佳偶总是少数，而现实中的看起来并不般配的恋人也容易遭人诟病呢？难道这真的是"女方图钱、男方图色"的结果吗？其实不然，这往往与优秀男人性格中的"约拿情结"有关。

人们借约拿情结指代一种在机遇面前自我逃避、退后畏缩的心理。当一个男人遇到一个各方面条件都很好的女人时，由于约拿情结作祟，他们往往会产生一种"急流勇退"的心理。尤其是优秀男人，更不容易主动去追求女人。就像英俊的王子遇到美丽的公主时，他们会想：我是帅哥，用得着主动去追吗？如果追到了还好，如果追不到的话那多没面子、多掉价啊！我身边的朋友会怎么说，那些围着我的女人们会怎么想。思来想去，压力实在是太大了，还是撤了吧。

有人还做过这样一个小测试：如果遇到一个你极满意的异性，你是否会主动搭讪，建立联系？答"会"的女人为55.7%，而男人们竟比女人还低5.7个百分点。可见男人在表达爱意时，比女人更胆怯。

事实上，漂亮女人经常难以结识更多的男人。多数男人因为她的容貌止步不前，认为她如此漂亮必然自视清高，必然拒绝自己，必然名花有主，必然傲慢势利……而平凡普通的"青蛙们"则不这么想，他们十分清楚：在大多数情况下，漂亮女人其实很孤独，非常渴望男人的真爱。而"王子们"也就这样因约拿情结拱手将公主让给了"青蛙"。

为什么会一见钟情

记得电影《非诚勿扰》里面男主角秦奋和女主角梁笑笑有这样一番对话：

梁笑笑："你相信一见钟情吗？"

秦奋："我一见你就挺钟情的。"

梁笑笑："咱们三见也钟不了情。"

一见钟情，是个太浪漫的字眼，很多人都希望自己能有这样的爱情邂逅，但现实生活中出现的概率实在很小。

在心理学家曾做过一次"关于恋爱经验的问卷调查"的结果显示：有55.2%的人有过"一见钟情"的经历，其中61.1%的男性和50.6%的女性经历过"一见钟情"。美国科学家进行的调查则表明，"一见钟情"也存在男女差异。男性发生"一见钟情"的概率更高一些。

李明是一家房地产公司的销售部经理，年近30的他女朋友还没有着落，每当别人问起，他总是以工作忙碌为由。其实这只是一个借口，真正的原因是天性浪漫的李明并没有遇到令自己十分倾心的女孩。他也曾相过几次亲，可最终都不了了之。

这天早上，李明像往常一样走进公司的写字楼，走到电梯门前时，一名身穿黑色套装的女子让李明眼前一亮，她衣着虽显得干练，眉宇间却流露出女人的温柔和性感。当她大大的眼睛与他对视的那一刹那，李明仿佛是被电到一样，这一刹那的惊讶，让李明清楚地知道自己遭遇了爱情。出于礼貌，两人彼此互道早安。

后来李明得知，这名"黑衣女孩"是广告部的新员工，名叫乔雅。李明确定自己对乔雅的感觉就是传说中的一见钟情，得知乔雅还是单身之后，他展开了猛烈的爱情攻势，而乔雅在李明两个月不间断地送花后，最终答应了与他交往。在交往过程中，双方都确定对方是能够相伴终身的人，一年后，他们就步入了婚姻的殿堂。

为什么会存在一见钟情这种"很玄的东西"呢？这也许是动物本能的一种体现。昆虫等低等生物在与异性相遇的瞬间便会产生"恋爱行为"。人类内心也藏着这种动物本能，在遇到心仪对象时瞬间擦出爱的火花。

根据美国研究人员的调查统计还得出一组有趣的数据，美国的离婚率高达50%以上，但是，"一见钟情"的两个人结婚后，离婚率却只有20%。此外，很多人一生中只发生过一次"一见钟情"。可以这么说，"一见钟情"是我们寻找最佳伴侣的一种特殊能力。

当然，并不是所有的"一见钟情"都能修成正果。"一见钟情"只是让双方有了良好的感觉基础，想要延续这份感情，还需要彼此花费很长的时间去了解对方，如果相处之后发现双方在一起存在着很多问题，那起初的一见钟情就会被认为只是一种错觉。

技巧 42

以退为进，轻松赢得对方青睐

花点心思，给爱情下套

在爱情里，太"老实"也不行，使点小招数可能会为自己赢得真爱。

爱情需要一点心计，特别是我们已经心动可是对方的感情依旧不够明朗的时候，更要花一些心思，给爱情下个套，让对方爱上自己。

乔勇是一个很出色的律师，他热衷于打离婚的官司，尤其是涉及巨额财产的案子。作为一流的律师，他总能想尽办法帮助自己的客户在官司中获得最大的利益。

三年前，他被一个富翁雇佣。富翁正在为怎样保护自己的财产而大伤脑筋。富翁有一个漂亮的妻子，叫胡佳。她很精明，经常跟富翁们打交道，并且通过婚姻关系来获取他们的财产。

经过几次接触，乔勇觉得自己对胡佳产生了好感，可是为了客户的利益，他压制住了自己的感情，尽心尽力地工作，终于找出了破绽。他用自己非常纯熟的专业技巧帮助富翁打赢了官司，并在法庭上羞辱了胡佳。没有得到一分钱的胡佳并没有想象中那么愤怒，只是冲着乔勇微微一笑，转身离开了。

就在那一瞬间，乔勇觉得自己错怪了她，也许她并不是一个为了钱什么事情都做得出来的女人。尽管这样的想法扰得他心神不宁，但是他很快就将这个女人的事情忘记了。

不久以后，胡佳居然又找了一个富翁，在结婚之前，她来找乔勇做财产公证。与上一次婚姻不同的是，胡佳似乎对钱财看淡了，她对乔勇说，自己给别人的印象一直是一个为了钱生活的女人，没有人肯接受这样的女人，所以才会选择走以前的路。可是，仔细想想，金钱又算什么呢？如果能够找到一个真正爱自己，也能让自己爱上的人，她这辈子也就没有什么遗憾了。

说者无心，听者有意。看着眼前经历颇多的女人，乔勇沦陷了。他爱上了她，所以他劝她结束这场游戏，并向她表明了爱意。

经过一段时间的相处，胡佳接受了乔勇，两个人终于走到了一起。可是，就在两个人的婚礼上，乔勇发现：牵着胡佳的手走进礼堂的司仪，居然是乔勇的客户——那个跟胡佳争财产的富翁。

原来，这不过是胡佳导演的一场追爱戏剧。胡佳是乔勇的大学校友，早就爱上了乔勇，可是他整天忙于学业，毕业了之后又忙于事业，对身边的女孩不闻不问。为了吸引他的注意，胡佳才想到请自己的叔父配合演了上面的一场戏。

乔勇知道了真相以后没有生气，反而给了她一个大大的拥抱。

胡佳巧用心思，就给心上人下了一个爱情圈套，最后赢得了自己的幸福。对于爱情，很多人不赞同要心计，觉得两个人在一起是靠缘分的，如果自己爱上了对方可是对方没爱上自己，那就是彼此无缘。其实"缘"是天注定，"分"却是自己修来的。在两个人相爱以前，思想上不能形成统一，等于是每个人都在独立为了爱情而奋斗。

在刚交往时，我们以为自己表达了热情，表现出了对对方的关切，对方应该就会感受到了自己的爱意，其实这不过是我们的感觉而已，并不一定是对方给予的互动。如果我们想弄清楚对方的想法，是需要一定的技巧的，因为如果直接表达，在对方没有产生爱意之前，那么这样的行为无疑是一种冒险。可是，花了一点心思，给爱情设个套，让对方注意到了自己的存在，并且也爱上自己，那么你就能像故事中的胡佳一样可以赢得爱情的拥抱了。

耍点心计，约会也能事半功倍

第一次的约会，就大致决定了你在他心目中的位置。

现实生活中，不论男女，不管与谁见面，都应该提前做好准备，让自己可以从从容容地应对约会，应对对方那颗探索的心。

张青喜欢上了她的一位客户。有一回见面本来约好10点，但是那个男人临时有事推迟了一个小时，他们谈完已经到了午饭时间。男人说："不好意思让你久等了，不如我请你吃饭赔罪吧。"张青压抑着咚咚乱跳的心，假装为难地考虑了一下说："对不起我发个短信，本来和朋友约好一起吃饭的。"然后对着手机乱按了一气。

就这样，他们开始了非工作式的交往。张青当然要回请他。第二次一起吃完饭，他们之间随意了许多。三天后，张青买了条领带送给他，谢谢他对她工作的支持。再三天后，张青以自己生日为名请他出来吃饭。一个星期主动约了人家三次，这已经不是一个寻常的数字。如果他有意，该明白张青的心，如果无意，那么再努力也没有用。于是张青开始收手。

果然不出所料，一周后，男人终于约了她。见面的第一句话是："你好像突然失踪了，我很不习惯。"瞧，她成功了！

张青利用约会，不动声色地耍了一点小心计，这才激起了对方的兴趣，为自己赢得了交往下去的机会。

那么，初次约会，究竟需要注意哪些细节呢？

装扮随意而得体

适合自己的才是最好的，为自己准备的约会装扮要展现自身的优势，整体上要整洁大方，风格最好选择休闲装，较为随意又不过于散漫，以避免在服饰的细节上给对方留下遭遇而可笑的坏印象。女人可以略微施淡妆，突出自己的清新秀丽，而不要浓妆艳抹，极尽妖娆之所能事。男人则大可不必。

千万不可迟到

遵守时间是一种美德，初次约会就迟到，对方只会认为你是一个不负责任的人，没准在他心中，你已经出局了。如果你不幸迟到，必须诚恳地向对方道歉，而不要满嘴借口。

礼貌问候对方

异性之间，初次见面的时候，点头加微笑的问候是比较适合的。

增添聊天的互动性

聊天时，切不可大聊特聊，喋喋不休。适当地选择一些轻松的话题，进入聊天氛围，比如讲个小笑话之类的；也要专注倾听对方的讲话，适当给予赞同的微笑，这才是有互动的聊天。

不要探听对方的隐私

初次见面，切忌探听对方的隐私。把自己变成一个敬业的狗仔队，拿着显微镜，从对方有几个兄弟姐妹到月薪多少、存款几位数、是否有房有车等多方面进行地毯式盘查，这只会让对方产生逃之夭夭的欲望。

若即若离，激发他的"狩猎"欲

对于男人来说，得不到的，才是最好的。

女人要想追到心仪的优质男人，让他乖乖走进你的爱情阵地，不妨对他耍点小诡计，若即若离，男人反而会加快步伐围着你、追求你。

对男人，一味地付出并不见得是件好事，欲擒故纵才是爱情高手所为。如果女人在面对自己心爱的优质男时，能有意保持若即若离的距离，这个男人注定是你的"囊中之物"。

亨利八世是一个相当暴戾的男人，一生娶了6位妻子，厌倦一个杀一个。直到某一天，他在郊外狩猎的时候，遇到了一个女孩，她披着金色长发，太阳光洒在她飘飘的绿袖上，美丽动人。只一个偶然照面，他们眼里，就烙下了对方的影。但她知道，他一旦得到她，他就厌倦她如别人，她也难逃一死，唯一的办法是选择逃离。她躲了他一生，而他却爱了她一生。他命令宫廷里的所有人都穿上绿衣裳，缓解他的相思。他寂寞地低吟着："唉，我的爱，你心何忍？将我无情地抛去！而我一直在深爱你，在你身边我心欢喜。绿袖子就是我的欢乐，绿袖子就是我的欣喜，绿袖子就是我金子的心，我的绿袖女孩没人能比？"终其一生，他不曾得到她，一瞬的相遇，从此成了永恒。

聪明女人深谙的就是"花要半开，酒要半醉"的东方式唯美，而不是像无知女孩那样一味地展现"接天莲叶无穷碧，映日荷花别样红"的绚烂和艳丽。有的东西，没有余地了就像是一眼见底的白开水，没有了可以期待的韵味，让男人失去了探险的兴致。

如果一个男人发现了自己喜欢的东西，他就会去追求，而追求本身会让他的欲望更加强烈。如果他不能马上得手，就会更加急不可待。欲望完全攫取了他的心，也使他对自己所追求的东西产生更丰富的联想。那些过于乖巧的女孩，是很容易被男人追到手，但这无异于给追求的过程泼了一盆冷水。这就如同玩扑克牌，假如刚一开局他便大获全胜，就意味着他整个晚上的使命已经结束。反之，如果他的赢局来得非常慢，一开始总是胜少负多，就是烈马也难以把他拉走，因为他总觉得自己很快就会赢，他离胜利只有一步之遥了。雄性争强好胜的心驱使着他，让他留下来继续战斗。

当然，被男人追求的女人也不必过于矜持，应该渐渐接受他，让他做一个真正的男人，给予他追逐的快感。

技巧 43

以柔克刚，让爱情无往不利

小鸟依人，成全"大男人"

一个真正聪明的女人是知道怎样让自己适当地笨一点的。

很多时候，太强势的女人会让男人生畏，在迟子建的小说《逝川》中，就有这样一个例子。

年轻时的胡会能骑善射，围剿龟鱼最有经验。别看他个头不高，相貌平平，却是阿甲姑娘心中的偶像。那时的吉喜不但能捕鱼、能吃生鱼，还会刺绣、裁剪、酿酒。胡会那时常常到吉喜这儿来讨烟吃，吉喜的木屋也是胡会帮忙张罗盖起来的。那时的吉喜有个天真的想法，认定百里挑一的她会成为胡会的妻子，然而胡会却娶了毫无姿色和持家能力的彩珠。胡会结婚那天吉喜正在逝川旁剖生鱼，她看见迎亲的队伍过来了，看见了胡会胸前戴着的愚蠢的红花，吉喜便将木盆中满漾着鱼鳞的腥水兜头朝他浇去，并且发出快意的笑声。胡会歉意地冲吉喜笑笑，满身腥气地去接新娘。吉喜站在逝川旁拎起一条花纹点点的狗鱼，大口大口地咀嚼着，眼泪簌簌地落了下来。

胡会曾在某一年捕泪鱼的时候告诉吉喜他没有娶她的原因。胡会说："你太能了，你什么都会，你能挑起门户过日子，男人在你的屋檐下会慢慢丧失生活能力的，你能过了头。"

吉喜恨恨地说："我有能力难道也是罪过吗？"

吉喜想，一个渔妇如果不会捕鱼、制干菜、晒鱼干、酿酒、织网，而只是会生孩子，那又有什么可爱呢？吉喜的这种想法酿造了她一生的悲剧。在阿甲，男人们都欣赏她，都喜欢喝她酿的酒，她烹的茶，她制的烟叶，喜欢看她吃生鱼时生机勃勃的表情，喜欢她那一口与众不同的白牙，但没有一个男人娶她。逝川日日夜夜地流，吉喜一天天地苍老，两岸的树林却愈发葱郁了。

男人天生有英雄情结，不管多么懦弱的男人，都希望在女人面前充满力量，以满足自己天生的保护欲。男人为什么喜欢那种小鸟依人的女人呢？因为小鸟依人的女人藏起了她的力量，掩盖了她的才识。这种女人精明就精明在她会示弱，让男人觉得自己是高大的、不可或缺的。所以，女人不要总以女强人的身份出现，适当在男人面前示示弱，或许就不至于吓跑你的王子。

爱情中，男人喜欢被女人需要，觉得那是一件很幸福的事情，他们总是乐于为心爱的女人做任何的事情。女人聪明一点当然好，但是不要在男人面前太聪明、太能干，要给他表现自己的机会，他不但不会嫌麻烦，反而会更爱你。

第五章 男女为何不来电
——婚恋中的心理学技巧

体贴入微，让恋爱迅速升温

女孩总是钟情于对她们很体贴的男人，如果你能在一些微妙的小事上做有心人，就有很大可能赢得女孩的芳心。

女性大多喜欢男性从细微之处给予关照，聪明的男人要善于把握异性的这一心理趋向，这样才容易击中女孩心中柔软的触角，让恋爱迅速升温。反之，如果缺乏细腻，在恋爱生活中常会忽视一些细小方面的体贴，爱就会在这些小小的地方失去。

一般来说，从以下几个方面表现出你的体贴，最能讨女孩欢心。

玫瑰花千万不能少

自古以来，玫瑰花是爱情的象征，给自己心爱的人送上一束玫瑰花，会讨得对方的欢心。这是因为：一方面，送花代表着一种赞美，告诉女孩她像花一样漂亮；另一方面，现在送花是种流行，男人送花才会觉得能够表达爱意，而女孩也能通过花来理解对方的心意。因此，想让女朋友开心，不妨送一束玫瑰花给她，向她表达你的浓浓爱意。

关注她身上细微的变化

几乎所有的女性都对男友表示过不满。其中最常见的是当她梳着一个新发型，或新买了一件漂亮衣服，兴致勃勃地等待男友赞美的时候，她的男友却视而不见。"喂，你到底发现没有，我是不是哪里跟以前不大一样了？"即使她这样问，他也还像是没有察觉到的样子："哦，是吗？"再不然就是："你的意思是说，你的发型变了，是吗？"或者是："哦，好像你的衣服有点变化，对不对？"这样的回答，往往会使她大为扫兴，甚至使双方都不愉快。其实只要你有意无意地问一声，她就会感到满意，而不会因为你无动于衷而独自生闷气。

每天都要主动和她联系

任何感情都需要靠生活中的点点滴滴来积累，爱情尤其是这样。如果你将爱情搁置一段时间，爱情就会变质。生活中偶尔对她说一些甜言蜜语是有必要的，让她每天都知道你在爱着她、关心着她，她会觉得每天生活在幸福之中，感情也会越来越强烈。如果你们不是每天见面，就可以发个短信或者打个电话，总之，不能让爱情搁浅。需要注意的是，打电话一定要让她先挂。因为，如果是你先挂断，她听到挂电话后电话里"嘟嘟"的声音，心里会产生莫名的失落感和距离感。因此，在每次通过电话之后，应该等女孩先挂电话，这样女孩就不会产生失落感，也就会对你更加恋恋不舍。

经常送些小礼物

除了鲜花之外，还要经常送女孩一些贴心的小礼物，一般来说，这些小礼物最好是她们平时需要的。这就要看男人是不是细心，能不能从生活的点滴中看到女友需要什么。礼物会让女孩高兴，真心的话语更会让女孩感动。送礼物的同时不妨附带着一张小纸条，上面写上你关心的话语，此刻，女孩收到的不仅仅是一份礼物，更是一份心意。

多制造一些"二人世界"的机会

恋爱不是一个人的事情，也不是三个人的事情，而是两个人的事情，两个人单独相处最能增进彼此的感情。当然，你可以采取不同的方法来制造"二人世界"，如陪她逛街、旅行、看电影等。有很多女人似乎是天生的逛街狂，恨不得一天24小时都在街上，而男人最讨厌的是逛街，因为消耗的体力和精力太大。但是为了讨女朋友开心，当她向你提出一起逛街要求时，一定要爽快地答应，并表现出一副乐于前往的样子，让她觉得你是个什么都愿意为她做的人。对于恋爱中的男女来说，去电影院似乎有些老套，但电影院里的气氛确实适合情侣。因此，周末的时候一定要带女友多看几场电影。

抽时间去旅行

和女友交往一段时间后，一定要带她出去旅行一次，因为你要在你们的生活中制造一些浪漫的回忆。这样，女孩就会经常想起你们一起经历的种种，然后回味你对她的好。并且，偶尔的旅行也会使人变得轻松很多，于是你们的爱情也会更加轻松浪漫。

几分神秘，永葆爱情新鲜

两情相悦的男女，会希望了解彼此的一切，但要小心，对方一旦了解了你的全部，对你的兴趣也可能随之急速冷却。

聪明的女人不会轻易给男人们所想要的，但也不会让男人误以为她们是古板女人。她们时常露出一些撩人的小性感勾引男人，却并不完全满足他。她们对待男人，永远都留着一手。留下的那一部分，就是男人永远感到神秘，永远想着要攻克的堡垒。很多女人将自己毫无保留地奉献给了对方，自以为无比高尚，但男人们通常并不领情，甚至因此对你失去了兴趣。有些保留，才会有几分期待，有几分神秘感，才会有下一次的惊喜。

当一个女人在男人的眼里失却了神秘感，也就失却了新鲜感，喜欢新事物，喜欢新鲜的东西，而对旧事物，习以为常的事情不感兴趣，这是人之常情。

从前有个寺院，由于住持老和尚潜心参修佛法，寺院的香火十分冷清，眼看就到了无以维持和尚们斋饭的地步。

有一天，适逢镇上赶大集的日子。老和尚从自己的佛珠上摘下一颗，让小和尚下山拿到集市上去卖，并且用卖得的钱买米回来，做全寺僧人一个月的斋饭。小和尚十分为难。老和尚说："后院柴房有个木匣，你用它装着佛珠去卖吧。这镇上的大集从来都是开三天，你到了集市，找个位置只管坐着打坐，只要把匣子打开让人们看到里面的珠子就可以了，有人问你价钱也不要回答，有人出的价再高你也不要理他。到了第三天，第一个出价的人，不管他出多少，你都要卖给他。我保你能够买足够的米回来。"小和尚将信将疑地下了山。

集市上的商家无不卖力吆喝自己的货物，唯有小和尚很特别。有人问小和尚珠子价钱。小和尚并不回答，只是打坐。有人问一个铜板卖不卖，小和尚依旧打坐。渐渐地，人们出的价钱越来越高，小和尚只是打坐。很快，集市上就开始流传：一个高僧在卖一颗神奇的珠子。

到了到第三天，一大早，有个富商试探地问："小和尚，一万个银圆卖不卖？"小和尚按他师傅说的，痛快地答应了。然后他从集市上买了足够的米，并带着剩下的足够他们吃好久的银圆回到了寺里。而得到珠子的富商，虽然花费了不菲的金钱，可因为得到了别人无法得到的宝贝，同样感到十分满足。

老和尚紧紧抓住了人们在经济活动里的心理，巧妙地达到了自己的目的。这个办法在爱情里同样有效：留下几分神秘，让自己变得珍贵。聪明女人要懂得爱情的保鲜之道，要知道，你不再神秘，便没有了新鲜感，他也就没有想探寻你的愿望了。懂得为自己保留一点儿神秘感，让男人永远觉得你是一本百读不厌的书，将自己的心灵不断地放逐，将自己的外表不停地迁徙，永远保持着神秘感。这才是保持魅力的最好手段，也才能保持爱情的新鲜感。

技巧 44

异性相吸，感情牌是最有力的人性王牌

"郎才女貌"，男女间的永恒引力

有一种看不见的能量，一直引导着整个宇宙、整个太阳系有规律地运转，正是这种作用，地球才能在46亿年的时间里保持正常的运转，太阳系和整个宇宙的其他星球才能在各自的轨道上"安分守己"地运行。就是这样一种力量引导着整个宇宙的正常运行，也同样引导着我们的生活正常运行，这就是"吸引力"。

无论你是否感受到，或者留意到，但是在人与人交往中，这种"吸引力"在人与人之间同样存在。正是这种力量，使两个原本互不相识的人走到一起，相识、相知，甚至携手一辈子。这种吸引力也许源自你的美貌和气质，也许源自你的才华或品质，抑或是源自你简单的一句话、一个举动，甚至一颦一笑……

异性交往中，这种吸引力表现得更为明显。一个男人，一个女人，要找到自己的另一半，就要靠吸引力。为什么会有"一见钟情"？为什么会有"同床异梦"？就是彼此之间吸引力的问题。对于一个很有异性人缘的人来说，不经意间便可散发出一种让异性无法离开自己的魅力。

这种吸引力在异性之间的一大主要表现形式就是爱。爱是人类的一种本能，但是爱情不是一件容易的事情。在恋爱中，一方好比是"水"，另一方好比是向水生长的"植物"。一方只有对另一方有足够的吸引力才能把对方吸引过来。

如何才能将心爱的Mr.Right吸引过来呢？俗话说"男才女貌"，女性的吸引力建立在容貌上，而男性的吸引力建立在事业上。但这里不能简单理解为字面意思。女性是否对男性有吸引力，容貌就像火锅中的底料，真正吸引他们的往往是火锅底料烹饪出来的那些食物。也就是女性身上散发的气质和魅力，举止仪态表现出来的性格，说话行动表现出来的学识和修养……而男性对女性的吸引力也常常表现在自己的性格、行事作风、说话修养、学识涵养等魅力上。

在男女交往中，我们往往习惯"迎合"自己喜欢的人，以为这样可以套住自己心爱的人的心。虽然铁镣和手铐能拴住人，却永远拴不住那颗并不靠拢的心。被动地把两块本来都是"正"极的磁铁硬放到一起是永远不会产生"吸引力"的。

要吸引自己的异性伴侣，我们必须发挥自己的优势，用璀璨的光芒吸引对方的眼球。例如，你是个活泼、热情、奔放的人就不要刻意表现得忧郁、内向；坚强、勇敢、有毅力是你的优点，你就不要将之藏到黑暗的角落里；善解人意、豁达大度、幽默风趣是你的本性，你就要在一言一语、一举一动中表现出来……把真实的自己表现出来，往往更容易吸引对方。做作、虚夸，会"画虎不成反类犬"；炫耀、卖弄不仅不能吸引另一方，反而会自讨没趣地"搬起石头砸自己的脚"。

所以，在与异性交往中，一方要想释放自己的吸引力，首先就要把优势展示出来。在能赢得你更广阔的人脉的同时，让你的另一半把目光"锁定"在你的身上。

男人是茶、女人是水，泡杯好茶缺一不可

社会上流行这样一种观点：女人是水，不同的水质能泡出不同口感的茶；男人是茶，不同质地的茶能让水拥有不同的味道。照此说来，如果想泡一杯好茶，男人和女人可谓是缺一不可了。

男人的一生是干涩的，这一点和茶相似。人们往往只看到男人丰富、灿烂的人生，而忽略了他们在生活这口大锅里被煎熬的过程。有经历的男人看上去总是别有一番意味，那是因为他们经受过热火的洗礼、粉身碎骨的折磨之后，才百炼成茶，留下淡淡的苦涩的清香。男人的心如同被裹在叶片里的茶芽，无论经历多少历练，总是紧紧地收拢在层层包裹之中，他积累一生的隐秘与痛苦亦这样被自己牢牢收藏，从不与人言说……

女人的一生几乎是规律变化的，用水的不同状态来形容非常贴切。一般来说，年轻时的女人，还没有定型，类似气态的水。她们高兴时，像看不见的水，让天空变得晴朗，阳光灿烂；无忧无虑时，像云朵一样飘忽不定，不知道自己应该趋向何方；忧虑时，紧锁眉头、不爱说话，像雾一样让人琢磨不透。结婚后的女人，就像固态的水，更多地以固定的思维思考男人和家庭。等到了四十岁以后，女人几乎变成了液态的水。她们没有了少女的娇羞和浮躁，没有初婚少妇的埋怨和激动；尝尽了生活的酸甜苦辣，从幻想变成了现实，从渴望别人的关心变成了理解和关心别人，更理解自己。

常言道："孩子都是自己的好，老公、老婆都是人家的好。"在某些男人和女人的眼里，好茶总是在别人的杯里，自己拥有的，永远只是食之无味弃之可惜的剩水或茶叶渣。这就是哲学里所说的"这山望着那山高"吧！

其实，生活中睿智如茶、甘美如茶、体贴如茶的男人还是存在的，只要你肯用心寻找。他们坚持固有的生存方式，在命运的河流中，无论波涛汹涌还是上下沉浮，他们都淡然自若，从从容容……哪怕有一天真成了茶叶渣，也会有人把其晾晒干净，装进枕头里——这样的男人，是可以相伴一生入眠的。

同时，男人这道茶，还是需要好女人来泡的。好女人怀着真挚的性情不断参悟人生，修剪完善着自己，也修剪完善着男人。好女人大度宽容，多赞美少苛责，不求现在的他如何辉煌，只求他在努力中创造着美好。好男人都是好女人精心泡制的极品好茶。

人世间没有好女人，何来好男人？

好女人不会对男人发号施令、颐指气使，因为她善用温柔化解一切。温柔女人是家中的甜蜜果汁，男人饮了它会展露温和与笑容，即使粗暴简单的男人也会慢慢改变着性情。

好女人会以欣赏的眼光关注男人、扶助男人、修剪男人、赞美男人、完善男人，这实际上也是在不断地完善自身。

好男人在社会上要能顶天立地，起码也要有立身之本，有自己的事业追求，能挣来大把的钞票。可是，光这样还不行，妻子不满意，说你是尽在外面疯跑、不顾家、冷落了爱人。做个男人活在世上，也不容易。若身边有一个善解人意的好女人，那是男人修来的福分，他也很自然地会成为一个好男人。

这世间的万物，原本就是相辅相成的。有些男人不够好，这肯定和有些女人有关系。相反，有些男人很出色，也肯定背后有一个出色的好女人。所以，如果你想为自己的人生泡一杯好茶，那么既要了解茶叶的种类和质量，又要掌握沏茶的水温和水质。

第五章 男女为何不来电
——婚恋中的心理学技巧

"男儿有泪不轻弹",一弹便是杀手锏

有一位身居海外的中年男人,当初,在办理美国合法居留身份证期间,父亲病重去世。为了不给在国外苦苦拼搏的儿子增加负担和压力,这位老人不允许家人把自己病危的消息告诉远方的儿子。当儿子知晓这个噩耗,已经是一年之后了。听他的太太说:"当时他对家人没有任何责怪,也没有表现得如何悲痛欲绝。但是不料三年后的一天夜里,我从梦中被哭声惊醒,发现他再也无法克制压抑多年的悲哀,对着长夜痛苦得泪如雨下。我是他的妻子,竟没有发现父亲的去世对他打击这么大。我的心很痛,看着泪如雨下的丈夫,我竟一时不知如何去安慰他!"

理性的男人轻易是不流泪的,但如果他流起了眼泪,那绝对是一个极具"杀伤性"的动作。男人的眼泪会使面前的女人心痛不已。但就像喜欢男人有性感的胡子一样,它也会让女人们对这个男人迷恋不已——在清冷的月光下,在咖啡馆里喝咖啡时,女人们会在不经意间而想念那个男人,想念那个男人朱古力一样的肌肤,想念他喜欢穿白色的袜子,想念他的指间总是飘着淡淡的烟草味道,最致命的是那个男人一直用一种燃烧着爱意的目光专注而深情地望向你……女人,100%的女人会为此而难以自持地流泪,虽然很多时候那只是女人意象中的事情,但那又何妨?他们让女人动心了,因为那抹漂亮的泪光而动心了。与男人的笑容比,眼泪所包含的情感实在是更真实更可信,因而也就别具一种男人的性感。

任贤齐是内地女生继"哈韩哈日"之后的新偶像,在歌坛上被誉为"阳光大男孩"。"阳光男孩"是不会轻易流泪的,但若流起泪来,一颗一颗绝对可以让人心碎。2004年,在北京的个人演唱会上,他本来按主办单位所指定的歌曲唱了二十二首,但在接近尾声的时候,歌迷们无论如何也舍不得他走,疯狂的喊叫声一阵高过一阵,那喊叫充满着等待,让小齐不自觉地重新站到了舞台上,他哭着,连续又唱了四首,每一首都很用心。但歌迷们还是不肯放他走,小齐再次上台的时候,嗓子已经哑了,但是他调整好状态,依然很认真地哑着嗓子又唱了起来。其时他的眼角始终挂着泪光,在镁光灯下闪着迷人的光泽,不落。真的不知道该怎么形容小齐眼角的那抹泪光,它漂亮得让许多女观众落泪。

李玮峰因为出色的球技使男足成功闯入世界杯而引人关注,他赤裸着上身在足球场上兴奋地狂奔庆祝的样子,让许多女人迷恋。而真正让女人着迷的是他毫不掩饰地在电视里流泪的镜头——彼时,他在一档《真心英雄》谈话节目的录制现场。主持人问他取得今天这样的成绩最想感谢的人是谁,他回答,是妈妈,是妈妈一直在支持他。为了他的比赛情绪,妈妈甚至连爸爸出了车祸而突然离世这么痛苦的事情都忍着不曾告诉他。说这些时,足球场上血性的东北小伙的眼里有泪光在闪动。相信没有哪个女人会面对那样一张脸而无动于衷——他真的很美,他的泪光跟他的足球一样,让普天下的女人着迷。

在香港四大天王中,刘德华的人气一直很旺,除了其俊朗的外形,更多的则得益于他的演技。这种演技在爱情片中发挥得尤其出色。比如在影片《爱情命运号》里,刘天王饰演一个富家子弟,在豪华游轮上爱上了一个女孩。女孩为了考验他,让他带十元钱上岸独自生活三天。这三天他过着冷暖不知的日子,对于一个富家子弟而言这样的付出的确不易,但是女孩却一再地误会他。当时,那么骄傲的刘德华可怜兮兮地站在雨里,他的泪光穿过无边绵密的雨,充满委屈跟无助,让众多观众的心一阵疼。他为爱而忧伤的男人泪光,跟"爱情麻辣锅"里的胡椒粉很像,其麻辣滋味对女人具有不可抵挡的"杀伤力"。电视周刊上对此的评价是——刘德华的泪光和他的拳头一样有力量。如果忍受一记老拳可以换来他无限深情的泪光的话,无数女人会心甘情愿被他打死。这话听起来有些恐怖,但足以证明刘德华泪光之迷人。

关于男人漂亮的泪光还有很多,像李亚鹏在讲起成名前无人认可时的无助泪光,像张国立在《我这一辈子》里痛失爱妻时的自责泪光,像湖南卫视的李兵面对西部孩子因为缺水只能吃有刷锅水味道的馒头时的沉重泪光……他们的泪光全部且深刻地印在众多女人的心底,是一种让人想起来会战栗会迷惘的真情流露。

男人"柔术"智取女人心

男孩女孩正在热恋,这个时期的女孩很可能会冒出一些难以直接回答的问题。男孩如果读不懂这些问题,很可能会使两人的关系陷入僵局。

女孩:"前几天刚见了我的父母,我有一个问题想问你,你真的喜欢我的家人吗?"
男孩:"当然啊,为什么会这么问?"
女孩:"我们家里没有钱,不像你们家,我父母还都是农民。"
男孩:"难道我一直没跟你说过,我父母也是农村出身,可能比你爸妈还要艰苦吗?我小时候还在农村待过好多年,干过不少活呢?你没有吧?"
女孩:"没有。"
男孩:"既然这样,你会看起不起我爸妈,看不起我,不喜欢我们吗?"
女孩:"当然不会了。"
男孩:"那我的回答也是不会不喜欢你父母,不会不喜欢你。"

故事里女孩的问题就是这种情况。她问了男孩一个关于她家人的问题:你真的喜欢我的家人吗?这个问题暗含了两种意思:一,女孩想通过男孩对自己家人的看法,看看她对自己的态度;二,女孩的家人或许真有一些在别人看来不容易接受的自身条件,男孩是否接受,即是女孩判断对方是否真爱自己的关键因素。所以,面对这样一个复杂问题,聪明的男孩不会直接给出"是"或者"不是"的简单回答。

一般来讲,男人和女人说话方式上最大的区别在于男人是直白外露的,女人是含蓄内敛的。所以,当女人一反常态地问男人对某件事尤其是与自己休戚相关的人或者事的看法的时候,男人一定要仔细揣摩女人的用意,答案往往没有表面看起来那么简单。

上文中那个男孩的回答是先从自己父母艰辛的农村生活说起,与女孩父母相对应,再反问女孩,因为我父母有这样的经历,你会不会不喜欢我,嫌弃他们?在这种过程中,男孩运用了以退为进的方法,先将自己以及父母的身份降低到与女方父母相同的位置上,在减小对方的心理落差之后,将原本是对方提给自己的问题抛回给她,迂回入题,而女方的回答,不仅揭开了男方的疑问,也给她自己解开了心结。

男孩与女孩的一问一答间,女孩的心思早已被男孩摸透。她之所以问那个问题,就是想得到某种肯定,这种肯定不仅仅限于她本人,更涉及她的父母甚至兄弟姐妹。肯定一个人很简单,肯定一个人背后的家庭关系并不容易。男孩的那句反问就是给女孩的回答:"既然这样,你会看起不起我爸妈,看不起我,不喜欢我们吗?"

问出来了就知道对方不会不同意,男孩叙述自己父母经历的过程中,刻意强调了与女孩父母的相似性,既然都是一样的,我怎么会嫌弃你们呢?

所以,男女双方交往的时候,如果两人家庭有一些差距,为了维系感情的稳固,打消一方的顾虑,不如刻意降低一下本方的优势,让对方觉得她跟你没有什么不同,这样,两人才会稳步的发展下去,不会在家庭背景方面出现裂痕。

技巧 45

攻守自如，告别光棍儿

巧妙应对女人的疑问

出于女性心思细腻而又多疑的天性，通常恋爱后会有很多"突发奇想"，会提很多魔鬼问题。一旦男人答不好，每一个问题都有可能成为感情爆炸的引线，引起很多无谓的争执。

俗话说："女人的心，海底的针。"这句话极言女人的心思难以捉摸。又有言："言为心声。"女人既然想了，自然会说；既然心思难以捉摸，说出的话就不会太容易回答。男人应该使用什么样的对策来"接招"呢？

女人问："你爱我吗？"

最好的回答是："是的。"若想更进一步地表示，你可以说："是，亲爱的！"

常见的错误表述包括：

——"谁？我？"

——"这有什么关系吗？"

——"如果我回答是，你会感觉好点吗？"

——"我想是吧！"

——"这取决于你所说的'爱'是指哪方面。"

女人问："你在想什么？"

这个问题恰当的回答当然应该是："对不起，亲爱的，沉思使我冷落了你！不过我在想，遇见你是多么幸运，你那么温柔、漂亮、聪明。"显然，这种表白跟实际所想的问题风马牛不相及，不过若能博爱人一笑，又未尝不可。然而，SASSY杂志从读者提供的众多回答中为我们评出了另一种更切实际的说法，它是艾尔·邦迪对妻子派格的回答："我会告诉你，而不是思考。"

常见的错误回答包括：

——"工作。"

——"什么也没想呀！"

——"昨天的××事……"

女人问："工作和我，哪个更重要？"

一个人的生活有许多方面。对男性来说，工作和妻子属于不同的生活层面。对属于不同生活层面的事物，实在是很难进行比较的。女性也并不是一点不懂这层道理，但她还是要问。其中的底细，与其说是在探测男子的选择意向，不如说是向男子提出抗议，你对我不够好。

最好的处理方法就是以"正因为你对我很重要，所以我更要发奋地工作，开创我们美满的未来"。以这种模棱两可的话作为回答，既避开了她的锋芒所指，同时也是在暗示她：我无法决定到底哪一样比较重要。这该是一种很聪明的处理方法。

常见的错误表述是：

——"很难选择。"

——"两个都重要。"

——"你希望我选哪一个？"

——"我很需要你，但也不能放下工作。"

——"工作是根本。"

女人问："我看起来身材不好吗？"

男人回答这个问题时应该是肯定且断然地说："好，当然好！"然后迅速扭转话题。或者可以说："我觉得你很美，而且我喜欢这样的你。"然后给她一个拥抱。

常见的错误回答包括：

——"跟什么相比？"

——"我不会说你不好，但也不会说你好。"

——"你不需要这么苛求自己，我不在乎你的身材。"

——"你稍微胖点儿好看。"

——"是啊，你是没有模特儿的身材，可是模特儿都是饿出来的。"

——"比你胖的人我见得多了。"

——"你说什么？再重复一遍好吗？我刚才在想投保的事儿。"

女人问："如果我死了，你怎么办？"

正确回答："最最亲爱的，如果你去了，生活对我还有什么意义呢？我会投身于从身边经过的第一辆卡车轮下。"

容易惹怒的回答包括：

——"如果再找另一半的话，会找一个与你相似的。"

——"别那么扫把嘴行不行？"

——"这个话题多无聊。"

——"你死了，我怎么办？"

——"瞎说，你不会死的。"

女人问："你认为她比我漂亮吗？"

这里的"她"可能是你的前女朋友、一位你行了多个注目礼的过路女孩或电影里的女明星，无论哪种场合，最好的反应是："不。你比她美多了。"

会挑起不满的回答包括：

——"是的，但你比她的性格好。"

——"不比你漂亮，她的漂亮属于另外一种。"

——"她只是比你年轻、苗条。"

——"你说什么？我刚才想其他的事情去了。"

——"我不知道评判的标准是什么。"

总之，恋爱中的女性喜欢得到重视，或者担心自己的地位不够高，还有一些女性会在感情冲动难以自制或有气无处可泄的时候，提出这种有胡搅蛮缠之嫌的问题。这时你想指出问题本身所固有的矛盾，让她知道此问题没有正确的答案可言，似乎是件不大可能的事。最明智的方法就是不要明确给出答案，以满足她的虚荣心为原则来做出回答。

热情关切，打动内向的"陌生女"

生活中，经常会遇到这样的女人，她们平常不爱多说话，即使是说起话来，也从来不敷衍别人，说话常常得罪人，容易受窘。这种女人意志容易动摇，而且时常一个人在踌躇，喜欢把自己的思虑和情绪内向观看。

然而,尽管性格内向的女人少言寡语、情感深沉,但绝不反应迟缓、冷淡孤立。其实,她们同样具有强烈的交往需要,渴望与人愉快相处,只是缺乏主动性,期望别人主动亲近自己,在感情上包容、接纳自己。

在与性格内向的女人相处时,你需要一种积极而主动的态度,如能做到下面几点,她们会视你为一生难得的知己,直至甘心为你、忠诚于你。

懂得虚心、耐心与会心

因为性格内向的女人不善于交谈,喜沉默寡言,在开口讲话时也特别注意他人的反应,因而与其交往相处时,应做到虚心、耐心与会心。当与其交谈时,应持有虚心聆听的态度。对方讲话不要随意插话,对方讲的某些观点你不赞成,要用婉转的语气提出疑问,切忌当场争辩。耐心,是表达感情的一种方式,也是唤醒对方感情的一种方法。会心,是指领会别人没有明白的意思,就是在与其交谈相处时做出会心的反应。对方谈话要凝视对方,切忌东张西望,心不在焉,更不能随便看表,同时要注意表情的呼应,切忌故意做作。

尊重对方,理解对方

一个人的性格的形成是与其出身、经历、环境等有着密切关系的。性格内向的女人都比较敏感,善于观察细小事物,往往喜欢抓住交往中的一些细枝末节胡乱猜疑,以致产生心理隔阂,但又不直接表露。因此,与其交往应学会"角色互换",设身处地为其着想,通情达理,尊重对方,切忌简单粗暴。

了解对方,缩短距离

性格内向的女人不易接近,很多情况下是由于对其性格特征和具体情况缺乏了解和认识。如果我们能以主动的态度去了解对方,熟悉对方,并以实际行动去接近对方,那么这种因性格差异而带来的心理距离会逐渐缩短。

态度热情,感染对方

一般说来,性格内向的女人不善交谈,不爱说话,有时尽管她们对某一事情特别关心,也不愿主动开口。因此,与内向的女人相处时,你要表现得热情、关切、亲密,以消除其疑惧心理和回避倾向,以主动的启发、诱导,对其言行多作肯定评价,使其感觉自己有一种"被重视感",这一点是至关重要的。

总之,明白了内向女人的特征,对待这样的陌生女人时,就得迎合她们的心理。例如,她是不苟言笑的,那么就不要经常和她说笑话。如果是容易发窘的,你不必在大庭广众之下,替她介绍。如果她是喜欢人们鼓励和嘉奖的人,你对她大加赞赏的话,一定可以得到她的好感。如果她好静而不好动,那么不要时常劝她活跃。女人是不喜欢听人指挥的,你也千万别用命令的口气去使唤她。

技巧 46

拴住优质男，做一辈子好命女人

想让男人动情，你要学会"煽情"

有风的日子里，穿上一件风衣，随风舞动的衣摆包含着对秋天的种种眷恋。洒脱的女人用它来挥洒风度，而柔弱的女子也用它来包裹自怜自爱。在渐渐有一丝寒意的秋风里，也许只是一个羞涩的动作，也许只是回眸一笑，某个男人便对你产生了一种迷恋……

这，就是煽情的效果！或许你还记得，潘金莲用竹竿挑门帘，不小心失手，竹竿滑落，正打在西门庆头上。于是，功守战即时打响：

西门庆魂飞魄散，两眼痴呆，心中狂吼："这女人怎生如此妖艳？"
潘金莲两眼飞花，面赛桃红，娇羞做态："这哥哥好生面白。"
……

虽然从道德上讲，潘金莲和西门庆都是反面人物。但是，在他们两人身上却反映出女人在情场上的一大致命招数——煽情。一般来说，只要女人把这个招数运用得当，男人基本都要败在其石榴裙下。

现实中，某些论坛里，灯下算是聚集"孤独人士"最多的地方，且说这灯下现代女人对陌生男人的煽情之道，不妨拿来借鉴。

某男：你好！最近一直没见你上网。
某女：嗯。
某男：最近还可以吧……
某女：唉……
某男：怎么了？
某女：你别问了……
某男：到底怎么了？
某女：都说了别问了。哎，其实也没什么，就是……

厉害！这个故事中的女人，以被动化主动的煽情方式，不得不叫人佩服。然而，女人越是这样故作矜持、欲言又止地煽情，男人就越对你感兴趣。

不止对陌生男人煽情有效，即使是老夫老妻，女人煽情起来同样奏效。下面，一起来看一例关于干家务这个话题的煽情对白。

老公："咱们把家务分分工吧。"

老婆："好。首先，脏活累活得男人干吧，比如擦地、刷马桶、擦桌子……"

老公："这对。"

老婆："你是学理工的，我是学文科的，带电的东西得你干吧，像洗衣机、电冰箱、电饭锅、电熨斗……"

老公："这……行！"

老婆："男主外，女主内。和外人打交道的活得你干吧，买菜、交水电费、取报纸牛奶……"

老公："行，行，那你干什么？"

老婆："别着急呀。厨房里油烟这么大，可毁皮肤了，做饭得你干吧。"

老公："你就告诉我你干什么吧。"

老婆："我也有很多要干的呀。我可以陪着你，监督你，赞美你，安慰你……"

故事中，女人的家务分工显然不合理，但是，在女人的这种煽情下，哪个男人能不支持这样的安排呢？

除了这些公开式的言语煽情，还有一种隐蔽式的煽情也能帮女人俘虏男人的心。

例如，福楼拜笔下的包法利夫人，从她"朝你望来，毫无顾忌，有一种天真无邪胆大的神情"开始，其实就是一种煽情。结果，那几个男人也被她那神情逼得开始煽情起来，特别是那个商人要离开她的时候，坐着马车从她门前经过，都发出了这样的感慨："这女人我实在不想离开她，要是她……"这就是女人煽情的神奇效果。

情场上，女人几乎都希望自己能够让男人心动。对此，与其挖空心思地去讨好男人，莫不如拿捏一下感觉，煽情几分，更能让男人动心、动情。

欲擒故纵，让他永远是你手中的风筝

男人最钟情于哪一种女人呢？许多人脑海中冒出的第一个答案是拥有倾国倾城美貌的西施，想到的第二个答案会是温柔贤惠的持家女。这种答案完全忽略了男人天生的狩猎心理。

男人最钟情的女人是那些会吊自己胃口的女人，欲擒故纵、若即若离反而会让他的感情升温。男人认为，自己没有得到的东西更有诱惑力。如果爱情来得太容易，他就会因此丧失激情。打个比方，如果男人是一只小猫，那你就当它鼻子尖上的一块带鱼好了，只有这样，他才能始终保持着对你的渴望与追求。

《鹿鼎记》中，韦小宝娶了七个老婆，个个貌美如花，然而韦小宝最爱的还是一直对他若即若离的阿珂。金庸在原著中这样写道："韦小宝一见这少女，不过十六七岁，胸口像被一个无形的铁锤重重击了一记，霎时间，唇燥舌干。心道，我死了，我死了，这个美女倘若给我做老婆，小皇帝跟我换位也不干。"在韦小宝的七个老婆中，阿珂是他追得最辛苦的一个。阿珂的喜怒无常让韦小宝难以驾驭，正是这样才让韦小宝成天朝思暮想、肝肠寸断，甚至发下毒誓："皇天在上，后土在下，我这一生一世，便是上刀山下油锅，千刀万剐，满门抄斩，大逆不道，十恶不赦，男盗女娼，绝子绝孙，天打雷劈，满身生上一千零一个大疔疮，我也非娶你做老婆不可。"

阿珂是无意中激起了韦小宝的狩猎欲，从而让韦小宝对他百般纠缠。如果小女人在面对自己心爱的优秀男人时，能有意保持若即若离的距离，让他看得到，却摸不着，心痒难耐，狩猎欲被激发起来，这个男人已注定是你的"囊中之物"。

女人要想追到心仪的优秀男人，让他乖乖走进你的爱情阵地，不妨学学《孙子兵法》，对他耍点"欲擒故纵"的小伎俩，让他觉得你不完全属于他，因而害怕失去你。不要把男人看得太紧，因为男人通常会很害怕被绑住。而且，你也不要给男人一种好像你离不开他的感觉。你得让男人有自己的空间，这对你们的关系有益无害。人是矛盾的，你越显得不在意，男人反而会加快步伐围着你、追求你。

小静就是一开始对心仪的优秀男人施以"欲擒故纵"的态度，反而激起了这个男人的狩猎欲望，积极地展开对她的追求。有朋友问小静的男友："以前可没见过你这么主动的追女孩子啊，这次怎么这么积极啊？"小静的男友一脸幸福地说："她总是让我捉摸不透，让我特别想要去了解她，想要融入她的生活。我有好几次约她的时候，她总是说与朋友约好了去逛街，或者说她今天只想静静地一个人在家……这让我感觉，她与我以前认识的女孩子不一样。要知道，先前的那些女孩子，会不顾一切地扔下所有的事跑到我身边，但她从不。坦白地说，她这样做恰恰激起了我的欲望，我感觉她就是我所需要的那个女人。"

许多男人都承认，他们对送上门的女人，还有那种对他太好的女人都不会珍惜。女人给男人无微不至的关照，反而只会换来他的离去，离去理由一般都是："你对我太好了，让我感觉承受不起，你应该去找一个比我更好的男人。"这时，你只能哑口无言，难以挽留住他。所以说，对男人，一味地付出并不见得是件好事，欲擒故纵才是爱情高手所为。

第五章 男女为何不来电
——婚恋中的心理学技巧

技巧 47

对付坏男人，女人就要使绝招

聪明女人，不要被双面男人迷惑

男人有时表面上说的做的往往不是他们心里想的，这就如同磁带的A面和B面，往往代表着不同的内容。作为一个女人，我们必须学会"透过现象看本质"，否则就很容易被男人的假象迷惑，最终被他们利用。

美国社会学家格雷尔指出："人们通常可以通过两个途径了解一个人，一是所谓的路遥知马力，在长期交往中了解对方为人；另一个途径是，仅从一些简单的迹象中看穿他。通过解读他的一些言语方式，就可以十拿九稳地确知他的本性。"显然"路遥知马力"在女人识别男人这里是不管用的，因为男人会竭力掩盖自己的另一面。而第二个途径却不失为一个好的方法。

男人言谈越中肯越爱斤斤计较

我们都知道，任何事物都有两面，但我们仍然经常犯只看其中一面的错误。对那些言谈中肯、心思细腻的男人，我们常常只认定他的细微和体贴，是一个可以托付终身的男人，而忘记了他细腻的"广泛"性：他会为你出门时准备行装，就会因你买了他不喜欢的服装而喋喋不休；他能领会你最细微的情感，就会为你无意中说的一句重话而纠缠不休；他是最有可能主动下厨并以此为乐的男人，但也最可能为菜价的贵贱而唠叨不已……总之，他的细腻"惠及"生活的每一个角落。

男人越温柔体贴性格越专横

在生活中，人们越宠爱、关切什么，也就是越想占有什么。一个男人对你百依百顺、殷勤备至，许多时候是为达到拥有你的目的。"小鸟依人"是这种男人的理想，如果你是一个喜欢依赖别人的女性，也许这份"呵护"能让你心醉。但如果你个性很强，硬碰硬的结果自然是争执不断。

男人越强调自己越虚荣偏激

美女配英雄，事业的成功是男人的勋章，也是许多女人给自己预订的彩礼。正因如此，男人喜欢夸夸其谈，讲述他的才能、成绩、聪明，这耀眼的光环可以放大他在你面前的形象，这的确使你为这光环倍感自豪，从而忽略了"一流"背后的脆弱。

事实上，当一个男人在女人面前炫耀自己的出众时，大多数情况下只是为了强调自己比别的男人强，而这本身就是有着很自卑的因素。最后，连他自己都相信这是真的，你的任何质疑都会让他歇斯底里。

男人越强词夺理越缺乏责任感

有这样一种男人，面对发生的错误事件，他能找出许多合理的解释，此时你也许会为他的理性所打动。但要注意，这样的人常常是没有责任感的。一般来说，出现问题，人们的通常反应是就自己的错误道歉，请求原谅，而这类男人多半会寻找诸多的解释为自己开脱。二者的区别就在于，一个是能体谅别人，一个是以自我为中心。千万不要小看这种归罪于人的习惯，他很有可能在背后捅你一刀，让你猝不及防。

记住：聪明的女人幸福多，关键在于善用头脑客观识别，而不要被男人一时的言谈所迷惑。

对"唯我独尊"的男人，就要狠心

男人总认为自己是被上帝第一个创造出来的，而女人不过是自己的一根肋骨，因此虽然经过几千年的"战争"，女人取得了半边天的地位，但大多数男人从心底还是有些"大男子主义"倾向。即使在这个要求两性平等的时代，男人还是不相信女人有能耐处理大事。在这些大男人的心目中，女人虽然可爱，但总是令人不放心的。

男人对于女人的不信任由来已久。在长长的历史之中，只有母系氏族社会女人才具有至高无上的权威。

大多数朝代，男人都是唯我独尊，压制着女人的发展。他们既要女人行动不方便，将女人的脚缠成三寸金莲，歧视大脚女人；又要将女人束缚在家中，打出"女子无才便是德"的口号，不愿女人识字读书，以便于男人们的控制。如此一来，女人既跑不掉又乖顺听话，就容易被控制了。这虽然表现了男人的霸道，但也意味着男人心中的脆弱和矛盾。

其实，男人并不像他们所表现出的那样果断。在他们心中，同样充满着难以定夺的彷徨、矛盾和不确定感。但是，因为社会对于男性角色的制约，他们往往按照传统的男性文化，循着已成定规的"男性的轨道"前进，毫不犹豫地依照前人的成规来做自己的决定。这使得男人看似很果断，因为在他们心底，真正的感受远不如外在的男性尊严来得重要。

男人的尊严在封建社会表现得更突出一些，父亲是一家之长，吃饭时，父亲不上桌，谁也不能动筷，家中的大事小事都要由父亲做主。目前，在我国有些偏僻的地方，女性还是不能上桌。

另外，家庭和社会在培养男子时，也很注重他们的男子气概。所以，男人的自我价值不是一个被贬抑的自我价值，而是一个膨胀的自我价值。男孩子的塑造过程就是一面打一面说："我之所以要这样严格管教你，是因为我要将你塑造成一个比我更强的强者。"当兵也有这种说法，合理的管教是训练，不合理的管教是磨炼。为什么需要训练和磨炼？"因为我们的国家看得起你，你是男人"。而且，许多关于男人、男子汉的话语也强化着这方面的信息，比如"男子汉大丈夫"、"男儿有泪不轻弹"，等等。

可以说，男人对规范的情感，对权威的情感是非常矛盾的。他又怕又向往，既感到是屈辱，又感到是荣誉。正是在这种文化传统的训练下，男人养成了君临一切的权威感。

这些从一出生就被男性文化包围的男人们，很容易塑造男子汉的形象，但同时也形成了男人们唯我独尊的观念，形成了一种长久流传的旧观念，即女人天生就不如男人，女人可以没出息，男人却不能没成就。这种观念不仅使男人受累不轻，也令女人——那些比较坚韧、比较自尊的女人步履维艰。当她们想干出成就时，就像越了位，抢了男人的地盘。对于成功的女性，男人们总是会咬牙切齿地说："什么女强人？简直是女强盗！男人婆！"

为什么？为什么会这么仇恨能和他们平起平坐的女人？为什么不愿把自己肩上的担子匀一些给女人？原因在于他们不愿将自己的领域让给女人，不愿女人比他们出色，抢了他们男子汉独有的荣光。如此地不能容忍女人自强，其实表现了有些唯我独尊的男人并不博大的胸怀。

伴随着女性的崛起，男人那种唯我独尊的情绪已经开始弱化，但并没有完全消失，还有可能在某个时刻恶性膨胀，这样的男人往往并不是真有本事的男人，他们往往在生活中过得不如意，看到别的男人扬眉吐气他不敢说什么，看到女人也爬到了他们头上，就会抱有一种嫉恨的心态进行捣毁。对于这类男人，女人一定要心"狠"，冷落与轻蔑的不理再合适不过了，而不要被他妄自尊大的心态影响了自己的生活。

技巧 48

恋爱要有策略，需要成熟地运营

邂逅来的真爱

"前世的一千次回眸，才换来今生的一次擦肩而过；前世的一千次擦肩而过，才换来今生的一次相识；前生的一千次相识，才换来今生的一次相知。"有人曾计算过爱情的概率，世界上有60亿人口，其中有两万个异性适合做你的伴侣。所以，单身又渴望爱情的女人们，为什么还要一味地守株待兔，何不出去寻找我们自己那30万分之一的机会，寻找到属于我们的真爱。

电影《向左走，向右走》中，金城武饰演的刘智康和梁咏琪饰演的蔡嘉仪两人居于同一幢公寓，却因彼此习惯不同：一个向左走，一个向右走，因而从未相遇。两人不曾相遇却不断擦身而过：在旋转门一进一出、在电梯一上一落、在月台上分站两旁……这么近，那么远，总是稍欠那一点点就会碰到。

终于，他们各因欠租逃避房东的追缠，同时来到公园。在水池的一端，他们遇上了。两人一见投缘，有如一对失散多年的恋人，一起玩旋转木马，在草地上倾谈，度过了一个快乐又甜蜜的下午。一段浪漫的爱情也悄悄在两人的心底开始发芽。

没有这次邂逅，他们永远只能擦肩而过，永远走不进对方的内心，永远不会知道爱情的缘分其实就在咫尺之遥。

电视剧里的情节总是令人神往，但是生活中却难有这么唯美浪漫的事情发生，浪漫的邂逅固然美妙，却终究是可遇而不可求，所以我们不要一味地祈祷上帝赐予自己缘分，我们需要适时地制造美丽的邂逅。当我们的周围出现了一个陌生的优质男或者优质女，扭扭捏捏可不是追爱所为，大大方方地介绍自己，和他聊些有意思的话题，获取有价值的爱情资讯，才是现代人的追爱之道。

如果没有缘分天注定的"巧遇"，那么，我们自己可以制造这种邂逅，人为地安排彼此的相遇，为更好地相知相识相恋打下完美的基础。

制造一些美丽的邂逅，走进心仪对象的生活，也就有了渐渐走进恋爱对象心扉的机会。这样，我们可以化被动为主动，大胆制造浪漫的邂逅，为自己的感情生活带来意想不到的甜蜜。

小清住在一家医院附近，她看中了医院里的一个年轻男医生，却苦于找不到合适的机会接近他，后来她终于想到了一个接近他的办法。

某一天，一个女孩双手抱满了东西，和迎面匆匆而来的一个男人撞了一个满怀，东西撒落一地。这个女孩是小清，男人是那个医生。男人在帮她捡拾起地上散落的物品之后，连声为自己的不小心向小清道歉。小清则是一脸害羞又通情达理的样子："没关系，你也是有急事才赶成这样的。"

初次的计划成功之后，小清又每天在医院下班的时间牵着小狗在附近徘徊，几乎每天都能遇见那个年轻的医生，两个人熟识起来，发现彼此的性格很合拍，不久就成了恋人。

制造邂逅，从某个角度上来说，就是在人为地制造情分或缘分。自己制造的邂逅比真实的邂逅更能成就我们的爱情。在这场邂逅中，小清把主动权牢牢抓在手里，事先打探了对方的喜好，在衣着打扮上都迎合对方的喜好，仪态、风度会落落大方，自信优美，令人欣赏，能在对方心里留下一个美好的印象，甚至可能让对方惊喜不已。

制造爱情的邂逅更是要本着"不打无把握之仗"的原则，精心准备，做好每一个细节，才不至于弄巧成拙。

浪漫的邂逅需要精心准备，但又要让对方看不出一丝"人工操作"的痕迹，让他感觉像是上天的安排。想要学习高超的邂逅制造技巧，不妨向白娘子学习一番，当白娘子看上许仙的时候，为了制造浪漫的邂逅，她先施了一次法术，来了一场"人工降雨"，然后再去羞答答地跟许仙"借伞"。这样一来，她的美丽就从容并且自然地映入了许仙的眼帘，进而攻破了他的爱情心防。

如果我们已经明白了制造恋爱邂逅的技巧，那么就动点爱情的小心思，导演一场和优质男女的美丽邂逅，上演属于自己的爱情剧。

感情交往要学会"1+2"

都说谈恋爱要像穿鞋，舒不舒服自己知道，其实在未确定关系前的感情交往期，我们应该做好这样的心理准备和计划。那就是"1+2"策略。什么是"1+2"呢？

这也就是说，我们的生命里最起码要有这样三个男人。"1"就是十分有可能成为以后人生伴侣的真命天子，"2"是指暧昧十分的大胜算者和蓝颜知己。

真命天子是令我们一见倾心、热烈和疯狂地爱恋的男人。有时候，我们觉得对自己而言，他是如此完美，我们迫不及待地期望与他见面，每天给他拨多个电话只为听听他的声音。这是一种炽热的甚至带些疯狂的爱情，他可能是我们的完美爱人，很容易让我们一头栽进去不能自拔，甚至有可能迷失了自我。

大胜算者具备我们所要求的十大必备素质，他是一个不定因素。对他我们可以做双向选择。两人大概每周见上一次面，他也许每周给我们打一两次电话聊聊天。也许他和我们一样，也在与别人约会，但很明显他对我们更有憧憬和好感。他或许是一个有抱负、有理想的人，并且一定能达到我们所期望的目标。这是大多数女人愿意嫁给他的原因所在。两人的关系不应该明目张胆地捅破，而是应该顺其自然地慢慢进展。他或许是我们约会恒等式里的一个关键因素，因为他能让我们保持清醒，让我们不至于在遇到真命天子时昏了头。

这里的蓝颜知己可不是指我们那个相识多年的铁哥们。他可能是那个与我们约会过几次，却无法擦出爱情火花，却实在让我们顺心的男人。这样的人能是极好的朋友：他会陪我们逛街，并告诉我们什么让男人真正着迷，他会与我们一起现身公共场合，以防我们生命中的另一个男人认为我们太容易上钩；他会听我们诉苦，并站在男性的角度为我们支招；我们可以在喝醉的时候放心地拨打他的电话，而不是那个我们感兴趣的男人的电话，他是我们无人陪伴外出时的最佳护卫，是可以带去参加亲属婚礼的男伴。这样的男人就像是一个很难得的朋友，我们不必为"利用"他而心怀不安。因为很有可能我们在他的生命中也扮演着同样的角色。我们大可放心地与他交往而不必担心他对我们另有企图，在他拭去我们约会失败后脸颊上的泪水时，我们会发现他以一种全新的、可爱的姿态出现在我们的面前——这个人完全可以成为我们托付

第五章 男女为何不来电
——婚恋中的心理学技巧

终身的人。嫁给我们最好的朋友并不是世上最糟糕的事情，因此不要将他完全逐出局外。

相对于真命天子来说，后二者更会倾向于保护我们，支持着我们，让我们保持理性。如果我们一直和那些有趣的、有思想的人在一起——他们带给我们欢笑和信心，我们将会得到比联谊所得更多的快乐。在遇到那个让我们神魂颠倒的人之后，我们才会比较冷静，不至于被那种如坐针毡地感觉弄得垂头丧气。这两类男性朋友快乐地占据着我们的生活，我们不必守在电话旁度日如年，也不至于吊死在一棵树上。

不过，想要持续地"1+2"并非一件容易的事。有时候我们的生命中只拥有三人中的两个，有时只有一个，有时甚至一个也没有。别因此而泄气，最重要的是得走出去，不断地尝试。每个人都需要依靠锻炼来获取经验，无论我们是18岁还是80岁。我们需要通过这些锻炼来寻找自信、安全及放松。一般情况下，适当地感情经历和交往会让我们对恋爱有一种更为成熟的见解和观念。

不要误会这个"1+2"策略的初衷，这并不是为了提倡脚踏多只船，而只是为了鼓励我们做出更成熟、更理智的感情选择。不要疯狂迷恋失去自我，也不要随意忽略身旁默默无语的温柔。

恋爱攻防，进退有度获邀约

知名作家张小娴曾说："女人的追求其实只是用行动告诉这个男人，请你们追求我！意思是拉开架势，垂下鱼线，愿者上钩而已。"

我们遇见了心目中的白马王子，爱情的火苗在我们心中滋长，我们也能感觉到他心中的化学变化，但是他从不约我们出去，只是这么一味地在爱情的边缘暧昧着。很多时候，男人在决定工作执行方向时很果决，但碰上这种事情的时候，多数就会变成一块大木头，决断能力瞬间退化成情窦初开的中学生。他们往往容易忽视女人给他的爱情暗示，也忽视了自己内心的那些细微的化学变化。

矜持地传达出自己的好感，让对方意识到自己的心意，然后再见好就收，让对方不知所措，这才激起了对方的兴趣，为自己赢得了交往下去的机会。同时，恋爱风暴来临时，想让他开口约我们，其实很简单。比如我们可以装作不小心，寄错了一封E-mail给自己的暗恋对象，内容是有关周末的好玩行程。当他满心疑惑地回信，我们可以马上顺水推舟地说："啊！我寄错了……但是你想不想一起来参加？"这样就可以顺其自然地划入他的生活，再加把劲，也许就可以顺利划入他的心河。

虽然有情，却在对方要求一起吃饭时适当矜持，并最后决定推掉别人的饭局。同样的，这个小花招对男人有两点暗示：有很多人想跟我一起吃饭，我的人缘很不错；我推掉了别人，说明我重视你。

一星期约人家三次，真可算死缠烂打。不过只要找到合情合理的理由，并在约会时保持矜持与可爱，让他觉得：这是个可爱的女人，对我也挺有意思的，我是不是应该追求她？主动几次后见好就收，无论如何他都会想：人家女孩子主动几次了，于公于私、于情于理，我们都应该主动一下。

重要的是，我们得让男人觉得是他在追我们，而非我们死皮赖脸地求着他。我们可以试想一下，如果他不费吹灰之力地就能够约我们吃晚餐，那两个人的约会，就很可能会跟路边发的赠品一样廉价。所以，我们必须学会不着痕迹地做出一些暧昧的暗示，既不说明也不沉默，而是在若有似无间徘徊。而这一份别样的暧昧和暗示，正好是挑起男人内心征服欲的开始。

所以，作为女人，我们不能当一条轻易上钩的鱼儿。我们需要学会让他先开口约自己，让他对自己更加无法自拔。男人通常会期待这个猎爱的过程，所以我们必须狡猾地掌握这种若即若离的距离。

技巧 49

"恶手段"，也能赢得爱情

"谎言"是恋爱的必要手段

人们都说，有爱情的地方，必定有谎言，一般情况下，对爱人撒谎的人潜意识中都有一种倔犟的"完美意识"，为"完美"而撒谎。比如，刚谈恋爱的人在对方面前无意识地掩饰和伪装自己缺点的行为。如果撒谎是为了使情感更加完美，那么可以宽容些。为了不产生不必要的摩擦，为了让对方和自己都愉快，可以"撒谎"。如果以后因撒谎而感到内疚，可以从其他方面弥补对方。只要是对事件起着积极作用的，谎言也未尝不可。可是如果谎言伤及了爱情的核心，就不能再宽容它了。在爱情中完全不说谎似乎也不大可能，因为有些事情的真相会给人造成压力，所以才说谎。

只是，这个世界里，满口谎言的男人很多，但不见得都算得上"骗子"，因为有些谎言，不是目的，仅仅只是手段。谎言是男人恋爱的必要手段，原因很简单：女人吃这套。一个不懂谎言战术的男人，谈不成感情。

男人心里都有这样的"恋爱骗规则"：先骗上手，再坦白事实。大不了坦白从宽，抗拒从严。当然，一个已经钻进了恋爱圈套的女人，你想让她从容地走出来，那已经是不容易了。男人爱上一个女人，会用尽各种手段，不会只追求"光明磊落"。当你被他骗上手，会恨他，但也是无奈的恨：因为，那骗中，总有点爱。只是，一段"心中有骗"的恋爱，往往会过早地结束。

任何女人，在恋爱结束的那一刻，希望听到的，其实都不是实话，而是谎话：对方许一番海枯石烂但碍于现实无法实现的诺言，每个女人听在耳里，都会美在心里。如此的结局，即便怅惘，也算一种美丽。

可惜，女人总是高估了男人营造情绪的能力。一般而言，男人想跟一个女人分手，只会用最快的速度速战速决。当一个男人心中没有了爱，他不再怕伤害。但即使一个女人心中没有了爱，她也希望能不受丁点儿伤害。

女人，不再爱一个男人，便会无所顾忌地骗他。男人，不再爱一个女人，才真会做到不再骗她。谎言和爱情，有时，就是这么水火不容。忽冷忽热的男人，女人抓不住。从不忽冷忽热的男人，女人爱不上。威胁，让女人生畏，同时，也让她感受到略略的刺激。

一般的智力测试中，女生的得分普遍要比男生低，其原因是多方面的。大家比较认同的一点是：智力测试题多是沿用数学类知识。男生在数学方面天生比女生有优势。

真的是这样吗？

有这样的研究：具有同等数学能力的男生女生聚在一起进行一场高难度的数学考试，结果，女生的成绩普遍比男生差。但研究者又发现，如果在考试之前，女生受到了积极的心理引导，告诉她，她可以跟男生考得一样好，则女生的成绩又会有相应的提高。

女人，是最容易受刻板印象影响的动物。很多时候，她做不好，不是因为她没有能力做好，仅仅是因为，她认为身为女人，不可能做好。

女人比男人，更容易输给自己。同时还有这样的规律：在没有男生参与的考试中，女生总会成绩更高。可见：有男人在侧的女人，总是更像女人。没男人在侧的女人，总是更能成功。这从侧面反映出：男人天生对女人造成巨大的威胁感。

面对男人，女人生而是缺乏安全感的，当然，这是女人的"性弱势"原因。但凡一个女人进入到恋爱，就时刻需要男人的肯定和鼓励。如果，爱人不再天天把赞美挂在嘴边，女人会从心底，泛起很深很深很深的恐慌……女人自认抓不住的男人，一定是对她忽冷忽热的男人。这时，如果她能够战胜自己的心，那几乎可算是无敌了。

一个男人想要折磨女人，常常是：不"肯定"她。

一个女人要想战胜男人，前提是："肯定"自己。

有些女人的谈话，是为了宣泄情绪；有些女人的谈话，是为了沟通情谊；更多女人的谈话，是为了确立自己在他心中的地位。

心理学家德博拉·泰南认为：男人通过交谈来强调地位，女人通过交谈来建立联系。这是男人女人沟通风格的最明显差异。

相处中，女人发现：男友总爱给自己提建议，且爱给她定规矩，事事要他来主导。男人发现：女友总爱反反复复谈论她自己，且反反复复强迫他认真倾听。男人的交谈，相当于一种争取地位的手段，他总会一步进一步地提出要求，以获得自己在这段"关系"上的主动权。女人的交谈，相当于一种人际谈判，在这个谈判过程中，女人最终希望获得对方的承诺。男人常有大男子主义情结，很多人把这个直白地理解为"男尊女卑的男权思维在作怪"。实际上，男性天生更尊崇等级规范制度，但女人渴望平等无阶级的生活方式。

谈恋爱的过程中，男人总爱以主导者自居，总希望女人能够配合他的步伐。女人总纠结于男人的不肯"承诺"，听不够的是男人对未来的许愿。万般纠结也无济于事，男人永远不可能达到女人理想中的标准。皆因，男人的终极理想还是希望能保持独立性，但女人最爱的是建立联系和亲密性。不论一开始，男人是怎样地死皮赖脸追求女人，到了最终，都换成了女人缠磨追赶问男人要一个结局。很多女人说："只要让他得到，便不会再在意我了。"其实，即便你不让他得到，一段时间后，他也不会再继续追赶下去了。男人的恋爱，总比女人先一步开始。女人的恋爱，永远比男人后一步结束。追求，是男人女人天天在做在想的事情。追求，是男人女人永远也玩不累的游戏。

留点遗憾，让你扎根他心底

对于任何一个男人来说，初恋的女孩都是一辈子不能忘记的。不是因为她多么的美丽，更不是因为他们之间有山盟海誓的爱情，亦不是因为这个女孩子改变了男人的一生，而是这个女孩子让男人懂得了怦然心动的美好，更让男人感到两个人曾经在爱情懵懂时期相遇、最终却没有在一起的凄美。这样的爱情，是多么令人回味！

初恋的遗憾深深植入男人的心中，在任何一个不经意的瞬间随时可能翻涌上心头。男人回忆起来，或许已经记不起他和这个女孩子当年是怎样的一个过程，但是这种经年遗憾，却永远也忘不掉，这种永生的错过，已经成为男人心中一道最美丽的风景。不是因为男人还在爱这个女孩，而是男人爱这种遗憾。

遗憾对于男人来说，在潜意识当中是一件很美丽的事。除了爱情以外，很多事情也是如此，不管事情是大是小，只要是遗憾都会在男人的心中留下一定的位置，这也可能是大男子主义思想作祟的缘故。男人有时候也有"怨妇"的情结，某一件工作上的小事没有成功，也会在遇到知音之时喋喋不休地叙说：自己是如何错过这样的机会的，这个机会对自己是多么的重要，失去这个机会对自己来说有多大的损失。即使这件事情对男人的影响并不是很大，他们也会习惯性地认为这件事情使得自己失去颇多。

因此，对一个女人来说，如果真的对自己心爱的男人千依百顺，凡事都顺着男人的想法，并且毫无回报地对这个男人奉献，到最后未必能够得到这个男人的真心。在男人的心中，永远都有一个终极目标，那就是自己想找一个什么样的女人终身为伴，其他的女人对自己再好也只是一种感激，而不是感情。所以很多人才会感悟到"失去了，才知道应该珍惜"，也有人感叹"只是当时已惘然"。

也有很多时候，你爱上了一个男子，但你却不是这个男子的爱人。你每天都在想着他，想方设法要得到这个男人，想得到这个男人对你的爱，于是你不顾一切地付出着。不管你怎么样的努力，似乎在他的心中你的位置已经很明确，只是能够谈得来的"兄弟"，更进一步也就是"红颜知己"罢了。即使比友谊多、比爱情少的位置，也很难企及。终于有一天你下定决心，甩一甩手离开他，离开那个不懂得珍惜你的男人。之后，在远方，你告诉他你曾经是多么的爱他，为他付出却不图回报。之后，你们成了两条平行线，你想永远不与他相交。终于有一天，他忆起了你，想到你种种的好、种种的付出，是现在女朋友所没有的。于是，他千方百计地找到了你，表明了他也爱你的心意。这样的故事，听起来或许已经滥俗，但是不管怎样，他因失去了你而懂得了珍惜你，因为你的离开让他意识到你曾经的存在。

有时带给男人这样的遗憾是必要的，因为，你的默默无闻使他将你化为空气，而你的离开却让你赢得了重新获得的机会，至少在他的心里，你已存在。

第六章

情绪无论好坏，都是你自己的选择

——不可不知的情绪掌控术

技巧 50

适度调节，别让坏情绪绑架你

做情绪的调节师

情绪可能会给我们带来伟大的成就，也可能带来惨痛的失败，我们必须了解、控制自己的情绪，千万不要让情绪左右了我们自己。能否很好地控制自己的情绪，取决于一个人的气度、涵养、胸怀、毅力。气度恢弘、心胸博大的人都能做到不以物喜，不以己悲。

激怒时要疏导、平静；过喜时要收敛、抑制；忧愁时宜释放、自解；思虑时应分散、消遣；悲伤时要转移、娱乐；恐惧时寻支持、帮助；惊慌时要镇定、沉着……情绪修炼好，心理才健康，心理健康了，身体自然就健康。

被人津津乐道的"空嫂"吴尔愉是个控制情绪的高手。她的优雅美丽来自一份健康的心态。她认为，遇到心里不畅快，一定要与人沟通、释放不快。

如果一个人习惯用自己的优点和别人的缺点比，对什么都不满意，却对谁都不说，日积月累，不但她的心情很糟糕，就是她的皮肤也会粗糙，美貌当然会减半。所以，有不开心、不顺心的时候，一定要找一个倾诉的伙伴。不但自己能一吐为快，朋友也能从旁观者的角度给你建议，让你豁然开朗。

在工作中，吴尔愉更善于控制情绪，让工作成为好心情的一部分。飞机上常常遇见习钻、挑剔的客人。她总是能够让他们满意而归。她的秘诀就是自己要控制好情绪，不要被急躁、忧愁、紧张等消极情绪所左右，换位思考，乐于沟通。

有一位患上皮肤病的客人在飞机上十分暴躁，其他空姐都被他惹得生起气来。此时吴尔愉却亲切地为他服务，并且让空姐们想想如果自己也得了皮肤病，是否会比他还暴躁。在她的劝导下，大家都细心照顾起这位乘客。

做情绪的调节师，人的情绪无非有两种：一是愉快情绪，二是不愉快情绪。无论是愉快情绪还是不愉快情绪，都要把握好它的"度"。否则，"愉快"过度了，即要乐极生悲。人有喜怒哀乐不同的情绪体验，不愉快的情绪必须释放，以求得心理上的平衡。但不能过分，不然既影响自己的生活，又加剧了人际矛盾，于身心健康无益。

当遇到意外的沟通情景时，就要学会运用理智和自制，控制自己的情绪，轻易发怒只会造成负面效果。

面临困境，不要让消极情绪占据你的头脑。保持乐观，将挫折视为鞭策你前进的动力，遇事多往好处想，多聆听自己的心声，给自己留一点时间，平心静气地想一想，努力在消极情绪中加入一些积极的思考。

累了，去散一会儿步。到野外郊游，到深山大川走走，散散心，极目绿野，回归自然，荡涤一下胸中的烦恼，清理一下浑浊的思绪，净化一下心灵尘埃，唤回失去的理智和信心。

唱一首歌。一首优美动听的抒情歌，一曲欢快轻松的舞曲或许会唤起你对美好过去的回忆，引发你对灿烂未来的憧憬。

读一本书。在书的世界遨游，将忧愁悲伤统抛诸脑后，让你的心胸更开阔，气量更豁达。

看一部精彩的电影，穿一件漂亮的新衣，吃一点自己喜欢的零食……不知不觉间，你的心不再是情绪的垃圾场，你会发现，没有什么比被情绪左右更愚蠢的事了。

生活中许多事情都不能左右，但是我们可以左右我们的心情，不再做悲伤、愤怒、嫉妒、怀恨的奴隶，以一颗积极健康的心去面对生活中的每一天。

走出情绪的死角

正确认识情绪，对情绪反应仔细分析，因为，有时候情绪会把我们带进一个越走越窄的胡同，如果我们不仔细看后面，很可能会误以为已经无路可走。

一个人在森林中徒步行走，他眼角的余光突然发现了一条长而弯曲的东西，他脑子里蓦地窜出蛇的样子，下意识地跳到了一块石头上。但他仔细察看这个东西后，紧张的心情释然了，原来那是一根青藤而不是蛇。

这个人在刚看到青藤时的反应被称为应激反省，是大脑的情绪反应与智力反应的通路。在应激状态下，出现于大脑中的情绪与智力的通路是正常的、可以理解的。然而，有些人稍遇情绪波动就产生这种通路，产生感情冲动，以感情代替理智、以感情冲击理智。这类人很难调节自己的情绪。

苏珊娜最近的精神状态很糟糕，她不得不去咨询心理医生。

她第一次去见她的心理医生时，一开口就说："医生，我想你是帮不了我的，我实在是个很糟糕的人，老是把工作搞得一塌糊涂，肯定会被辞掉。就在昨天，老板跟我说我要调职了，他说是升职。要是我的工作表现真的好，干吗要把我调职呢？"

可是，慢慢地，在那些泄气话背后，苏珊娜说出了她的真实景况。原来她在两年前拿了个MBA学位，有一份薪水优厚的工作。这哪能算是一事无成呢？

针对苏珊娜的情况，心理医生要她以后把想到的话记下来，尤其在晚上失眠时想到的话。在他们第二次见面时，苏珊娜列下了这样的话："我其实并不怎么出色，我之所以能够冒出头来全是侥幸。""明天定会大祸临头，我从没主持过会议。""今天早上老板满脸怒容，我做错了什么呢？"

她承认说："就在一天里，我列下了26个消极思想，难怪我经常觉得疲倦，意志消沉。"苏珊娜直到自己把忧虑和烦恼的事念出来后，才发觉自己为了一些假想的灾祸浪费了太多的精力。

烦恼是一种不良情绪，忘掉自我，专心投入你当前要做的事情上，可以让你克服紧张情绪，保持一种泰然自若的心态。许多事情过后，你会发现那不过是庸人自扰，根来没有你原先想象的那么复杂、困难。何苦非要与自己过不去呢？

世上本无事，庸人自扰之。有些时候，并不是烦恼在追着你跑，而是你追着它不放，就像故事中的苏珊娜一样。大凡终日烦恼的人，实际上并不是遭到了多大的不幸，而是自己的内心对生活的认识存在着片面性。因此，要学会摆脱烦恼。

真正聪明的人即使处在烦恼的环境中，也往往能够自己寻找快乐。谁都会有烦恼的事情，但是，如果总是为不期而至的意外烦恼不已，或悲观失望，结果让自己的生活变得更糟糕，这样做不是很愚蠢吗？我们既然不能改变既成事实，为什么不改变面对事实，尤其是对坏事的态度呢？

"装"出来的好心情

我们都知道"开心是一天，不开心也是一天"的道理，但"天天好心情"还真不是件容易事。喜怒哀乐乃人之常情，任何人都无法避免，但是长时间情绪低落会侵蚀你的身体，甚至影响你的健康；而好的心情则可以大大提高你的生活质量，也有助于你的身心健康。所以，一个人要想健康长寿，首先要摆脱坏情绪的纠缠，去发现体味生活中的美好，保持自己的好心情。

"心情不好吗？""不好。"

那我们不妨试试"装"出好心情。在我们感到情绪低落时，"装"出好心情是放松身心、从消极转向积极的最有效的方法——我们通过"装"的扮演过程获得真实的好心情。最终，原本只是"装"出来的好心情会变成真实的感受从而让我们在不如意的时候能够快乐；遇到困境时能够有自信和意志力。

有句谚语："一个小丑进城，胜过一打医生。"它的意思是说，小丑带给了大家欢笑。而好心情对身心健康的重要性胜过了医生对你的帮助。比方说，当你感到自己很压抑、没有任何动力和积极性的时候，不妨"装"着笑出来，你可以微微一笑、对着镜子做些鬼脸，还可以开怀大笑、吹吹口哨。无论怎样，你就是要"装"出自己心情很好的样子。这样，你会发现，不久之后心情真的好起来了。而且，这种方法还能帮助你减轻疲劳、舒缓紧张和忧虑。

李先生是一个事业有成的企业家。按理说他的人生很成功，应该没有什么让他忧虑的事情。但事实并非如此，他经常觉得心里恐慌，然后会陷入低落的情绪中。

有一天，他又感到意气消沉。之前一旦出现这种情绪低落状况时，他通常采取的办法是避不见人，直到这种心情消散为止。但这天他要和上司举行一个重要会议，躲着不见人肯定行不通的了，那怎么办呢？他决定装出一副快乐的表情，让大家以为他根本就没有焦虑的事情。

于是，他在会议上笑容可掬，谈笑风生，装成心情愉快而又和蔼可亲的样子。令他惊奇的是，不久他发现自己果真不再抑郁不振了。

李先生认为这是一种很奇妙的感觉，在他无意识中，低落的情绪竟然自己就跑了。

其实，"装"出好心情的例子有很多。不知你有没有这样的发现，当小孩子哭得眼泪汪汪的时候，大人们通常都会逗小孩子说："噢，不哭，不哭，来，笑一个，乖乖笑一个吧。"结果很多小孩子就真的笑了。当然，刚开始的时候，他们可能很不情愿，只是勉强地笑了笑，但很快他们会随着这个勉强的笑慢慢变得开心起来。这就是"装"出好心情最常见的例子。当然，如果一个人装出很生气的样子，他也会因为这个角色扮演而陷入这种情绪的常见反应，心跳、呼吸变得急促。然后，这个人的情绪也会被"装"的愤怒所影响，容易变得心情不好。所以，当你心情不好、意志消沉的时候，赶快装个好心情吧。你只需用自己的表情和心情这些唾手可得的装扮道具，就能瞬间走出灰暗情绪的笼罩。

人的心情就像是天气，阴晴不定、变幻莫测。天天好心情固然是每个人都渴求的，但是瞬息万变的世界往往让人们不能如愿以偿。因为，人难免会遇到不顺眼的人、不顺心的事，坏心情也就随时会光临。如果你不想做一个受控于情绪的人，那么，从现在起，学着"装"出一份好心情，之后，你会发现，坏情绪就真的不见了。

技巧 51

控制传导，别被他人的不良情绪左右

你只需要接纳你自己

世界上没有两个完全相同的人，正如世界上没有两片完全相同的树叶。天生我材必有用。每个人都有自己的特点和长处，每个人都有尚未发掘出来的潜力和特质。如果我们能时时刻刻提醒自己，"你是重要的"，我们的好情绪就可以轻松地被调动起来，然后我们就能发现和发挥我们自身的潜能，取得最后的成功。

不要被坏情绪牵着鼻子走，要相信你自己，你所做的事别人不一定做得来。而且，你之所以为你，必定是有一些相当特殊的地方。这些特质是别人无法模仿的。既然别人无法完全模仿你，就不一定做得了你能做的事。那么，他们怎么可能给你更好的意见呢？他们又怎能取代你的位置，替你做些什么呢？

所以，你要相信自己，每个人都是上帝的宠儿，上帝造人时即已赋予每个人与众不同的特质，所以每个人都会以独特的方式与别人互动，进而感动别人。记住！你有权力相信自己很重要。"我很重要。没有人能替代我。"

杰拉德斯·图夫特还是一个8岁的小男孩时，老师问他："你长大之后想成为怎样的人？"他回答："我想成为一个无所不知的人，想探索自然界所有的奥秘。"图夫特的父亲是一位工程师，因此也想让他成为一名工程师，但是他没有听从。"因为我的父亲关注的事情是别人已经发现的东西，我很想有自己的发现，做出自己的发明。因为我相信自己是独一无二的，而且我会成功。"正是有着这样的渴求，当其他孩子正在玩耍或者在电视机前荒废时光的时候，小小的图夫特就在灯前彻夜读书了。"我对于一知半解从来不满足，我想知道事物的所有真相。"他很认真地说。

图夫特告诫我们要保持自我，做独一无二的自我。正是这样，他才知道要走什么样的道路。在现实生活中，我们可以成为一名科学家，可以去做医生，但是一定要做独一无二的人，模仿他人只会葬送自己。

世界上没有完全相同的两个人，这就是人类能够取得各种各样成就的原因。所以我们没有必要来强迫一个人去做他不感兴趣的工作。如果你对科学感兴趣，你要尽量找一些好的老师，这点非常重要。即使是这样，你也不一定就会获得诺贝尔奖，这些事情是可遇而不可求的，你不能过于注重结果，也不要期望一定能取得什么样的成就，如果你这样做，只会让你的坏情绪轻而易举地击倒你。重要的是，我们要肯定自己。

农夫家养了3只小白羊和1只小黑羊。3只小白羊因为有雪白的皮毛而骄傲，而对那只小黑羊不屑一顾。

不但小白羊，连农夫也瞧不起小黑羊，常常给它吃最差的草料，时不时还对它抽上几鞭子。小黑羊过着寄人篱下的日子，也觉得自己比不上那3只小白羊，常常伤心地独自流泪。

初春的一天，小白羊和小黑羊一起外出吃草。不料寒流突然袭来，下起了鹅毛大雪，它们躲在灌木丛中相互依偎着……不一会儿，灌木丛和周围全铺满了雪。它们打算回家，但雪太厚了，无法行走，只好挤成一团，等待农夫来救它们。

农夫发现4只羊羔不在羊圈里，便立刻上山去找，但四处一片雪白，哪里有羊羔的影子啊。正在这时，农夫突然发现远处有一个小黑点，便快步跑过去。到那里一看，果然是自己的4只羊羔。

农夫抱起小黑羊，感慨地说："多亏小黑羊，不然，我的羊就可能要冻死在雪地里了！"

这个故事告诉我们，小黑羊是独一无二的，所以农夫发现了它们，它们才不会被冻死在雪地里，其实人也一样，人们的不足与缺陷往往更能彰显出自己的独特。每个人都有自己的优点，不要为一点小小的不足而否定自己，陷入自卑情绪中，自怨自艾。比如有些人，在智商方面可能并没有什么超常的地方，但借助上帝之手，他们总有某个特质是超出常人的。这种时候，只有使这些能让自己成就大事的特质得到充分的发挥，人才有可能成长并且才能走向成功的道路。

从现在开始，喜欢你自己，愉快地接纳你自己。要知道，我们每个人都是一个独特的个体，在这个世界上是独一无二的，每一个人都有属于自己的位置。一个人只有全面地接受自己，才能走出自卑、自责的情绪沼泽，活出精彩的自己。

不要让他人影响你的情绪

秦朝末年，楚汉相争，在垓下，刘邦和项羽展开了决战。

刘邦军队把项羽的军队包围了。为了减弱项羽军队的抵抗力，谋臣张良在彭城山上用箫吹起悲哀的楚国歌曲，并让汉军中的楚国降兵随他一齐唱。

这些歌曲传到楚军营中，使楚军产生了缠绵的思乡之情。思乡之情蔓延开来，大家的斗志大为松懈。

思念家乡，人们就会无心恋战，谁都渴望赶快回到家乡和亲人团聚，从而开始厌倦战争，不愿意在这场几乎败局已定的战争中白白牺牲自己的生命。

谁都知道，战争中，士气是极为重要的。这首歌曲中浓浓的乡情，使楚军的战斗力大减。

结果许多项羽营中的士兵在这首歌曲的感染下，有的逃跑，有的斗志松懈，有的投降。

在这种士气下，楚军在战斗中败给了刘邦的军队，项羽兵败自刎于乌江，而刘邦得了天下。

其实，四面楚歌这个成语许多人都知道，是形容四面受敌，绝望无援的景况。这一计谋是张良献给刘邦来对付项羽的，而且很成功。之所以获得成功，是得益于张良对情绪的把握。我们可以想想看，楚军被困重围本身就情绪低落，这也是他们心理防线最薄弱的时刻，在这样的情境下，士兵们听到来自家乡的歌谣，自然而然的会想到自己的亲人，是否安在。当这种强烈的悲痛情绪突破他们的底线时，失败也就在所难免了。实际上，张良是不自觉地利用了人类的"情绪共鸣"这一心理学原理，一举成功。

现代心理学指出，在外界作用的刺激下，一个人的情绪和情感的内部状态和外部表现，能影响和感染别人。

白领丽人小璐有一次和一个客户在谈项目时，双方谈得非常投机，于是决定立刻签订合

第六章 情绪无论好坏，都是你自己的选择
——不可不知的情绪掌控术

同。可当时再向公司主管申情已经来不及了。

于是，小璐出面与对方签订了合同。其实细算起来，那应该算是一笔大单。但后来公司却以她擅自越权为由，向她提出了解约。当时小璐无法理解为什么自己为公司带来了效益却仍得不到信任。

后来她从侧面了解到由于她的业务能力强，她在公司内部的对手向公司主管打小报告，说她与客户私下有金钱交易。而这次她与客户签订合同，让本来疑心就重的主管下决心"炒"掉她。对于这个决定，小璐非常气愤。但冷静下来后，她认为自己在这样的氛围下工作，对自己未来的发展会非常不利，这次的离职其实也是自己重新发展的一个大好契机。只是以自己被"炒"为结局，实在心里有所不甘。

于是她找到公司，要求由自己提出辞职。在谈自己的经验时，小璐觉得"被炒"未必是件坏事，知名企业有它吸引求职者的巨大魅力，但同时也要看清，作为知名企业，尤其是外企，它们有自己悠久的历史、完整的体系。这些在成为企业优势的同时，也会成为个人发展的绊脚石。

小璐能控制自己的情绪，清醒地认识到自己的处境是很明智的。如果因为他人的影响，而使自己做出失控的事情来，那就是自己的损失了。

在生活中，一个人的情绪很容易会受到他人的影响，常常会因为一些对自己不利的事情而使情绪产生波动，比如：为什么老板总不给涨工资，为什么丈夫总是不理解自己，朋友为什么会在关键的时刻明哲保身，等等，这些事情会让我们一下子火药味十足。但这样的生气并不利于解决任何问题，反而会让我们的头脑不清醒，甚至做出一些让自己后悔终生的事情来。

世间任何事情都没有绝对，所以只要你心中看得开就行了，何必在乎别人怎么看、怎么说呢？如果我们以别人的看法为指南，存有这种潜意识，生活就会苦多于乐。毕竟无法尽如人意的事情太多了，如果只是为了别人而活，痛苦难过的就只有自己。既然如此，又为什么让他人来左右我们的情绪呢？

勇敢地为自己选择

选择是艰难的，因为只要有选择就意味着要有取舍，而无论做什么选择，都意味着要放弃其中之一，于是你退缩了。但你也许想不到，你很可能会变成一个懒惰的人，没有主见、没有勇气，在遇到问题时，你一定会恐慌而且不知所措，你的思考和行动能力也会逐渐地削弱。

因此，不管是在学习上还是生活上，你全都变得被动起来。所以，每个人都要牢牢地把握住自己的选择权，这样的人生也才更完整。

选择并不是一件简单的事情，不仅要懂得为自己选择，更要学会如何选择。而诀窍就在于不要因他人的言论和判断束缚了自己前进的步伐，任何时候，让心做行动的向导，它会带你去到那个你想去的地方。

伊夫林·格兰妮是世界上一流的打击乐独奏家，她曾说："从一开始我就决定：一定不要让其他人的观点阻挡我成为一名音乐家的热情。"

格兰妮8岁时就开始学习钢琴，日子如流水般滑过，徜徉在音乐世界的她毫无倦怠，她的热情与日俱增。

然而，不幸的事情发生了，她的听力渐渐下降，医生断定这是由于神经损伤造成的，而且这种损伤难以康复，并且还断言到12岁时，她将彻底耳聋。虽然听起来让人震惊，甚至会产生巨大的绝望和悲痛，但她仍然执著地爱着音乐。

她的理想是成为打击乐独奏家，而在当时并没有这么一类音乐家。为了演奏，她学会了用不同的方法"聆听"其他人演奏的音乐。她穿着长袜演奏，这样她就能通过她的身体和想象感觉到每个音符的震动，她几乎用自己所有的感官来感受着整个声音世界。

虽然丧失了听觉，她依然决心成为一名音乐家，于是她向伦敦著名的皇家音乐学院提出了申请。

她的演奏征服了所有的老师，最后，她打破了这个学校从来不收失聪学生的传统，顺利地入了学，并在毕业时荣获了学院的最高荣誉奖。

从那以后，她的目标就致力于成为第一位专职的打击乐独奏家，并且为打击乐独奏谱写和改编了很多乐章。

格兰妮一直坚持她自己的选择，哪怕医生的诊断也不能影响她高涨的情绪，她要做自己喜欢的，所以，她最终成功了，她成了世界上第一位专职的打击乐独奏家，她为自己的选择感到骄傲。

一种好情绪就是一盏灯，选择以怎样的情绪面对生活，这一切由我们自己来选择。

生活中的你尝试过作选择吗？在学习和游戏之间、在交友和树敌之间、在谦逊和逆反之间，你又是否感受到了选择的巨大力量，感受到了自己的价值？当你轻视自己的选择权，它就真的无足轻重；当你重视自己的选择权利时，它又会变得举足轻重。当然，情绪也需要你的选择，积极的还是消极的，权衡过后，人生也将会不同。

技巧 52

全面释放，给负面情绪找个出口

丢掉坏情绪，做到浑然忘我

紧张是一种不良情绪，它会让我们时时处在不安中，以致无法做好任何事情。学着放松自己的心情，不要让外界因素影响到你，时时保持一种轻松的状态，我们做任何事情都会得心应手。学着让烦恼情绪过期，快乐的情绪自然会回到你的身边。

球王贝利刚刚入选巴西最著名的球队——桑托斯足球队时，曾经因为过度紧张而一夜未眠。他翻来覆去地想着："那些球星们会笑话我吗？万一发生那样尴尬的情形，我还有脸回来见家人和朋友吗？"一种前所未有的怀疑和恐惧使贝利寝食不安。虽然自己是同龄人中的佼佼者，但烦恼使他情愿沉浸于希望，也不敢真正迈进渴求已久的现实。

最后，贝利终于身不由己地来到了桑托斯足球队，那种紧张和恐惧的心情，简直没法形容。"正式练球开始了，我已吓得几乎快要瘫痪。"他就是这样走进一支著名球队的。原以为刚进球队只不过练练带球、传球什么的，然后便肯定会当板凳队员。

哪知第一次，教练就让他上场，还让他踢主力中锋。紧张的贝利半天没回过神来，双腿像长在别人身上似的，每次球滚到他身边，他都好像看见别人的拳头向他击来。在这样的情况下，他几乎是被硬逼着上场的。但当他迈开双腿，便不顾一切地在场上奔跑起来时，他渐渐忘了是跟谁在踢球，甚至连自己的存在也忘了，只是习惯性地接球、盘球和传球。在快要结束训练时，他已经忘了桑托斯球队，而以为又是在故乡的球场上练球了。

那些使他深感畏惧的足球明星们，其实并没有一个人轻视他，而且对他相当友善。如果贝利一开始就能够相信自己，专心踢球，而不是无端地猜测和担心，就不必承受那么多的精神压力了。但是最后，他还是战胜了紧张，让紧张情绪迅速过期，重新找回了自己。

当紧张产生的时候，具体情况先分析一下，这些问题是不是你生活中非常重要的问题？它们会产生哪些后果令你惊惧？这些思考有助于你将紧张减少到最低程度，使你的情绪能够平和、冷静下来，应付所面对的难题。同时还应该试着把内心忧虑的事用笔全部记录下来，然后逐条检查，把不是很急切的事抽出来，先思考解决比较急迫的事，接着再慢慢想办法解决其他的问题。这样，不仅可以有条不紊地理清积压的难题，还能缓解紧张情绪。

轻轻松松做人，简简单单生活，按照自身的喜悦安排自己的生活，想想也没什么不好。金钱、功名，出人头地、飞黄腾达，这种人生是大多数人梦寐以求的。但是，如果为了获取这些而让自己陷入烦恼之中，这就是我们的失败了。能不依附权势，不贪求金钱，无怨无争的生活,也是一种很惬意的人生。毕竟,我们用不着挖空心思去追逐名利,用不着留意别人看你的眼神,心灵没有锁链,快乐而自由,这样的生活岂不是更美好。

警惕情绪污染

现代社会信息交流快捷,人际交往频繁,环境气氛对人的影响力强,情绪会相互感染,尤其是家庭成员之间情绪很容易互相传播。

当然,情绪有好有坏,感染的效果会有正有负。良好的情绪会构成一种健康、轻松、愉悦的气氛,坏情绪会造成紧张、烦恼甚至敌意的气氛。情绪污染是指在坏的情绪影响下,造成心情不畅的氛围。现代医学告诉我们,大多数人的疾病往往会从不良的情绪、失衡的心理中产生。为此,人们应该像重视环境污染一样,重视情绪污染。

要防止情绪污染,首先每个人要从自我做起,尽量做到不将坏情绪传播给家人、朋友、同事,传播给社会。其次,要提高和学会调整情绪的技巧,遇到烦恼、挫折要善于解脱,增强心理承受力,另外,切忌把不良情绪带回家,一旦家庭成员情绪不佳,要及时做好疏导化解工作,使氛围向正效应转化。

情绪是客观事物作用于人的感官而引起的一种心理体验。无论喜、怒、思、悲、惊,都有其原因和对象。幽静的环境,清新的空气,高尚的品德,物质的丰富,文化的繁荣,都能引起人们愉快、轻松的情绪,而环境脏乱、虚伪庸俗、文化枯萎等,则可能导致人们厌烦、压抑、忧伤、愤怒的消极情绪。

将一个乐观开朗的人和一个整天愁眉苦脸、抑郁难解的人放在一起,不到半个小时,这个乐观的人也会变得郁郁寡欢起来。道理很简单,悲观者将自己的苦闷、抑郁传递给了他,人的情绪就是这么奇怪。情绪具有感染力,那就让我们及时调整好自己的情绪,不要让你的坏情绪到处去"惹祸"了。

其实,我们每个人都是不良情绪的制造者、传播者,每个人也都是不良情绪的受害者。其实,只要中间的某个人可以控制住自己的情绪,这个恶性循环就不会再传递下去。

良好的情绪会带给周围人无尽的欢乐。如果我们仔细回想一下,一定能够想得到许多因良好情绪而感染我们的例子。比如某小区的物业人员总是真诚、友善地和你道一句"你好"、"再见"之类的话语,你可能本来因忙碌而觉得心烦,但一听到他人的问候、看到他人的笑脸,你的内心也会绽放出一枝花来。许多经常来往的人会互相影响,也是基于这样的道理。但如果是坏情绪的传染,有时会带来毁灭性的灾难。

俄亥俄州大学社会心理生理学家约翰·卡西波指出,人们之间的情绪会互相感染,看到别人表达的情感,会引发自己产生相同的情绪,尽管你并未意识到在模仿对方的表情。这种情绪的鼓动、传递与协调,无时无刻不在进行,人际关系互动的顺利与否,便取决于这种情绪的协调。

情绪的感染通常是很难察觉的,这种交流往往细微到几乎无法察觉。专家做过一个简单的实验,请两个实验者写出当时的心情,然后请他们相对静坐等候研究人员到来。两分钟后,研究人员来了,请他们再写出自己的心情。这两个实验者是经过特别挑选的,一个极善于表达情感,一个则是喜怒不形于色。实验结果,后者的情绪总是会受前者感染,每一次都是如此。这种神奇的传递是如何发生的?

人们会在无意识中模仿他人的情感表现,诸如表情、手势、语调及其他非语言的形式,从而在心中重塑自己的情绪。这有点像导演所倡导的表演逼真法,要演员回忆产生某种强烈情感时的表情动作,以便重新唤起同样的情感。

研究发现,人容易受到坏情绪的传染,带着满肚子闷气,绷着脸回到家,摔摔打打,看什么都不顺眼,立刻便将坏情绪传染给了全家,整个晚上甚至连续几天都不得安宁。同样,在家里怄了气,也会把坏情绪带到外面。这就像一个圆圈,以最先情绪不佳者为中心,向四周荡漾开去,这就是常被人们忽视的"情绪污染"。用心理学家的话说:情绪"病毒"就像瘟疫一样

第六章 情绪无论好坏，都是你自己的选择
——不可不知的情绪掌控术

从这个人身上传播到另一个人身上，一传十、十传百，其传播速度有时要比病毒和细菌的传染还要快。被传染者常常一触即发，越来越严重，有时还会在传染者身上潜伏下来，到一定的时期重新爆发。这种坏情绪污染给人造成的身心损害，绝不亚于病毒和细菌引起的疾病危害。

同样，你听《同一首歌》，在家听的感受与到演唱会现场去听，结果肯定是大不一样，因为你在现场情绪受到了感染。认识到情绪这种特殊的"传染病"，我们就要重视它，并积极利用正面情绪，克制、舒缓负面情绪，这样才能拥有赢得成功的品质。

与其一天到晚怨天怨地，说自己多么不幸福，不如借由改变自己的情绪个性来改变命运。没有人是天生注定要不幸福的，除非你自己关起心门，拒绝幸福之神来访。千万不可做喜怒无常的人，让自己的心理状态完全被情绪左右，那样伤害的不只是别人，你自己也会因此失去拥有幸福的机会。任何人都会有情绪低落的时候，每当这时，一是要有点忍耐和克制精神，要学会情绪转移。把不良情绪带回家，将心中的怨气发泄在家人身上，为一些小事耿耿于怀……诸如此类，都会影响他人情绪，造成家庭情绪污染。

用宣泄为自己减压

随着生活节奏越来越紧张，我们所面临的压力也越来越大，内心积压的不良情绪也越来越多，如果不及时为这些情绪找一个发泄渠道，它们将会危害到我们的身心健康。

28岁的李小姐在一家大型外资企业工作，虽然刚工作3年，薪资已经到了每月万元以上，这在同龄人中，算是很好的了。可即使这样，她还是时常抱怨压力太大，并通过聚会等各种各样的方式为自己减压。可最近一段时间，李小姐的家人发现她不再像以前那样爱玩了，下班回到家后，她就一直坐在电脑跟前。后来她自己告诉家人，她的同事们都到网上发布自身隐私，将自己不能跟身边人说的秘密发到上面去，以此来释放自己的压力。她通过浏览上面的内容，发现有的人比自己还要不幸，从而感觉自己的压力没那么大了，并且认为这确实是一个很好的减压方法。

在这些说出秘密的社区里，发布秘密的人以女性居多，发布的内容也大都是一些关于自身一些不堪的回忆，发布者将自身的秘密说出来，引起很多人回应，有的人也说出相同的经历，并把自己的一些经验说出来，与单纯的劝慰比起来，现身说法的方式反而让更多的人获得益处。李小姐觉得一些在现实生活中不能倾诉的情绪，在网上社区很容易就能说出来，李小姐这样的想法很多人也能理解，毕竟在网络中，大家互相都不认识，等于把真实的困扰放在虚拟的空间，说出来的过程就是一种释放和发泄，也正因为如此，有很多年轻人都热衷这样的方式。

针对这种情况，心理专家认为：能够将不良情绪释放出来，就是一种解压的方式，无论采用何种方法，对自身的情绪调节都是有好处的。但年轻人只热衷其中那种隐蔽的方式，反映出在交友或是处理同事关系方面，这些年轻人存在很多误区或是不正确的地方，宁愿告诉陌生人也不跟家人或是朋友交流，说明他们相互之间的信任度很低。

宣泄情绪，需要一种积极向上的方式，这种方式应该是阳光的，有透明度的，这样，才会有助于我们建立一种达观的人生态度。下面我们就一起来了解一下几种宣泄情绪的方法：

一个著名的篮球运动员在接受记者采访时说："我每次投球的时候不关心球进不进，而是欣赏球离开手抛向篮板的优美弧线。"正是他的这种积极乐观的心态，时时赋予他愉悦的情绪，让他关注过程而非结果，这也是他百投百中的一大诀窍。心态和情绪是同步的，只要我们能调节好其中一种，我们就会生活得很开心。

利用语言暗示的作用缓解不良情绪

当你被不良情绪所压抑的时候，可以通过语言暗示来调整和放松心理上的紧张，使不良情绪得到缓解。语言是一个人情绪体验强有力的表现工具。通过语言可以引起或抑制情绪反应，

即使不出声的内心语言，也能起到调节作用。发怒时，你可以暗示自己"不要发怒"、"发怒会把事情办坏的"；陷入忧愁时，你可以提醒自己"忧愁没有用，于事无益，还是面对现实，想想办法吧"，等等。在松弛平静、排除杂念、专心致志的情况下，进行这种自我暗示，对情绪的好转大有益处。

了解生物节律，尊重情绪规律

人是有生物钟和生物节律的，比如有的人是早起型，有人是晚睡型，有人早晨效率高，有人下午头脑好，其实情绪也一样有它的节律。所以我们要熟悉自己的生物节律和情绪周期，合理安排时间，这样便能得到更有效率的成果，从而避免消极情绪的不良影响。

保证充足的睡眠，让情绪好好休息

匹兹堡大学医学中心的罗拉德·达尔教授的一项研究发现，睡眠不足对我们的情绪影响极大，他说："对睡眠不足者而言，那些令人烦心的事更能左右他们的情绪。"

当你每天睡眠不足，强打精神把自己控制在办公桌前，烦躁、抑郁、焦虑、担忧等不良情绪也会轻易找上你，不仅使你工作效率全无，而且还影响自信心。当然，多少睡眠量能满足自己的需求因人而异，但最起码要保证充足的高质量的睡眠，这也是保持良好情绪，取得好成绩的重要保证。

第六章 情绪无论好坏，都是你自己的选择
——不可不知的情绪掌控术

技巧 53

合理选择，让积极成为你性格的一部分

好情绪让你更健康

情绪乐观的人会看到希望，希望是相信自己具有达到目标的意志力与方法。乐观者则能激活希望，有了希望，就有人生。要始终保持自己的稳定情绪，乐观是健康的需要，也是你生活乃至生命的需要。

"笑一笑，十年少"。许多研究证实：长寿老人的最大特点之一是具有乐观情绪。美国一份长期对300名受试者所做的研究显示：笑会改善生理健康，笑和具有良好幽默感者，活得健康。调查表明，战争结束后，胜利者的伤口愈合比失败者要快。因为快乐、笑不仅是容易克服压力，更能促进呼吸和血液循环，分泌有益于身体的激素，并会抑制压力产生的有害激素。

心情愉快、心态平和更能促进人做弹性与复杂思考，有助开拓思路与自由联想，有助于提高智能。所以人们把乐观情绪称之为心理健康的灵丹妙药。正如马克思所说："一种美好的心情比十服良药更能解除生理的疲惫和痛楚。"

你是否有过这样的经历：当情绪高涨，处于兴奋、愉悦状态的时候，就会感觉自己所向无敌，做起事情来也得心应手，特别顺畅。而当你感觉沮丧、灰心失望的时候，即便很简单的事情，也会变成挡住去路的高墙，让你感到无能为力。

乐观与悲观可以说是人们给自己解释成功与失败的两种不同方法。乐观者把失败看做是可以改变的事情，这样，他们就能转败为胜，获得成功；悲观者则认为失败是由其内部永恒的特性所决定的，他们对此无能为力。这两种迥然不同的看法对人们的生活质量有着直接的、深刻的影响。

法国作家雨果曾说过："思想可以使天堂变成地狱，也可以使地狱变成天堂。"

我们要认识到危机即是转机，遇到困难，产生压力，一方面可能是自己的能力不足，因此整个问题的处理过程，就成为增强自己能力、发展成长重要的机会；另外也可能是环境或他人的因素，则可以理性沟通解决，如果无法解决，也可宽恕一切，尽量以正向乐观的态度去面对每一件事。如同有人研究所谓乐观系数，也就是说一个人常保持正向乐观的态度，处理问题时，他就会比一般人多出20%的机会得到满意的结果。因此，正向乐观的态度不仅会平息由压力而带来的紊乱情绪，也较能使问题导向正面的结果。

大家都知道，人的健康与心理健康有密切关系。我们的心中如果常带有负面消极的心理，是会影响身体的健康。因此，为了健康我们要努力把内心的阴暗面排除，用积极乐观的情绪面对生活，这对我们的健康更有好处。

你的人生，不能没有心理学
改变命运的100个心理学技巧

任何时候都要看到希望

人最宝贵的东西是生命，生命对于每个人只有一次，而且，每个人的生命都是父母生命的延续，因此，任何人都没有任何理由来轻视自己的生命。

在生活中，很多人常常会一时冲动，冲动是在理性不完整的状况下的心理状态和随之而来的一系列行为，也属于意志脆弱的一种表现。

有好多年轻人因为父母或者他人的一句话或一些不如意的事情就产生了自杀的念头。有的是在工作与事业上受到挫折而心灰意冷，便没有勇气活下去。但也有一些人往往自杀未遂，而在身心上留下了终生的遗憾。

李大钊说："求乐的人生观，才是自然的人生观、真实的人生观。"

人生在世，我们根本就无法做到事事顺心，总会碰到这样或那样的困难。只有那些在逆境中不心灰意冷，积极乐观的人，才能战胜困难，享受胜利的喜悦，否则，便会被困难压倒。因此，当我们遇到事情后，一定要运用选择的权力。摒弃消极悲观的想法，选择积极乐观的想法，学会快乐。这样，你的生活才会充满阳光，你才会活得轻松、惬意。

杂志撰稿人鲁斯最初知道自己身患重病是在5年前，当时，他去买人寿保险，做心电图发现冠状动脉有阻塞症状之后遭到保险公司的拒绝。保险公司的医生说，他只能再活一年半，而且必须辞掉杂志社的工作，也不能参加任何体育活动。那时，他才37岁。

鲁斯不愿放弃自己那种生龙活虎的生活方式，下决心找出另外的办法活下去，他想通过锻炼保持心脏的健康。同时，他又为自己定了一个大胆的治疗方案。他服用大量的维生素C，再对自己实行一种"幽默疗法"——连着看大量的喜剧片，读著名作家写的滑稽作品。他后来说："我很高兴地发现，捧腹大笑10分钟就能起到麻醉作用，使我至少能够不觉得疼痛地睡上两个小时。"

5年过去了，他还活着。

鲁斯现在认为，紧张和压力之类的消极力量会使身体虚弱，而快乐、信心、欢笑、希望等积极乐观的力量会使身体强壮。"倘若我们战胜沮丧的乐观情绪的力量不能在身体里引起生物化学上的积极变化，我是绝不相信的。"鲁斯说，"我们能够想办法让自己活下去。每当犯病去医院的时候，院长和治心脏病的专家都在等着我。我说：'没事，各位别紧张。我希望你们了解，我是到你们医院来过的最顽强的病人。'"

鲁斯从经验当中得出一个信念：乐观的心情比药物还有用。他说，这一点应当引起医疗专家的重视。"如果乐观情绪本身能够起到医疗作用的话，就不应该忽略，而要当成所有疗法的一个组成部分。"

情绪也是一种力量，它是一种源于人的内心的力量，我们绝不能忽视乐观情绪的力量，它不仅仅是帮助你建立一个好的心态，在坚强的意志的帮助下，它甚至可以挽救一个人的生命。

技巧 54

努力规划，让情绪点亮梦想之灯

加减乘除法，情绪大减压

近年来，世界各国的医学专家不断向人们发出警告，由心理压力引起的身心疾病已呈大幅度上升趋势。这种状况应引起各界人士的关注，如何引导人们自我减压也势在必行。而专家的建议是：给你的生活做"加减乘除"法。

加法

积极参加体育锻炼，拓展生活圈子。任何项目的体育活动都能使人感到惬意，但前提是不要运动量过大。另外，与其在家中使用健身器械，不如到公园散步、同朋友踢球或者登山、游泳；有意结交新朋友，接受新信息，开阔视野。

人生在世，总要追求一些东西，追求什么是人的自由，所谓人各有志，只要不违法，手段正当，不损害别人，符合道德伦理，追求任何东西都是合理的。一个进步的社会应该鼓励个人用自己的双手，增加人生的价值和内涵，使人生物质世界和精神世界都更加富有和充实。加法人生的原则是提倡公平竞争，无论在物质财富上还是在精神财富上胜出者，都应给予鼓励。加法加的是什么？是你的积极的、愉悦的、平和的情绪，它们可以让你的人生朝着积极的走向延伸。

减法

降低生活标准，接受别人帮助。对生活高标准、严要求的人不在少数，这些人应该学会适度放松；不要认为自己能够做好一切事情。如果遇到力不能及的事，最好能请别人帮忙。

人生是对立统一体。哲人说人生如车，其载重量有限，超负荷运行促使人生走向其反面。人的生命有限，而欲望无限。我们要学会辩证地看待人生，看待得失，用减法减去人生过重的负担。否则，负担太重，人生不堪重负，结果往往事与愿违。人生应有所为，有所不为。

减法减去的是什么？是消极的、有负荷的情绪，这样我们才能轻装上阵，打一场漂亮的人生仗。

乘法

给自己留一些时间，要学会多留些时间给自己。一个人如果总是不闲着，会使周围人的情绪也随之紧张。如果感到累了，一定要休息；即使不累，为了爱惜自己也不妨躺下来放松一会儿。

人生的成功与否，与个人努力有关，更与机遇有关。哲人说，人生的道路尽管很漫长，但要紧处就那么几步。对于人生而言，奋斗固然重要，但能否抓住机遇也是十分关键的。在人生的关键时刻，一次努力能抵得上平时几次、几十次的努力，一年的奋争能抵得上几年甚至十几年、几十年的奋争。从这种意义上讲，在关键时刻把握住人生就实现了人生的乘法。

乘法是什么？是我们在面对压力和困难时必须具有的高涨情绪，把你的潜在能量发掘出来，以乘法将这份能量加以扩大。只有这样，在关键时刻，才会得到应有的回报，人生的光环随之而来。

除法

不要同时做好几件事，把家务分开做。不要总想自己能够同时做好几件事。与其同时忙碌好几件事情，不如考虑如何提高效率，最好是把家务分成几部分来做。例如：今天整理浴室，明天给房间除尘，后天再擦窗户。心理学家认为，适度的家务劳动并不会使人感到疲劳，而且还会给人带来愉快感。

有人曾写下一个著名的幸福公式，幸福程度＝目标实现值÷目标期望值。也就是说，在目标实现值固定的前提下，目标期望值越高，幸福程度越低，而期望值越低，幸福程度越高。我们平时所说的"知足者常乐"也包含这种意思。

很多时候，人生不能寄期望值过高，树立理想是必要的，但树立的理想过于远大，超出了自己的自身能力和条件，那是十分有害的，这样容易造成人生的目标期望值和实现值反差太大，使人产生自卑情绪和失落情绪。

即刻开始，拿出纸和笔，把你的人生好好演练一遍，怎样加减，如何乘除，才能得到你想要的结果，那么，你就可以按照这套公式规划你的人生了。

真诚赞美他人

赞美，是情绪的调节剂。一句赞美的话，可以让对方喜笑颜开；一句赞美的话，可以让他人对你产生好感，为你赢得好人缘。在生活中，我们都有被他人赞美的经历。当我们获得成功时，他人一句真诚的赞美会带给我们很大的快乐。当我们情绪低落时，他人的一句真诚赞美会带给我们重新出发的信心。

记住这些生活的细节，记住这些由衷的赞美，当我们深刻地了解到他人的赞美带给我们的帮助时，我们就会了解，在我们周围的人也同样渴望来自他人的欣赏和赞扬。所以聪明的人从不吝惜自己真诚的赞美。

人的本性中有一个重要方面：即对赞美的渴求。生理层次上，每个人都愿意听别人赞美自己漂亮、强壮、健康、年轻，吃、穿、住等条件比别人优越；人际关系中，每个人都希望与别人和睦相处，获得好的人缘，得到亲朋好友的尊重和认可；事业上，每个人渴求在社会上谋求一席之地，实现自我价值。一句话，对赞美的渴望源于人的本性，具有无穷的力量，无论对什么样的人都是这样。

人们对于赞扬和认可总是不设防的，往往一句简单又看似无心的赞扬，就是良好关系的开端，人与人的距离由此而拉近。因为，赞美是引发好情绪的主要因素。

有位成功的商人刚走出办公大楼，就碰到一个着装老旧的铅笔推销员向他推销铅笔。这位商人看着推销员十分认真的神情，顿时生出怜悯之情，商人不假思索地掏出10元钱，塞到推销员手中，而后扭头走了。

刚走出几步，商人突然意识到这样做有些不妥，于是他急忙返回。商人先是向推销员点了点头，然后抱歉地解释说自己忘了取笔，希望对方不要介意，还郑重其事地对推销员说："您和我一样，都是商人，而且，我们都是认真的商人。"说完这句话，商人微笑着走了。

一年之后，商人去参加一个商务活动，一位西装革履、风度翩翩先生一见到他就上前主动和他握手。商人被突发的状况弄得一头雾水，他不记得自己认识这样一位成功的人。正当商人困惑之际，那位先生不无感激地自我介绍道："您可能早已忘记我了，而我也不知道您的名字，但我永远不会忘记您，您就是那位真诚赞美过我，重新给了我自尊和自信的人。我一直觉得自己是一个推销铅笔的乞丐，直到您亲切地对我说，我和您一样是商人为止。"

第六章 情绪无论好坏，都是你自己的选择
——不可不知的情绪掌控术

没想到商人简单的一句话，竟使一个处境窘迫的人找回了自信，使他看到了自己的价值和优势。倘若当初没有那一句充满赞美的鼓励话语，纵然给他再多的金钱也无济于事，也不会出现从自认乞丐到自信自强的巨变——这就是赞美的力量。

赞美，如一缕春风，一泓清泉，一颗给人温暖的舒心丸，它能够催人奋进，成为密切人际关系的黏合剂。它常常与真诚、谦虚、宽容、赞赏、善良、友爱相得益彰，与虚伪、狂妄、苛刻、嘲讽、势利水火不容。给成功者以赞美，表明了自己对成功的敬佩、赞美和追求；给失败者以赞美，表明了自己对别人失败后的同情、安慰和鼓励。

在我们的感知中，赞美总是能有效地起到激励和调节情绪的作用。当别人自卑时，用他的某部分优点鼓励他；当别人有过失的时候，用赞扬使其恢复自信和自尊，由此建立患难真情；当别人开始抵触时，尝试用赞美树立双方的共同立场，减少对立。

赞美在人际交往中扮演着相当重要的角色，尤其是在下属和上司的交往中，赞美是必不可少的：

第一，它是上司与下属交往中的缓冲器。经由适度的赞美，可以使双方的冲突缓和消除，乃至感情更为亲切。如果上下之间的关系曾因争执而闹僵，凭着适度的赞美便有可能解冻。人们只知不打不相识，却没意识到不捧不相亲。对于解决人际冲突来说，或打或捧，都可视情况而用。

第二，它是下属对上司的一种激励。激励，不仅仅指上司对下属，下属也可以用于上司。人人需要激励，人人可用激励，如果下属能够对上司的成就适时赞誉，则必能满足他的成就感而倍加激发他的兴业志向，这种赞许由下属提出来，即使有些超度，也是最为直接有效的。真正高明的上司，最希望得到的还是下属的掌声或捧场，这和表演者的高成就心理是形异实同的。

赞美虽然是件很好的事，但它并不是一件简单的事。若在赞美别人时，不能恰如其分，即使你的赞美是多么地真诚，也会让好事变成坏事。所以，赞美是需要一定技巧、注重一定方法的。要想让你展现完美的情商，前面的赞美方法是不得不掌握的。你只有懂得了这些赞美的技巧，才能真正成为一个受欢迎的人。

发自内心赞美，会让他人感受到你的真诚，和你产生即时的情绪共鸣，因此，当他人对你的赞美有了回应时，那就表示赞美已经起到了引发情绪共鸣的作用，而此时，你的好人缘就已经建立了。

幸福，在于你能为自己找快乐

常听人说一句话："为什么别人可以这么幸福，我却得不到？"我们不禁要问：你爱自己吗？一个连自己都不爱的人，他怎能渴求会得到爱，得到幸福。只有先爱护自己，幸福才会找上门。爱自己就让自己每天都开开心心的；爱自己就让自己每天都健健康康的；爱自己就让心胸变得更广阔，爱自己就要多发掘生活中的美好。可能你没有钱，但你关心你的家人和朋友；可能你不漂亮，可你有健康的身体；可能你体质弱，但你有一颗乐观的心。也许你觉得自己一无所有，那请你低头看看你自己，你还活着，活着就是希望，就是幸福。

之所以出现这种现象，是因为我们每个人对幸福的认知不同，我们所体验到的幸福感也有差别。有的人认为我有钱就幸福，有的人认为我找到一个真心相爱的人就幸福，有的人则认为衣食无忧就是幸福，更甚至会有人觉得吃一顿可口的饭菜，去郊外呼吸一下新鲜空气就是幸福。

幸福没有标准答案，但是却有一点共同之处，那就是快乐。因为快乐是检验幸福的一个重要指标。幸福要靠自己去发现，去寻找，抓住生活中每一份细微的快乐，其实每个人都是幸福的。幸福不在于生活的本身，而在于你看待生活的态度，在于你感受生活的情绪。

曾经有一部电影叫《求求你，表扬我》，演员范伟饰演的打工仔在接受王志文扮演的记者采访时说了这样一段话："幸福什么呢？幸福就是：我饿了，你手里有一肉包子！那你就比我幸福；再比如我冷了，你有一件厚大衣！那你就比我幸福；再比如我想上厕所，可就一个坑，你去了！那你就比我幸福……"

你的人生，不能没有心理学
改变命运的100个心理学技巧

这段关于幸福的描述听起来有点可笑，因为这些例子实在太过日常化，甚至会让人觉得有点粗陋。但就是在这样的例子里，人们才能更好地明白：幸福的本质就是一种愿望的满足。

幸福就像一个神奇的魔方，转动中组合出不同的色彩和图案。有时候，我们需要的是热情与希望，有时候我们需要的是关怀与帮助；有时候我们想要的是香车宝马；有时候我们需要的只是"冬天的棉袄，夏天的蒲扇"。当你得到了你所需要的，你所希望的时候，你的拥有就是一种幸福。

此时此刻的幸福，才是我们能够把握的。

如果非要给天下的幸福做个统一的答案，那就是：当我们获得了内心的宁静、喜悦与祥和时，无论贫穷还是富贵，幸福之树也便开始在心里扎根、成长了。这个时候，我们只需要去做一件事：用自己的智慧找到更多的幸福。

不快乐是因为生活与预期不符。我们的要求不能满足，认为人生不是它"应该"有的样子，我们就会快乐不起来。所以我们会说："要怎样怎样我就会快乐。"但人生没有那么完美的。人生常出现愤怒、沮丧、成功、失败，提出快乐的条件其实是自欺。

境由心生，快乐靠自己决定。很多人一生的生活方式，好像有一天他们会抵达一个名叫"快乐"的公车站。他们以为，有一天所有的事物都会变得完全符合理想，到时他们可以喘口气，说："我终于找到快乐了！"所以他们的一生都可以用"只要怎样怎样，我就会快乐"作一总结。

快乐就像是不知名的野花一样，遍布在我们的周围，只是很多时候，我的目光很容易错过那些惬意生长的野花，总是苦苦寻觅着那些不易见到，不易得到的奇花异草。

下面这段文字是一位85岁、得知自己将不久于人世的老先生写的，很值得一读。

"如果我能重活这一生，我要尝试犯更多的错误。我不会那么刻意求完美。我要多休息、随遇而安，我处事不会像这次那么精明。其实世间值得去斤斤计较的事少得可怜。我会更疯癫些，也不那么讲究卫生。

"你知道，我就是那种一天又一天、一个钟点又一个钟点，过得小心谨慎、清醒合理的人。哦，我也曾放纵过，如果一切能重来，我要享有更多那样的时刻——每一刻、每一分、每一秒。

"如果一切能重来，我要在早春赤足走到户外，在深秋竟夜不眠。我要多坐几趟旋转木马，多看几次日出，跟更多的儿童玩耍，只要人生能够重来。

"但是你知道，不能了。"

老人用自己的一生向我们提出了一个警示：珍惜那些存在于我们生命中的任何细节，不管是苦痛的，还是欢喜的，它们都值得我们用心纪念，情绪让我们体验了人生，也让我们真真实实地感受到了自我人生有限，要活得更快乐、更充实，其实根本不需要改变这世界。世界已经够美了，需要改变的是我们自己，是我们流露出的那些真实的情绪。

世界本来就不"完美"。我们不快乐的程度取决于现实跟它们"应该是"的样子之间有多大距离。如果我们不凡事苛求完美，快乐这档子事就简单得多了。我们只需要决定自己比较喜欢事物朝哪个方向发展，即使不能如愿，我们还是可以快乐的。

有位印度大师对急于寻求满足的弟子说："我把秘诀教给你，你要快乐，从现在开始觉得快乐就是了！"

幸福的家庭大多是相似的，而幸福的体会却因人而异、千差万别。因为幸福的答案并不统一，他深藏在每个人的心底，人们根据自己的需要来调整爱、判断爱、感受爱、收获爱。每个人都因为所处位置的不同、需要不同，而对幸福生出不同的体会。

那么，你觉得你快乐吗，你幸福吗？找一面镜子看看自己，你会很快得到答案。记住，情绪是不会骗人的。

第六章 情绪无论好坏，都是你自己的选择
——不可不知的情绪掌控术

技巧 55

积极转换，做情绪的主人

情绪调适：给不良情绪杀杀菌

情绪也会感染病菌，只是及时给坏情绪杀杀菌，它也可以变成好情绪。

那么，如何杀菌呢？送你一剂灵丹妙药，这就是三字箴言：看得开。人生在世，情绪可能会时时处处地左右着一个人的言谈举止。情绪调适好了，就会生活幸福，学习进步，工作愉快，否则就可能招致不少的麻烦。

一个人的情绪不是一成不变的。不好的情绪，也可称为消极情绪，在某种条件下，可以调适为好的情绪，即人们常说的积极情绪。从而，会使人生的某个环节的难受，转变为一种享受。

人生在世，不过百年，如果你选择了让自己幽怨地过这一生，真是辜负了大好年华。人活一辈子并不容易，忧伤也是活，高兴也是活，既然同样是活着，为什么还有人选择生气？选择郁闷甚至是抑郁而终呢？为什么不能开开心心地生活呢？

人的一生很短暂，不要事事斤斤计较，关键时刻要看得开。

人的一生并不是一帆风顺的，总会遇到许多挫折，磨难，在逆境中学会看得开，看得远，人一生才走得远，走得平稳。

看得开与看不开是人生的两种态度，两种不同人生的境界。或者说它本来就是两种人生的截然不同的反映。

一个人看得开，他的情绪是积极的，任何事情在他眼里都会变得很自然，没有应该和不应该，只有一颗随喜心。

一个人不小心伤害了你，你并没有去和他计较，依然保持一颗平和的心态做自己的事，你们之间再没有发生矛盾。一个人不小心伤害了你，你去和他计较，要他向你赔礼道歉，要他向你赔偿损失，言语之中大家生了气，动了手，伤害进一步扩大，结果他打伤了你进了派出所，你受了伤进了医院，看不开让你和他双方都受到了损害。看得开，一笑了之，则避免了事态的恶化。

一个人在工作中看得开，积极肯干，认为多做点没什么关系，"力气用不尽，井水挑不干"，从不与人计较，同事喜欢他，领导看重他，他从一名普通的工人做到了公司的副老总。而一位看不开的人，对任何事都斤斤计较，多做一点都不愿意，没有人愿意与他一道工作，结果他被公司炒了鱿鱼。

林肯说："人快乐的程度多半是自己决定的。"人生际遇对快乐程度的影响，其实远不及我们对事件的反应来得重要。

托尼和弟弟比尔同时失业了。比尔想,这下完了,没有工作,以后该怎么生活呢?而托尼却不这样认为,他认为这是个尝试新的工作,独立自主的好机会。于是,他每天都积极地出去找工作,虽然常常被拒之门外,但他依然很乐观,哼着歌,满脸微笑。托尼觉得,丢掉什么也不能丢掉好情绪,如果自己每天都闷闷不乐,很难想象生活该如何继续。

比尔却不同,他觉得自己接受不了失业的事实,他开始变得情绪紧张,脾气暴躁,甚至会为了一丁点儿的事情而大动肝火。就这样,他在坏情绪中越陷越深,他总是觉得自己一无是处,生活也没有了意义。终于,在极度的抑郁中,他跳下了20层高楼,一了百了。

一样的处境,一个人兴高采烈,另一个人却自杀了!一个人眼中的灾祸却是另一个人心目中的契机。

快乐实在也不是那么容易得到的东西。有时它可视为人生最大的挑战,需要投入全部的决心、毅力、自制力。成熟代表为自己的快乐负责,把注意力集中于已经拥有的一切,而不是放在没有得到的东西上。

一个人心里想些什么是别人无法控制的,因此,快乐与否的感觉操纵在你自己手中。别人不能把思想硬灌进你的脑子里,要寻求快乐,必须专心思考快乐的事,但我们是否经常反其道而行之?我们是否经常不把别人的赞美放在心上,却为一两句不中听的话生气好几天?如果你容许不愉快的经验或恶言占据你的心灵,后果只能自己承担。记住,你是自己思想的主宰。

大多数的人,对好话只记得几分钟,坏话却能数年不忘。他们就像收集垃圾的人,把20年前人家丢给他们的垃圾背着到处跑。

有时快乐需要努力去达成。就像维持家的整洁美观——你得把好东西陈列出来,把垃圾丢掉。快乐就是搜寻生命中的好东西,有人看见美丽的风景,有人却只见玻璃窗脏了。看见什么,靠你自己用思想作抉择。

一个人在生活中看得开,他不会被生活中的琐事所累,即使生病了,也痛并快乐着,哼着歌曲,依然热爱生活,接受医生的治疗,他的人生是积极健康的,乐观向上的,富有感染力的。一个人为了一点小事,看不开,自寻烦恼,自打死结,把自己的心灵封闭起来,心中没有一丝阳光,自甘堕落,自我毁灭,成为生活的淘汰者。

学会在平淡的日子里捡拾幸福的人,就是最能控制自己情绪的人。只有做了自己情绪的主人,才能及时弊弃掉那些糟糕的情绪,学会用另一种心情来看待事物,结果可能收获的就是满满的幸福而不是伤心的眼泪。

调换一下位置,效果大不一样

任何事物都有它的多面性,比如,看鸡蛋,你横着看,它是扁圆的,立起来看,它就会被拉长;看一个人的背影,纤细高挑,我们就会想了,这人一定是个美女,但当你真正看到她的样子的时候,你或许就失望了。

位置变了,效果自然也有了改变。人常说:"万事万物都是多面的,好坏都是双刃剑,有利就有弊。"

一个诗人听说一个年轻人想跳桥自杀,而他手里拿着的是诗人的诗集《命运扼住了我的喉咙》。诗人听说后,拿了另一本诗集,赶紧冲到桥上。诗人来到桥上,走到年轻人面前。年轻人见有人上前,便做出欲跳的姿态说道:"你不要过来!你不用劝我,我是不会下来的,命运对我太不公平了。"诗人冷冷地说:"我不是来劝你的,我是来取回我那本诗集的。"年轻人听了很疑惑,竟然不知道该说什么了。

"我要将这本诗集撕碎,不再让它毒害别人的思想,我可以用我手中的这本诗集和你手中的那本交换。"年轻人犹豫了一会儿,答应了诗人的请求。年轻人接过诗人手上的那本诗集,有点吃惊，因为诗人手上的那本诗集的名字和原来那本如此的相似，但又是如此的不同——《我扼住了命运的喉咙》。

诗人接过年轻人手中的那本诗集，对着它凝望了一会儿，便将它撕得粉碎，撕完后，诗人又说道："当我四肢健全时，我曾多次站在你那里，但当我经历了那场车祸变成残疾后，我便再也没站在那儿过。"诗人说完，用深切的目光望着年轻人。年轻人迎着诗人的目光沉思了一会儿，终于从桥上下来了。

很多时候，我们和上面这个年轻人一样，总是被身边的人和事牵绊着、主宰着，把自己的人生交给命运去处理，而忘了自己其实是自己人生的主人，我们的命运和心灵应该由自己做主。

如果说生命是一艘航船，那么我们对舵的把握程度，就决定了我们拥有怎样的人生。一个人的命运好不好，首先是自己决定的。敢于主宰和规划人生，奇迹便会不断产生。

世界上的人基本上分为两大类：一种人拥有积极乐观的人生态度，而另外一种人拥有消极悲观的人生态度。不同的人生态度，决定不同的人生结果。那些积极乐观的人，总是自己掌握自己的命运之舵，从而顺利到达幸福的彼岸；而那些消极悲观的人，总是把自己的命运之舵交给别人，或者依靠所谓的命运之神，结果永远在苦海里挣扎。如果有了积极的心态，又能不断地努力奋斗，那么世上一切事情都有成功的可能。如果既没有积极的心态，又不肯好好去努力，那么将永远和幸福失之交臂。

亨利曾经说过："我是命运的主人，我主宰我的心灵。"做人应该做自己的主人，应该主宰自己的命运，而不能把自己交付给别人。然而，生活中有些人却不能主宰自己，有的人把自己交付给了金钱，成为金钱的奴隶；有的人为了权力，成了权力的俘虏；有的人经不住生活中各种挫折与困难的考验，把自己交给了上帝；有的人经历一次失败后便迷失了自己，向命运低头，从此一蹶不振。

一个不想改变自己命运的人，是可悲的；一个不能靠自己的能力改变命运的人，是不幸的。一个人想获得成功，必定要经过无数的考验，而一个经受不住考验的人是绝对不能干出一番大事的。很多人之所以不能成就大事，关键就在于无法激发挑战命运的勇气和决心，不善于在现实中寻找答案。古今中外的成功者，无不是凭借自己的努力奋斗，掌控命运之舟，在波峰浪谷间破浪扬帆。

每个人都要努力做命运的主人，不能任由命运摆布自己。像莫扎特、梵·高这些历史上的名人都是我们的榜样，他们生前都遭遇过许多挫折，但他们没有屈服于命运，没有向命运低头，而是向命运发起了挑战，最终战胜了命运，成为自己的主人，成了命运的主宰。

情绪分两面，一面积极向上，为我们披荆斩棘地开创美好明天；一面消极沮丧，使我们丧失了创造美好生活的勇气，沦落为悲惨的人，如何选择，相信每个人都有了答案。不要把精力浪费在令人低落的事情上，换个位置，也许你就会发现让你重获勇气的一面。生活之所以美好，是因为它的不确定性，幸福就像是被压在石头下面的小草，只要我们用力躲开石头，就会看到生命的绿色。

克服职场压力，化解不良情绪

在生活中，当我们受到情绪困扰而不愉快时，往往借埋头工作来逃避不悦的心境。却很少有人正视自己的真实感受，和自己做一下情感互动。我们总是很容易把生活的重点放在最终结果上，却很少体会过程带给我们的惊喜。

不要总是抛给自己消极的问题，诸如"你的工作很不开心吗"、"你的生活是不是糟糕透了"、"我还能改变什么呢"，等等。这些问题本身就是一种致命的压力，让你无从喘息。假如你能换一种方式来提问，比如："你需要从哪里入手找到更多的工作乐趣呢？""生活中的趣事太少了，怎样增加我的快乐感呢？""我是不是要向周围的人请教一下，自身有哪些地方需要改进？"

当这些问题出现在你的脑海中时，你就会发现这种要求为生活带来了很多迎合个性的快乐和乐趣。当然，其实快乐大多是来自我们生命本身和内心的，只要我们肯正视，什么压力都能解决。要记住，在这种快节奏的生活和工作中，我们更需要笑声、爱心、给予、分享、谈话、倾听、忠诚、美丽、和平，这些都是来自心灵的快乐。

我们每天都面临各种选择，我们可以用多种方法来做决定。可以把心灵放在第一位，为我们的工作和生活增添更多的善良、同情心、真诚、真实与爱心。我们也可以把个性放在第一位，让自己更加自我。但不管怎样，改善工作情绪就必须消除压力。

压力是在工作中最让人恐慌的事情之一。压力不是人或事造成的，而是由我们对待人和事的方式造成的。

张扬是某大型企业的销售经理。在公司，她是一位上进心极强的职业女性，工作业绩各方面都十分优秀，深得老板的赏识和器重，她也为此十分自豪并更加卖力地工作。但是近几个星期以来有一件事一直困扰着她，那就是早醒：她每天清早5点钟就会突然醒来，再也不能重新入睡，必须马上开始思考和处理工作上的问题才会稍微心安，但是由于睡眠不足，导致白天精神不佳，心理压力巨大。

压力是我们日常生活中不可避免的、十分重要的成分。克服压力的诀窍就在于学习如何从焦虑情绪中发现一些积极的东西，从而管理压力。如果你不能很好地管理压力，将会导致生理、感情或者动作紊乱。相反，如果你能恰当地管理压力，这些生理变化可以导致精神或身体状态的转变，在关键时刻可以帮助你。如何克服这些压力呢？

第一步，只有正确认识压力，你才能找到克服压力的突破口。

第二步，定位你的人生，体现自我价值。

第三步，学会调整各种内外因素。

第四步，压力不是你一个人的，要懂得与人沟通，懂得沟通的人，一般不会存在焦虑情绪。

第五步，理性反思，要清楚地知道压力对于你意味着什么。

第六步，管理好自己的时间，不要让你的安排左右你。

第七步，凡事抱着乐观的态度，开启你的积极情绪。

第八步，学会放松身心，你的情绪才会更健康。

以下是帮助你在日常生活中减轻压力的具体方法，简单方便，经常运用可以起到很好的效果：

（1）早睡早起。在你的家人醒来前一小时起床，做好一天的准备工作。

（2）同你的家人和同事共同分享工作的快乐。

（3）一天中要多休息，从而使头脑清醒，呼吸通畅。

（4）利用空闲时间锻炼身体。

（5）不要急切地、过多地表现自己。

压力不容小觑，如果我们稍不注意，就会让压力钻了空子，危害到我们的身心健康。压力的外在表现只是冰山上的一角，在一般情况下，压力的外在表现往往是一个人情绪状态等方面的综合反映，它的原因往往是来自多个方面。了解自身压力产生的原因，并加以克服，如果你掌握了以上要领，就可以把压力拒之门外，享受轻松生活。

第七章

没有永远的朋友，也没有永远的敌人
——人人都应懂的交友策略

技巧 56

长袖善舞，多个朋友多条路

深交靠得住的朋友，才能永远借力

法国作家罗曼·罗兰曾说过这样一段话："得一知己，把你整个的生命交托给他，他也把整个的生命交托给你。终于可以休息了：你睡着的时候，他替你守卫；他睡着的时候，你替他守卫。能保护你所疼爱的人，像小孩子一般信赖你的人，岂不快乐！而更快乐的是倾心相许、剖腹相示，把自己整个儿交给朋友支配。等你老了、累了，多年的人生重负使你感到厌倦的时候，你能够在朋友身上再生，恢复你的青春与朝气，用他的眼睛去体会万象更新的世界，用他的感官去抓住瞬息即逝的美景，用他的眼睛去领略人生的壮美……即便是受苦也是和他一块受苦！只要能生死与共，即便是痛苦也成了快乐！"

没错，患难与共的朋友，才是真正的朋友。而真正的朋友是那种当你遇到困难的时候，能够全力相助的人。在你的人脉中，这种朋友绝对是必不可少的。

晋代有一个叫苟巨伯的人，有一次去探望朋友，正逢朋友卧病在床。这时恰好敌军攻破城池，烧杀掳掠，百姓纷纷携妻挈子，四散逃难。朋友劝苟巨伯："我病得很重，走不动，活不了几天了，你自己赶快逃命去吧！"

苟巨伯却不肯走，他说："你把我看成什么人了？我远道而来，就是为了看你。现在，敌军进城，你又病着，我怎么能扔下你不管呢？"说着便转身给朋友熬药去了。

朋友百般苦求，叫他快走，苟巨伯却端药倒水安慰说："你就安心养病吧，不要管我，天塌下来我替你顶着！"

这时"砰"的一声，门被踢开了，几个凶神恶煞般的士兵冲进来，冲着他喝道："你是什么人？如此大胆，全城人都跑光了，你为什么不跑？"

苟巨伯指着躺在床上的朋友说："我的朋友病得很重，我不能丢下他独自逃命。"并正气凛然地说："请你们别惊吓了我的朋友，有事找我好了。即使要我替朋友去死，我也绝不皱眉头！"

敌军一听愣了，听着苟巨伯的慷慨言语，看看苟巨伯的无畏态度，很是感动，说："想不到这里的人如此高尚，怎么好意思侵害他们呢？走吧！"说完，敌军撤走了。

患难时体现出的情义能产生如此巨大的威力，说来不能不令人惊叹。这种朋友就是能够显示自己本色的人，他没有虚假的面具，能够与你真心交往，与你同甘共苦。这种人肯定不是浅薄之徒。他们有着丰富的精神世界，能帮助你不断地进取，成为你终生的骄傲。

这种靠得住的朋友一定要深交，因为他们是你人生中难得的"真金"，是你需要重点注意的一类朋友。正如纪伯伦曾说过："和你一同笑过的人，你可能把他忘掉；但是和你一同哭过的人，你却永远不会忘记。"

多结交朋友多的朋友，朋友会越处越多

　　如果你接触的总是同一群人，你的成长是有限的；如果将自己局限在很小的社团内，只会让你觉得枯燥无味、沉闷寂寞。所以，多结交新朋友，参加新的社交活动，扩大你的社交圈，就可以让你结交各个阶层的朋友，不但让你的生活多姿多彩，而且能扩大你的视野与见识。这是一种非常好的精神食粮。

　　如果你能够不断扩大你的生活范围，你的交友层次也就会不断提升；如果你能够勇于尝试新的事物，你就能突破内心种种的困难和障碍。

　　你必须跨出自己的生活圈子，必须接触不同类型的人，因为不同类型的人会带给你不同的刺激，不同的刺激会带给你不同的创意和灵感，让你在你的领域里能够占有更大的优势。

　　结交朋友的前提是培养自己，提升自己的气质，改善自己的交际。如果你希望获得一个超人气的人际关系，那么照着以下建议去做，你会有意想不到的收获。

培养受欢迎的性格

　　俗话说："千人千面，各人各性。"不同性格的人在人际交往中也有着不同的交往方式，但拥有"耐性"，就如同在人际交往中拥有了法宝，锻炼自己的"耐性"可以使自己的人际交往得到长足的改善。

乐于结交朋友

　　采取主动的姿态参与各种社交活动是拓展交际范围的一个必然途径。最常见的方式是，选择一个社团、加入一个集邮社、一个健身俱乐部，等等。人生旅途中，我们必须学会和陌生人相处，所以我们要乐于结交朋友。无论何时何地，如果有人想主动结识你，绝不要当场立刻拒绝，而应是马上做出友善的回应，向对方展示你的友善和真诚。永远记住，多善待一个希望结识你的人，你就多增加一份人脉，并可能因此多得一次事业良机。

以开放的心态容纳朋友

　　拥有开放的心态，就是要善于听取朋友们的批评和意见。只有善于吸收意见的人，才能成长得更快。如果你想有更多更好的朋友，就应该养成开放宽容的心态。我们建设人脉的目的之一就是为自己增加发展的外力，能够为自己提意见的朋友是世界上最珍贵的朋友。处处寻找朋友，寻找朋友们的建议，才是理性和成熟的表现。

利用身边的朋友介绍扩大你的交际圈

　　我们知道在人脉网中，朋友的介绍相当于信用担保，朋友要把你介绍给其他人，就意味着朋友是为你作担保。基于这一点，你可以请你的朋友介绍他的朋友给你认识。就像我们做客户服务一样，如果你的新客户是一个强有力的老客户介绍的，这位新客户一下子就会接受你或你的服务。

　　你会发现这样积累人脉资源的成本是最低的，你不需要花更多的时间去做介绍，你不需要花更多的时间去请客吃饭，这些都省下来了。

　　我们思考问题通常只站在自己的角度，再好的一个人，其实都有自私的一面，这是因为单个人总是有偏差和缺陷。所以，认识一些交际广范的朋友很重要的一点，就是可以弥补我们个人在社会关系中的不足。

　　要认识一些交际广范的朋友，首先必须假定一个前提，我们所拥有的人脉资源如同做生意，也是一种社会交换。我们跟朋友之间互相往来，是因为我们通过这种往来可以弥补各自需要。

　　曾有人总结出一条人脉资源的黄金法则，那就是"你希望别人怎样对你，你就以怎样的方式对别人"。要获得朋友的资源，你就要舍得奉献自己的资源。

结交几个"忘年知己"，友谊路上多份力

培根就曾这样论述过："青年的性格如同一匹不羁的野马，藐视既往，目空一切，好走极端，勇于改革而不去估量实际的条件和可能性，结果常常因浮躁而冒险，老年人则比较沉稳。最好的办法是把两者的特点结合起来。"这样，年轻人就可以从老年人身上学到坚定的志向、丰富的经验、深远的谋略和深沉的感情。而且，老年人丰厚的人际关系资源，可以为年轻人提供广泛的门路。

罗曼·罗兰23岁时在罗马同70岁的梅森堡相识，后来梅森堡在她的一本书中对这段忘年交做了深情的描述："要知道，在垂暮之年，最大的满足莫过于在青年心灵中发现和你一样向理想、向更高目标的突进，对低级庸俗趣味的蔑视……多亏这位青年的来临，两年来我同他进行最高水平的精神交流，通过这样不断地激励，我又获得了思想的青春和对一切美好事物的强烈兴趣……"

这就是我们常说的"忘年之交"。一方面它是一种心灵相通，另一方面也具有现实的意义。往往老年人非常喜欢与人交往，以获得尊重，同时，老年人也希望通过帮助别人来获得自我价值的实现。

崔明明一人独自来到北京，到北京大学作家班学习。通过上课，认识了一位老教授，通过彼此的老乡关系慢慢熟起来。崔明明独特而新颖的思路吸引了老教授，他们成为忘年交。等到作家班结束后，老教授通过关系将他介绍到了一家效益好的出版社。从此，崔明明打开了社会关系，也在北京站稳了脚跟。

通过忘年交这种方式，我们也可以结识到优势互补的朋友。

很简单，年轻人有年轻人的优势，而老年人则有老年人的优势。年轻人有激情、有创造性，而老年人有经验、有方法。年轻人要想在事业上获得迅速发展肯定离不开老年人的提携和帮助。然而，由于年轻人与老年人在思想、感情、思维方法和心理品质上存在较大差异，因此，年轻人与老年人在交往方面容易产生"代沟"。

但是我们不能因为这种代沟的存在而阻断与老年人的交往，这种代沟是必须要填平的。因为任何社会阶段都要靠各个年龄层次的人的相互作用来发展，这种作用既有选择性的继承，也有创造性的发挥和扬弃。加强年轻人与老年人之间的交流与沟通，对双方乃至对整个社会的发展都具有十分重要的意义。

要加强两方面之间的沟通，年轻人必须客观地、辩证地认识老年人与年轻人各自的长短优劣之处，看到这种沟通对双方不同的互补功能。

所以，朋友之间的交往并不局限于同时代、同年龄段的人，这些人相对来讲更加与你接近，但是，与你的前辈相处时，你会发现他们更加能够吸引你。虽然存在代沟，但是一旦形成忘年交，就会发出耀眼的光芒。

技巧 57

冷热得当，朋友越处越好

第一个五分钟攀谈法，让陌生人轻松变朋友

人们第一次相遇，需要多少时间决定他们能否成为朋友？美国伦纳得·朱尼博士在所著的一本书中说："交际的点，就在于他们相互接触的第一个五分钟。"朱尼博士认为：人们接触的第一个五分钟主要是交谈。在交谈中，你要对所接触的对象谈的任何事情都感兴趣。无论他从事什么职业、讲什么语言、以什么样的方式，对他说的话都要耐心倾听。如果你这样做了，你会觉得整个世界充满无比的情趣，你将交到无数的朋友。

而许多人同陌生人说话时都会感到拘谨。建议你先考虑一个问题，为什么你跟老朋友谈话不会感到困难？很简单，因为你们相当熟悉。相互了解的人在一起，就会感到自然协调。而对陌生人却一无所知，特别是进入了充满陌生人的环境，有些人甚至怀有不自在和恐惧的心理。你要设法把陌生人变成老朋友，首先要在心目中建立一种乐于与人交朋友的愿望，心里有这种要求，才能有行动。

以到一个陌生人家去拜访为例：如果有条件，首先应当对要拜访的客人作些了解，探知对方一些情况，关于他的职业、兴趣、性格之类。

当你走进陌生人住所时，你可凭借你的观察力，看看墙上挂的是什么。国画、摄影作品、乐器……通过这些都可以推断主人的兴趣所在，甚至室内某些物品会牵引起一段故事。如果你把它当做一个线索，就可以由浅入深地了解主人心灵的某个侧面。当你抓到一些线索后，就不难找到开场白。

如果你不是要见一个陌生人，而是参加一个充满陌生人的聚会，观察也是必不可少的。你不妨先坐在一旁，耳听眼看，根据了解的情况，决定你可以接近的对象，一旦选定，不妨走上前去向他作自我介绍，特别对那些同你一样，在聚会中没有熟人的陌生者，你的主动行为是会受到欢迎的。

应当注意的是，有些人你虽然不喜欢，但必须学会与他们谈话。当然，人都有以自我兴趣为中心的习惯，如果你对自己不感兴趣的人不瞥一眼，一句话都不说，恐怕也不是件好事。别人会认为你很骄傲，甚至有些人会把这种冷落当做侮辱，从而产生隔阂。和自己不喜欢的人谈话时，第一要有礼貌；第二不要谈论有关双方私人的事，这是为了使双方自然地保持适当的距离，一旦你愿意和他结交，就要一步一步设法缩小这种距离，使双方容易接近。

在你决定和某个陌生人谈话时，不妨先介绍自己，给对方一个接近的线索，你不一定先介绍自己的姓名，因为这样人家可能会感到唐突。不妨先说说自己的工作单位，也可问问对方的工作单位。一般情况，你先说说自己的情况，人家也会相应告诉你他的有关情况。

接着，你可以问一些有关他本人的而又不属于秘密的问题。对方有一定年纪的，你可以向他问子女在哪里读书，也可以问问对方单位一般的业务情况。对方谈了之后，你也应该顺便谈谈自己的相应情况，才能达到交流的目的。

和陌生人谈话，要比对老朋友更加留心对方的谈话，因为你对他所知有限，更应当重视已经得到的任何线索。此外，他的声调、眼神和回答问题的方式，都可以揣摩一下，以决定下一步是否能纵深发展。

有人认为见面谈谈天气是无聊的事。其实，这要具体问题具体分析。如果一个人说："这几天的雨下得真好，否则田里的稻苗就旱死了。"而另一个则说："这几天的雨下得真糟，我们的旅行计划全给泡汤了。"你不是也可以从这两句话中分析两人的兴趣、性格吗？退一步说，光是浮光掠影的话，在熟人中意义不大，但对与陌生人的交往还是有作用的。

如遇到那种比你更羞怯的人，你更应该跟他先谈些无关紧要的事，让他心情放松，以激起他谈话的兴趣。和陌生人谈话的开场白结束之后，特别要注意话题的选择。那些容易引起争论的话题，要尽量避免，为此当你选择某种话题时，要特别留心对方的眼神和小动作，一发现对方厌倦、冷淡的情绪时，应立即转换话题。

在与人聚会时，常常会碰到请教姓名的事，如问："请问你尊姓大名？"对方说出姓名之后，你应立即用这个名字来称呼他，而且要牢牢记住对方的姓名，当你碰到一个可能已经忘记了的人，你可以表示抱歉，"对不起，不知怎么称呼您？"也可以说半句"您是……"、"我们好像……"，意思是想请对方主动补充回答，如果对方老练他会自然地接下去。

顺利地与陌生人攀谈，给人一个好印象，积累人脉资源为你所用。学会和陌生人攀谈，谁都可能成为你的朋友。

给朋友面子，就是给自己面子

自尊在中国人的字典里被解释为"面子"。我们在人际圈中经常能听到这样的话"给哥们儿个面子……"、"看在×××的面子上就这么办吧……"。足见，"面子"在中国人心中多么重要。

一般来说，我们每个人对于"面子"往往都存有不容侵犯的保护意识，因此，一旦个人的"面子"遭受侵犯或攻击时，即使对方过后表示歉意，恐怕也已无法弥补双方已损伤的关系。相反的，如果你能顾及对方的"面子"，处处为对方的"面子"着想，那么，对方必然会因此对你表示友好与感谢。朋友之间亦是如此。

举例来说，当一堆朋友正在围桌谈笑时，有一个人讲了一个笑话，结果使得全场捧腹大笑，气氛十分欢乐。然而，在这些笑声还未平息之际，突然有另一个人说道："这的确是一则有趣的笑话，不过我在上个月的某本杂志中早就看过了。"或许这人的目的在于表现其见闻广博，但他所获得的真正评价是什么呢？而那个当初说笑话的人，此时的感受又如何呢？你可以体会得到。

人人都有自尊，人人都爱面子。我们一旦投入社交，无论他的地位、职务多高，成就多大，无不关心外界对自己的评价。由于来自外界评价的性质、强度和方式不同，人们会相应地做出不同反应，并对交际过程及其结果产生积极或消极的影响。通常的规律是：尊之则悦，不尊则哀。换言之，当得到肯定的评价时，人们的自尊心理得到满足，便会产生一种成功的情绪体验，表现出欢愉乐观和兴奋激动的心情，进而"投桃报李"，对满足自己自尊欲望的人产生好感和亲近力，采取积极的合作态度，交际必然向成功的方向发展。反之，当人们不受尊重，受到不公正的评价时，便会产生失落感、不满和愤怒情绪，进而出现对抗姿态，使交际陷入危机。

与其伤朋友的面子，不如给他面子。有时候你知道你朋友的做法是错误的，直接提建议可能会伤害到彼此的感情，不如就采取迂回的方式对他说："虽然你有你的生活方式，可是我觉得如果你这样做，会更好。"或者"这件事那样做是不对的，我相信你是不会那样做的，对不对？"

第七章 没有永远的朋友，也没有永远的敌人
——人人都应懂的交友策略

陈文进公司不到两年就坐上了部门经理的位置，但是有个别下属不服他，有的甚至公开和他作对，钱诚就是其中的一位。他们本来还是好朋友，自从陈文做了部门经理之后，钱诚就经常迟到，一周五天工作日，他甚至四天迟到。

按公司规定，迟到半小时就按旷工一天算，是要扣工资的。问题是，钱诚每次迟到都在半小时之内，所以无法按公司的规定进行处罚。陈文知道自己必须采取办法制止钱诚的这种行为，但又不能让矛盾加深。

陈文把钱诚叫到办公室："你最近总是来的比较迟，是不是有什么困难？"

"没有，堵车又不是我能控制的事情，再说我并没有违反公司的规定呀。"

"我没别的意思，你不要多心。"陈文明显感觉到了对方的敌意。

"如果经理没什么事，我就出去做事了。"

"等等，钱诚你家住在体育馆附近吧。"

"是啊。"钱诚疑惑地看着对方。

"那正好，我家也在那个方向，以后你早上在体育馆东门等我，我开车上班可以顺便带你一起来公司。"

没想到陈文说的是这事，钱诚反而有些不好意思，喃喃地说："不，不用了……你是经理，这样做不太合适。"

"没关系，我们是同事，帮这个忙是应该的。"

陈文的话让钱诚脸上突然觉得发烧，人家陈文虽然当了经理，还能平等地看待自己，而自己这种消极的行为，实在是不应该。事后，他们的朋友关系又"正常化"了。

学会维护他人的自尊心，你会得到越来越多的新朋友，老朋友对你的感情也会越来越深。这样你的友情网络会更加牢固。

有专家指出，维护别人的"面子"要从以下三个方面做起：尊重他的人格；让每一个人感到你重视他的存在；记住他人的名字。

总之，朋友是交出来的，关系是处出来的。想永远拥有友谊，就必须会给朋友面子，这也是给我们自己面子。

穿朋友的鞋子，增进彼此交情

生活本来就充满矛盾，这是人与人之间产生误解和隔阂的根源，是通向友谊王国的"拦路虎"。与真心朋友交往就要给对方多一些理解，多站在别人的立场和角度来为他着想，这也就是所谓的"穿朋友的鞋子"。

学会穿朋友的鞋子，许多事不必说他就能心领神会，同样，朋友也会深知你心中的每一根琴弦和音调，在你刚刚弹出第一个音符的时候，他已经知道了整个乐曲的内容。

多站在对方的立场上看问题。这是成功学大师卡耐基曾总结出的一条重要的交际经验。因为人们在交流中，分歧总占多数。卡耐基希望缩短与对方沟通的时间，消除差异，提高会谈的效率，为此，他苦恼了好久。直到有人给他讲了一个故事——犯人的权利，他才从中领悟到这条交际原理。

某犯人被单独监禁。有一天，他忽然嗅到了一股万宝路香烟的香味。于是，他走过去，通过门上一个很小的缝隙口，看到门廊里有个卫兵深深地吸了一口烟，然后美滋滋地吐出来。这个囚犯很想要一支香烟，所以，他用手客气地敲了敲门。

卫兵慢慢地走过来，傲慢地喊："想要什么？"

囚犯回答说："对不起，请给我一支烟……就是你抽的那种：万宝路。"

卫兵错误地认为囚犯是没有权利的，所以，他用嘲弄的神态哼了一声，就转身走开了。

这个囚犯却不以为然。他认为自己有选择权,他愿意冒险检验一下自己的判断,所以他又敲了敲门。这回,他的态度是威严的,和前一次明显不同。

那个卫兵吐出一口烟雾,恼怒地转过头,问道:"你又想要什么?"

囚犯回答道:"对不起,请你在秒之内把你的烟给我一支。不然,我就用头撞这混凝土墙,直到弄得自己血肉模糊,失去知觉为止。如果监狱当局把我从地板上弄起来,让我醒过来,我就发誓说这是你干的。当然,他们绝不会相信我。但是,想一想你必须出席每一次听证会,你必须向每一个听证委员证明你自己是无辜的;想一想你必须填写一式三份的报告;想一想你将卷入的事件吧——所有这些都只是因为你拒绝给我一支劣质的万宝路!就一支烟,我保证不再给你添麻烦了。"

最后,卫兵从小窗里塞给他一支烟。为什么呢?因为这个卫兵马上明白了事情的得失利弊。

这个囚犯看穿了卫兵的弱点,因此达成了自己的要求——获得一支香烟。

卡耐基通过这个故事想到自己:如果自己能站在对方的立场上看问题,不就可以知道他们在想什么、想得到什么、不想失去什么了吗?仅仅是转变了一下观念,学会站在对方的立场看问题,卡耐基就立刻获得了一种快乐——找到一种真理的快乐。

怎样做到善解人意呢?你必须保持对对方"同感"的理解,其实这也是一种说话技巧。

所谓"同感"就是对于对方所述,表示自己有类似的想法和经历。比如吴倩以十分认真的语调告诉她的好朋友李蓉,她想自杀。李蓉不是去问她为什么,也不板起脸孔说教一番,而是说"是啊,我曾经也有过同样的想法,记得是那天发生的一件事,使我看到了人为什么要勇敢地活下去……"结果吴倩就轻松地谈起了她的烦恼与苦闷。李蓉边听边点头,表示理解和关注。后来吴倩不但勇敢地活了下去,并且做出了成绩。她和那位善解人意的李蓉的友谊愈来愈深了。

要想达到与人情感沟通,就要注意对方。当对方对某一事物表露出一种情感倾向时,你就要对他所说的这件事表达同样的感受,而且激烈些,于是你们就谈到一起了。

真诚理解是友谊的纽带,是成为知己朋友的情感基础,我们不必把其看得过于高深。理解就在你的身旁,理解就在每天琐碎的日常生活当中,而我们能做的,只是在人际交往中,设身处地多为他人着想。

技巧 58

远近适中、朋友交得要艺术

"刺猬哲学"才是交友之道

叔本华曾经讲过一个"刺猬哲学":一群刺猬在寒冷的冬天相互接近,为的是通过彼此的体温取暖以避免冻死,可是很快它们就被彼此身上的硬刺刺痛,相互分开;当取暖的需要又使它们靠近时,又重复了第一次的痛苦,以至于它们在两种痛苦之间转来转去,直至它们发现一种适当的距离使它们能够保持互相取暖而又不被刺伤为止。

正如一句话说得好:"距离产生美。"再好的朋友如果天天见面,也未必是一件好事。保持一定的距离,这样才能让友谊之情长久!

交到好朋友难,而保持友情更难。彼此是好朋友,那为何还要保持距离?这样会不会让朋友间彼此疏远,显得缺乏继续交往下去的诚意呢?你肯定会为这些问题担心。但事实证明,很多人友情疏远,问题就恰恰出在这种形影不离之中。

距离是人际关系的自然属性。有着亲密关系的两个朋友也毫不例外,成为好朋友,只说明你们在某些方面具有共同的目标、爱好或见解,能进行心灵的沟通,但并不能说明你们之间是毫无间隙、可以融为一体的。任何事物都存在着其独自的个性,事物的共性存在于个性之中。共性是友谊的连接带和润滑剂,而个性和距离则是友谊相吸引并永久保持其生命力的根本所在。

人一辈子都在不断地交新的朋友,但新的朋友未必比老的朋友好,失去友情更是人生的一种损失,因此要强调:好朋友一定要"保持距离"!

在文坛,流传着一个关于两位文学大师的故事:

加西亚·马尔克斯是1982年诺贝尔文学奖获得者,巴尔加斯·略萨则是近年来被人们说成是随时可能获得诺贝尔文学奖的西班牙籍秘鲁裔作家。他们堪称当今世界文坛最令人瞩目的一对冤家。他俩第一次见面是在1967年。那年冬天,刚刚摆脱"百年孤独"的加西亚·马尔克斯应邀赴委内瑞拉参加一个他从未听说过的文学奖项的颁奖典礼。

当时,两架飞机几乎同时在加拉加斯机场降落。一架来自伦敦,载着巴尔加斯·略萨,另一架来自墨西哥城,它几乎是加西亚·马尔克斯的专机。两位文坛巨匠就这样完成了他们的历史性会面。因为同是拉丁美洲"文学爆炸"的主帅,他们彼此仰慕、神交已久,所以除了相见恨晚,便是一见如故。

巴尔加斯·略萨是作为首届罗慕洛·加列戈斯奖的获奖者来加拉加斯参加授奖仪式的,而马尔克斯则专程前来捧场。所谓殊途同归,他们几乎手拉着手登上了同一辆汽车。他们不停地交谈,几乎将世界置之度外。马尔克斯称略萨是"世界文学的最后一位游侠骑士",略萨回称马尔克斯是"美洲的阿马迪斯";马尔克斯真诚地祝贺略萨荣获"美洲诺贝尔文学奖",而略萨则盛赞《百年孤独》是"美洲的《圣经》"。此后,他们形影不离地在加拉加斯度过了"一生中最有意义的4天",制订了联合探讨拉丁美洲文学的大纲和联合创作一部有关哥伦比亚-秘鲁关系小说。略萨还对马尔克斯进行了长达30个小时的"不间断采访",并决定以此为基础撰写自己的博士论文。这篇论文也就是后来那部砖头似的《加夫列尔·加西亚·马尔克斯:弑神者的历史》(1971年)。

基于情势,拉美权威报刊及时推出了《拉美文学二人谈》等专题报道,从此两人会面频繁、笔交甚密。于是,全世界所有文学爱好者几乎都知道:他俩都是在外祖母的照看下长大的,青年时代都曾流亡巴黎,都信奉马克思主义,都是古巴革命政府的支持者,现在又有共同的事业。

作为友谊的黄金插曲,略萨邀请马尔克斯顺访秘鲁。后者谓之求之不得。在秘鲁期间,略萨和妻子乘机为他们的第二个儿子举行了洗礼;马尔克斯自告奋勇,做了孩子的教父。孩子取名加夫列尔·罗德里戈·贡萨洛,即马尔克斯外加他两个儿子的名字。

但是,正所谓太亲易疏。多年以后,这两位文坛宿将终因不可究诘的原因反目成仇、势不两立,以至于1982年瑞典文学院不得不取消把诺贝尔文学奖同时授予马尔克斯和略萨的决定,以免发生其中一人拒绝领奖的尴尬。当然,这只是传说之一。有人说他俩之所以闹翻是因为一山难容二虎,有人说他俩在文学观上发生了分歧或者原本就不是同路。更有甚者是说略萨怀疑马尔克斯看上了他的妻子。这听起来荒唐,但绝非完全没有可能。后来,没有人能再把他们撮合在一起。

可见,朋友相处,重要的是双方在感情上的相互理解和遇到困难时的互相帮助,而不是了解一些没有必要的东西。也可以说,心灵是贴近的,但肉体应是保持距离的。

中国古老的箴言:君子之交淡如水,便饱含了这一道理。那么,真诚地对待你的朋友时,保持距离、用心经营才是上上策。

朋友分"三六九等",对待需因人而异

如果没有猜错的话,你不一定要有很多朋友,却一定要有一位真正的朋友。其实,真正懂得交友之道的人,往往会将那些别有所图的人挑出来,远离他们。因为把这类人当做好朋友,只会深受其害。

从前有一个仗义的人,广交天下豪杰。临终前对他儿子讲,别看我自小在江湖闯荡,结交的人如过江之鲫,其实我这一生就交了一个朋友,其他都不值一提。

儿子纳闷不已。他的父亲就贴在他的耳朵边交代一番,然后对他说,你按我说的去见见我的这些朋友,朋友的含义你自然就会懂得。

儿子先去了他父亲认定的"朋友"那里,对他说:"我是某某的儿子,现在正被朝廷追杀,情急之下投身你处,请予以搭救!"这人一听,不假思索,赶快叫来自己的儿子,喝令儿子速速将衣服换下,穿在了眼前这个并不相识的"朝廷要犯"身上,却让自己儿子穿上了"朝廷要犯"的衣服。

儿子又去了父亲的其他几个"朋友"家。这些人平素与父亲称兄道弟,亲如一家,可当他们弄明白儿子的来意时,都吓得面如土色,找个借口溜走了事。

儿子终于明白了,真的朋友是能够在你最危急的时刻伸出援手的那个人;而那些在你春风得意之时与你交好的人往往会在紧要关头丢下你。

不难看出,朋友需要分"三六九"等,如果把虚情假意的人当做真心朋友,总有一天会受

到伤害。

如果仅仅只是虚情假意倒也罢了，怕的是你识人不清，误交损友，那后果将严重得多。

每个人都有自己的缺点和不足之处，有些缺点是可以宽容和原谅的，但有些缺点是不可原谅的，特别是涉及人的本质问题，更是不可原谅的。笼而统之，本质有问题的人不可交。

俗话说："人心隔肚皮。"有些人居心叵测，当面一套，背后一套，对这样的人应慎而又慎，更谈不上结交为朋友了。

至于某人是不是两面派，如果没有先见之明，在短时间内是很难分辨的。这样的人往往在你面前说得优美动听，夸得使人飘飘然。当面说的都是一些忠贞不贰的话，表现出的是忠诚老实相，但背后说不定有更险恶的用心。

说得轻一点，具有两面派性质的人善于搬弄是非。在你面前说他的坏话，在他面前说你的坏话，不闹出矛盾，绝不罢休。

与这样的人交朋友、诉真心，无疑是将自己放在一个十分危险的境地。所以在交朋结友时一定要睁大双眼，看清对方的用意，以免在将来的某一天后悔莫及。

当然，要把朋友分等级其实不容易，因为人都有主观的好恶，因此有时会把一片赤心的人当成一肚子坏水的人，也会把凶狠的狼看成友善的狗，甚至在旁人点醒时还不能发现自己的错误，非等到被朋友伤害了才大梦初醒。所以，要十分客观地将朋友分等级是十分困难的，但面对复杂的人性，你非得勉强自己把朋友分等级不可。心理上有分等级的准备，交朋友就会比较冷静客观，可把伤害减到最低。

另外，也要根据对方的特性，调整和他们交往的方式。但有一个前提必须记住，不管对方智慧多高或多有钱，一定要是个"好人"才可深交，也就是说，对方和你做朋友的动机必须是纯正的。不过人常被对方的身份和背景所眩惑，结果把坏人当好人，这是很多人无法避免的错误。

朋友分类，交往之中有分寸

一般来说，每个人都不止一个朋友，甚至很多。在众多朋友当中，想要与所有朋友都恰到好处地相处，给朋友们分类就非常重要了。

某地有个很成功的商人，朋友无数，三教九流都有，他曾逢人就自夸，说他朋友之多，天下第一。后来有人问他："你朋友这么多，谁都同等对待了吗？"

他沉思了一下说："当然不可能同等对待，要分等级的！"他说虽然自己交朋友都是诚心的，但别人来和他做朋友却不一定都是诚心的。在他的朋友中，人格清高的朋友固然很多，但想从他身上获取一点利益、心存二意的朋友也不少。"对于有坏意、不够诚恳的朋友，我总不能也对他推心置腹吧！"这位商人说，"那只会害了我自己。"

所以，在不得罪"朋友"的情况下，他把朋友分了"等级"，有"刎颈之交级"、"推心置腹级"、"可商大事级"、"酒肉朋友级"、"嘻嘻哈哈级"、"保持距离级"等。他根据这些等级来决定和对方来往的亲密度。

很明显，"刎颈之交级"、"推心置腹级"和"可商大事级"的朋友，是值得深度交往的好朋友；"酒肉朋友级"、"嘻嘻哈哈级"、"保持距离级"的朋友则不适合深度交往，否则自己就会吃亏。

具体说来，根据亲密程度，朋友可以分为以下几类：

知己

他们是我们人生中很难找到的极少数朋友，他们可以诚意地接纳我们的优点，也会接纳我们的缺点，处处忠诚地为我们着想。他们像面镜子，能给予我们劝勉和鼓励；又像影子，永远对我们信任、支持，是维持我们精神健康的支柱。

不过，对于知己我们也有义务不断地付出，同样舍己地为别人的利益着想。接纳、支持、聆听和帮助，是知己的责任。需要切记的是不要滥用知己的权利——知心朋友不等于"黏身"朋友，更不能要求对方完全同意自己、迁就自己。

死党
他们多是一些来往密切，与自己的生活很接近的朋友，彼此有相同的思想，相同的遭遇，故而很容易谈得来。

"死党"是我们日常生活的好伙伴，可驱除孤单感，增加自信心，为生活添加色彩和热闹，是有需要时最好的支柱。

但若要整个"死党"能相处愉快，就需要大家彼此迁就，不执意独行，有合群的性格，才能发挥联合的力量。"死党"有事求助我们时要挺身给予援手，常加鼓励，看做是自己的事情。不过，可不要仅陶醉在其中，完全排斥外界朋友；否则，可能会失去很多宝贵的友谊。

老友
他们是与我们很熟悉、相识多年的老朋友，如老同学、一起长大的玩伴等。虽然大家见面的机会未必很多，但彼此熟悉，每次相逢都能天南地北地亲切交谈。他们不是知己，有困难时未必会想到我们；大家的性格也未必接近，不过友谊倒是经得起考验，值得我们去珍惜和主动自然地表示关心。不要因为彼此来往少而让友谊中断。

来往密切的朋友
因为活动范围相同，我们可能交到一些接触密切的朋友，如上司、同事、老师、同学等。他们很熟悉我们的生活小节，但未必是那些互相了解，可倾诉心事的人。

对于这些朋友，虽然大家每日共事，但不能对他要求太高，因为彼此都没有什么承诺和默契。但起码相处应不忘礼貌，言行一致，态度真诚，因为他们正是最能看透我们言行、工作能力和态度的人，不要老摆出外交式的笑容和虚假态度。

单方面投入的朋友
有些人可能对我们很着迷和信任，常把心事向我们倾诉，但我们没有那种共同推心置腹的感觉。也有些时候，我们对某人特别崇拜倾慕，而对方却未必有热烈的反应。这种不平衡的关系多产生在一些不同位置的朋友之间，如老师与学生、班长与同学、偶像与追星族等。不过，有时普通朋友间也有这种不平衡现象。

当受人仰慕的时候，可不要轻看和玩弄别人的友情，或表示讨厌和高傲的态度，应该尽力去助人成长，给予中肯意见，鼓励他发展独立精神，认识其他朋友。

当我们倾慕别人的时候，也不要成为他人的累赘，不要对别人盲目崇拜，过分依赖他人。而应该积极从他人身上学习长处。

普通朋友
这类朋友占了我们朋友中的大部分。他们可以和我们扯东扯西，谈些无关痛痒的话题，不过交情上可是谁也不欠谁，不会令彼此牵肠挂肚。虽说是普通朋友，也可成为游乐时的好玩伴；有难事，也可向有专门知识的个别朋友请教。这些来自不同背景的朋友能充实我们的知识，令我们感受到"相识遍天下"的温暖感觉。

泛泛之交
大家的友谊仅止于认识的阶段，是点头之交，连普通话题也未必有机会聊上。大家若能做到见面时打打招呼，保持礼貌距离，已是很不错的了。千万别对人随便过分信任，否则误交朋友，后悔时就太迟了。

给朋友分类，也要选对时机，如果你目前平平淡淡或失意不得志，那么不必太急于把朋友分等级，因为你这时的朋友不会太多，还能维持感情的朋友应该不会太差。但当你有成就了，手上握有权和钱时，那时你的朋友就非分等级不可了，因为你这时的朋友有很多是另有所图，不是真心的。

技巧 59

趋利避险，小心"朋友"刀

走过同样的路，未必是同路人

白居易以《琵琶行》中一句"同是天涯沦落人，相逢何必曾相识"名动天下，仿佛他与琵琶女的情感在明白彼此境况相近的那一瞬间，一下子拉近了许多。这就是所谓的"共鸣"，那些曾经有过共同经历的人，更容易互相靠近，也更容易成为朋友。

从心理学的角度讲，人与人之间共同拥有同样的体验或秘密，能加强彼此的关系，更能强化亲密和信赖的程度。人所共有的体验愈是特别，愈能让当事人拥有同伴意识。譬如"战友"这个词，对于某个时代或者某个特定环境的人而言，是会有他人所不能体会的特殊感情，只要说一句"我也是某某部队的"，就可让初次见面的对方倍加信任，因为它确实能让人回忆起战场上或某次抢险中战友们同在生死线上浴血奋战的情形。又如许多人都认为同学的友谊是最真诚的，走出校门踏进社会之后，如果初次见面的人得知彼此是校友、学友，都会产生一种莫名其妙的亲切感，因为昔日美好的校园生活能让人回忆起当初的浪漫、纯真，由于怀念过去而认同了面前的人。

但有心机的人，不会被曾经的共同而打动，或许共同的经历可能产生共同的情感，却也并非绝对。毕竟，相同的人生经历不能证明一个人的品质，相反，我们倒要提防那些用相同经历来与我们套近乎的人。

刘先生曾参加过对越自卫反击战，退伍后到一家外贸公司工作，凭着自己的勤奋好学，没过几年便成为业务骨干。后来，他辞职创办了一家公司，凭着自己的经验和战场上那种奋勇拼搏的精神，他在商场上证明了自己的价值，拥有几百万的固定资产。1995年，刘先生的一个老客户（也是一家公司）要搞融资租赁，请求刘先生提供担保。刘先生做事严谨，对生意上的事一向以稳重著称，尽管是老客户，他也按照惯例审查该客户与租赁公司的合同以及该客户的营运状况，审查后觉得并没有什么把握，准备婉言回绝。

一天，该客户又派了公司的一名业务主管人员前来商讨此事。初次见面，两个人互相介绍，刘先生得知该人姓胡，胡某忽然说："我觉得你的名字很耳熟，你是不是某某部队的？"刘先生道出了自己曾在某部队当兵，并参加过自卫反击战，胡某高兴地叫起来："哎呀，你是一班的，我是二班的，我说怎么觉得眼熟呢！"话题一发不可收拾，两人似乎又回到了那炮声隆隆、硝烟弥漫的战场，刘先生也回忆起胡某曾是一次战役中的突击队员，作战勇敢，还曾负过伤。两人越谈越投机，俨然又恢复了当战士时的豪爽，于是刘请客，边吃边聊。

渐渐谈起担保的事，胡某向刘先生解释了一些他认为有疑问的地方，并保证该公司的信誉绝对没问题，资金只是暂时周转不过来，绝对不会连累对方的。刘先生正处在兴奋之中，对胡某的话深信不疑，也未做进一步核查，就在担保合同上签了字。其实，胡某所在公司已经资不抵债，签订这个合同，就是为了骗刘先生公司的钱。而胡某所在公司财产已所剩无几，根本无法追偿。

事情败露以后，刘先生悔恨不已，一个"战友"毁了他十几年的苦心经营。战友本是伟大而崇高的字眼，尤其是经过战火洗礼的战友之情非同一般，应该是始终不渝、终生难忘的。不料，胡某竟利用这种战友之情，为自己下了套，毁掉了自己长久以来的努力与付出，这种人何能论友情？

由此不难总结出：即使真正一同经历过某些事情的人，也未必都是值得信赖的。

渴望友情，渴望理解与支持，是人的天性。也正是因为大千世界的诱惑太多，人们自己大多很难不为金钱、地位所动，所以才更渴望或者说希望别人也能不为所动。正因为纯真的友情几乎成了奢侈品，所以人们更希望能得到它，甚至有意自己美化某种关系，并升华为友谊，从而轻易地相信它。最典型的是同学关系、战友关系等。

无论眼前面对的是一个曾经与自己有过多少共同经历的人，都需留个心眼，毕竟那些共同的过去无法代表现在，也无法代表他的真诚，冷静客观地面对才不致稀里糊涂地沦为别人利用的工具。

正如法国批判现实主义作家巴尔扎克所说："没有弄清对方的底细，决不能掏出你的心来。"经历是财富，不同时段的经历造就不同的财富。即便是有过相同经历的人，也只有拥有某一种共同的财富而已，并不代表整个人生的财富相同。

擦亮眼睛："哥们儿义气"多提防

俗话说"物以类聚，人以群分"，讲究哥们义气的人，必定会约上一群"狐朋狗友"，吃喝玩乐无所不为，虽然过得确实潇洒，但却为不够善良的诞生提供了绝好的温床，因为他们需要这种火热的环境来增加彼此的感情，等你放松对他们的警惕时，他们便在你的背后插刀，这便是这类人的一贯作风。

诸葛亮在他的千古名著《出师表》中这样写道："亲贤臣，远小人，此先汉所以兴隆也；亲小人，远贤臣，此后汉所以倾颓也"，可见贤臣和小人对一个国家的前途所起的作用是截然相反的。但历史却偏偏在重复着一个无可回避的循环，小人就好比那甜口毒药、夺命白粉一样，让人明知是万丈深渊却又禁不住魔鬼的诱惑而忍不住往下跳，这是人性的一种悲哀。与有"心机"的人同行，碰到的十有八九便是小人。让我们来看看下面一个故事。

和士开是北齐人，其父和安，出仕于东魏，"恭敏善事人"，为人非常狡猾，很有一套恭维巴结皇帝的手腕。也许是有其父必有其子，和士开的奉承拍马功夫真是青出于蓝胜于蓝，远远超过了他父亲的成就，北齐天保初年，高湛得宠，被晋爵为长广王，和士开见高湛未来当皇帝的可能性很大，便想方设法接近巴结高湛，为自己将来的进官加爵之路铺平道路。

高湛性好"握槊"，这种游戏便是中国象棋的起源。恰好和士开也精于此道，于是他便找机会与高湛游戏。二人棋逢对手，总是斗得难分难解，越玩越上瘾，次数越加频繁。

高湛还喜欢音乐，恰好和士开又能弹胡琵琶，他经常为高湛弹曲，兴致高时，还往往边弹边唱，那清歌妙曲，让高湛无比着迷。

高湛喜谈笑，而和士开生就一副伶牙俐齿，于是便经常陪高湛胡扯闲说，和士开的甜言蜜语和淫词秽谈，更使高湛开心，二人越谈越投机，大有相见恨晚的感觉。

北齐皇建二年（公元561年），孝昭帝驾崩，高湛继承大位，是为武成帝。和士开长期企盼的日子终于来到了。本来，高湛在继位之前与和士开的关系已经非同一般，即位之后，和士

第七章 没有永远的朋友，也没有永远的敌人
——人人都应懂的交友策略

开对他更是"奸谄百端"，因而武成帝高湛视之如心腹，倚之如股肱，和士开得宠的程度，可谓是世间少有。

和士开受到武成帝高湛如此宠爱，照理该满足了，可是他仍继续施展各种手段，进一步巩固和加深皇帝之宠。武成帝患有"气疾"，即"疝气"，这种病最怕饮酒，但他嗜酒如命，越饮病越重。武成帝虽然一向对和士开言听计从，但唯独在饮酒问题上则每谏不从。一次，武成帝气疾发，又要饮酒，和士开泪下不能言。帝曰"卿此是不言之谏"，固不复饮。和士开仅用哭泣抽噎的微小代价便换取了武成帝的莫大好感，这与他惯常使用的甜言蜜语具有异曲同工之效。

如果你以为和士开的这一表现是出于对武成帝的一片关怀之心，那就大错特错了。实际上，劝武成帝戒酒并不是他的目的，通过此举邀宠以求富贵权势，这才是他的真正用意。世界上最难测度的是无耻小人之心，代表着人类真诚感情的眼泪也照样可以被他们所亵渎，用来为其不可告人的目的服务。如果和士开以泪劝谏出于真诚，那他就绝不会把奸害的魔掌伸向皇宫后院，将武成帝的皇后占为己有了。

和士开深明"狡兔三窟"之理，单是武成皇帝的倾心信赖，还不能令他满足。胡皇后喜欢干预政事，和士开早就想拉她作为内援，他正觊觎着机会。当他了解到胡皇后的寂寞后，便决定乘虚而入。

和士开有意挑逗，因而进展十分顺利，很快勾搭成奸。可叹那武成帝对和士开如此恩深义重，而和士开却毫不客气地给他戴上了一顶"绿帽子"。可见礼义廉耻对和士开之流，是毫无约束力的。为达个人目的，他们可以不择手段，这是常人无法理解的。

俗话说小人难防，但小人却有自己的"特征"，对你投其所好，嘴甜如蜜者，这种人十有八九是小人。所以做人得用点心思，擦亮你的眼睛，识破那些打着"哥们儿义气"旗号的小人，别等到真上当时就后悔莫及了。

把握自己的"定盘星"，莫被别人当枪使

虚假的朋友总是善于抓住各种机会挑拨离间。如果不加思考，而是想当然地轻信，很容易被他们利用，成为他们获取利益的工具。

因此，在朋友当中，也不要随便听从别人的话，小心被人当枪使。

烈日炎炎，森林里的动物们都渴得四处找水喝。一只狐狸好不容易找到一眼清泉，正想饮个痛快，不料来了一头狮子，蛮横地把它赶跑了。

狐狸愤愤不已，一边走一边不甘心地回头看。忽然，它看见不远处有一头野猪，顿时有了主意。它立即迎上去对野猪说："野猪大哥，你也想喝水吗？前面正好有一眼清泉，可惜被狮子霸占了，它宣布清泉归它所有，谁也不准饮用！"

早已干渴难忍的野猪一听就火了，"蹭蹭"几下冲到狮子面前，大声嚷道："狮子，别以为自己是兽王，就可以蛮不讲理，这清泉属于大家，我有权利喝点儿水。"狮子大怒："住口！本大王的清泉，谁也别想喝！"

狮子见野猪竟敢不买自己的账，便走上前去，蛮横地把野猪推开，不让它喝水。野猪顿时火冒三丈，誓死要保卫自己的尊严，猛地向狮子冲过去，于是两个便扭打在一起。

可是，天气这么热，待着不动还热得让人受不了呢，更何况它们打得这么凶？不一会儿，它俩便气喘吁吁，于是决定休息一会儿再继续战斗。

这时，站在不远处的狐狸却一个劲儿地煽风点火："野猪大哥，加油呀！争口气，好好教训教训它！"受到鼓舞的野猪又站起来和狮子又扭打成一团……

最后，狮子和野猪连爬起来的力气都没有了，而狐狸则趁机在清泉边饮了个够。

狐狸利用了野猪的头脑简单和急于喝水的心理，极力挑拨它和狮子的关系。憨厚的野猪没有看透狐狸的诡计，糊里糊涂地与错误的敌人进行了一场错误的战争。野猪这杆枪被工于心计的狐狸使了个痛快，最后却连口水也没喝上。对于野猪，我们也只能是哀其不幸，怒其不争。

社会就像一座大森林，每天上演着残酷的生存竞争游戏，有些虚假朋友工于心计，为了达到某种目的，常常精心设下圈套，唆使别人出头露面去替他办事，自己则躲在一边坐收渔利。对此，你如果头脑简单，盲目听从别人，就会为别人充当炮灰，成为其冲锋陷阵的工具。

玩弄心机的假朋友常常给我们玩一些假靶子的阴谋，用激烈的话语勾起我们对他人的仇恨，自己却躲在一边鼓掌，享受胜利的喜悦。不经过冷静思考，盲目听从他们的挑拨，很容易被他们当枪使。

客观而言，那些挑唆者的手段其实并不高明，上当受骗主要是因为我们没有冷静思考，盲目听从。所以，当自己受到他人的攻击、侮辱时，你一定要冷静下来，仔细地分析事情的来龙去脉，然后再做判断，特别是对某些居心叵测的"朋友"传递的挑拨性信息，更要认真分析研究，因为很多事情并不像表面那样简单，背后往往有不可告人的目的。把握好自己的"定盘星"，才不会被人当枪使。

隐藏阿喀琉斯之踵，以防密友点中自己"死穴"

在希腊神话中，有这样一个意义深刻的故事：

阿喀琉斯是希腊神话中最伟大的英雄之一。他的母亲是一位女神，在他降生之初，女神为了使他长生不死，将他浸入冥河洗礼。阿喀琉斯从此刀枪不入，百毒不侵，只有一点除外——他的脚后跟被提在女神手里，未能浸入冥河，于是脚后跟就成了这位英雄的唯一弱点。

在漫长的特洛亚战争中，阿喀琉斯一直是希腊人最勇敢的将领。

但是，再强大的英雄也有弱点。在十年战争快结束时，敌方的将领帕里斯在众神的示意下，抓住了阿喀琉斯的弱点，一箭射中他的脚后跟，阿喀琉斯最终不治而亡。

这就是至今流传在欧洲的谚语"阿喀琉斯之踵"的来历。任何一个强者都会有自己的致命伤，没有不死的战神，正是这个神话告诉人们的一个道理。

你和最要好的朋友彼此交往愉快，能互相取长补短，那么在一定时间内，你们还可以称为是真正的朋友。然而一旦在你们之间产生了利害冲突，就很难保证这段友谊不会变质，最恐怖的是，若密友从你背后用力一击，可能是最致命的，因为在那些亲密接触的日子里，他们早就掌握了你的"阿喀琉斯之踵"。

萧萧是一个开朗乐观、美丽大方的女孩，进大学的第一天，她就和宿舍的其他姐妹熟悉起来。即使是内向的小洁也无法拒绝她热情的微笑，两个性格截然不同的女孩很快成了无话不谈的好朋友。

萧萧漂亮、活泼，又多才多艺，她会打排球，还拉得一手小提琴，所以很快就成为学校里的风云人物。到大二的时候，萧萧当选了校学生会的文艺部部长，她很忙，忙着组织各种活动，忙得顾不上吃饭、睡觉，甚至是学习。因为小洁是她最好的朋友，所以很多事情她自然会想到请小洁帮忙。"小洁，今天中午帮我买一下饭啊！""小洁，帮我复印一下这份笔记好吗？"一开始小洁都会毫无怨言地帮她做这些事，可是次数多了，敏感的小洁觉得自己俨然是萧萧的使唤丫头，因此当萧萧又喊她帮忙时，她冷着脸说："我是你的保姆啊？"萧萧诧异地看了她一眼："你没事儿吧？"也没放在心上，说完就去忙其他的事了。

在校园里，像萧萧这样的女生自然得到许多男生的青睐，隔三差五就会有男生捧着鲜花或者各种零食来宿舍找她。她很大方，鲜花往宿舍桌上的大花瓶里一插，至于零食嘛，大家共

第七章 没有永远的朋友，也没有永远的敌人
——人人都应懂的交友策略

享。她是好意，可小洁不知怎么就觉得她是在向大家炫耀，每次看到那些美丽的鲜花，小洁总会觉得心里堵得慌。

大二下学期的时候，学校里有两个去国外访问的学生名额，萧萧幸运地获得了其中的一个，在为她送行的班会上，小洁勉强地微笑着，内心却愤愤不平：同样是人，为什么她就这么幸运呢？

在那天晚上，小洁终于不能控制自己，她以萧萧高中同学的身份写了三封极尽编造之能事的匿名信，分别寄到学校、系里和学生会。由于平时萧萧说过很多自己的情况，她编造起来居然滴水不漏。信里的内容迅速传开了，校方信以为真，取消了萧萧的出国资格。老师、同学都用异样的目光注视着萧萧，她在人们心中成了卑鄙、欺骗的代名词。这对于一向自信、顺利的萧萧绝对是一个致命的打击。她日渐沉默和消瘦，几乎不和任何人说话，每天苍白着脸游荡在教室和宿舍之间，像一个没有灵魂的空壳。虽然后来证明匿名信中的内容全是谎言，萧萧还是选择了退学。她悄悄地办好了手续，悄悄地收拾好东西离去，没有向任何人告别。从匿名信中那些逼真的细节，她一眼就看出那是谁的大作。与失去出国机会相比，被最好的朋友出卖让她受到更大的伤害。这件事在她心中留下了永远的阴影。

萧萧没有防人之心，将自己的所有信息都透露给小洁，如果她们一直是好朋友，这当然没有什么大碍。但是，如果她们成了博弈中的对手，那么后果便真的不堪设想了。

虽然自古就有"人之初，性本善。"然而，现实生活中在与人打交道时的确要谨慎小心，对朋友不妨多点戒心，才不至于在事情发生之后追悔莫及。

那么，具体什么样的朋友应该提防呢？

1.得了便宜还卖乖的。这种人的特点是占了你的便宜以后，还说你欠了他的。

2.无事生非的。这种人的特点是总说不腻别人的闲话，听风就是雨，跟狗仔队差不多。可以想象背过头去，你马上也会成为他的谈资。

3.当面一套，背后一套的。这种人是最可怕的，他永远不会对你表示出反感，但是也许某一天你的落魄正是拜他所赐。

4.言行不一致的。这种人的特点是说得到，做不到。与这种人交往不要抱有期望，他就算给了承诺，也永远不会履行诺言。

5.嫉妒心特别强的。这种人是埋藏在你身边的"定时炸弹"，起初还好，一旦你表现出了你的优秀和不凡，立刻便会点燃他心中的毒火。与这种人交朋友，等于把自己放在一个极其危险的境地。

6.易践踏别人自尊心的。这种人其实是最可悲的，他们为了掩饰自己的自卑心理，就拼命地用糟蹋别人的方式来提高自己的自信心。他们几乎永远不会说出赞美的话，言出必伤人。

技巧 60

将心比心，友情更牢固

想让别人喜欢你，先要喜欢上对方

心理学的研究表明，我们通常喜欢的人，是那些也喜欢我们的人。他不一定很聪明，或者有社会地位，仅仅是因为他很喜欢我们，我们也就很喜欢他们。

我们为什么会喜欢那些喜欢我们的人呢？这是因为喜欢我们的人使我们体验到了愉快的情绪，一想起他们，就会想起和他们交往时所拥有的快乐，使我们看到他们时，自然就有了好心情。而且，那些喜欢我们的人使我们受尊重的需要得到了满足。因为他人对自己的喜欢，是对自己的肯定、赏识，表明自己对他人或者对社会是有价值的。

有心理学家曾做过这样一个实验：

让被试"无意中"听到一个刚与他说过话的伙伴告诉主试喜欢或不喜欢他。接着，当这些同伴和被试在一起工作时，被试的面部表情会因他们听到的内容而异。当被试听到同伴喜欢他们时，会比听到同伴不喜欢他们时在非言语表现上更积极。另外，后来的书面评定显示，被喜欢的被试比不被喜欢的被试更多地被同伴吸引。

其他的研究也证明了相似的结果：人们对那些喜欢自己的人更积极，持更积极的态度。这就是喜欢的互逆现象。

对于喜欢的互逆现象，《如何赢得朋友和影响他人》中提到，人们获得友谊的最好方式是"热情友善地称赞他人"。但是，在我们为赢得他人友谊而不遗余力地去赞美他人之前，我们需考虑一下情境，有时赞美并不一定能导致喜欢。

喜欢的互逆性规律也有例外发生，其中之一就是当我们怀疑他人说好话是为了他们自己时，别人的赞美并不会导致我们去喜欢他。

此外，对那些自我评价很低的人来说，喜欢的互逆性也不会发生。因为他们可能认为喜欢他的人没有眼光，并且因此而不去喜欢那些人。

在生活中，有很多这样的情况，就是两个人的相互喜欢是由一个人对另一个人单方面喜欢开始的。比如一个女孩开始时对一个追求她的男孩并没有多少好感，但是这个男孩子表现出了对她特别喜欢的态度，使这个女孩久而久之也对这个男孩动心了，最后接受了他的追求。

当然，这个规律也不是绝对的。有时我们喜欢某个并不喜欢我们的人，相反，我们不喜欢的人有时却很喜欢我们。我们只能说在其他一切方面都相同的情况下，人有一种很强的倾向，喜欢那些喜欢我们的人，即使他们的价值观、人生观都与我们不同。

第七章 没有永远的朋友，也没有永远的敌人
——人人都应懂的交友策略

你对朋友知心，朋友也会对你知心

人之相识，贵在相知；人之相知，贵在知心。要想与别人成为知心朋友，就必须表露自己的真实感情和真实想法，向别人讲心里话，坦率地表白自己、陈述自己、推销自己。

小敏是同宿舍中最擅长交际的一个，并且人也长得漂亮，但同宿舍甚至同班的其他女孩都找到了自己的男朋友，唯独漂亮、擅长交际的小敏仍是独自一人。

为什么呢？她身边的同学都表示，她太神秘，别人很难了解她。和她有过接触的男同学也说，刚开始和她交往时，感觉她是个活泼开朗的女孩，但时间一长，就发现她很孤僻。

原来，小敏一直对自己的私生活讳莫如深，也从不和别人谈论自己，每当别人问起时，她就把话题岔开，怪不得同学们都觉得她神秘呢！

生活中有一些人是相当封闭的，当对方向他们说出心事时，他们却总是对自己的事情闭口不谈。这种人不一定都是内向的人，有的人话虽然不少，但是从不触及自己的私生活，不谈自己内心的感受。

有些人社交能力很强，他们可以饶有兴趣地与你谈论国际时事、体育新闻、家长里短，可是从来不会表明自己的态度。而一旦你将话题引入略带私密性的问题时，他就会插科打诨转移话题。可见，一个健谈的人，也可能对自身的敏感问题有相当强的抵触心理。相反，有一些人虽不善言辞，却总希望能向对方袒露心声，反而能很快和别人拉近距离。

当自己处于明处，对方处于暗处，你一定不会感到舒服。自己表露情感，对方却讳莫如深，不和你交心，你一定不会对他产生亲切感和信赖感。当一个人向你表白内心深处的感受，你可以感到对方信任你，想和你达到情感的沟通，这就会一下子拉近你们的距离。

在生活中，有的人知心朋友比较多，即便他看起来不是很擅长社交。如果你仔细观察，会发现这样的人一般都有一个特点，就是为人真诚，渴望情感沟通。他们说的话也许不多，但都是真诚的。他们有困难的时候，总会有人来帮助，而且很慷慨。

实际上，人和人在情感上总会有相通之处。如果你愿意向对方适度袒露，总会发现相互的共同之处，从而和对方建立某种感情的联系。向可以信任的人吐露秘密，有时会一下子赢得对方的心，赢得一生的友谊。

当然，人际交往的过程中，自我暴露要有一个度，过度的自我暴露反而会惹人厌。

在人际交往中，自我暴露应注意以下几个问题：

第一，自我暴露应遵循对等原则，即当一个人的自我暴露与对方相当时，才能使对方产生好感。比对方暴露得多，则给对方以很大的威胁和压力，对方会采取避而远之的防卫态度；比对方暴露得少，又显得缺乏交流的诚意，交不到知心朋友。

第二，自我暴露应循序渐进。自我暴露必须缓慢到相当温和的程度，缓慢到足以使双方都不感到惊讶的速度。如果过早地涉及太多的个人亲密关系，反而会引起对方的忧虑和不信任感，认为你不稳重、不敢托付，从而拉大了双方之间的心理距离。

帮助对方要适当，接受对方的帮助也要适当

不论是帮助别人，还是接受别人的帮助，都需要把握一个界限，注意自己的态度。只有这样，你提供帮助才会得到别人的感激，你接受帮助才会赢得别人的好感。

在机关里工作的小孙是天生的交际人才，有事没事，他爱到别的科室转转，工作不到一年，便与各个科室的人混得很熟。

此外，小孙与机关局长的关系也非同一般，只要他遇到什么办不了的事，跟局长一说，事

就解决了。

应该说，小孙的群众基础也不错，他待人热情，乐于助人。遇到办公室的同事有困难，他总是自告奋勇，常常还没等别人张口请他帮忙，他就说："小事一桩，我替你摆平！"同时，他为人也很随和，常常让同事帮他做事，对于别人给予的种种好处，他也总是来者不拒。在单位呼风唤雨，小孙感觉一直很好。

两年后，办公室的科长提升了，小孙作为候选人，参与考核，他想，自己要能力有能力，要关系有关系，这个科长是当定了。可是结果出来后却让他大失所望。原来，同事给他打的分远远低于他的对手。领导认为他还太年轻，群众基础还比较弱，只好放弃了让他升任科长的想法。

民意调查结果说明了什么？是同事以怨报德？还是小孙为人失败？

仔细分析，应该是小孙不够了解人心，以致为人失败。要知道，一个人，如果从不帮助他人，很难有太大的成就。但是，如果帮助的方式不对，也可能得不偿失，对方非但不感激你，还怨恨你。什么叫帮助的方式不对？就是在帮助对方的时候，不够委婉，伤害了对方的自尊心。这就是那些受过小孙太多恩惠的同事反而不喜欢他的原因。

一位交际广泛的著名记者曾经说过，他最大的敌人，都是那些得到过他帮助最多的人。人们通常认为，经常给别人一些殷勤的关心与帮助肯定会赢得别人的好感。这种想法并不完全对。适当的帮助对彼此都是有好处的。但是如果你对别人的帮助过了头，使别人觉得自己软弱无能，引发了他的自卑感，就会导致他为自己的"没有出息"而苦恼。如果这种苦恼对他触动太深，他就会把这种烦恼的原因归结到让他陷入这种处境的人，即帮助他的人身上，以"怨"报德，反而对帮助他的人心存芥蒂。

小孙一味地充好汉，做事太主动太张扬，还没等别人提出请求，就说什么"小事一桩，我替你摆平"，自然可能帮了人却遭人恨。同事心里也许会想："你有什么了不起，不就多认识几个人吗？""就你有能耐，什么都是小事？！"

在帮助别人的时候，一定不要鲁莽，而要讲究方式，务必讲究一个度，不轻给、不滥给。这样，既可以维护别人的自尊心，也可以给对方一种强烈的刺激，使他对你心存感激。

小孙还有一个问题，在接受别人的恩惠时太随意。要知道，接受他的帮助也应适当，应讲究一个"度"。如果对别人的帮助一概地拒绝，则不利于拉近彼此的距离。反过来，如果我们要求太多，太随便，也不好，那样会让对方心烦，让人看不起。对方可能认为你能力太差，什么都需要别人帮忙，或者认为你不把他当回事，随便使唤。

技巧 61

换位思考，关系更融洽

不揭对方伤疤

暴露隐私对任何人来说都不是愉快的事。不去提及他人平日认为是弱点的地方，是懂得为人处世的表现。因为只有你不给相处的人造成伤痛，大家才能长期愉快相处，否则你自己也不好过。

小李长得高大英俊，在大学校园内有"恋爱专家"的雅号。如今他是一家外资公司的高级职员，英俊的长相和丰厚的薪水使他在众多的女友中选上了貌若天仙的丽。也许是为了炫耀自己的能耐，小李带着丽去参加朋友聚会。

就在大家天南海北闲谈的时候，"快嘴"王换了话题，谈起了大学校园罗曼蒂克的爱情故事，故事的主人公自然是"恋爱专家"小李。"快嘴"王眉飞色舞地讲述小李如何引得众多女生趋之若鹜，又如何在花前月下与女生卿卿我我。丽开始还觉得新奇，但越听越不是味，终于拂袖而去。小李只好撇下朋友去追丽。

"快嘴"王不是有意要揭小李的伤疤，但他的追忆往事确实使丽难以接受，无端捅出娄子。这不仅使小李要费不少周折去挽回即将失去的爱情，而且使在场的人心里也都大不高兴，自然也会影响到自己的人际关系。

在朋友聚会时，挑愉快的事说是活跃气氛的好办法，但口下留情很重要，千万不要揭别人的伤疤，否则，你就会成为不受欢迎的人。说话应该谨言慎行，给语言的刀子加上一把鞘。

传说，龙的喉部之下约直径一尺的部位上有"逆鳞"，全身只有这个部位的鳞是反向生长的，如果不小心触到这一"逆鳞"，必会被激怒的龙所杀。其他的部位任你如何抚摸或敲打都没关系，只有这一片逆鳞无论如何也接近不得，即使轻轻抚摸一下也犯了大忌。

所谓的"逆鳞"就是我们所说的"痛处"，也就是缺点、自卑感。无论人格多高尚、多伟大的人，身上都有"逆鳞"存在。针对这一点我们有必要事先研究，找出对方"逆鳞"所在位置，以免有所冒犯。

谁都明白，受伤的疮疤不能抠，因为越抠越容易发炎，甚至会使伤口扩大。触人痛处，犹如抠人疮疤，其结果犯了人与人相处的大忌，得罪了别人，自己也捞不到什么好处。

看住对方的面子

鲁迅说过，面子是中国人的精神纲领。爱面子似乎已经成为人性的一大特点。可是我们不能只爱自己的面子而不给他人面子。每个人都有一道最后的心理防线，一旦我们不给他人退路，不给他人台阶下，他只好使出最后的一招——自卫。因此，当我们遇事待人时，应谨记一条原则：别让人下不了台阶。

保留他人的面子，这是一个何等重要的问题！每个人都有自尊，都希望别人能顾及自己的面子。而事实上，我们常喜欢摆架子、我行我素、挑剔、恫吓、在众人面前指责孩子或雇员，而没有多考虑几分钟，讲几句关心的话，为他人设身处地想一下，给他人留足面子。

有一段时间，通用电气公司遇到一项需要慎重处理的问题——公司不知该如何安排一位部门主管查尔斯的新职务。查尔斯原先在电气部是个一级技术天才，后来被调到统计部当主管后，工作业绩却不见起色，原来他并不胜任这项工作。公司领导层感到十分为难，毕竟他是一个不可多得的人才，何况他性格还十分敏感。如果激怒惹恼了他，不定会出什么乱子！经过再三考虑和协调之后，公司领导给他安排了一个新职位：通用公司咨询工程师，工作级别仍与原来一样，只是另换他人去接手他现在的那个部门。

对此安排查尔斯自然很满意。公司当然也很高兴，因为他们终于把这位脾性暴躁的大牌明星职员成功调遣，而且没有引起什么风暴，因为公司让他保留了面子。

一家管理咨询公司的会计师说："辞退别人有时也会令人烦恼，被人解雇更是令人神伤。我们的业务季节性很强，所以，旺季过后，我们不得不解雇许多闲置下来的人员。我们这一行有句笑话：没有人喜欢挥动大刀。因此，大家都很担心，唯恐那解雇人的任务落到自己头上，只希望日子赶快过去就好。例行的解雇谈话通常是这样的：'请坐，汤姆先生。旺季已经过去了，我们已没什么工作可以交给你做了。当然，你也清楚我们……'"

"除非不得已，我绝不轻易解雇他人，同时会尽量婉转地告诉他：'汤姆先生，你一直做得很好（假如他真是不错）。上次我们要你去油瓦克，那工作虽然很麻烦，而你处理得滴水不漏。我们很想告诉你，公司以你为荣，十分信任你，愿意永远支持你，希望你不要忘记这里的一切。'如此，被辞退的人感觉好过多了，至少不觉得被遗弃。他们知道，如果我们有工作的话，一定会继续留住他们的。要是等我们再需要他们的时候，他们也是很乐意再来投奔我们的。"

"面子"是一件很重要的事，如果你是个对"面子"无所谓的人，那么你必定是个不受欢迎的人；如果你是个只顾自己面子，却不顾别人面子的人，那么你必定是个总有一天会吃暗亏的人。

做人还是应该和气一些，宽宏大度一些。"面子"问题说白了就是一个人的"尊严"问题。给人留点面子，就是尊重和重视对方的表现。事实上，给人面子并不难，也无关道德，大家都是在人性丛林里讨生活，给人面子基本上就是一种互助。

就像法国哲学家、文学家伏尔泰所言："自尊心是一个膨胀的气球，戳上一针就会发出大风暴来。"我们避免社交风暴的最佳策略之一，就是帮别人看住面子。每给别人一次面子，就可能增加一个朋友；每驳别人一次面子，就可能创造一个敌人。

说话多给对方"同感"的理解

朋友之间应该互相帮助，一对好朋友彼此坦诚相待，真诚相帮，双方都有"不是亲人，胜似亲人"的感觉。因此，我们应该学会多给朋友帮助和鼓励，同时，你也会在朋友的帮助和鼓励中达到双方感情上的沟通。

人与人之间情感的沟通，是交往得以维持并向更为密切方向发展的重要条件，是人对客观

第七章 没有永远的朋友，也没有永远的敌人
——人人都应懂的交友策略

事物所持态度的内心体验。情感沟通是由两部分组成：一是"共鸣"，即对同一事物或同类事物具有相仿的态度及相仿的内心体验；二是"振荡"，即由于"共鸣"而双方情绪相互影响，以致达到一种比较强烈的程度。前者是找到共同语言，后者是掏出心来，心心相印。

所谓"同感"，就是对于对方所述，表示自己有同样的想法和经历。比如吴倩以十分认真的语调告诉她的好朋友李蓉，她想自杀。李蓉不是去问她为什么，也不板起脸孔说教一番，而是说："是啊，我曾经也有过同样的想法，记得是那天发生的一件事，使我看到了人为什么要勇敢地活下去……"结果吴倩就轻松地谈起了她的烦恼与苦闷。李蓉边听边点头，表示理解和关注。后来吴倩不但勇敢地活下去，并且做出了成绩。她和那位善解人意的李蓉的友谊愈来愈深了。

要想与人进行情感沟通，就要注意对方。当对方对某一事物表露出一种情感倾向时，你就要对他所说的这件事表达同样的感受，而且激烈些，于是你们就谈到一起了。

情感沟通的程度，以每当回忆起这段交往时所导致的兴奋程度为标准。比如，当你读到友人来信中的下面这段话，你俩的感情就绝不会变得冷漠。"不知怎的，你在上次谈论中的一举一动、一言一语都给我留下深刻的记忆，竟是那么清晰动人。真的，我很高兴与你一起度过了那个下午……"当对方常常联想到这段交往时，就伴着愉悦的心境，则这种沟通也就达到了。

在与人交往的时候，你多付出一分感情，就能多得到一分回报。情感的往返交流是自然的、真诚的，任何矫揉造作或夸张，都不能收到情感交融的效果。因为"同感"不是违心的附和，而是朋友间的理解，是心灵的沟通。

技巧 62

顺水推舟，轻松赢得信赖

心领神会，替别人遮掩难言之隐

生活中，我们经常会遇到这样一些人，他们有一些难以启齿的想法，或者是为自己做过的一件不光彩的事情而悔恨，或者是因为寻求帮助而不得，这个时候，你就要做一个善解人意的人，看透了他人的这些想法，也不要说出来，或者以一种很巧妙的方式帮他们遮掩过去也是一种明智之举。

每个人都有难言之隐，包括平时那些高高在上的人。这时，作为一个旁观者要善于心领神会，替人遮掩难言之隐。这也不失为一种高明的做人之道。我们经常会遇到这样的人，心里想到了一些事情，但不便说出来，更不知道如何去做了。这个时候，你需要善解人意地去解围。这是一种做人的技巧，需要平时细心留意，学会观察生活。矛盾时给别人台阶，也是给自己台阶下。

在与人发生矛盾时不说绝话，能体现一个人宽容大度的高尚品格。在正常情况下，人们的度量大小是很难表现出来的。而当与别人发生了矛盾，使你难以容忍的时候，能否容人，就能表现得一清二楚了。这时只有那些思想品格高尚的人，才会保持头脑清醒，做出宽容的姿态，不把话说绝，避免两颗本已受伤的心再受到进一步的伤害。

事实上，发生矛盾后，双方肯定谁心里都不痛快，很容易失态，口出恶言。这样的痛快只能是一时的，受伤害的是双方长远的关系和自己的声誉。所以，即使有了再大的矛盾，我们也应该把握住一点，就是不把话说绝，给对方，也给自己一个台阶下。

一位顾客在商场里买了一件外衣之后，要求退货。衣服她已经穿过一次并且洗过，可她坚持说"绝对没穿过"，要求退货。

售货员检查了外衣，发现有明显的干洗过的痕迹。但是，直截了当地向顾客说明这一点，顾客是绝不会轻易承认的，因为她已经说过"绝对没穿过"，而且精心地伪装过。于是，售货员说："我很想知道是否你们家的某个人把这件衣服错送到干洗店去过，不久前在我身上也发生过同样的事情。我把一件刚买的衣服和其他衣服堆在一块，结果我丈夫没注意，把这件新衣服和一堆脏衣服一股脑地塞进了洗衣机。我觉得可能你也会遇到这种事情，因为这件衣服的确看得出洗过的痕迹。您不信的话，咱们可以跟其他衣服比一比。"

顾客心虚，知道无可辩驳，而售货员又为她的错误准备了借口，给了她一个台阶下。于是，她顺水推舟，乖乖地收起衣服走了。

第七章 没有永远的朋友，也没有永远的敌人
——人人都应懂的交友策略

有的人会说："发生矛盾，我就打算和他绝交了，把话说绝了又怎么样？"真是这样吗？要知道，暂时分手并不等于绝交。友好分手还会为日后可能出现的合好埋下伏笔。有时朋友间分手绝交并非是彼此感情的彻底决裂，而是因一时误会造成的。如果大家采取友好分手的方式，不把话说绝，那么，有朝一日误会解除了，很可能重归于好，使友谊的种子重新绽放出绚丽的花朵。

17世纪初，丹麦天文学家弟谷·布拉赫和德国的天文学家开普勒共同研究天文学，两个人建立了亲密的友谊。后来，由于受妻子的教唆，开普勒丢下研究课题，离开了弟谷。弟谷并没有因此而指责开普勒，还宽大为怀，写信做解释。不久，开普勒终于明白自己误听了谗言，十分惭愧，写信向弟谷道歉，并回到已病重的弟谷身边。两个人言归于好，再度合作，终于出版了《鲁道夫星表》，使他们的名字得以载入科学史册。

不把话说绝实在是一种交际美德，值得提倡。

有的人不明白这个道理，他们一和别人发生矛盾就取下策而用之，谩骂指责，与人反目为仇，把话说得很绝以解心头之恨。这样做痛快倒是痛快，但他们没有想到，在把别人骂得狗血喷头的同时，也就暴露了自己人格上的缺陷。

遭遇尴尬，要给他人台阶下

交际高手，在别人遭遇窘境的时候，不但会尽量避免因自己的不慎而使别人下不了台，而且还会在对方可能不好下台时，巧妙及时地为其提供一个"台阶"。这是因为他们在帮助别人"下台"时，掌握了恰当的方法。

顺势而为送台阶

依据当时当场的势态，对对方的尴尬之举加以巧妙解释，使原本只有消极意味的事件转而具有积极的含义。

全校语文老师来听王老师讲课，想不到校长也光临"指导"，这下可使小王犯难了。他既怕课讲得不好，又忧虑有的学生答问题时表现不佳，有失面子。

课上，他重点讲解了词的感情色彩问题。在提问了两位同学取得良好效果后，接着提问校长"公子"："请你说出一个形容×××美丽的词或句子。"

或许是课堂气氛紧张，或许是严父在场，也可能兼而有之，这位公子一时语塞，只是站着。空气凝固。王老师和校长都现出了尴尬的脸色。瞬间，这位老师便恢复正常，随机应变地讲道："好，请你坐下，同学们，这位同学的答案是最完美的，他的意思是说这个人的美丽是无法用文字和语言来形容的。"听课者都发出了会心的微笑。

这一妙解为校长"公子"尴尬的"呆立"赋予了积极的意义，使他顺利下了台阶，而王老师本人和校长也自然摆脱了难堪。

挥洒感情造台阶

故意以严肃的态度面对对方的尴尬举动，消除其中的可笑意味，缓解对方的紧张心理。

第二次世界大战时，一位德高望重的英国将军举办了一场祝捷酒会。除上层人士之外，将军还特意邀请了一批作战勇敢的士兵，酒会自然是热烈隆重。谁想一位从乡下入伍的士兵不懂酒席上的规矩，捧着眼前的一碗供洗手用的水喝了，顿时引来达官贵人、夫人小姐的一片讥笑声。那士兵一下子面红耳赤，无地自容。此时，将军慢慢地站起来，端起自己面前的那碗洗手水，面向全场贵宾，充满激情地说道："我提议，为我们这些英勇杀敌、拼死为国的士兵们干

了这一碗。"言罢，一饮而尽，全场为之肃然，少顷，人人均仰脖而干。此时，士兵们已是泪流满面。

在这个故事里，将军为了帮助自己的士兵摆脱窘境，恢复酒会的气氛，采用了将可笑事件严肃化的办法，不但不讥笑士兵的尴尬举动，而且将该举动定性为向杀敌英雄致敬的严肃行为。乡下士兵不但一扫尴尬，而且获得了莫大的荣誉，成为在场的焦点人物。

人人都有下不来台的时候。学会给人台阶下，既可以缓解紧张难堪的气氛，使事情得以正常进行，又能够帮助尴尬者挽回面子，增进彼此的关系。

适当沉默能获得信赖感

中国有句古话："不言之言。"还有句俗话："雄辩是银，沉默是金。"这都说明保持沉默也能达到说服的效果。

美国前总统尼克松就是善于用"沉默"战术赢得公众支持的领导人。

在1960年美国总统的选举中，尼克松和肯尼迪是一对竞争激烈的对手。尼克松时任副总统，在开始时占绝对的优势，但选举的结果，肯尼迪扭转了形势，获得胜利。

1968年，尼克松再次竞选美国总统，他汲取上次失败的教训，想要彻底改变形象，他所采用的技巧之一就是沉默说服。

这次的选举对尼克松来说，形势远比上次艰难，因为他首先必须打败洛克菲勒等强劲的对手，取得共和党的提名。尼克松在迈阿密的共和党大会中，尽量保持沉默稳重，表现得对自己很有信心。他说话时，除了强调"法和秩序"以及"尽力达到完美境地"外，绝口不提其他具体的策略，希望能借此完全的沉默战略，给人以可信赖感，彻底改变他的"败犬尼克松"的形象。结果，他的战略成功了，他不仅获得共和党提名，而且在总统大选中大败民主党对手，荣登美国总统宝座。

在人们的印象中，一般都认为说服应当凭借好口才，用语言攻势打败对方，让人信服，其实不然，偶尔采取沉默战术，同样可以达到说服的效果。沉默可以引起对方注意，使对方产生迫切想了解你的念头。

一家著名的电机制造厂召开管理员会议，会议的主题是"关于人才培育的问题"。会议一开始，山崎董事就用他那特有的声音提出自己的意见："我们公司根本没有发挥人才培训的作用，整个培训体系形同虚设，虽然现在有新进职员的职前训练，但之后的在职进修却成效不显著。职员们只能靠自己的摸索来熟悉工作情况，很难与当今经济发展的速度衔接，因而造成公司职员素质水平普通低下、效益不高。所以我建议应该成立一个让职员进修的培训机构，不知大家看法如何？"

"你所说的问题的确存在，但说到要成立一个专门负责培训职员的机构，我们不是已经有这种机构了吗？据我了解，它也发挥了一定的功用，我认为这一点可以不用担心……"社长说。

"诚如社长所说，我们公司已经有组织，但它并没有发挥实际作用。实际上，职员根本无法从中得到任何指导，只能跟着一些老职员学习那些已经过时的东西，这怎么能够使职员的业务水平迅速提升呢？而且我观察到许多职员往往越做越没有信心、越做越没干劲。所以，我认为它的功能不佳，所以还是坚持……"山崎不卑不亢地说。

"山崎，你一定要和我唱反调吗？好，我们暂时不谈这个话题，会议结束后，我们再做一番调查。"社长有些生气。

就这样，一个月后，公司主管们重新召开关于人才培训的会议。这次社长首先发言。

第七章 没有永远的朋友，也没有永远的敌人
——人人都应懂的交友策略

"首先我要向山崎道歉，上次我错怪他了，他的提案中所陈述的问题确实存在。这个月我对公司进行了抽样调查，结果发现它竟然未能发挥应有的功效。因此，今天召集大家开会是想讨论一下应该如何改变目前人才培育的方法，请大家尽量发表意见吧！"

社长的话一出口，大家就开始七嘴八舌地提出建议。令人奇怪的是，这一次山崎董事始终一语不发地坐在那，安静地聆听着大家的意见，直到最后他都没说一句话。

会议结束以后，社长把山崎董事叫进社长办公室晤谈。"今天你怎么啦？为什么一句话也不说？这个建议不是你上次开会时提出来的吗？"

"没错，是我先提出来的。"山崎说，"不过上次开会我把该说的都说了，其实那无非是想引起社长你对这个问题的重视罢了。现在目的已经达到，我又何必再说一次呢？还不如多听听大家的建议。"

"是吗？不错，在此之前我反对过你的提议，你却连一句辩解也没有。今天大家提出的各种建议都显得很空洞，没有实际的意义，反倒是你的沉默让我感到这个问题带来的压力。这样吧，这件事就交给你去办好了！今天起由你全权负责公司的人才培训工作，请好好努力吧！"社长终于交底了。

"是，谢谢您对我的信任，我一定会努力把这件事做好！"山崎说。

上面这个例子是个典型的沉默说服法成功的案例。如果你真能适时地利用沉默，发挥的作用可能反而比说话大得多。

技巧 63

以共鸣俘虏他人内心

细微动作拉近与陌生人的距离

与陌生人相处时，必须在缩短距离上下工夫，力求在短时间内了解得多些，缩短彼此的距离，力求在感情上融洽起来。孔子说："道不同，不相为谋。"志同道合，才能谈得拢。

每个人对自己身体周围都会有一种安全距离的感觉，而这种安全距离内，通常只能允许亲近之人接近。如果一个人允许别人进入他的安全距离，就会有种已经承认和对方有亲近关系的错觉，这一原理对任何人来说都是相同的。

一对本来陌生的男女，只要能把手放在对方的肩膀上，心理的距离就会一下子缩短，有时瞬间就成为情侣的关系。推销员就常用这种方法，他们经常一边谈话，一边很自然地移动位置，跟顾客离得很近。

因此，只要你想及早造成亲密关系，就应制造出自然接近对方身体的机会。

有一场篮球比赛，一位教练要训斥一名犯了错的球员。他首先把球员叫到跟前，紧盯着他的眼，要这位年轻小伙子注意一些问题，训完之后，教练轻轻拍了拍球员的肩膀和屁股，把他送回到球场上。

教练这番举动，从心理学的观点来看，确实是深谙人心的高招：

第一，将选手叫到跟前。把对方摆在近距离前，两人之间的个人空间缩小，相对地增加对方的紧张感与压力。

第二，紧盯着对方的两眼。有研究表明，对孩子说故事时紧盯着他的眼，过后孩子能把故事牢牢记住。教练盯着球员的眼睛，要他注意，用意不外乎是使对方集中精神倾听训斥。否则球员眼神闪烁、心不在焉，很可能会把教练的训示全当成耳边风，毫不管用。

第三，轻拍球员身体，将其送回球场。实验显示，安排完全不相识的人碰面，见面时握了手和未曾握手，给人的感受大大不同。握手的人给对方留下随和、诚恳、实在、值得信赖等良好印象，而且约有半数表示希望再见到这个人。另一方面，对于只是见面而没有肢体接触的人，则给人冷漠、专横、不诚实的负面评价。

正确接触对方身体的某些部位，是传达自己感情最贴切的沟通方式。如果教练只是责骂犯错的球员，会给对方留下"教练冷酷无情"的不快情绪。但是一经肢体接触之后，情形便可能大大改观，球员也许变得很能体谅教练的心情："教练虽然严厉，但终究是出于对我的一番好意！"

此外，与陌生人交谈，应态度谦和，有诚意，力求在缩短距离上下工夫，力求在短时间里

第七章 没有永远的朋友，也没有永远的敌人
——人人都应懂的交友策略

了解得多一些。这样，感情就会渐渐融洽起来。善交朋友的人，会觉得四海之内皆朋友，面对任何人，都没有陌生感。这有不少方法：

适时切入

看准情势，不放过应当说话的机会，适时插入交谈，适时的"自我表现"，能让对方充分了解自己。

交谈是双边活动，光了解对方，不让对方了解自己，同样难以深谈。陌生人如能从你"切入"式的谈话中获取教益，双方会更亲近。适时切入，能把你的知识主动有效地献给对方，实际上符合"互补"原则，奠定了"情投意合"的基础。

借用媒介

寻找自己与陌生人之间的媒介物，以此找出共同语言，缩短双方距离。如见一位陌生人手里拿着一件什么东西，可问："这是什么……看来你在这方面一定是个行家。正巧我有个问题想向你请教。"对别人的一切显出浓厚兴趣，通过媒介物引发他们表露自我，交谈也能顺利进行。

不同的人、不同的心情，会有不同的需要。要想打动陌生人，就得不失时机地针对不同的需要，运用能立即奏效的心理战术。通过对方的眼神、姿势等来推测其当时的心思，再有效地运用，通过拍肩、握手、拥抱等非语言沟通方式来传情达意，便能很快地拉近与陌生人的心理距离。

掌声响起来，为对方喝彩

虽然我们一直在强调自己的事情不要受到别人情绪的影响，可是很多时候别人的鼓励往往会让我们更有力量，别人的讥讽和嘲笑会让我们的内心备受伤害。所以，当别人处于困难之中的时候，我们不能只冷眼地旁观，而应该适当的给予支持和鼓励，让他在精神上得到一丝慰藉。

一个驯兽师在训练鲸鱼的跳高，在开始的时候他先把绳子放在水面下，使鲸鱼不得不从绳子上方通过，鲸鱼每次经过绳子上方后，都会得到鱼吃，会有人拍拍它并和它玩，训练师以此对这只鲸鱼表示鼓励。当鲸鱼从绳子上方通过的次数逐渐多于从下方经过的次数时，训练师就会把绳子提高，只不过提高的速度会很慢，不至于让鲸鱼因为过多的失败而沮丧。训练师慢慢地把绳子提高，一次一次地鼓励，鲸鱼也一步一步地跳得比前一次高。最后鲸鱼跳过了世界纪录。

毫无疑问，正是鼓励的力量让这只鲸鱼跃过了被载入吉尼斯世界纪录的高度。对一只鲸鱼如此，聪明的人类更是这样，鼓励、赞赏和肯定，会使一个人的潜能得到最大限度的发挥。可事实上更多的人却是与训练师相反，起初就定出相当的高度，一旦达不到目标，就大声批评。

观众的掌声对一个赛场上的球队有没有好处？答案是肯定的。每个球队都知道，赛场上天时、地利、人和都是非常重要的。观众鼓励球队的热情是支持球队打胜仗最重要的力量之一。每个球队都承认，球迷的打气使他们感觉自己受到了尊重，情绪激动，斗志昂扬。

同样的道理，在日常生活中，鼓励也是很重要的一个因素，而且也是很有用的。在家庭里，夫妻应该彼此鼓励，父母与子女应该彼此鼓励；在工作上，老板和员工更是应该彼此鼓励；在生活中，朋友之间也应彼此鼓励。

亨利·汉克是印第安纳州洛威市一家卡车经销商的服务经理。工人希尔的工作愈来愈差。但亨利·汉克没有对他吼叫，而是把他叫到办公室里来，跟他进行了坦诚的交谈。

他说："希尔，你是个很棒的技工。你在这里工作也有好几年了，你修的车子也很令顾客满意。有很多人都称赞你的技术好。可是最近，你完成一件工作所需的时间却加长了，而且质量也比不上以前的。也许我们可以一起来想个办法解决这个问题。"

希尔说他并不知道自己没有尽到职责，他向上司保证以后一定改进。最后他也确实那样做了。

不要吝啬自己的鼓励！有的时候，你的一句鼓励可能会让对方终生受益。给同学一点鼓励，在他考试没考好的时候，送上一句"下次努力，你的成绩肯定会很好的"；在朋友遇到困难时，送上一句"你平时那么棒，这些困难算什么"，多给大家鼓励。

一句鼓励的话，会给失意的人很大帮助。

你的笑容价值百万

微笑是人类宝贵的财富，是自信的标志，也是礼貌的象征，微笑具有震撼人心的力量，同时它会为你赢得事业上的成功。钢铁大王安德鲁·卡内基的高级助理查尔斯·史考伯说过，他的微笑值100万美元。这也许只是随便说说而已，因为史考伯的性格以及他那种富有吸引力的才能，都是使他成功的原因，而在他的性格中，一个令人得到好感的因素就是他那动人的微笑。

威廉·怀拉是美国推销人寿保险的顶尖高手，年收入高达百万美元。他的秘诀就在于拥有一张令顾客无法抗拒的笑脸。那张迷人的笑脸并不是天生的，而是长期苦练出来的。

威廉原来是全国家喻户晓的职业棒球明星，到了四十岁因体力日衰而被迫退休，而后去应征保险公司推销员。

他自以为以他的知名度理应被录取，没想到竟被拒绝。人事经理对他说："保险公司的推销员必须有一张迷人的笑脸，而你却没有。"

听了经理的话，威廉没有气馁，立志苦练笑脸。他每天在家里放声大笑百次。邻居都以为他因失业而发神经了，为避免误解，他干脆躲在厕所里大笑。

经过一段时间练习，他去见经理，可经理说："还是不行。"

威廉并不泄气，仍旧继续苦练。他搜集了许多公众人物迷人的笑脸照片，贴满屋子，以便随时观摩。

为了每天大笑三次，他还买了一面与身体同高的大镜子摆在厕所里。一段时间后，他又去找经理，经理冷淡地说："好一点了，不过还是不够吸引人。"

威廉不服输，回去加紧练习。有一天，他散步时碰到社区的管理员，很自然地笑着跟管理员打招呼，管理员对他说："怀拉先生，你看起来跟过去不大一样。"这句话使他信心大增，立刻又跑去见经理，经理对他说："是有点味道，不过那仍然不是发自内心的笑。"

威廉不死心，又回去苦练了一段时间，终于悟出"发自内心如婴儿般天真无邪的笑容"最迷人，并且练成了那张价值百万美元的笑脸。

当你笑时，一定要记住，微笑要发自内心并且充满活力。不真诚、不自然、假装和心怀叵测的笑容，不但不会为形象增光，还会破坏原来坦然的形象。真诚的微笑，让人能通过你的微笑看到你的真挚情感。没有人会喜欢"皮笑肉不笑"的虚情假意，那只会让人更讨厌你。在商业发展中，微笑具有如此大的作用，尤其在服务行业，微笑更被夸张到了极致，他们认为"微笑服务"能使顾客盈门、生意兴隆、招财进宝，而事实确实证明了这一点。所以会有谚语说："一家无笑脸，不要忙开店。"

在人际交往中，微笑也同样重要。你对别人微笑了，就代表你对他很友好。通常情况下，没有人会拒绝对自己热情的人，所以他也会尽量对你展开笑颜。于是，在彼此的笑容里，你与别人的隔阂消除了，取而代之的是彼此的关心和爱护，最终大家的心灵相通，成为了好朋友。你的人际资源从此就打开了。

第七章 没有永远的朋友，也没有永远的敌人
——人人都应懂的交友策略

技巧 64

相亲相悦，让友情更加牢固

关键时刻拉他一把

别漠视那些落魄的朋友，伸出你的手，关键时刻拉他一把，你将会像磁铁一样吸住他一辈子。

有成功，就有失败；有得意者，就有落魄者。或许你昨天还是成功的典范，是一个意气风发、春风得意的人，到了今天，你就可能由于某种原因而一贫如洗，变成一个普普通通的人，甚至是还不如普通人的落魄者……

在当今社会，这种现象并不罕见。落魄者的情况各不相同，有的是政治原因，有的是思想品德所致，还有的是工作失误的结果。不管是主观原因还是客观原因，对于落魄者来说，从天上掉到地下，其痛苦心情可以想象。在这种际遇地位剧烈变化的情况下，不少人自惭形秽，觉得没脸见人，也有的则更加自尊、敏感，对他人的态度异常关注。

人不可能一帆风顺，挫折、背时是难免的。当他落难的时候，虽然自己倒霉，但也是对周围人们，特别是对朋友的考验。远离而去的可能从此成为路人，但同情、帮助其渡过难关者，将以雪中送炭般的恩惠将其直接吸引，同时，他也将感激你一辈子。所谓莫逆之交、患难朋友，往往就是在困难时候形成的。这时形成的交情也往往最有价值，最让人珍视。

有一位领导因被他人诬陷而入狱，没有人敢接近他。他的心情很苦闷，一度丧失了生活信心，动了自杀的念头。这时他的一个部下不怕受连累，主动来见他，给他送东西，并开导了他，甚至狠狠地批评他的轻生思想，鼓励他，指出他的前途是光明的。他终于坚持了下来。这位领导后来洗刷冤屈出狱了，十分感谢他的这个部下，把他当成知己。这个部下得了重病，他把自己的全部积蓄拿出来给他看病，后来又把他接到自己家里疗养，可见感情之深。

"我不知道他那时候那么痛苦，即使知道了，我也帮不上忙啊！"许多人遗憾地说。这种人与其说他不知道朋友的痛苦，不如说他根本无意知道。

人们总是可以敏感地觉察到自己的苦处，却对别人的痛处缺乏了解。他们不了解别人的需要，更不会花工夫去了解；有的甚至知道了也佯装不知，大概是没有切身之苦、切肤之痛吧。

虽然很少有人能做到"人饥己饥，人溺己溺"的境界，但我们至少可以随时体察一下别人的需要，时刻关心朋友，帮助他们脱离困境。当朋友身患重病时，你应该多去探望，多谈谈朋友关心的或感兴趣的话题；当朋友遭到挫折而沮丧时，你应该给予鼓励："这次失败了没关系，下次再来。"当朋友愁眉苦脸、郁郁寡欢时，你应该亲切地询问他们。这些适时的安慰会像阳光一样温暖受伤者的心田，带给他们希望。

"远亲不如近邻"

因为离得近，接触的机会多，选择朋友就比较容易。一个人和我们住得越近，我们就越容易了解他，与他也就越能成为朋友。

研究者统计发现，友谊和相互间公寓的邻近性有密切联系。住在一门之隔的家庭比住在两门之隔的更可能成为朋友；那些住在两门之隔的家庭比住在三门之隔的更可能成为朋友；以此类推。而且，住得离邮箱和楼梯近的人比住得离这类特色结构远一些的人在整幢楼中有更多的朋友。

为什么邻近性能产生喜欢？首先，邻近的人低头不见抬头见，为了拥有一份美好的心情，人们不得不与邻近的人搞好关系。其次，由于邻近，由于熟悉，即使是简单的人际互动也会提高我们对他人的好感。再次，根据交换理论，人们在互动过程中，总是希望以较小的代价换取最大的报酬，而邻近性则满足了这一要求。

西方心理学家最简单的解释认为"离得近的人比离得远的人更有用"。

但是邻近性是否就一定具有人际吸引力呢？事情并不那么简单。我们知道，自己所喜欢的人往往是邻近的人，而自己所厌恶的人也往往是邻近的人。所以邻近是吸引的必要条件，但不是唯一的条件，只有当邻近的人具备了相互满足需要这一条件，或者说，人们对邻近者怀有好感时，邻近性才会产生吸引力。比如，同在一个单位工作的人，有的关系非常融洽，彼此默契配合，工作效率较高；而有的关系则相当紧张，甚至到了有你无我的程度。这些都是在邻近关系中时常发生的现象。但是，事情也是相对的，离开了具体的情境，离开了满足需要这一人际关系的基础，忽视了其他因素的作用，就会把邻近性孤立起来而犯绝对化的错误。

如果你想有目的地接近某些人，引起对方注意，不妨考虑一下先成为他的近邻。

第八章

让支出胜过收入乃一切进步的动力
——商务活动中的心理学法则

技巧 65

借钱生钱，零成本也能创业

创业，不一定要蛮干

世界上著名的图书馆——英国大英图书馆，藏书量之大，藏书之丰富在世界上是首屈一指的。但是随着藏书的不断增多，大英图书馆不得不进行扩张和改建。不久，一座新的图书馆就建成了。但是当图书馆要搬家时，问题便来了，因为从旧馆要搬到新馆去，光搬运费就要几百万，严重地超出了预算。怎么办呢？这可难倒了馆长。后来，有人向馆长出了一个点子，结果只花了几千块钱就解决了问题。

原来，图书馆在报上登了一则广告：从即日开始，每个市民可以免费从大英图书馆借10本书。广告一出，众多市民蜂拥而至，没几天，就把图书馆的书借光了。书借出去了，怎么还呢？大家要还到新馆来。就这样，大英图书馆借众人之势，没花多少搬运费，巧妙地搬家了。

俗话说，会用力的不费力，会借力的能省力，借天下之势，发天下大财。懂得借力发力的人，才能以小搏大，以势生钱。

《三国演义》中，曹操挥军南下，准备一举歼灭刘备。刘不得不联吴抗曹，诸葛亮巧舌说黄盖，吴刘两家暂时结盟，一同对抗曹操。

周瑜下令要诸葛亮三天之内打造10万支箭，但是"巧妇难为无米之炊"，无论是时间上还是技术、人才上都不具备这样的效率，这根本就是不可能完成的事情，但是诸葛亮轻而易举地做到了。

在一个大雾蒙蒙的早上，诸葛亮派出几千艘木船，千帆齐发，船上扎满了稻草和稻草人。当船驶到河中央的时候，敲锣打鼓，鞭炮齐鸣，杀声震天，伪装攻打曹营的样子。曹操站在城墙上一看，江面上朦朦胧胧的，有很多船只向他驶来，曹操以为周瑜真的要攻城了，于是就命令所有的弓箭手万箭齐发，结果箭一支支射到了船的稻草和稻草人上。不到一个时辰，诸葛亮就满载而归，收到曹操送来的10多万支箭。

是"巧妇"就不怕没米，没米可以借米，关键是你要懂得怎么"借"。既然三天之内造不出来10万支箭，何不去"银行"借呢？只要有"曹家钱庄"在，就不怕"贷不到款"。可惜，"曹家大门"不是给你一个人开的，更何况你跟"曹家"还是世代仇家，他怎么会把钱借给你呢？这就要靠计谋了！你要肯动脑子，会使伎俩，这样才能使不可能的事情变成可能。

创业也是如此，我们要学会"借"这一招。很多想创业的人没本钱，怎么办？没关系，

第八章 让支出胜过收入乃一切进步的动力
——商务活动中的心理学法则

可以向你的亲戚朋友借，可以向银行和曾经的老板借，不要一谈到借钱就害怕付利息，害怕亏不起、还不起。有人心里会想："我这个人最不喜欢借别人的钱，如果一天没还上，我就吃不香、睡不着……"一个人要想创业就要有魄力，有胆量，有意志，有信心，敢想敢做。如果连借钱都不敢，还谈什么创业呢？商场上有句话叫做：会花钱的，花别人的钱；不会花钱的，花自己的钱。

借钱也是有学问的，不是随随便便人家就会借给你的。要想别人借给你钱，首先要会说话。借钱时，说话一定要真诚、坦率、不隐藏，把现实情况和自身问题讲出来，获得对方的谅解和同情。同时，跟人借钱一定要说些对方爱听的话，对方心情好，你借到钱的概率才会更高。

另外，跟别人借钱一定要讲信誉。俗话说："有借有还，再借不难"，就是这个道理。一个信誉不好的人，只是一次性交易，以后的发展和合作将会步履维艰。

当然了，会借钱还要会生钱。要想钱生钱，你不单要会理财，还要会投资，会合理地运用每一笔钱。

智谋迂回他人间，空手也能套白狼

如今，创业之势发展越来越猛，尤其是在前段时间经济危机导致的就业压力下，越来越多的人不得不另谋出路，选择自主发展、自己创业。然而，创业并非一件容易的事。创业，首先你必须有钱、有人、有关系，更重要的是，你要有智慧。因为有智慧的人没有钱也能当老板，空手也能套白狼。

何谓"空手套白狼"？意思是指在没有使用任何先进武器的情况下，单用一根最原始的绳子就能将一只珍贵的白狼套住了，也就是小投入高回报之意。那么，"零投入"是如何换回高回报的呢？这里靠的就是计谋和智慧。

据《战国策》记载，著名的纵横家张仪曾经在楚国生活时，非常不得意，穷困潦倒，吃住常常没有着落，连仆人都受不了，不得不跟张仪说自己宁愿辞退回家。张仪不答应，"我知道你是嫌衣着破旧，所以想往别家去。我不拦你，但是，如果你愿意再等几天，待我去见过那些有钱人后，再决定去留不迟。"

于是，张仪带着他那套纵横之术去面见楚王，可惜楚王对张仪的主张毫不感兴趣。无奈之下张仪心生一计，说："既然大王目前没什么地方需要在下，请您派我到晋国去吧。"楚王说："也好。"张仪说又问："您需要从晋国带点什么回来吗？"楚王说："金银财宝我楚国都有，再没什么需要的了。"

张仪笑了笑，说："大王想要美人吗？"楚王问，"怎么讲？"张仪说："晋国的美人皮肤白皙，身材姣好，要是没见过的，还以为是仙女下凡呢！"楚王悠然神往："那你速去速回，一定要为本王带些晋国的美人回来。"于是，楚王叫人拿来珍珠美玉，即刻就要打发张仪去北上寻芳。

当时，宫中楚王最喜欢的两个女人，一个叫南后，一个叫郑袖。她俩还没听完此事便香汗淋漓。于是，立刻请来张仪。"听说楚王派你去晋国寻芳。我俩特地给您备了点儿盘缠，小小意思，不成敬意……"一个拿出千两金子，另一个也送上五百。很显然，南后和郑袖是不想让张仪给楚王寻芳，担心动摇自己在楚王心中的地位，故意贿赂张仪。

张仪不想得罪南后和郑袖。次日，他去向楚王道别，面带悲色："大王，外面路途险阻，关山难渡。我这一去，不知哪年才能再见到您。"楚王颇为感动，连叫摆酒。酒过三巡，张仪说："大王，这里如此冷清，您何不把家人一块叫来呢？"楚王便把南后和郑袖叫来。张仪一见，马上向楚王跪倒："在下该死，在下该死！"楚王一头雾水："你这又是为何？"

张仪说："天下之大，在下从未见过这么绝色的美人！先前我说去晋国找美人，没想到天下最美的人就在您身边！大王恕罪！"楚王哈哈大笑，说道："那你就不必挂心了。我本来就认为天下的美女谁也比不上她们两人。"

就这样，张仪凭他的三寸不烂之舌，在楚王面前玩了一回空手套白狼，白得黄金千两。

这里的"空手套白狼"并不是坑蒙拐骗的一套伎俩，而是在法律允许的范围内，白手创业，以小搏大，四两拨千斤。

日本角荣银行的董事长田式美在创业之初一穷二白，但他想出了一套空手套白狼的营销方案——"预约出售"。凭借此方案，让他"没有资金却赚了大钱"。

这个方法说来很简单，例如，有人要买房，他就四处去找有意向的卖主，先谈妥价钱，然后告诉买方："那栋楼约值100万日元以上，但主人现在80万就脱手，请你买下它，保证两个月可赚一成。超出一成利润时，超出部分由我得，若赚不到一成，我赠你一成利润。"等劝服买主买下来后，他便代其销售，往往以高出买价许多成的价格售出。

对买主来说，两个月就有一成利润，比银行存款利润高很多，而且安全可靠，何乐而不为？田式美本来一无所有，但照样"空手套白狼"顺利地做成了这项不要本钱的生意。后来经过10年的奋斗，他竟成了日本有名的建筑企业家。

"空手套白狼"是要我们打破"先有鸡还是先有蛋"这种死循环的心理定式，巧借外力，以四两拨千斤之势来赢得成功。其实，即使全世界都陷入一片愁云惨淡的金融海啸之中，机会还是很多，关键看你善不善于把握。只有真正会运用自己智谋的人，才能成为"乱世英雄"。

用零成本收获大效益

《三十六计》中说："阳乖序乱，阴以待逆。暴戾恣睢，其势自毙。顺以动豫，豫顺以动。"意思是说：当对手内部发生恶变时，我们不急于采取进逼手段，顺其变，"坐山观虎斗"，最后让敌人自残自杀，时机一到，我们即坐收其利，一举成功。

在现代竞争激烈的市场环境中，聪明的商家往往会采取静观其变的态度，坐在暗处等待对手自乱方寸。因为，如果此时你一旦采取行动打压，不仅达不到歼灭对手的目的，还会使得本来有矛盾的个体团结起来，同仇敌忾，一致对外。

所以，按兵不动比行动更有力。常言道："当局者迷，旁观者清。"要做一个袖手旁观的观望者，但不是做一个消极的"守株待兔"的农夫。要学会静静地观望火势，细心地分析形势和利弊，正确和充分地掌握对手的矛盾，设法加快两级的运转，才能取得成功。

藤野先生是日本富士现代办公用品公司驻南亚某国的业务代理。有一次，他到该国准备与他们的泰恒公司签订一个有关进口日本某型复印机的合同。复印机在这个经济刚刚起飞的国家，完全是个新事物，有着广阔的发展前景，占领这一市场对公司的前景无疑有着十分重要的意义。藤野先生带着公司"只许成功，不准失败"的指令来到这里。

然而，令他意想不到的是，当他乘飞机来到该国见到泰恒公司的老板时，对方只是冷冰冰地说："对不起，藤野先生，我公司已有新的打算了，很遗憾。"说完，一摊手走开了，面对这突如其来的打击，藤野先生暗然神伤：泰恒公司绝对不会轻易放弃复印机这个大生意不做，但是他们现在拒绝签合同，又该做何解释呢？为何他们会无缘无故松开财神爷的手呢？难道有了新主顾？很有这个可能。哪儿的呢？其他国家的？可能性不大，因为就目前国际市场上的复印机来说，只有日本产品才是一流的，泰恒公司绝对不会这么笨，为公司的长远发展及信誉着想绝不会贪图便宜买进现已淘汰的产品。那么，与泰恒公司做生意的肯定也是一家日本公司。他们到底是以什么样的优惠条件吸引泰恒公司更张易辙、舍此适彼的呢？

想到这里，藤野先生豁然开朗。于是，他很快谋划好了行动方案，并向国内公司汇报了有

第八章 让支出胜过收入乃一切进步的动力
——商务活动中的心理学法则

关情况,请公司协助查清事情原委。不久,公司有了回音,果然如藤野猜测的一样,国内有一家公司从中作祟,要为其提供价格更低、性能更先进的某型复印机,致使泰恒公司改变初衷并拒绝签合同。

事情了解清楚后,藤野按原计划紧锣密鼓地安排着行动。一方面,他加紧行动要赶在对方前面尽快拿到与泰恒公司的签约;另一方面,他下令立刻与厂家联系,无论如何都要取得此型复印机在该国的经销权。公司兵分两路,由藤野先生负责与泰恒公司签订合同,公司另派人马去厂家联系进货业务。

藤野先生第二次出现在泰恒公司老板面前时,便开门见山地说:"总裁先生,我这次来是与您专门洽谈关于复印机的进口问题。此复印机确实比其他机子优越。所以,我们决定在这方面与贵公司合作,而且我还要高兴地告诉你,我们提供给贵公司的同一型产品比贵公司前些天联系的那一家价格要低3成。"

既然有利可图和谁做生意不一样,泰恒公司当即答应成交,并随即签订了进口1500台此机的合同。

合同一到手,藤野马上飞回日本,找到复印机生产厂家。其实,该厂家关注富士公司很久了,经过调查知道他们在与另一家公司争夺复印机客户及东南亚的独营权。于是,厂家便故意对来者不慌不忙地解释:因与其他公司达成协议,授予其在该国的经销权,为了自己的信誉,表示不能再与富士公司签约。藤野先生当然知道其用意,便告知对方:富士公司已拿到合同,抢先占领了该国市场,请厂家把复印机及辅助材料与设备的经销权授予富士,富士愿意把其进价全部再加一成。

一番讨价还价,复印机生产厂家的"坐山观虎斗"的戏也该收场了,现在对方出价已足够高了,超过了自己的预期目标,若不趁势取利,"时不再来"。于是,便爽快地答应与富士公司签了约……

复印生产厂家用不行动的零成本,收获了比行动还大的利益,靠的就是"隔岸观火"的逼人之势。如果你能克制行动,待对手忙于内战或和其他联盟争斗时再发动进攻,不仅能保存实力,还能提升自身的潜在价值,获得更大的利润空间和更高的利益。

技巧 66

出奇制胜，无往不利

另辟蹊径，实现真正意图

在美国，电报业最兴盛之时，老范德比经营的西联电报公司处于垄断地位。老范德比去世后，古尔德花100万美元开了一条新电报线路，成立了太平大西洋电报公司。小范德比意识到了古尔德对自己的威胁，决定收购太平大西洋电报公司，如此，就能使自己仍处于垄断地位。他马上派人与古尔德谈判，结果他以500万美元买下了太平大西洋电报公司，太平大西洋公司人员设备全部转入西联。艾克特是古尔德的挚交好友，因为有技术，进入西联后，担任该公司的总工程师。小范德比对这一次成功的收购十分满意，他不仅扩大了实力，还引进了一员虎将。

过了一段时间，爱迪生发明了四重发报机，使用这种发报机，效率要比原来提高一倍以上，如此一来，西联小范德比决定买下这项专利。他派艾克特与爱迪生谈判，让艾克特以低于5万美元的价格购买四重发报机的专利。他认为这次他同样会稳操胜券，因为电报市场是他一人垄断着的。然而，艾克特虽在西联担任总工程师，却是古尔德的内线，他及时地将进展告诉古尔德。有一天，古尔德请爱迪生来到他的家里，想以高薪聘请爱迪生去自己刚刚成立的美联电报公司。

爱迪生是个科学家，根本不懂生意经，觉得美联比西联的条件优厚得多，也就答应了。现在，古尔德决定向小范德比摊牌，要挟小范德比说要撤走艾克特。失去了爱迪生的四重发报机，又失去艾克特，西联将会一片黑暗。无奈之下，小范德比只好同意美联与西联合并，由古尔德任总经理。

古尔德为了得到西联可谓费尽心机，直到老范德比去世，才能稍稍有所动作，成立太平大西洋公司。当然，当时电报公司是赚钱的，而古尔德却绝非想从电报的营业中赚钱。他得将西联电报公司赚到手，太平大西洋电报公司不过是他抛下的一个诱饵，小范德比果然上当。

此外，古尔德的另一个妙笔是将艾克特打进西联高层，从而使高级情报可以及时地传到古尔德的手里。此时古尔德对小范德比的作为一目了然，而小范德比却对古尔德一无所知，未加丝毫防范，本来唾手可得的四重发报机专利，却从眼皮底下被古尔德夺去。

古尔德得到了四重发报机的专利，此后便可以发起他赚取西联公司的最后攻势了。要么撤走总工程师，要么合并，在此条件之下，小范德比只好俯首就范，选择合并公司，古尔德得到了他垂涎已久的西联。

《三十六计》中说："有用者，不可借；不能用者，求借。借不能用者而用之，'匪我求童蒙，童蒙求我'。"要在竞争中取胜，首先要发挥自己的优势，要发挥优势就必须另辟蹊径。竞争之法无准则，取胜才是根本目的，使用反常方式，对手更易陷入措手不及的状态。

说"长"道"短"显奇效

所谓"王婆卖瓜，自卖自夸"，在推广自己的产品时，商家往往偏爱说"长"，不遗余力地宣传商品的优点，回避道"短"，刻意淡化其产品缺陷。有些商家却剑走偏锋，以其"短"衬其所"长"，取得奇效。

20世纪80年代，有一家杂志为了打开销路在北京报纸上做征订广告，它的广告语只有寥寥几句，既没有制造噱头大力包装自己产品，也没有弘扬自己的"优良作风"全力宣传自己产品的与众不同。却反其道而行，特意检讨过去自己曾登过几篇不好的作品，并用最朴实无华的语言介绍自己刊物的特点。没想到这则平淡无奇的广告反而以它独特的诚实无欺的做法，打动了读者的心。广告刊出不久，就使这家期刊发行数量增加了几万份。

这一现象很快引起了香港几家报纸的关注，他们说："中国的广告风格，自然不能亦步亦趋仿效外国，而要建立起自己独特的风格。北京报纸所登某杂志征订广告，既说长也道短，实事求是的风格，不仅为期刊广告开了先河，甚至也可作为建立中国广告风格的一个基础。"

无独有偶，国内有家暖气片厂也别出心裁地采取此种宣传手法，他在广告上这样敬告用户的："我厂生产的暖气片尽管以总分99.94的成绩被评为全国第一，但仍存在不少问题。主要缺点有：万分之二的螺旋精度没有达到国际标准；千分之四的产品内腔清不净。请用户购买时，千万认真挑选，以免我们登门为您服务时耽误您的时间。"显然，这样诚心诚意的广告词打动了顾客，更打开了销路。因为广告用自我暴露的方法来体现厂家对产品质量的精益求精，对产品的真实无欺，以及服务至上的保证，这比那些一味吹捧自己的产品是"誉满全球"、"超一流水平"、"神奇的功效"、"最高境界"……更能令人信服，更易赢得顾客的厚爱。

相传我国古代有两家门对门的酒店在竞争，其中一家在门口贴出招贴，上面写道："本店以信誉担保，出售的完全是陈年好酒，绝不掺水。"而另一家的门口也贴出招贴："敝店素来崇尚诚实，出售的一概是掺水一成的陈年老酒，如不愿掺水者，请预先声明，但饮后醉倒概与本店无关。"

结果如何呢？不用说，也早见分晓了——前者"自夸自卖"，夸过了头，也失去了顾客的信任；后者"自贬自损"，自认酒中掺水，又风趣地肯定掺水的必要，让顾客愿意上钩，结果酒店生意格外兴隆。这就是用旁敲侧击的方法触动顾客的心弦，没有瞄准对方却达到了比预期更好的效果。

当然，物极必反，盈则必亏，即使说长道短，你也要把握好"度"，把握好人的心理倾向轨迹，这样才能有的放矢，收到意想不到的效果。否则，暴露自己的某项不足，却弄巧成拙，只能"自取其辱"、"自断生路"。

抓住对手关键处，一点击破

商场上劲敌如林，很多时候我们很难与之正面交锋。因为，有时候你越是跟强敌较劲，越能激发对方的凶猛攻势，最终只能使自己丧失主动权，陷入无休止的被动，变得连喘气的机会都没有。那么，应该如何对付强敌呢？"打持久战"是耗不起的，"打游击战"又没有那么多的"革命根据地"。所以，只能做"阻击战"，瞄准对方关键点，一击即中，彻底粉碎敌方的

你的人生，不能没有心理学
改变命运的100个心理学技巧

"大本营"。

《三十六计》中说："不敌其力，而消其势，兑下乾上之象。"也就是说，要避其锋芒，攻其弱点，消除敌方生存之根本，对方自然不攻而破，这就是"釜底抽薪"。这是现代经商赚钱中不可不知的一计。

20世纪90年代中期，戴尔发现，许多竞争厂商有一半以上的利润来自服务器。更严重的是，虽然他们的服务器是很好的产品，却为了补贴业务上其他比较不赚钱的地方而必须抬高定价。事实上，由于他们服务器的定价高得超乎常理，所以等于是把额外的成本转嫁给最好的顾客，从而暴露了自己的致命伤。1996年9月，戴尔公司以非常具有竞争力的价格，推出一系列服务器，整个市场为之震惊。这项野心勃勃的行动，重新建立了戴尔在服务器市场的地位。

戴尔公司凭借掏空竞争者的利润来源，削弱了他们在笔记本电脑、台式电脑等市场上以价格和戴尔公司对抗的能力。

进入因特网市场也是另一个让戴尔公司和竞争者大玩柔道的绝佳手段。对戴尔公司来说，网络是直接模式的最终延伸。但对许多采取间接模式的对手而言，进入网络市场是个两败俱伤的主张。对他们来说，直接交易终将导致通路上的冲突。他们的营运模式是以传统的产销者、代理商和经销商为基础，而不是与顾客直接发生交易关系。一旦原本采取间接模式的制造商开始与使用者直接对话，便会和本来是为自己销售产品的经销商产生竞争。这让戴尔公司很快就获得更多的青睐。假想一下，如果顾客想直接向制造商购买，还有什么方法比向直接销售的公司购买更好呢？

戴尔之所以能在市场上谋得"一方水土"，能在竞争中崭露触角，靠的就是"釜底抽薪"。直接攻击对手的"供给线"——"利润"，商家的利润要害如同蛇的七寸，掐断利润，也就相当于断了对方的"粮草"，使敌人惊慌失措，不攻自破。

当然，要想釜底抽薪，首先要"知己知彼"，充分了解对手的特点、优势，博取众家之长，弥补自己的缺点，推陈出新，以自己所具有的生产能力、生产工艺、生产技能，生产出市场上独一无二的适用产品。这样才能广销各地，受到消费者的欢迎。

20世纪50年代，一个名叫鬼冢喜八郎的日本人，得知体育运动将会在世界范围内得到推广，便想从生产运动鞋上发财致富。然而，他一无资金，二无生产设备，如何与其他已有的运动鞋生产厂家竞争呢？

看来正面无法硬碰，只能另谋良策了。为了生产一双真正适合运动员穿的舒适的运动鞋，他走访了许多优秀篮球运动员，与他们一起打球，并亲身验证了目前篮球鞋的缺点：容易打滑，止步不稳，影响投篮的准确性。怎样扬长避短，生产出独具特色的运动鞋呢？鬼冢喜八郎昼思夜想，终于从鱿鱼触足上长着的一个三吸盘上受到启发，决定把平底改为凹凸底，以防止打滑。试验一举成功，鬼冢马上申请了专利，并投入生产。一上市，这种新型球鞋马上排挤了所有厂家的同类产品，人们争相购买，产品备受欢迎……

商场上不存在永远的强势和永远的弱势，弱势一方如果想跟强势一方争夺市场底盘，就不能正面硬碰，因为这样只会导致"大鱼吃小鱼，小鱼吃虾米"的结果。弱势一方要善于做一个狙击手，不断培养自己的敏锐触觉和目光，暗中瞄准劲敌的关键点，才能将之一击即中，还要不断提高自己，在博取众家之长的基础上，不断创新，顺从消费者的需求，这样才能在千变万化的市场竞争中，使自己的产品保持销售旺势，永远立于不败之地。

技巧 67

多一个机遇，多一条财路

看到远处的机遇，决胜于千里之外

做生意如同下棋一样，平庸之辈往往只能看到眼前一两步，而高明的棋手则能看出后五六步甚至更多。对精明的商人来说，所有的决策都是围绕着经商的利润进行的，他们所做的每一步都有着特定的目的。因此，他们往往能遇事处处留心，比别人看得更远、更准，这样作出的决策才可能切合市场发展的需要，抓住远处的机遇，达到决胜于千里的目的。

一个成功的商人决不会轻易做出一项决策，就如一个医生在没有十分肯定的把握的情况下决不会拿起手术刀一样。做决策是管理活动中最重要的一步，稍有失误，就会身败名裂，因而，当你要做决策时，千万不要草率行事。具有高远的眼光，善于把握风云变幻的市场，决策便有了最有力的依据。"高瞻远瞩"并非万望不可及，只要你多留心，多调查，有意识地去训练自己，你的眼界便会开阔起来，你便有了运筹帷幄的能力，下一个"独具慧眼"的经商奇才也许就是你！

世界"假日客栈之父"、美国巨富威尔逊在创业初期，全部家当只有一台分期付款"赊"来的爆玉米花机，价值50美元。第一次世界大战结束时，威尔逊的生意赚了点钱，便决定从事地皮生意。当时干这一行的人并不多，战后人们都很穷，买地皮修房子、建商店、盖厂房的人并不多，因此地皮的价格一直很低。

听说威尔逊要干这不赚钱的买卖，一些朋友都来劝阻他、但威尔逊却坚持己见，他认为这些人的目光太短浅。虽然连年的战争使美国的经济衰退，但美国是战胜国，它的经济会很快复苏的，地皮的价格一定会日益上涨，赚钱是没有问题的。威尔逊用自己的全部资金再加一部分贷款买下了市郊一块很大的地皮。这块地由于地势低洼，既不适宜耕种，也不适宜盖房子，所以一直无人问津、可是威尔逊亲自去看了两次之后，便决定买下那块杂草丛生的荒凉之地。

这一次，连很少过问生意的母亲和妻子都出面干涉。可是威尔逊却认为，美国经济会很快繁荣起来，城市人口会越来越多，市区也将会不断扩大，他买下的这块地皮一定会成为"黄金宝地"。

事实正如威尔逊所料，三年之后，城市人口剧增，市区迅速发展，马路一直修到了威尔逊那块地的边上。大多数人这才突然发现，这里的风景实在迷人，宽阔的密西西比河从它旁边蜿蜒而过，大河两岸，杨柳成荫，是人们消夏避暑的地方。于是，这块地皮身价倍增。许多商人都争相出高价购买。但威尔逊并不急于出手，真是叫人捉摸不透。

其实，这便是成功经营者高明的地方，威尔逊自己何尝不知道这块地皮的身价，不过他看得更远：此地风景宜人，必将招来越来越多的游客，如果自己在这里开个旅店，岂不比卖地皮更赚钱？于是威尔逊毅然决定自己筹措资金开旅店。不久，威尔逊便盖了一座汽车旅馆，取名为"假日客栈"。假日客栈由于地理位置好、舒适方便，开业后，游客盈门，生意兴隆。从那以后，威尔逊的假日客栈便像雨后春笋般出现在美国与世界其他地方，这位高瞻远瞩的"风水先生"获得了巨大的成功。

在商品经济时代，能先人一步，获得的实惠便可以先人百步、千步。由此可见，对形势的发展有一定的预见性，在商业活动中才能占尽先机，而跟着潮流走的人虽然承担的风险要小得多，但所得的回报也不会很丰厚，有时甚至适得其反——比如说，别人都在炒一种正当红的股票，而你却偏偏去买风头已过的股票，弄不好反倒赔进去。实践证明，做生意就应该如下棋一样，要比别人看得更远、更准，才会成为商战中的赢家。

把握政策，挖出"黄金"

政策里面有黄金，就看你怎样发掘；政策里面有机会，就看你能否发现。透过政策变化揽商机，就是要在政策的变与不变中发现空档，乘隙而入抓住商机，利用政策的张力和空间，做到收放有度，进退得体，赚钱合道。可以说，用活一项政策可以救活一个濒危的企业；用好一项政策可以使一个企业迅速发展壮大。

在我国社会主义条件下，党和国家的政策对整个国家、社会和每一个人都有深刻影响，特别是在改革开放中，新政策不断出台，新机遇也就不断出现。有的政策直接为我们提供了在某一方面成功的机遇，经济政策最为明显。随着我国向社会主义市场经济的过渡，国家出台了一系列与市场经济相适应的政策，为那些善于竞争、有开拓创新意识的人提供了机会：国家政策允许炒股票，一些人就抓住这个机遇，在股票的投资中成为先富者；国家政策允许"下海"经商，一些原来有经济头脑的人，在"海"中捕到了"大鱼"；国家政策号召实行现代企业制度，一大批善于经营管理的个人成为事业有成的企业家。

谢炳桥，温州瑞安人，体重不到45公斤，故别人戏称他为"小不点"。

他在商海里几下几上、几起几落，多少带有点传奇色彩。

他16岁闯天下，16岁破产，从万元户倒过来一下子负债20万元。

1991年，经过"八年抗战"的谢炳桥终于还清债务并有了一定的原始积累。此后，他在北京、青岛等地开辟了食品加工、旅游用品和眼镜专柜等项目，但这些只能挂靠在别人的名下，生意运作十分不便。他一心想在北京注册一个属于自己的公司，参与市场的公平竞争。但那时，个体户这个字眼还没有被社会接受，尤其在首都，老百姓听到"个体户"就像听到"狼来了"一样，更何况一个来自"假冒骗"成风的温州的个体户，所以他频频受挫。

1992年春天，平时爱读报纸的他在广州《羊城晚报》上看到一篇题为《东方风来满眼春》的文章，读过之后，兴奋不已，将报纸装入口袋，掉头就回到北京。他的爱人问他从广州进了什么货，他掏出那张《羊城晚报》说："你看，全在这儿。"之后几天，谢炳桥就拿着这份报纸跑遍了崇文区有关批执照的职能部门，但还是被拒之门外。

当时北京市正在清理整顿公司，根本不可能再申报新的公司。谢炳桥去工商所死缠硬磨，拿出《羊城晚报》给工作人员看，念给工作人员听。

事后他回忆："我随身揣着这份从广州带来的报纸，就去找当时抓我赶我的工作人员，可是，还没等我开口就被他们训斥了一番：'现在都在整顿，你还凑什么热闹！'我被他训得呆呆地站在一边。后来我就把报纸掏出来给他们看。工商所里的同志看过这张报纸后态度有些两样，就跟我说：'先放这里。'接着就问我：'你想报什么公司？'我说：'我是瑞安人，待在北京很多年了，能否办一个带"京瑞"之类的什么贸易公司？''那经营范围呢？''什

第八章 让支出胜过收入乃一切进步的动力
——商务活动中的心理学法则

么都有，比如眼镜、钟表、照相器材等。''那么性质呢？''股份制嘛。''除了你的股份还有谁的？''我和我的姑父嘛，有三个人就可以办股份公司了。''那你是外地人怎么办？''外地人怎么啦，外地人不是人啊！你们首都离得开外地人吗？'说完之后，那位工作人员还是不敢办理。我说：'过两天政策出来了，你们马上都会知道的。'后来我的第一个公司终于在北京合法注册。"

国家政策能给企业带来发展机遇，经营者应不失时机地利用这一机遇。首先，经营者应不失时机地把握政策，抓住机遇，选择"突破口"并加以迅速行动。如在前几年中央宏观政策调整中，资金向效益好的大中型企业集中的政策出台后，安徽合肥荣事达集团决策层果断抓住发展大中型企业的绝好机遇，迅速调整市场发展战略和产品结构，使企业的经营更具竞争力。

我国改革开放初期，国家明令规定不能从国外进口小卧车。日本丰田公司研究这一政策后，将小卧车作了小小改动——后面加个小不点的货厢——其实就是把后备厢打开——前面和小卧车完全一样。结果这种稍加改动、造型奇特的"客货型"小车长驱直入中国市场。后来，不少大城市交通部门为缓解市区行车难的问题，又制定政策：载重1.5吨以下的为小汽车，可以进城，超此限者未经特批不准驶入市区。这个规定一下给一些汽车经营厂商带来致命的打击，然而日本丰田公司却又从中钻出了门道：以最快速度生产载重1.25吨的丰田车，到中国试销，随即被抢购一空。

如果商家们能够时时刻刻关注政策的调整与变动，注重研究政策规定，尤其是善于利用鼓励性支持性优惠政策，就会获得许多商业机会，就会抢得经营发展的先机，甚至夺得市场竞争的独占优势和地位。

其次，经营者要吃透政策，用足政策，抓尽机遇，不让机遇从面前滑过。作为企业的经营者，也应充分运用国家赋予企业的权利，放开经营，大胆深化改革，抓住一切发展机遇，搞活经营。

中国的老板和企业的成功与党和国家的政策密切相关。要想成为一个成功的经营人士，当好一个企业的老板，就要注意开展与国家政府机构间的公共关系活动，密切注意国家政策及其动向，以便于用足用活政策。

为此，我们需要做到以下几点：
——及时了解国家相关的经济政策。
——密切注意并分析代表国家和地方政府的各种新闻宣传机构动态。
——充分了解国家政府机构的设置、职能结构、工作范围及办事程度，注意收集各种信息。
——热情接受政府主管部门的各级领导对企业的指导意见。

通过上述活动，收集有用信息，从而把握住国家的经济政策、形势动向，为企业的生产、经营、决策服务，就能够使企业处于主动地位，使企业在生存和发展的激烈竞争中进退自如，立于不败之地。

用理智避开机遇中的陷阱

商场，表面上看风平浪静，实际上却暗自波涛汹涌。很多看不见的机关、陷阱都敞开着口，笑着等你进去。我们会面临很多现实诱惑，在极度膨胀中飘飘然，失去理智，丧失分析问题的理性和谨慎，在盲目中跌入别人预先设置好的陷阱中。

我们经验不足，履历单薄，难免在创业道路上摔跟头。跌倒是难免的，但是避免跌倒也是可能的。面对一些我们不曾遇到的困难、不能确定的问题，千万不要想当然地草率下定论，因为机会和机遇只是一念之差，前途却大不一样。草率只会让自己轻易地跌进别人早已布置好的陷阱中。

你的人生，不能没有心理学
改变命运的100个心理学技巧

李耀祖是一位技术上的天才，凭借自己的技术、智慧和努力，创建了宏达软件公司，后又成为捷丰集团董事，是一个深受员工爱戴的老板。就是这样一个阅人无数、久经沙场的"老江湖"却"一招失满盘皆输"。

20世纪90年代，软件市场在国内是最有潜力的市场。当时，国内软件公司都把精力投入到了政府和国企市场这两块肥肉上，并未重视正在迅速发展的合资企业，而国外软件公司的产品价格又过于昂贵，于是便出现了一个市场缝隙。李耀祖敏锐的嗅觉很快嗅到了这个不可多得的好机会。"机不可失，时不再来。"李耀祖决定要抓住此良机，迅速填补这个市场空白。

李耀祖是一位印度籍华裔，早在1990年，就在新加坡创办了宏达集团，主要做商用软件研发。1995年，他到中国大陆淘金时，发现了中国大陆市场的潜力，决定在中国发展。于是，他很快注册了厦门宏达商用软件有限公司，主要做ERP。但是公司规模不大，能力有限，李耀祖决定扩大规模，加快发展。

不久，李耀祖便找到了一家名为捷丰的上市公司，打算洽谈合作的问题。双方在收购合同中写道："捷丰集团以一亿元人民币收购厦门宏达商用软件开发公司，李耀祖出任捷丰集团董事。收购方式为股权置换，厦门宏达商用软件开发公司以100%的股份置换捷丰集团价值一亿元的人民币股份权……"

李耀祖心里隐隐觉得有点不对劲，却说不出来哪里不对。在急着想抢占这一市场空白的心理作用下，李耀祖既没有暗自调查这家公司的背景和实际经营状况，也没有仔细思考和分析这一合作细节。面对疑惑却轻易相信对方的回答，犯了兵家之大忌。李耀祖问道："捷丰集团公司的业绩似乎有问题，为什么公司规模这么大，股价这么高，却一直没有赢利呢？"对方向他解释道："这是资本市场，大家看的是你以后的发展'潜力'，股价跟赢利之间没有必然的关系，我们的合作准没错，赶快签合同吧。"

这似乎很有道理。李耀祖没有细想，在急着进军大陆、尽快开始软件开发计划的心理作用下，他大笔一挥，在合同上面签下了自己的大名。之后，双方交接得都很顺利。但是，令李耀祖意想不到的是，捷丰集团一直以来都是被一些黑势力控制，在过去几年中，其股价被内行人称为"妖股"，股价呈现一种过山车似的起伏状态。然而，现在即使他知道这些也迟了。

宏达公司的销售账款一到，就被原捷丰派驻在宏达的财务总监即刻转走了。不到两个月，捷丰集团的股价也跌到了几分钱一股，成了地地道道的垃圾股。就这样，无论是宏达公司还是捷丰集团都成了空壳子，李耀祖原本看好的商机却变成了巨大的陷阱，使得他一无所有。

谁都想抓住现有的机会，一举成功。但是世上没有"天下掉馅饼"的好事，太过于顺利的事情，千万不要轻易相信，因为隐藏在机会后面的很有可能就是陷阱。如果我们过于自信，就会变得过于自负，如果让"一定会成功"的心理定式左右我们的判断，混淆我们的视听，听不进不同的意见或反面意见，结果只会使自己在洋洋得意中掉进别人早已为你挖好的"陷阱"中。

技巧 68

借力搭车，精明生存

积极主动地"攀龙附凤"

常言道："七分努力，三分机运。"很多时候，机运对我们成功来说太重要了，它可以缩短你的奋斗时间，让你事半功倍。想得到这些机运，就需要我们积极主动地攀附身边的贵人——那些能够提携、帮助我们的人。

每个人的身上，都有着走向成功的条件，而如何使这些条件发挥出来，却由你身边无数的贵人所控制。你接受了贵人的帮助，就好比一粒种子投入一块适合自己生长的土壤，充分得到土壤的滋养。从这个意义上讲，你的命运操纵在贵人的手中。

这些贵人，由于与众不同，一般都有着很强的个性，特别是一些地位比你低的贵人，他们不会轻易屈尊人下，因此，要想得到贵人的帮助，你必须放下身份和面子，用真情感动贵人。

戴维·史华兹年轻的时候和一个朋友合伙，用7500美元开办了一家小小的服装公司。史华兹将全部精力都投入到了这家服装公司，在他的出色经营下，公司发展得很快，生意相当不错。

但不久，史华兹发现了问题。他认为，公司老是做与别人一样的衣服是没有出路的，必须要有一个优秀的设计师，能设计出别人没有的新产品，才能在服装业中出人头地。然而，这样的设计师到哪儿去找呢？

一天，他外出办事，发现一位少妇身上的蓝色时装十分新颖别致。经历了一些周折，史华兹了解到这套衣服是她丈夫杜敏夫设计的。于是，他有了聘请杜敏夫当自己公司设计师的念头。

然而，当史华兹登门拜访时，杜敏夫却闭门不见，令史华兹十分难堪。但他知道，一般有才华的人难免会有些傲气，只有用诚心才能去感化他。所以他并不气馁，接二连三地走访杜敏夫的家，三番五次地要求见面。他这种求贤若渴的态度，终于使杜敏夫为之动容，接受了史华兹的聘请。

杜敏夫果然身手不凡，他向史华兹建议采用当时最新的衣料——人造丝来制作服装，并且设计出了好几种颇受欢迎的款式。

史华兹是第一个采用人造丝来做衣料的人。由于造价低，而且抢先别人一步，尽占风光，公司的业务蒸蒸日上，在不到10年的时间里，就成为服装行业的"大哥大"。

杜敏夫就是史华兹的贵人，如果没有他的帮忙，史华兹公司的发展就要大打折扣。但是，在他们的合作中起决定作用的是史华兹的真诚和耐心。他面对拒绝毫不气馁，敢于放下面子，以堂堂老板的身份三番五次地请求接见，这样才得以获得贵人的帮助取得事业的成功。

不过，攀附关系不是生拉硬套，要循循善诱、顺理成章、委婉自如，让他们感受到虽是不经意地提起，却一语中的，牵动着贵人的旧情，甚至让他们陷于旧情旧事的沉湎之中。如果能把与贵人的关系攀附到这种状态，还何愁贵人对你托办的事情冷眼旁观呢？

不过，在众目睽睽之下是不便与别人攀附关系的，因为绝大多数人不情愿公开自己的身世和社会关系。所以，与贵人拉关系最好是在背后与贵人扯家常、聊天的时候，或者在酒桌上小酌、在茶余饭后散步的时候，这样最容易切中贵人的心意，让他买你的账。

请时刻牢记：贵人的引荐和提拔是你成功强有力的敲门砖，能够为你赢得更多的机会和广阔的舞台。与其任凭自己的单薄力量"白手起家"，不如借助贵人的光彩与热量，为自己铺就一条平坦的通道。

"寄生"于人，成长加速

作为"寄生者"，你与你想投靠的寄主地位是不平等的，要想成功地"寄生"，你必须要让对方明白允许你"寄生"是值得的。事实也是如此，很多成功的人都从它的"寄生者"身上得到了很多好处。

提起"寄生者"，很多人会感觉很不舒服，因为它让我们联想到许多糟糕的东西，如寄生在我们身体之中、吸食我们的养分并使我们生病的那些小生物。

"寄生者"意味着"不劳而获"和"损人利己"，我们也常常称那些不肯付出努力而混吃混喝的人为"寄生虫"。

但是，也许你不知道在自然界中，借助外在力量获取利益的例子比比皆是。鲨鱼的身边总是游弋着几条灵巧的小鱼，它们靠拣拾鲨鱼猎食的残余为生；海鸥喜欢尾随军舰，因为后者的排水可以使海里的小生物浮上水面，成为它们的食物；在丛林中，很多藤萝植物是靠依附在参天大树上得以享受阳光的。

在这个"巨兽"横行的时代，做一个"寄生者"是很不错的选择。毕竟大树底下好乘凉。想要做事，先要立身；想要做大事，先要立稳身。有了"大树"作为依傍，不仅根基稳固，办起事来别人也会"不看僧面看佛面"了。

如果你还不具备成功所需的卓越能力，如果你艰苦卓绝的毅力和征服一切的胆识尚且不够，那么要想成为杰出人士的话，就应该好好地考虑一下，下一步该怎么走？寄生于人，不是一种耻辱，而是一种智慧。从别人的身上吸取自己需要的能量，既省去了到处"觅食"的艰辛，也令自己成长的过程加快了很多。

现在，你不妨去寻找一棵生命中的"大树"，做一个暂时的"寄生者"，才能从借力中受益。

借能人之力办好棘手之事

事情有难易之分，面对易如反掌的事情，我们总是能轻松解决，但当面前的问题很棘手时，就不妨将问题抛出去，让能人帮助解决。

唐肃宗时，李辅国是宫中一名大宦官。至德元载（公元756年），肃宗在灵武称帝后，李辅国官拜行军司马。凡是肃宗的起居出行、诏令发布等内外大事，都委任李辅国处理。唐肃宗打败安禄山，收回京城后，李辅国在银台门主持恢复京城的事，并负责掌管禁兵，一时权倾朝野，人人都不敢小看他。上元二年（公元761年）八月，又加给李辅国兵部尚书一职。

可李辅国仍然不满足，恃功向唐肃宗要官，请求做宰相。唐肃宗对李辅国这种咄咄逼人、明目张胆要官的做法非常反感，同时，对他的权力过重也有所警惕。因此，唐肃宗并不想把宰相的权力交给他。不过，李辅国对唐朝宗室有功，唐肃宗不想当面得罪他，于是，就对李辅国

第八章 让支出胜过收入乃一切进步的动力
——商务活动中的心理学法则

说:"按照你为国家所建立的功勋,什么不能做?可是,你在朝廷中的威望还不够,这怎么办呢?"

李辅国听了唐肃宗的话以后,就让裴冕等人上表推荐自己。唐肃宗知道李辅国在请人上表,十分担心,就悄悄把宰相萧华找来说:"李辅国想做宰相,我并不打算让他干。听说你们想上表推荐他,真的吗?"

萧华没有做声,但心里已经明白了,出宫以后找到裴冕,征求他的意见。裴冕说:"当初我并没有打算上表推荐李辅国宰相,是他自己来找我的。现在我知道了皇上的真实意图,请皇上放心,我宁死也不会上表推荐李辅国为宰相的。"

萧华又进宫向唐肃宗奏明他们的意见,肃宗非常高兴。后来,李辅国始终没能当上宰相。

有句谚语说"把烫手的山芋丢出去",其中热山芋指的就是忽然遇到的问题与困难。就如同前面故事中的唐肃宗一样,他非常巧妙地将问题挡了出去,让别人为自己的问题苦恼,使其处于两难的境地,自己则享受没有烦恼的乐趣。有的问题在当时就应很快反应,否则稍有停顿便会烫到自己的手。事后步步埋怨自己没有抓住稍纵即逝的机会作适当的反应,也没有用了。

所以,尽管烫手的山芋人人都不想接,但如果它不幸落到我们自己这里的话,那最好的办法就是将它丢出去,扔给那些有能力的人去解决。不过,山芋丢出去还要有技巧,要丢得不愠不火,小心别烫到了对方,伤了感情。这里面就有个"度"的问题,既要让对方能在脸面上过得去,又要让自己摆脱困境。高明的人不仅能使丢出去的山芋不会砸到别人,还能让别人心甘情愿地替自己解决问题。

还需要注意的是,这些技巧是要经常练习的。常常操练,就能够掌握这个火候了。

乾坤大挪移,化人之力为我所用

古话说得好:"三个臭皮匠,胜过一个诸葛亮。"个体不同,就各有各的优势和长处,所以一定要善于发现别人的优势和长处,取之所长,补己之短。

一个人不能单凭自己的力量完成所有的任务,战胜所有的困难,解决所有的问题。须知借人之力也可成事,善于借助他人的力量,既是一种技巧,也是一种智慧。

一个小男孩在沙滩上玩耍。他身边有他的一些玩具——小汽车、货车、塑料水桶和一把亮闪闪的塑料铲子。他在松软的沙滩上修筑公路和隧道时,发现一块很大的岩石挡住了去路。

小男孩企图把它从泥沙中弄出去。他是个很小的孩子,那块岩石对他来说相当巨大。他手脚并用,使尽了全身的力气,岩石却纹丝不动。小男孩一次又一次地向岩石发起冲击,可是,每当他刚把岩石搬动一点点的时候,岩石便又随着他的稍事休息而重新返回原地。小男孩气得直叫,使出吃奶的力气猛推。但是,他得到的唯一回报便是岩石滚回来时砸伤了他的手指。最后,他筋疲力尽,坐在沙滩上伤心地哭了起来。

整个过程,他的父亲在不远处看得一清二楚。当泪珠滚过孩子的脸庞时,父亲来到了他的跟前。父亲的话温和而坚定:"儿子,你为什么不用上所有的力量呢?"男孩抽泣道:"爸爸,我已经用尽全力了,我已经用尽了我所有的力量!""不对,"父亲亲切地纠正道,"儿子,你并没有用尽你所有的力量。你没有请求我的帮助。"说完,父亲弯下腰搬起岩石,将岩石扔到了远处。

可见,不要羞于向强者求助,有时对自己来说是天大的难事,对强者而言不过只需要动动手指头。甚至在另外一些时候,即使是敌人,也可为己所用。

在亚热带,有一个由三种动物组成的生物链:毒蛇、青蛙和蜈蚣。毒蛇的主要食物是青蛙，青蛙却以有毒的蜈蚣为美食，在青蛙面前是弱者的蜈蚣却能够使比自己体形大得多的毒蛇毙命，一般的毒蛇对它都无可奈何，三者间是两两水火不相容的。然而在冬季，捕蛇者却在同一洞穴中发现三个冤家相安无事地同居一室，和平共处。

它们经过世代的自然选择，不仅形成了捕食弱者的本领，也学会了利用自己的克星保护自己的本领：如果毒蛇吃掉青蛙，自己就会被蜈蚣所杀；而蜈蚣杀死毒蛇，自己就会被青蛙吃掉；青蛙吃掉蜈蚣，自己就会成为毒蛇的盘中餐。这样一来，为了生存，青蛙不吃蜈蚣，以便让蜈蚣帮助自己抵御毒蛇；毒蛇不吃青蛙，以便让青蛙帮助自己抵御蜈蚣；蜈蚣不杀死毒蛇，以便让毒蛇帮助自己抵御青蛙。三者相克又相生，形成了一个美妙的平衡局面。

借人之力，利用他人为自己服务，以让自己能够高居人上，这是一个人很难能可贵的地方。尤其对自己所欠缺的东西，更需要多方巧借。善于借助别人的力量，善于利用别人的智慧，广泛地接受多家的意见，多和不同的人聊聊自己的构想，多倾听别人的想法，多用点脑子来观察周遭的事物，多静下心来思考周遭发生的一些现象，将让你受益匪浅。

正如奥地利著名作家斯蒂芬·茨威格说的："一个人的力量是很难应付生活中无边的苦难的。所以，自己需要别人帮助，自己也要帮助别人。"所谓孤掌难鸣，独木不成桥，在这个世界上没有完美的人，巧妙地借助他人的力量为我所用，自然会有事半功倍的效果。

小人物也有大作用

小人物就像小螺丝钉，用得得当，就能推动大机器的运转。不要小看"小人物"，有的时候，"小人物"却有"大用处"。

借人之力成己之事，是获取成功的捷径之一，但在这条捷径上，人们却总是习惯于将目光聚焦到那些有权势、有财富的名人和富豪们身上，认为只有这些人才可能是自己人生路上的贵人，才能给自己的成功添砖加瓦。于是，很多人都成了"势利眼"，瞧不起小人物，只会仰望大人物。

可事实上，"大小"并不绝对，再平凡的人，身上也会有别人所没闪光点；再庸碌的人，也会有别人所不具的才能。所以对待"小人物"，不要一味趾高气扬，而要懂得变通，善于借助他们的力量。

我们不得不承认，小人物有人小物的优势，如便利、隐蔽、灵活、感恩等，因此，在人际交往中，要灵活变通，千万不要只逢迎那些所谓的达官贵人，而要懂得和小人物建立关系，而且，更不可得罪"小人物"，尤其是那些大人物身边的"小人物"，虽小却能亲近大人物，只要能巧妙地借助他们的力量，同样可以助你办成大事情。

所以，平时无论是说话还是办事，一定要记住：把鲜花送给身边所有的人，不要小瞧了那些目前不如你的人。俗话说："不走的路去三回，不用的人用三次。"说不定哪一天，某个小人物就会在某个关键时刻成为影响你前程和命运的"大人物"。

每个人不论他目前的境况如何，但都有别人不能替代的地方。所以，待人接物切忌以权贵、贫富为分而有所差别，善待"小人物"也就是善待自己，重视并利用"小人物"也是成功路上不可不知的"常识"。

第八章 让支出胜过收入乃一切进步的动力
——商务活动中的心理学法则

技巧 69

生意场上无禁区

从对手的忽略中，赚取超额利润

　　海尔总裁张瑞敏在比较中日两个民族的认真精神时曾说："如果让一个日本人每天擦桌子六次，日本人会不折不扣地执行，每天都会坚持擦六次；如果让一个中国人去做，那么他在第一天可能擦六遍，第二天可能擦六遍，但到了第三天，他可能就会擦五次、四次、三次，到后来，就不了了之。"张瑞敏先生的话是发人深省的，尤其是对于一个创业者更是醍醐灌顶。把一件简单的事情做好并不难，难的是每天把同一件简单的事情做好。只要坚持每一天把每一件平凡的事情做好，你就会变得不平凡。

　　对于一个创业者来说，选择在什么地点做什么样的生意，投资什么项目，投资多少都是业务大方向的问题；决定了发展方向后，就是具体的产品生产和服务的问题，是卖盖浇饭还是牛肉面、是开火锅店还是冰激凌店、是特价商品概不负责还是所有商品一律售后微笑服务……但是，做好前面所有的环节只是打了个地基，一个成功的老板要想业务上、收入上超过别人，最重要的是要在细节上比别人做得更好，硬件上难分伯仲时，就要在软件上寻求出路。只要你肯动脑子，肯在别人忽略的细节上下工夫，你就一定能最先尝到别人还没发现的那块市场蛋糕。

　　某地，有两名报童在卖同一份报纸，二人是竞争对手。

　　其中一个报童很勤奋、很卖力，每天起早贪黑，沿街叫卖，嗓门也极其响亮，可是有时候，思路不对，再勤奋也是徒劳。这个报童每天虽然很卖力，但是卖出的报纸却并不多，甚至还有减少的趋势。

　　另一个报童肯动脑子，除了沿街叫卖外，他还想出一招"先读后收费"的营销方案。他每天坚持去一些固定场合给人们分发报纸，过一会儿再来收钱。结果地方越跑越多，熟客也越来越多，自然报纸的销量也越来越好。渐渐地，第二个报童卖出去的报纸越来越多，抢占的市场份额也越来越大。第一个报童无奈于销量的每况愈下，最后不得不另谋生路。

　　为什么会如此呢？同样一件简单的事情，同样的报纸，同样的时间内，为什么第二个报童能比第一个赚取更大的利润呢？原因就在人们所忽略的那些细节上。

　　市场再大也是有限的，想称霸一方，就要先下手为强。在一个固定地区，读者是有限的，谁能先发出报纸，谁就能先抢占客户。你发得越多，对方的市场就越小，这对竞争对手的利润和信心都构成了打击。

　　报纸首先是文化，其次才是商品，如果找准对象再叫卖，便能一击即中。报纸不像别的消费品，它的价格便宜，购买也比较随机，一般不会因质量问题而退货。所以，采取"先给他阅读再来收费"的方式，人们一般不好意思看了你的东西还拿这点小钱为难你，毕竟看报的都是些识字的讲道理的人。

即使有些人看了报，退报不给钱，也没关系。报纸这种商品没损坏还能再次消费，况且他已经习惯看你发的报，肯定不会去买别人的报纸，是你的潜在客户。

另外，还有一个卖粥的故事：

甲、乙两家卖粥的小店。两者的地理位置、客流量、粥的质量、服务、水平等各方面都差不多，按理说，两家的生意应该一样红火。然而，每天晚上算账的时候，乙店总是比甲店多赢利多。而赢利的砝码就在服务小姐的一句简单的问话中。

当客人走进甲店时，服务小姐盛好粥后会问客人："加不加鸡蛋？"有的客人说加，有的客人说不加，大概各占一半。而当客人走进乙店时，服务小姐同样盛好一碗粥会问："您加一个鸡蛋，还是加两个鸡蛋？"爱吃鸡蛋的客人就要求加两个，不爱吃的就要求加一个，也有要求不加的，但是很少。全天下来，乙店就会比甲店多卖出很多个鸡蛋，营业收入和利润自然就要多一些。

这就是心理学上著名的"沉锚"效应：在人们做决策时，思维往往会被得到的第一信息所左右，它会像沉入海底的锚一样把你的思维固定在某处。

小小的卖报、卖粥生意，却有这么多技巧和学问，如果你掌握这些小技巧，注意这些小细节，就会在平凡之中做出不平凡的事情来。

创业切忌好高骛远，凡事从小处做起，踏实前进，不管你是大老板还是小老板，只要善于从细节中揣摩，便能发掘出别人忽略的那些超额利润。

为顾客省钱背后的秘密

一个商品是0.10元进的货，卖0.12元才有赚，可普尔斯马特会员商店卖0.09元还有利润。这是为什么呢？普尔斯马特有个口号叫做：永远为顾客省钱。

从经商的某种角度来说，这个口号的背后就是"通过为他省钱，赚走他身上的钱"。普尔斯马特会员商店遵循"永远为会员提供最优质商品，永远为会员省钱"的经营理念，提供低价的高质量品牌产品和服务，目的就是建立"会员忠实购买"模式。

顾客就是上帝，在任何情况下，都不能得罪任何一位顾客。因为，每一位顾客身后，大约有250名亲朋好友，如果你赢得了一位顾客的好感，就意味着赢得了250个人的好感；反之，如果你得罪了一位顾客，也就意味着得罪了250名顾客。这也就是著名的250定律。

所以，长久的生意之道是"让顾客满意"、"一切为了顾客"。普尔斯马特提出的口号也正是由此出发，他通过有效采购、低成本物流、现代化运作、控制支出比例等，为顾客提供高质低价的名牌产品。普尔斯马特曾经在商场一时鼎盛与这也是密不可分的。

"我们的员工有一个承诺，即保证让您满意。"

普尔斯马特这种会员制仓储式超市与其他经营业不同，他追求一个"链条"目标：低价—更多会员—更多需求—更好的采购力与供货商沟通—更低价格。会员每年缴纳一定会费，办理会员卡，就可以在普尔斯马特店里选购五六千种经过精心选择的最畅销的名牌优质商品。而非会员采购则需在正常价格基础上另加10%。

会员拥有购物卡无异于拥有高品质生活"绿卡"。他们可以购买优质商品，享受舒适购物环境和温馨服务，还可以通过网络商家，享受到餐饮、旅游、娱乐、医疗保健咨询等超值服务。

第八章 让支出胜过收入乃一切进步的动力
——商务活动中的心理学法则

在外人看来,普尔斯马特商品价格之低是不可思议的——其实,"物美价廉"是它多年来从实践中摸索出来的。他拥有全球采购系统,可以选择最好的商品,然后通过世界性采购平台与国内外知名厂家合作,直接进货,无须中间环节,把名牌、特色商品低价提供给会员。

他的集成信息系统对每种商品日销量进行跟踪,没有销量的立即淘汰;会员有需要的,尽可能满足。他强调"实时库存"概念,即管理和采购人员可以通过使用该系统掌握已订购的和在运输的商品,控制现有库存量与当时销售比例,有效地控制和管理库存。而物流与运输专业人员则依靠现代化的连锁供应管理,运用从供货到销售的电子交换技术、物流设备、低成本核算方式运作商品。

可以说,这种零售模式将信息跟踪与分析智能化,特别是计算机集成化的财务和商品信息管理系统的运用,是提供价低质优商品服务、最大化地为顾客谋利益的关键。而所有这些无疑都体现着将顾客作为企业的生命重心的理念。

由此不难看出,普尔斯马特通过为顾客省钱,不仅将顾客牢牢地拴在了自己这棵树上,还吸引了更多顾客的青睐,占领了越来越多的市场。随着消费群体的日益膨胀,降低了运营成本,提高了运作效率,普尔斯马特每天的交易量甚至能超过银行。凭借高效的管理和信息技术的完善,本着一切为顾客省钱的经营理念,在最大的为顾客谋取利益的同时,也给本公司谋得了最大的、更长远的利益。

用好杠杆原理,轻轻松松挣大钱

做人、做事、挣钱,要寻找技巧,利用杠杆原理"四两拨千斤",可以更快更好地达到目的,即通过有效地运用时间、力气和金钱来提高生产力。

比如《心灵鸡汤》的作者马克·维克多·汉森只写了一本书,但销售量却达到了数千万,在全世界每一个角落,每售出一本《心灵鸡汤》他都有收入进帐,除非是盗版书。该书引起了轰动以后,又能将"鸡汤"的品牌发挥其他作用,开发其他的产品,如《心灵鸡汤——工作卷》、《心灵鸡汤——女人卷》等。因为是名家,有了所谓的名家效应,所以这些作品仍然畅销。书一畅销,马克·维克多·汉森就继续赚钱。他的作品全球已销售五千万册了,而且还在增加。这就是杠杆效应。这种杠杆效应不仅为作者,也为出版社、书店以及其他许多人带来了源源不断的钱财。

杠杆效应体现在以下几个方面:

用杠杆原理赚取别人的钱

比如在房地产投资中,人们用10%~20%的首付款购买住宅类房地产,但却控制着100%的产权。

用杠杆原理学习别人的经验

比如自己要学习,需要的时间太长,所以要从别人那里借用或者学习。成功最快的方法就是跟富人学习。你学到的每一个观念或是每一个方法都能省下你多年的自我摸索和艰苦努力。

用杠杆原理收购别人的时间

人们在某些情形下有时会主动付出自己的时间,但是,大多数人会以相对较便宜的价格向你出售自己的时间。

用杠杆原理让别人替你工作

大多数人希望有工作。可以聘用他人来从事你自己不想做或者没有能力做的任何工作,通过他人来提升自己。

那么,你若想在商场上赚大钱,也应该好好研究一下杠杆原理。用好了这个原理,赚钱就可以轻松不费力了。

技巧 70

施计弄巧，赢家通吃的商场掌控心理学

正面难入手时，就从侧面出击

作为一种战术，从侧面进攻是行之有效的攻击谋略，特别是在战争上，当自己的力量还不足以与对手抗衡的时候，运用此策略更为有效。历史上，哥特人和匈奴人曾用此法打败了强大的罗马帝国，蒙古用此法进攻亚欧国家。今天，现代社会的生活中仍可灵活运用，它可以打乱你的对手的阵脚，增加自己胜利的机会，迫使你的对手屈服，最终战胜对手。

印度的帕特尔振兴尼尔玛化学公司在与对手竞争的时候，用从侧面打击对手的方法，最终取得了胜利。20世纪60年代，帕特尔开始了他的创业生涯。创业之初，帕特尔利用自己的专长，在自己的厨房里利用简陋的设备，生产出一种成本极其低廉的洗衣粉，并且把这种洗衣粉命名为尼尔玛。为了打开销路，帕特尔开始四处奔波，试图为他的洗衣粉在竞争激烈的市场上分得一杯羹。

但是根据印度传统的经营理论，城市富裕家庭主妇的钱袋是大多数产品销售的唯一来源。而在当时这一巨大的财源几乎被印度制造业的跨国公司——印达斯坦·勒维尔公司独占着。勒维尔公司在全世界都设有分公司，实力极其雄厚，它的业务范围也相当广泛，而且它所生产的冲浪牌洗衣粉，在印度洗涤市场一直占据着统治地位。作为刚刚起步的帕特尔公司，可以说根本没有力量与勒维尔公司正面交锋。帕特尔看清了这一点，决定寻找另一条出路。帕特尔针对勒维尔公司只注重城市富裕家庭主妇的钱袋，而忽略了广大中下层人民的需要这一弱点，开始大做文章。他绕开与勒维尔正面交战的战场，把注意力放在了无力购买高价洗衣粉的广大中下层人民身上，他相信这是一个潜力巨大而又无人涉足的广阔市场，并制定了灵活的销售策略。

第一，坚持薄利多销。第二，在产品上做文章。他不断推出新产品。20世纪80年代中期，帕特尔公司根据市场的需求，先后推出块状洗衣皂和香皂。当这两种产品投入市场的时候，购买者趋之若鹜。为此，公司迅速增大了产量，显示出其广阔的发展前景。

随着时间的推移，帕特尔的产品牢牢地把握了市场地位，块状洗衣皂成为尼尔玛公司的主要经济来源之一，仅此一项销售额就达到了公司营业总额的1/4。另一方面，香皂生产也迅速扩大，并在这一领域对勒维尔公司造成了严重的威胁。

为了争取更多的客户，拓展业务，做大做强，尼尔玛公司打起了广告的策略。对于做广告，他们不像有的商家那样，先用大量广告刺激起消费者的购买欲望，紧接着就把产品送到，而是先将自己的产品运送到各个销售点，然后才登广告进行宣传。尼尔玛公司这样做也有它的优势，因为产品广告与充足的货源能够紧密地结合起来，这样可以进一步提高公司在消费者心

第八章 让支出胜过收入乃一切进步的动力
——商务活动中的心理学法则

目中的地位，给消费者一种信赖感。

自此之后，尼尔玛公司以产品的良好信誉、优良质量和低廉价格深入人心，终使尼尔玛公司在洗衣粉市场后来居上，独领风骚。

帕特尔的胜利为我们提供了处世的经验：当与对方不得不交手的时候，在正面无法取得胜利的时候，就要灵活多变，迂回到对手的后方和侧面采取积极的行动。

临危不乱，以机智赢得生机

有时，看似波澜不惊的环境中，却暗含着无限的杀机；有时，一派风和日丽的景象里，却酝酿着暴风骤雨；有时，在把盏笑谈之间，祸患已悄然逼近……在危及自己生命的紧要关头，灵活地应对，不失为一大机变智慧。

朱元璋打败陈友谅、张士诚，定鼎南京，建号称帝，由刘伯温亲自选定风水宝地，开工兴建宫殿。朱元璋住进建好的皇宫后，没事便到处走走，熟悉一下环境。

一天他走到一间刚完工的大殿里，看着雕梁画栋，金碧辉煌，回想自己当年当和尚的情景，不禁感慨丛生，四下顾望无人，便信口把心中所想说了出来："唉，我当年不过为饥寒所迫，想当个盗贼，沿江抢掠些金银财物而已，哪曾想能有今日这番气象。"

说完后，仰面观看棚壁，却吓了一跳。原来有一个漆匠正在一个大梁上做最后的油漆工作，由于梁木宽大，朱元璋先前竟没发现他。

朱元璋马上意识到自己一时冲动失言，一番只能藏在心底、不能让任何人知道的真实想法可能都已经落入这名漆匠耳中了。如果不杀人灭口，势必会传扬得四海皆知，那可是丢人丢脸又不利于自己以天命愚弄百姓的大事。

他开口让那名漆匠下来，连喊了几遍，漆匠充耳不闻，继续慢条斯理地做着手中的活。朱元璋大怒，加大了音量喊，那名漆匠仿佛才听到声音，忙下来跪在朱元璋面前，叩头说："小人不知陛下驾到，没有及时避开，冒犯了陛下，请陛下恕罪。"

朱元璋怒声道："你耳聋了怎的？我叫了你几遍你都不下来？"

漆匠叩头说："陛下真是英明皇帝，连小人耳朵有点聋都知道。陛下圣明，这是小人和万民的莫大福份。"

朱元璋生性多疑，但看漆匠脸上神色并无太大变化，心想他骤然听到这样大的秘密，自然知道厉害，不吓得掉下来，也会面无人色，不会如此平静，看来他真是耳朵有些不灵敏的人。

也是朱元璋心情好，又见漆匠殿活做得也不错，且很会说话，便摆摆手让他继续干活。

这名漆匠当晚找个借口逃出皇宫，连夜逃回家中，携带妻小躲避他乡。而朱元璋后来因为国事繁忙，根本记不得这件事了。

那名漆匠的才能或许并不比朱元璋差，看其骤然听到天大的秘密却不惊不慌的态度，真有"泰山崩于前而色不变"的大将风度，马上想到用耳聋来保护自己，这份机智也是人所难及。

事实上，在现实社会里，这种临危应变的机智不仅智慧，而且重要，它常常能够帮助我们巧妙地趋利避险，不妨一试。

技巧 71

连横合纵，不做孤胆英雄

将天下资源为我所用

连横合纵是一种智慧。生意场上，将一切能利用的资源聚拢到自己身边，才能给自己带来更多财富。

想要致富，不能孤军奋战，要懂得连横合纵，让天下人为己所用。商场竞争激烈，个人能力再强，也难免势单力薄。做孤胆英雄并不是明智之举，费时费力，结果也并非如意。经商时必须利用各方势力，必要时"化干戈为玉帛"将使你受益匪浅。

有"巧手大亨"美誉的张果喜是江西果喜实业集团公司董事长兼总经理，他在开拓日本市场时能够照顾好各方利益，善待盟友和对手，很快便成为日本佛龛市场的"龙头老大"。

张果喜在日本市场初战告捷后，就与日商建立了稳固的代理关系，全部佛龛产品都由日商代理经销。随着张果喜生产的佛龛畅销日本市场，一些日本商人也想通过经营佛龛获利。为降低进货成本，他们绕过代理商直接从张果喜那里进货。

面对这种新情况，张果喜进行了慎重考虑。从眼前利益看，销售商直接订货，减少了中间环节，厂方确实可以得到实惠。但从长远考虑，接受直接订货，意味着失去以往花费了很大力气开辟的销售渠道，会使以往的销售渠道背离自己，走到自己的对立面，得不偿失。所以张果喜回绝了那几家要求直接订货的日本零售商，继续维持与日本代理经销商的盟友关系。日本代理商得知此事后很感动，对张果喜比以往更加信任。他们在推销宣传方面加大力度，为张果喜打出了"天下木雕第一家"的招牌。与此同时，张果喜清醒地看到，生产佛龛是一种利润丰厚的产业，除了他的果喜集团公司，韩国与中国台湾地区制作的产品也非常具有竞争力，日本本土还有很多同类中小企业，如果单靠原有的销售网络和一两个合资的株式会社，根本无法与强大的竞争对手抗衡。张果喜决定扩大"同盟军"，把一些原先的对立派拉到自己身边。他与智囊团仔细分析日本各地中小企业，经过多方协调，张果喜于1991年成立了"日本佛龛经销协会"，专门经销果喜集团的漆器雕刻品，变消极竞争为积极合作。当年立竿见影，他在日本佛龛市场的份额占到六成，取得了更大的市场主动权。

这就是张果喜的连横合纵。摆脱眼前利益和一己之利的束缚，开阔视野，正确处理与盟友、竞争对手之间的关系，化被动为主动，变消极为合理，才能变小钱为大钱。张喜果被称为改革开放后第一个亿万富翁，他只有初中文化水平，却通过自己超强的商业智谋打拼出一片天下。很多时候，一个人的胸怀和眼光决定他能拥有多少财富。假设张喜果贪图小利，答应那些

第八章 让支出胜过收入乃一切进步的动力
——商务活动中的心理学法则

日本小企业的要求，腰包暂时会鼓，葬送的却是长远利益。张果喜说："台上靠智慧，台下靠信誉。"这就是他不舍弃日本代理商的信念，也是他最终能够联合各方力量的基础。

大财富只属于大智慧的人。目光短浅，直盯眼前利益，不会有长久的财富。一个梦想致富的人，不能与对手保持永远的竞争关系。世事难料，审时度势联合对手，将对立变成合作，就可能在竞争中获利。宁可与对手抗争，也不与其合作争取潜在利益，受害的终将是自己，这样的人也不会得到财富的青睐。所以，致富过程中，灵活处理与对手的关系，连横合纵才会取得成功。

洞察对方所需，打开成功之门

在商务往来中，为了在竞争中取胜，不妨看看对方的需求，适当满足，他将放弃抵抗，为你所用。同时，要提醒自己，切勿因小利而放弃自己的原则。

汉高祖刘邦在天下大定之后，在一片等待论功行赏的气氛当中，却只先分封了20多名功劳不大的部将。其他在他眼里说大不大、说小不小的部将，如何分封都还在斟酌考量中。

那些自恃功劳不凡的部将无不伸长脖子，望眼欲穿，而且生怕论功不平、赏赐不公，一个个焦虑难安，同僚之间钩心斗角。

刘邦非常苦恼，于是便唤张良前来，想听听他的想法。

张良有些沉重地回答他说："陛下来自民间，依靠这些人打得天下。过去大家都是平民百姓，平起平坐。现在你成为天子之后，先分封的人大部分都是世交故友，所诛杀的都是关系较疏远的人，不然就是得罪你、让你看不顺眼的人。这样下去，难免会有人心生反意。"

刘邦听了之后，面色凝重，便问张良该怎么办。

张良想了一下，便先反问刘邦说："在这些一起打天下的部将当中，你最讨厌的人是谁？这个人不被陛下喜欢的原因，最好又是大家所熟知的事。"

刘邦回答说："雍齿常常捉弄我，他是我最讨厌的人，我想这也是大家早就知道的事情。"

张良马上提出建议："那么，今天就先将雍齿封为王侯。这样一来，我看就可以解除一些不必要的疑虑，安定大家的心了。"

刘邦采纳了张良的建议，立刻宣布将雍齿封为什邡侯。

这件事果然产生了良好的效果。在这些人看来，连皇帝最讨厌的人都有"糖"吃了，还有什么好担心的呢？于是，君臣之间的紧张关系自然得到了暂时的缓解。

只要抓住对方的心理，洞察对方内心的想法和需求，而后讨好他；或者在某件事上给予对方一点好处，对方就会从心理上贴近、跟从你，这时你就可以牵制对方的思想，为己所用了。有人说，人都是利益的动物。虽然有失偏颇，但这种方法有时确实能产生神奇的效果。在生意场上，巧施一些小恩惠，就能放长线钓大鱼，财源滚滚而来。

无事也要常登"三宝殿"

中国人常说"无事不登三宝殿"，意思就是登门拜访必然有事相求。然而，现在商务场上的那些应酬达人，早就抛弃了这个陈旧的观念，他们懂得用电话、短信、邮件或上门拜访等方式，牢牢拽住商场上的那个"贵人"。

王妍是某大学人文学院学工处的一名普通职员，她与经管系的系主任刘某关系处得非常好，而据小道消息说经管系系主任很可能年内就会调任学工处处长一职，这样看王妍将来的日子会比较好过了。然而世事难料，年底人员调整时，刘某却被调去当图书馆馆长了。这样一来，许多原本巴结刘某的人立刻散得一干二净，让刘某见识到了什么叫"人一走茶就凉"。就在这时，王妍来找刘某，说道："刘主任，这没什么大不了的，哪天咱们一起去逛街散散心吧！"这正是刘某最难过的时候，王妍的出现感动得刘某真不知道说什么好。从那以后，王妍有事没事就过去找刘某聊天、逛街。

一年半后，该学院的院长调走了，新来的院长把刘某提拔为主管人事的副院长，不用说王妍自然也跟着时来运转，她成了新一任的学工处处长。

所有的贵人在成为贵人之前都是一座"冷庙"，平日常去冷庙烧香，在危急之时才能顺利抱住"佛脚"，获得贵人的提携和帮助。生活中如此，利益攸关的商务应酬场上更是如此。先做朋友，后做生意，这才是绝妙的商务应酬法则。只要有时间，就要去拜访一下那些商场上的朋友，一起坐坐，聊聊天，互通信息的有无，说不定在这看似细微的言谈之间，你就抓住了绝佳的发展契机。

然而，前去拜访客户时要格外注意拜访的一些礼节，以免因小失大，引起客户的反感。

遵时守约

要想做一个受欢迎的客人，首先就要严格遵守预约的拜访，切忌迟到，要知道浪费别人的时间等于谋财害命；预约的拜访不能准时赴约，要提前打电话通知对方，即使责任不在自己，也要表达一定的歉意。

妥善处置自带物品

在进客户办公室之前，要先看看鞋上是否带泥。擦拭之后，先敲门再走进去。雨具、外衣等要放到主人指定的地方。如果主人较自己年长，那么主人没坐下，自己不宜先坐下。自己的交通工具如自行车要锁好，放在不影响交通的地方，如果放的位置不好或忘锁被盗，不仅自己受损失，也给主人带来麻烦。

言行谨慎

在客户处做客，不能大大咧咧地径直坐到席上，而要等主人力邀才"恭敬不如从命"；等人时，不要左顾右盼；主人奉茶之后，先搁下来，在谈话之间啜之最为礼貌。如果要抽烟，一定要征得主人的同意，因为吸烟会危害他人的健康；如果客户处未置烟灰缸，多半是忌烟的；如果掏烟打火，让主人匆忙替你找烟灰缸，是尤其不尊重人的举动。

无事也登"三宝殿"，其实也是为了将来有事相求，不必吃"闭门羹"。然而，商务拜访中如果忽视了这些细节，在这些"冷庙"烧上再多的香，也不能在危难之时顺利抱住"佛脚"，难以拯救自己的职业命运。

技巧 72

展示强势，博得认同感

王婆卖瓜，必须自夸

有句俗话叫："王婆卖瓜，自卖自夸。"虽然这句蕴含了一些自吹自擂的意味，但这种自吹并不是没有道理的。社会就如同一个大丛林，我们有许多机会都是要靠自己去争取的。如果有能力，千万不要把自己淹没在人群中，或者躲在被人们遗忘的角落里。成功者会让自己闪耀夺目，像磁铁一样吸引各方的注意。

有一匹千里马，身材非常瘦小，它混在众多马匹之中，黯淡无光。主人不知道它有与众不同的奔跑能力，它也不屑表现，它坚信伯乐会发现自己的过人之处，改变自己被埋没的命运。

有一天，它真的遇到了伯乐。这位"救星"径直来到千里马面前，拍了拍马背，要它跑跑看。千里马激动的心情像被泼了盆冷水，它想，真正的伯乐一眼就会相中我，为什么不相信我，还要我跑给他看呢？这个人一定是冒牌！千里马傲慢地摇了摇头。伯乐感到很奇怪，但时间有限，来不及多做考察，只得失望地离开了。

又过了许多年，千里马还是没有遇到它心中的伯乐。它已经不再年轻，体力越来越差，主人见它没什么用，就把它杀掉了。千里马在死去的一刹那还在哀叹，不明白世人为什么要这么对待它。

客观而言，千里马的一生非常悲惨，甚至有些"怀才不遇"的意味。它终年混迹于平庸之辈中，普通人不能看出它的不凡之处，伯乐也错过了提拔它的机会。但是，造成这种悲剧的是谁呢？是它的主人吗？是伯乐吗？都不是！怪只能怪千里马自身，假如它当初能够抓住机遇，勇敢地站出来，在伯乐面前能不顾一切地奔跑起来，表现出自己与众不同的优秀品质来，用速度与激情证明自己的实力，恐怕它早就可以离开那个狭窄的空间，到属于自己的广阔天地尽情施展了。

人们总说"酒香不怕巷子深"，其实非也。试想，要有多少浓郁的芳香才能从深巷里传至人们的鼻端呢？又有多少人能够静下心来寻找这芳香的源头呢？只怕最终也不过落得个"长在深巷无人识"。有些人常慨叹怀才不遇的人，却不知何时才会自我醒悟，因为有能力是需要表现出来的，有本事就要发挥出来，不吭声、不动作，谁会知道你胸中的万千丘壑，谁会将你这匹千里马从马群中挑选出来呢？

现实终究是现实，美好的东西不会主动跑到你面前来，一切都要靠你自己主动。要知道，就算天上掉下馅饼，也要你主动去捡，而且你还必须抢先别人一步，金子如果被埋在土里就永远不会闪光。因此，即便是实力爆棚的人，也要学会表现自己，要善于表现自己，才能让自己的优势展现于世人面前，才能使自己成为求才若渴的人们心目中的抢手货。

现实生活中，默默无闻、埋头苦干的人，往往不能够得到重用。一个成功的人，不仅仅要拥有雄厚的实力，还要会表现自己，这样才有机会脱颖而出。绝大多数人都有自己的理想和目标，但人生的第一步是必须学会"炒作"自己，为自己创造机会。

用"两高"给自己下个定义

给自己一个不同的定义，你的身价就会大大不同。现实中，拥有高身价是每一个人的梦想。那么，为了让自己价值不菲，为了让自己拥有钻石价，我们到底给怎样定义自己呢？我们不妨用"两高"来给自己定一个标准，下一个定义：

"我的位置在高处"，这是一种积极进取；

"我要达到更高的标准"，这是一种严要求。

黛安妮是美国一家大时装企业的创始人。她23岁的时候，从父亲那儿借款三万美元，自己开了一家服装设计公司。同丈夫分居以后，她将自己的公司发展成了一个庞大的时装企业。现在年销售额达200万美元。接着，她又办起一家经营化妆品的公司，还同其他公司合伙用她的名字作商标生产皮鞋、手提包、围巾和其他产品。她只用了5年时间就完成了这一切。

这样的女强人对成功又是怎样解释的呢？她说："如果把生活比做旅程，成功便是在沙漠中来到一片绿洲，你在这里稍事休息，举目四望，欣赏一下这里的景致，呼吸几口清新的空气，再睡上一个好觉，然后继续前进。我认为成功就是生活，就是能够享受生活的一切——既有欢乐和胜利，也有痛苦和失败。

黛安妮认为，有一种不断前进的欲望在推动着她。"当我朝着一个目标努力时，这个目标又将我带到一个新的高度，使我踏上了一条通往开辟新生活的道路。我并不是总知道自己在走向何处。前进中会发生各种事情，会出现不同的情况，甚至遇到灾难，但道路也越走越广。我有一个不变的信念，就是：'保持灵活应变的能力，在自己的人生经历中，不放过任何一个成功的机遇。'"

黛安妮事业上的成功取决于她积极进取的精神。满足现状意味着退步。一个人如果从来不为更高的目标做准备的话，那么他永远都不会超越自己，永远只能停留在自己原来的水平上，甚至会倒退。

生活中最悲惨的事情莫过于看到这样的情形：一些雄心勃勃的年轻人满怀希望地开始他们的"职业旅程"，却在半路上停了下来，满足于现有的工作状态，然后漫无目的地游荡着人生。由于缺乏足够的进取心，他们在工作中没有付出100%的努力，也就很难有任何更好、更具建设性的想法或行动，最终只能做一个拿着中等薪水的普通职员。如果他们的薪水本来就不多，当他们放弃了追求"更好"的愿望时，他们会干得更差。不安于现状、追求完美、精益求精的年轻人，才会成为工作中的赢家。

因此，不管你在什么行业，不管你有什么样的技能，也不管你目前的薪水多丰厚、职位多高，你仍然应该告诉自己："要做进取者，我的位置应在更高处。"这里的"位置"是指对自己的工作表现的评价和定位，不仅限于职位或地位。

第八章 让支出胜过收入乃一切进步的动力
——商务活动中的心理学法则

技巧 73

积累人情，财富之路更顺畅

积累人情，财富之路更顺畅

要想财源广进、飞黄腾达，很多时候需要靠人情取胜。

社会上有这么一类人：他们能力超群，却因为没有朋友，最终被埋没了。

王永庆在刚开始做木材生意的时候，对客户的条件放得很宽，往往都是等到客户卖出木材之后再结账，而且从不需要客户做任何担保。不过没有一个客户曾拖欠和赖账，原因就在于王永庆不但了解每一个客户的为人，也理解他们做生意的难处。正因为有了这份信任，客户很快就跟王永庆建立起了深厚的友谊。

华夏海湾塑料有限公司董事长赵廷箴，曾经与王永庆合作过建筑生意。有一次，赵廷箴需要大量资金周转，于是向王永庆表明自己的困难。王永庆二话不说，立刻借给他十几根金条，还不收分文利息。这样的举动不仅帮助了赵廷箴，还使得两人成了好朋友。从此后，赵廷箴营造的工程上所需要的木材全都向王永庆购买，成为王永庆最大的客户。

人是最大的资源，不管做什么事情，都有人的因素。被称为"赚钱之神"的邱永汉说："失去财产，仍有从头再做生意的机会，失去朋友，就没有第二次的机会了。"

只有善于借助别人的力量，顺风行船，才能最快地到达目的地。如果想让自己的财富之路走的更加的顺畅，就先积累人情，铺就人际关系网吧！

没有好人缘等于把自己逼入"死胡同"

人际关系就像是一盏灯，在人生的山穷水尽处，指给你柳暗花明的又一村繁华。创造完美的人生，就从铺好你的人际关系开始。

卢梭曾说过："人类的脆弱，使我们进入社交圈；共同的不幸，使我们的心互相聚结在一起。"可以说自从世界上出现人类以来，相互交往就一直存在，即使是病人，聚在一起也比独处要轻松，尤其是现代社会，与世隔绝，独处一室是非常不切实际的做法。

张辉在一家公司做一名管理人员。在公司产品遭遇退货、赔款濒临倒闭，公司高层们急得团团转而又束手无策时，张辉站了出来，提供了一份调查报告，找出了问题的症结。此举不仅一下子解决了公司的难题，还为公司赚了几百万。

因工作出色，张辉深受老总的重视，不久就成为全公司的一颗明星。凭着自己的智慧和胆略，他又为公司的产品打开国内市场，两年时间内为公司赚回几千万利润，成为公司举足轻重的人物。

张辉踌躇满志，以为销售部经理一职非他莫属。然而，他没有被提职。本来公司董事会要提拔他为公司主管销售的副总经理，却由于在提名时遭到人事部门的强烈反对而作罢，理由是各部门对他的负面反应太大，比如不懂人情世故，不和同事交往，骄傲自大……让这样一个不懂人际关系的人进入公司的决策层显然不太适宜。

销售部经理一职被别人担任了，张辉只好拱手交出自己创建、自己培养成熟的国内市场。这就好比自己亲手种下的果树上所结的果子被别人摘走一样，令他非常痛苦和不解。

尽管张辉工作业绩辉煌，但他忽视了人际关系的重要性。同事们并不认可他的工作能力和领导才能，在无可奈何的情况下，他只好伤心地离开了公司。

许多杰出的人士，之所以被能力不如自己的人击垮，就是因为没有经营好自己的人际关系，被一些非能力因素打败。在中国这样的一个重人情世故的国家，没有一个好人缘，不能编织起一个良好人际关系网，无异于自毁前程，把自己逼入死胡同。

结交"实力人物"的身边人

古往今来，与大人物见面的机会都是很难得的，但是，他们的朋友、亲属或工作中的助手，都是你走向成功的天然踏脚石。

想要结交贵人的话，一定要记住史坦芬·艾勒的一句话："把鲜花送给'实力人物'身边的人，即使他们看起来只是你心目中的小角色。"哪怕他们只是一个小小的秘书、一位家庭主妇，甚至是尚未成年的小孩子，也不要放过结交和讨好他们的机会。有了情意和信任，自然会带来效益：说不定这些"小角色"会在某个关键时刻影响你的前程和命运。如果他们能帮你在"实力人物"耳边说上几句好话，那真是很荣幸也很珍贵的。当你结识了某位"实力人物"的身边人后，就一定要把握住他，用尽方法得到他的支持。

有一次，麦凯去拜访一个大企业的老板，希望说服这位老板来买他的产品。可是不管麦凯怎么说，这个老板都不肯买。有一天，他得知这个老板去了医院，原来是老板的儿子出了车祸。他马上查找信息，得知老板的儿子12岁，崇拜篮球明星迈克·乔丹。

麦凯的人缘颇好，他正好认识迈克·乔丹所在的公牛队的教练，麦凯买了一个篮球，寄给公牛队的教练，并拜托他请乔丹和全体球员签了名。麦凯把篮球送到了医院里，小男孩一看篮球上有乔丹的签名，兴奋得睡不着觉。

老板来看他的儿子时，儿子正高兴地抱着球坐在那里。老板一看就问："这是乔丹的签名篮球，你怎么会有？"儿子回答："是麦凯叔叔送我的。你应该买麦凯叔叔的产品，他这么关心我，你也应该关心他才对啊！"

第二天，老板就找到了麦凯，专门向麦凯道谢，并向麦凯订购了大量的产品。

现在的社会，并不是每个人都能结交上权贵，即使有幸结交，也不见得能得到"贵人相助"。然而，结交那些"实力人物"的身边人并没有太大的难度，得到了他们的信任，就相当于接近了"实力人物"。所以，在交际应酬过程中，千万不能忽视权势的"身边人"。

技巧 74

灵活借势，让你的投资始终有回报

诚信是一种有持续性回报的投资

诚信是一种长期投资，唯有长期遵守诚信的原则，才能建立和维护你的信誉、品牌和忠诚度，也才有可能得到可持续的成功。

诚信就是诚实守信，用更通俗的话说，诚信就是实在，不虚假。诚信是一个人的美德，有了"诚信"二字，一个人就会表现出坦荡从容的气度，焕发出人格的光彩。自古以来，诚实守信就是一种永恒的人性之美。可以说，诚信的品格是要获得成功人生的第一要素，历来被伟人们所尊崇。诚实守信不仅是一种美德、一种吸引人的影响力，而且是构筑人脉和拓展人脉的一个基本要求。

安德鲁·卡内基曾经说过："世界上很少有伟大的企业，如果有，那就一定是建立在最严格的诚信标准之上的。"

20年前，弗朗西斯开了一家小小的印刷厂。今天，弗朗西斯已经非常富有，并且有一个美满的家庭，还拥有一家很大的印刷公司。他在同行之间很受敬重，最重要的一点是他恪守诚信。

当友人问起他的成功之道时，弗朗西斯说："我父亲非常强调守信用的重要性。言行要一致，是父亲最常说的话。我毕业时，决定开一家印刷厂。从创业初期，我就一直遵循父亲所给予我的教诲，对每位顾客都坚守信用。如果成品不够精美，我就免费重做一次，我交货也很准时，即使有时连续两三天没睡，我还是信守承诺。就这样，我开始赚钱了，并在3年后拓展了我的事业，有能力购置更大的厂房和更先进的设备。但就在这时，一个周末的一场大火把我的厂子燃烧殆尽。保险公司只负责一半的损失，此时我负债累累。我的律师、会计师都劝我宣告破产，但我没有这样做，因为我要勇敢地面对我的问题。那时实在是不容易，但是我还是偿清了所欠的债务，并且重新开始。由于我的承诺，赢得了所有债权人和厂商的信赖。

"你问我的成功之道是什么，我的回答是：信守承诺。如果没有父亲昔日的教诲，我是不会有今天的。"

著名实业家李嘉诚先生也曾经就自己多年经营长江实业的经验总结道："做事先做人，一个人无论成就多大的事业，人品永远是第一位的，而人品的要素就是诚信。"

很多人把信誉看得非常重要，视它为成功必不可少的一个因素，这是正确的。不讲求信誉，不仅仅会给别人造成损失，同时也会使你失去很多东西，使人们都逐渐地远离你。

有的人在人际交往过程中，凭借一两次蒙骗而使自己的阴谋得逞，但这种伎俩绝对不可能长远。俗话说，"群众的眼睛是雪亮的"，这种蒙骗一时的行为迟早会被人们发现。如果你是一个不讲信誉的人，只要有一个人知道，用不了多长时间，所有的人就都会知道，那时候，你就会陷入一个非常难堪的境地中，没有谁会主动来和你交往，甚至还会故意冷落你、躲避你。这样，无论你办什么事情，走到哪里，四面八方都会是厚厚的一堵墙，更别希望别人帮你办事了。

信誉就是财富，而重信誉的人，往往会在众人的帮助中站起来，不会陷入孤立的绝境，只要我们每个人都能够做到诚信，那么我们的人脉关系就会因为承诺而固若金汤、牢不可破。

给他人一个头衔，让他鼎力相助

头衔是一种公开化的赞誉，几乎没有人能够抗拒。头衔能够让许多人激动不已，能够激发他们的工作热情，当然，还能够赢得他们的忠诚。

虽然头衔是虚的，不能增加人的经济收益，却可以在极大程度上满足人的成就感。很多人都通过给予对方一个光辉闪耀的头衔来获得对方的鼎力协作。

斯坦梅茨是一位拥有异常敏锐的观察力和无法估计的才能的人。然而，在就任通用电气公司的行政主管时，他所管理的事务却乱作一团，因此，他被撤销了行政主管一职，而担任顾问兼工程师。那么，怎样才能使这样一个事业上受挫的人不遗余力地投入到工作中、为公司效力呢？

这时，高层管理人员运用了一些奇妙的驭人策略。他们给予了斯坦梅茨一个耀眼的头衔——科学的最高法院。一时之间，几乎公司上下所有的人都知道：有一个叫斯坦梅茨的工程师非常了不起，他被称为"科学的最高法院"。而斯坦梅茨也极力维护这个头衔所带给他的荣誉，他不遗余力地工作着，创造了很多奇迹，为通用电气的发展作出了极大的贡献。

一个头衔为什么拥有这么巨大的魔力？这当中是有心理学依据的。

首先，从个体心理学的角度看，当一个人被赋予某种头衔的时候，他对自己的自我认知就发生了改变。潜意识中，他将自己和这种头衔统一起来，如果他不按头衔的要求去做的话他就会产生认知失调，也就是自我认知和言行冲突，从而产生心理不适。因此，为了避免认知失调产生，他一定会以积极的言行来维系头衔带给他的荣誉。

再则，从社会心理学的角度看，当一个人被赋予某种头衔的时候，实际上是被赋予了某种社会角色。人有一种将自身的言行与自己所扮演的角色统一起来的本能，人很难抛开自己所拥有的头衔而做出格的事情。

在应酬社交中，要想获得他人的鼎力支持，给予他人合适的头衔是非常有效的方式。

第八章 让支出胜过收入乃一切进步的动力
——商务活动中的心理学法则

技巧 75

谈判帮你获得想要的一切

"讷者"是最杰出的谈判家

沉默的力量比想象的更大,谈判中适时的沉默能让你避免不必要的冲突,获得意料之外的成果。

任何谈判都要注意实效,要在有限的时间内解决各自的问题,有些谈判者口若悬河、妙语连珠,总能在谈判的过程中以绝对优势压倒对方,但谈判结束后却发现并没有得到多少,交易结果令人失望,与谈判中气势如虹的表现不相匹配。

朱熹曾说:"放言易,故欲讷;力行难,故欲敏。"这句话给我们的启示在于:不做言语的巨人,行动的矮子。从历史来看,言语的讷者,行动的敏者,才是真正的智者。

身为律师的小惠多年前参加了一场不轻松的国际谈判,最后一天从晚上八九点钟,一直谈到深夜一点钟,双方还在谈判桌上僵持不下。对方有一个人出言不逊,小惠马上回敬一句,同样略带讽刺的意味。于是,气氛马上僵硬了起来。还好,对方有一个人呼叫说:"大家累了!休息5分钟吧!"他这一句话,化解了尴尬的场面。

同时,小惠也立刻惊觉自己犯了兵家大忌,为了逞一时口舌之快,把谈判的有利位置拱手让给了别人。当然,经过了5分钟的缓冲时间,协议后来很快便达成了。

诗曰:不智之智,名曰真智。蠢然其容,灵辉内炽。用察为明,古人所忌。学道之士,晦以混世。不巧之巧,名曰极巧。一事无能,万法俱了。露才扬已,古人所少。学道之士,朴以自保。在言语博弈的谈判桌上,"讷者"有时才是最杰出的谈判家。

某单位里有一个好斗的女孩子,很多同事在她主动发起攻击之后,不是辞职就是请调。一天,她的矛头指向了一个平日只是默默工作,话并不多的女孩子。谁知那位女孩只是默默地笑着,一句话没说,只偶尔问一句:"啊?"最后,好斗的那个女孩主动鸣金收兵了,但也已经被气得满脸通红,一句话也说不出来。

过了半年,这位好斗的女孩子主动辞职了。

很多人或许都会觉得那个沉默的女孩子修养实在太好了,其实不是这样,而是那位女孩子听力不大好,虽然理解别人的话不至于有困难,但总是要慢半拍,而当她仔细聆听你话语并思索你话语的意思时,脸上会出现无辜、茫然的表情。当那个好斗的女孩子对她发作那么久,那么费力,她回应对方的却是这种表情和"啊?"的不解的声音,难怪好斗的女孩斗不下去,只好收兵了。

仔细想一下，这个故事可以告诉人们一个事实：面对沉默，所有的语言力量都消失了！在言语博弈中，你可以不去攻击别人，但保护自己的防卫网一定要有，这种时候有个很好的做法就是：装聋作哑！

世界纷繁复杂，真真假假，有些人看着聪明其实愚蠢至极；看着英俊潇洒的却是外强中干；看着是占尽便宜其实是满盘皆输。《老子》中写道："大真若屈，大巧若拙，大辩若讷。"最正直的东西好像是弯曲一样，最灵巧的东西好像是笨拙一样，最卓越的辩才好像是口讷一样。所以，要想成为言语博弈中最杰出的谈判家，口才只是其中一个要素，内在修为才是最重要的。

釜底抽薪，直逼要害

谈判双方进行论辩所持的论题，都是由一定的论据支持的，如果将一个论题的根据——论据抽掉，那么，论题这座大厦就会轰然倒塌，从而直逼对方要害，赢得谈判优势。

锅里的水沸腾，是靠火的力量，而柴草则是产生火的原料。止沸的办法有两种：一是扬汤止沸；二是釜底抽薪。古人说："扬汤止沸，沸乃不止；诚知其本，则去火而已。"

1960年5月，英国陆军元帅蒙哥马利应邀到中国参观访问。

一天晚饭后，陪同人员和蒙哥马利到街上散步。当走到一家剧场门外时，他突然向里头走去，陪同人员也跟着进去。

剧场正上演着著名京剧《穆桂英挂帅》。陪同人员立即与剧场联系，给蒙哥马利安排了座位，并由翻译介绍剧情和唱词。

中间休息时，他离开了剧场，边走边向陪同人员说："这出戏不好，怎么能让女人当元帅？"陪同人员解释道："这是中国的民间传奇，群众很爱看。"

蒙哥马利说："爱看女人当元帅的男人不是真正的男人，爱看女人当元帅的女人不是真正的女人。"

陪同人员回答说："中国红军就有女战士，现在解放军中就有女少将。"

蒙哥马利说："我对红军、解放军一向很敬佩，不知道还有女将军，这有损解放军的声誉。"

陪同人员立即反驳说："英国的女王也是女的。按照你们的体制，女王是英国国家元首和全国武装部队的总司令。"

蒙哥马利一怔，不吭声了。

在许多情况下，仅凭口头议论难以弄清楚的问题，借助一些具体的动作行为，就可以明辨真假。这是因为动作行为具有强烈的直观性，它的真假当场就可以验证，具有不容置疑的雄辩力量。

我们有时可能直接指出对方论据的虚假，但当情况还不明朗时，我们可以创造条件，戳穿对方虚假的论据。其要领是以某种动作行为为论据，同时辅以一定的语言叙述进行论证。

有一天，李老头家丢了一头60多斤的猪，怀疑是邻村一个叫矮冬瓜的人偷的，于是官司打到县衙。听过原告申诉，知县问被告是否属实。

矮冬瓜说："猪走得慢，偷猪人怕被发现，是不敢在地上赶猪走的，所以他们偷时，总是将猪背在肩上。你看小人瘦骨嶙峋，手无缚鸡之力，如何背得动这头肥猪呢？"

知县打量了他一会儿，说："确实如此，我听说你向来清白无辜，又可怜你家贫困，这样吧，现在赏你一万钱，回家好好做点小本生意，切莫辜负我的一片苦心。"

第八章 让支出胜过收入乃一切进步的动力
——商务活动中的心理学法则

矮冬瓜得钱，连连磕头谢恩，把钱理好后，就麻利地套在肩上，转身要走。

知县喝道："慢！被告，这一万钱不止60斤吧？"

矮冬瓜一愣，掂了掂说："嗯，差不多。"

知县冷笑道："你既说自己手无缚鸡之力，怎么如此重的钱像没什么分量似的背上就走？可见那60斤重的猪你也是背得动的。"

矮冬瓜无法抵赖，只好招供了自己的罪行。

无论在谈判桌上还是在辩论台前，都会碰到咄咄逼人或是气势汹汹的对手，其语言攻势如同锅中热水，往往达到了沸沸扬扬的程度。面对这种情况，舌战的当务之急就是抑制对方逐渐高涨的气势，而抑制的最佳方法就是抽去"锅下的柴火"，从根本上解决问题。

单刀直入，开门见山

在充分研究材料、掌握对方情况的前提下，抓住要害、单刀直入、开门见山，一开始就接触问题的实质，趁敌方未加防范时，使对手失去平衡，以夺取论战中的精神优势，获得先机之利。

辩论中另一种比较常用的策略是单刀直入。这主要是在面对特殊的话题或特殊的对手，自己难以组织说理性的攻击时而采用的一种较为简便但又能慑服对手的辩论战术。

战国时，齐国的孟尝君主张合纵抗秦。门客公孙弘对孟尝君说："您不妨派人到西方观察一下秦王。如果秦王是个具有帝王之资的君主，您恐怕连做属臣都不可能，哪里顾得上跟秦国作对呢？如果秦王是个不肖的君主，那时您再合纵跟秦作对也不算晚。"孟尝君说："好，那就请您去一趟。"公孙弘便带着十辆车前往秦国。

秦昭王听说此事，想用言辞羞辱公孙弘。公孙弘拜见昭王，昭王问："薛这个地方有多大？"公孙弘回答说："方圆百里。"昭王笑道："我的国家土地纵横数千里，还不敢与人为敌。如今孟尝君就这么点地盘，居然想同我对抗，这能行吗？"公孙弘说："孟尝君喜欢贤人，而您却不喜欢贤人。"

昭王问："孟尝君喜欢贤人，怎么讲？"公孙弘说："能坚持正义，在天子面前不屈服，不讨好诸侯，得志时不愧为人主，不得志时不甘为人臣，像这样的士，孟尝君那里有三位。善于治国，可以做管仲、商鞅的老师，其主张如果被听从施行，就能使君主成就王霸之业，像这样的士，孟尝君那里有五位。充任使者，遭到对方拥有万辆兵车君主的侮辱，像我这样敢于用自己的鲜血溅洒对方的衣服的，孟尝君那里有十个。"

秦国国君昭王笑着道歉说："您何必如此呢？我对孟尝君是很友好的，并准备以贵客之礼接待他，希望您一定要向他说明我的心意。"公孙弘答应着回国了。

有的时候，一言就能定输赢，紧紧抓住要点，一针见血，给人一种简洁、干练的感觉，冗长的客套话往往会引起对方反感。

因此，一般情况下，开门见山的发问，是最好的方式。这种发问方式对被问者来说是不好对付的。正由于此，被问者在慌乱中往往会出现词不达意或越答越错的现象，这样，发问者便可轻而易举地将对手击败了。

技巧 76

吸引眼球，手段决定身段

给魅力加点"磁性"，吸引更多的人

美国著名成功心理学大师拿破仑·希尔博士说："真正的领导能力来自让人钦佩的人格。"积极、真诚、守信、勇敢……能将这些世人向往的因素集于一身者，其富有魅力的人格便会在无意间吸引许多人，视其为一种信仰，甘愿成为其信徒。

无数事实证明，想要成为精神领袖，让周围的人们追随你，形成一个凝聚人心、催人奋进、具有强大吸引力的领导核心，仅仅依靠体制和职务赋予的权力是远远不够的，还需要给自身的魅力加一些能让众望所归的"磁性"。

在封建社会，统治者为了加强君权，经常采用的一个手段便是极力美化君主的人格："神圣者王，仁智者君，武勇者长，此天之道、人之情也。"统治者总是力图使人民相信：君主的人格是完美的，君主即代表着伟大、睿智、圣明、仁德、英武。

其实，古代不少君主不可能兼具上述美德，但他们十分注意不从自己的口中露出一言半语违背上述美德的话，并且注意使那些看见君主和听到君主谈话的人都觉得君主是位非常之人。这样才能达到"顺应民心"的目的，为自己创造一大批忠心追随的信徒。

从积极的角度看，封建统治者非常重视提升自己的人格魅力，以此来加强自己的精神感召力和影响力，让人们心甘情愿地追随自己。人格魅力能创造多大的影响力？时代华纳总裁史蒂夫·罗斯为我们做出了回答。

虽然罗斯的生活沉浸在幻想之中，他的行事作风专擅独裁，但他绝不露出一副高高在上的模样，即使对地位低下的人也绝不摆出一副盛气凌人的架势。他至少不会给人以妄自尊大的感觉，他能顾及别人应有的尊严。

得力干将达利是这样表述罗斯的"亲和力"的："罗斯对周围人物的感受处处可见，他和每一位秘书都曾亲切地交谈。如果他离开时忘了向安或玛莉莎（达利的助理）道再见，他会说'天啊！我忘了说再见'，然后再折回去。如果他留在公司而由安替他做什么事情的话，第二天就会有一打红玫瑰放在她的桌上。"为了和公司低层的员工打成一片，罗斯可以说费尽了心思。他确实成功了。所有人都从内心深处尊敬他、感激他，并自动自发地追随他。

对于手下的得力干将，罗斯则另有一套方案创造信徒。他赋予部门主管绝对的自主权，他告诉他们犯错无妨，但就是不要太离谱。因此，他鼓励主管要有自己就是老板的意识。罗斯言行如一，从不干涉主管的决策，无论是否景气，他永远是他们忠实的支持者。这种亲切、温厚、如慈父般的作风完全符合他的个性，并且深入人心。当其他同行的管理阶层因流动率太高

第八章 让支出胜过收入乃一切进步的动力
——商务活动中的心理学法则

而元气大伤之际,华纳的高级主管一律长期留任。每当他的控制权受到来自合并的挑战时,他手下的主管便群起反对他的对手,从而帮助他度过一次次的权力危机。

罗斯知道,要使员工真正成为信徒,还必须给他们以实惠。无论如何,运用各种手段将公司的财富与同僚共享,对罗斯而言似乎是天经地义的事。谈起薪资、津贴和一些千奇百怪的福利措施,华纳可说是一应俱全,称得上真正的全能服务公司。罗斯让他手下大将各个成为千万富翁,他们对他奉若神明,事实上,他的周遭人士对他不但绝对忠诚,而且近乎个人崇拜。

除以上几点之外,罗斯获得人们信仰的保证是他迷人的梦想以及凭借实现梦想的超凡能力所建立起来的良好信誉。"要与罗斯相处,就必须是他忠诚的信徒。一旦进入他的世界——那里强调的是忠诚——则你的梦想(依照他的指示)都能够实现。"

古往今来,信徒式文化一直是维系人心的重要因素。就拿世界强的宝洁公司来说,信徒式文化也产生了良好的效果。宝洁长期以来一直细心挑选新员工,雇用年轻人做最初级的工作,然后把他们培养成具有宝洁思维和行为方式的人,再让这些在宝洁文化中成长起来的"宝洁信徒"做中高级管理人员。这些忠实的员工在宝洁内部形成了上下一心、团结奋进的气氛,大家群策群力,以公司发展为信念,以信徒式的狂热,贡献出自己的全部力量。

足见,充满"磁性"的人格魅力,才是聚集众人的精神力量。当你带着动人的人格魅力站在人们面前时,无需聒噪的鼓动与召唤,他们也会紧紧地追随在你身边,为你的目标而奋斗,为你的梦想而努力。

形象名片上下功夫,谁都会对你印象深刻

交际场上,有的人能如鱼得水,有的人却跌跌撞撞。对此,人们总喜欢用"同人不同命"这个词进行解嘲式的概括。那么,为什么同样的人生,却有着不同的境遇、不同的结果呢?

生活经验告诉我们,每个人都想追求完美的人生,但很少有人真正注意自己在社会交往中的形象。这种形象不仅仅是仪容仪表的刻意修饰,更是温和的性格、积极的心态、文雅的修养带给人的影响力。

正如古代哲人穆格发所言:"良好的形象是美丽生活的代言人,是我们走向更高阶梯的扶手,是进入爱的神圣殿堂的敲门砖。"一个注意形象并自觉保持好形象的人,总能得到人们的信任,总能在逆境中得到帮助,也必定能在人生的旅途中不断找到发挥才干的机会,最终做到时刻用自己的风采魅力影响别人,活出真正精彩的人生。

可以毫不夸张地讲,好形象是人生的一种资本,充分利用它不仅能给你的日常生活增光添彩,更有助于提升你的影响力。

宋庆龄女士是全世界公认的伟大女性,她除了拥有崇高的品质、高尚的人格外,还具有美好的仪表形象。

美国作家艾斯蒂·希恩曾在作品里这样描写她:"她雍容高贵,却又那么朴实无华,堪称稳重端庄。在欧洲的王子和公主中,尤其年龄较长者的身上,偶尔也能看到同样的影响力。但对这些人而言,这显然是终生培养训练的结果,而孙夫人的雍容华贵却与众不同,这主要是一种内在的影响力。它发自内心,而不是伪装出来的。她的胆略见识之高,人所罕见,从而能使她在紧要关头镇定自若。同时,端庄、忠诚和胆识又使她具有一种根本的力量,这种力量能够消除人们由于她的外表而产生的那种柔弱羞怯的印象,使她具有坚毅的英雄主义的影响力。"

宋庆龄女士的一生成功印证了这样一个观点:一个人具有好形象,除了展示个人的气质风度外,更有助于提升自己的影响力。形象是人生的一种潜在影响力。

由于每个人都是这个世界上独一无二的,所以每个人的形象,无论好坏,也都是充满着独特

影响力的。因此，形象是每个人向世界展示自我的窗口，向社会宣传自我的广告，向别人介绍自我的名片。别人从我们的形象中获取对我们的印象，而这个印象又影响着他们对我们的态度和行为。我们也正是在这个最基本的互动过程中，追逐着自己人生的梦想，实现着生命的价值。

同时，良好的形象有助于增进人际关系，营造和谐气氛，令你在社会中左右逢源，无往不利，从而促进你的成功。

红顶商人胡雪岩在上海新开张的商行遭到当地商人的联合挤兑，不久就波及了大本营杭州。一些大客户生怕胡雪岩垮台，闻风而动，都准备中止和他的生意往来。

这天胡雪岩从上海回来了，他们悄悄躲在暗处观看，以为会看到胡雪岩灰头土脸的样子。结果他们失望了，他们看到了衣着鲜亮、精神抖擞的胡雪岩。

他们还不放心，又跟踪胡雪岩到他的商行去。他们认为胡雪岩会暂停生意进行整顿。可是胡雪岩的商行不仅没有关闭，而且他还亲自坐镇，在柜台上悠然自得地喝起茶来。这令他们糊涂了，一个人遭受这么大的打击，竟然还能够如此镇定从容？最终，胡雪岩的气度征服了他们，他们又对胡雪岩恢复了信心。

其实，当时胡雪岩的处境已是山穷水尽，就是凭他那坚如磐石的镇定形象，才稳住了不利的局面。

曾有人说过："形象是一个人的招牌，坏形象会毁了你的一生，而好形象会令你的影响力迅速提升。"

没错，尤其在今天竞争日益激烈的社会里，每个人都承受着巨大的压力，同时又被利益驱使着，犹如急流中团团旋转的浮萍。如果我们能静下心来，认真地树立起自己的好形象，那就好比给自己的人生打造了一块金招牌，能令你在风高浪险的生命历程中从容地经营人生，从容地成就人生。

好形象如果能够充分运用，将有助于提升你的影响力，促进你的成功。

所以在交际前先把自己的仪表、形象修饰好。"欲把西湖比西子，淡妆浓抹总相宜"。只有掌握了修饰美的"修饰即人"的指导思想及"浓淡相宜"的美学原则，才能使美的修饰映照出一个人蓬勃向上的精神风貌，才能帮助我们提高办事能力。

"修饰即人"是说修饰美能反映一个人的追求及情趣。美的修饰要考虑被修饰者的年龄、身份、职业等，教师、医生就不宜打扮得过艳，学生应当讲究整洁。例如，《小二黑结婚》里的"三仙姑"，醉心于"老来俏"，可是："宫粉涂不平脸上的皱纹，看起来好像驴粪蛋上下了霜。"这样的打扮如果说是跟她的年龄、身份不符的话，那么这和她这个人物的那种虚荣、轻浮和愚昧的人格倒是挺相称的。

"浓淡相宜"是说修饰不能片面追求某一局部的奇特变化，而应注意统一协调，否则会失去比例平衡，以致俗不可耐，弄美为丑。一个人如果想受人尊敬，首先必须注意的是衣着的整齐清洁，让人觉得自己为人端庄、生活严谨。况且化妆的本意是为了掩饰缺点以表现优点，所以，如果为了掩饰缺点而化妆过浓，优点反而被破坏无遗。因此，欲将良好的风度、气质呈现在众人面前，应该淡雅宜人地化妆，不可把脸当做调色盘，不可把身体当作时装架，这也就是所谓有个性的妆饰，它是在表现本身的修养，同时也表现人格，因此必须使看的人感到清爽和产生好感才行。

总之，你与他人打交道时，要留给别人一个深刻的、难以磨灭的印象。这会为你的成功办事增"辉"不少。

第九章

现在不懂应酬，以后只会发愁
—— 人人要懂得应酬技巧

技巧 77

踢开头三脚，弹指间抓住人心

展现自信的风采，给对方一颗定心丸

在他人面前展现出你自信的风采，是给对方一颗定心丸，让对方觉得你有能力、有实力。

不知道你是否注意到：无论是去应聘，还是平时与他人交往，自信的人总是比唯唯诺诺人更受欢迎。这是为什么呢？

很简单，自信是人生重要的心理状态和精神支柱，是一个人行为的内在动力，是自我成功的必然法宝；自信能够使弱者变强，强者更健。我们只有相信自己，才能激发进取的勇气，才能最大限度地挖掘自身的潜力，才能在成功的路上健步如飞。

一个下着小雨的中午，车厢里的乘客稀稀拉拉的，在一个站台，上来了一对残疾的父子。中年男子是个盲人，而他不到十岁的儿子也只有一只眼睛能感光。父亲在小男孩的牵引下，一步一步地摸索着走到车厢中央。当车子继续缓缓往前开时，小男孩开口说："各位先生、女士，你们好，我的名字叫麦蒂，下面我唱几首歌给大家听。"

接着，小男孩用电子琴自弹自唱起来，电子琴音质很一般，孩子的歌声却有天然童音的甜美。

正如人们所预料的那样，唱完了几首歌曲之后，男孩走到车厢头，开始"行乞"。但他手里既没有托着盘子，也没有直接把手伸到你前面，只是走到你身边，叫一声"先生"或"小姐"，然后默默地站在那儿。乘客们都知道他的意思，但每一个人都装出不明白的样子，或者装睡着，有的干脆扭头看车窗外面……

当小男孩小手空空走到车厢尾时，一位中年妇女尖声大喊起来："真不知怎么搞的，纽约的乞丐这么多，连车上都有！"

这一下，几乎所有的目光都集中到这对残疾的父子俩身上，没想到，小男孩竟表现出与年龄不相称的冷静，他一字一顿地说："女士，你说错了，我不是乞丐，我是在卖唱。"

车厢里所有淡漠的目光刹那间都生动起来，有人带头鼓起了掌，然后，是掌声一片。

一个没有生存能力的孩子，却在顽强不屈地承受着生命给予他的考验。在有人悲叹自己命运不济的时候，小男孩却用自己的成熟和坚强支撑着自己和一家，用自己的劳动自己的歌声为自己赢得收入。面对别人的嘲笑，他毫无自卑之感，自信坦然地面对。面对这个小男孩，所有的自卑都变成了逃避人生的理由，只要坚持相信自己，掌声一定属于自己。

成功不一定站在智慧的一方，但一定会站在自信的一方。相信自己，就会拥有自己的成就与幸福。如果你真的相信自己，并且深信自己一定能实现梦想，你就一定会成功。因为你相信

第九章 现在不懂应酬，以后只会发愁
——人人要懂得应酬技巧

"我能做到"时，自然就会想出"如何去做"的方法。

一般来说，我们既可以通过用语言来表达自信，也可以通过身体姿态等来表现自信。对于前者，你可以在陈述问题时多表现得诚恳些，简单明了，有重点；与人交流时可以多使用"我认为"、"我宣布"等词汇；有异议时，多提出建设性的意见而不是责骂或假设"应该如何"；想提出改进意见时不用劝告的语气；以清晰、稳重、坚定的语调表达自己的思想；可以通过主动询问的方式去发现别人的思想或情感，等等。对于后者，在与他人当面交流的时候，多以赞赏的眼光与对方接触；坐、立姿态均坚定挺拔；以开朗的表情辅助别人的评论；平静地讲解，强调重点词汇、不犹豫，等等。

英国剧作家、诗人莎士比亚说："自信是走向成功的第一步，缺乏自信即是其失败原因。"自信是一生的事情，是一个人热爱自己并不断完善的过程，相信自己：即便不是最好的，至少也是独一无二的，毕竟"每个人都是自然界最伟大的奇迹"。

那么，请相信你自己，如果你不能做到心灵统一，就不可能发挥出生命的潜在力量，不发挥出潜在力量，就是自己埋没自己。

熟记名字，更容易抓住对方的心

有位著名作家说："记住人家的名字，而且很轻易地叫出来。等于给别人一个巧妙而有效的赞美。因为我很早就发现，人们把自己的姓名看得惊人的重要。"

人们在日常应酬中，如果一个并不熟悉的人能叫出自己的姓名，就会产生一种亲切感和知己感；相反，如果见了几次面，对方还是叫不出你的名字，便会产生一种疏远感、陌生感，增加双方的心理隔阂。一位心理学家曾说："在人们的心目中，唯有自己的姓名是最美好、最动听的东西。"许多事实也已经证实，在公关活动中，广记人名，有助于公关活动的展开，并助其成功。

记住对方的名字，这不仅是起码的一种礼貌，更是交际场上值得推行的一个妙招。对于轻易记住你的名字的人，怎能不顿觉亲切，这时，他来求你办什么事情，怎好不竭尽全力予以优先惠顾呢？

在交际场上，如果第一次见面时你留给一位姑娘一个良好的印象，可是第二次见面时，你却嗯嗯啊啊地叫不出她的名字来，这位姑娘心里会不舒服，认为自己如此不具分量。那么，即使原来想好好谈谈，无论事谈生意，还是谈人情，这一下全变得兴味索然了。

在对方面前，你一张口就高呼出他的名字，会让对方为之一振，对你顿生景仰之意。就是原本不利的情势，也往往会因为你的这一高呼而顿时"化险为夷"。

卡内基也是认识了这一点才成为钢铁大王的。小时候，他曾经抓到一窝小兔子，但是没有东西喂它们。他就想出了一个绝妙的主意。他对周围的孩子们说："你们谁能给兔子弄点吃的来，我就以你们的名字给小兔子命名。"这个方法太灵验了，卡内基一直忘不了。当卡内基为了卧车生意和乔治·普尔门竞争的时候，他又想起了这个故事。

当时，卡内基的中央交通公司正跟普尔门的公司争夺联合太平洋铁路公司的卧车生意。双方互不相让，大杀其价，使得卧车生意毫无利润可言。后来，卡内基和普尔门都到纽约去拜访联合太平洋铁路公司的董事会。有一天晚上，他们在一家饭店碰头了。卡内基说："晚安，普尔门先生，我们别争了，再争下去岂不是出自己的洋相吗？"

"这话怎么讲？"普尔门问。

于是卡内基把自己早已考虑好的决定告诉他——把他们两家公司合并起来。他把合作，而不是竞争的好处说得天花乱坠。普尔门注意地倾听着，但是他没有完全接受。最后他问："这个新公司叫什么呢？"

卡内基毫不犹豫地说："当然叫普尔门皇宫卧车公司。"

普尔门的眼睛一亮，马上说："请到我的房间来，我们讨论一下。"

这次讨论翻开了一页新的工业史。

记住别人的名字。对他人来说，这是所有语言中最甜蜜、最重要的声音。如果你想让人羡慕，请不要忘记这条准则："请记住别人的名字，名字对他来说，是全部词汇中最好的词。"

熟记他人的名字吧，这会给你带来好运，也会给你带来人脉！

塑造好第一印象

人无完人，所有的优点和美德不可能都集中在一个人身上，但你若具有其中某一方面，再扬长避短，将其发扬光大，也同样可以获得最佳效果。

日常生活中，我们都有过这样的体验，初次与人见面时，对方的相貌、举止、言语、风度等某些方面会迅速地映在你的脑海中，形成最初感觉，即第一印象。第一印象主要源于人的直觉观察。

卡耐基认为，在社交活动中，第一印象很重要。它是在没有任何成见的基础上，完全凭着你的"自我表现"来判断的，因而第一印象直观、鲜明、强烈而又牢固。如果你的相貌俊美，举止端庄大方，言语机智，谈吐风趣幽默，风度翩翩，谦虚而不自卑，自信而不固执，倔强而不狂妄，你就会给人留下美好而难忘的印象。

第一印象的好坏，决定着社交活动能否继续下去。第一印象好，对方就愿意和你进一步来往，通过一段时间的相识与了解，对方觉得你的确不错，你们的关系就会顺畅发展。如果对方是你的客户，你在事业上就多了一个合作伙伴；如果对方是你的同事，你在工作中就多了一个支持者；如果对方是你的邻居，你在生活里就多了一个朋友。第一印象不好，纵然你有多么美好的动机，多么宏伟的蓝图构想，也只能化成泡影了。

第一印象直接影响着对一个人的评价。一个人的言谈举止，是构成人们对他直接评价的主要因素。许多人在初次交往时，就很快被对方所接受，或奉为事业的楷模，或尊为学业上的恩师，或敬为思想上的领袖，或求为人生的伴侣。第一印象的烙印是非常深刻的，很长时间都不容易被改变。在许多回忆录中，我们常常可以读到这样一段话："他还是老样子，像我第一次见到他的时候……"多少年以后，岁月沧桑，一个人怎么会没有变化呢？但在作者眼里，对方还是他初次见到的模样。事实上不是对方依然如故，而是作者脑中的第一印象太深刻了，没有随着时间的流逝而改变。

与人交往将第一印象塑造好了，日后才容易春风得意。

技巧 78

巧言擅舞，搞定所有对象

红、白脸轮番唱，软、硬对手全拿下

1923年，苏联国内食品短缺，苏联驻挪威全权贸易代表柯伦泰奉命与挪威商人洽谈购买鲱鱼。

当时，挪威商人非常了解前苏联的情况，想借此机会大捞一把，他们提出了一个高得惊人的价格。柯伦泰竭力进行讨价还价，但双方的差距还是很大，谈判一时陷入了僵局。柯伦泰心急如焚，怎样才能打破僵局，以较低的价格成交呢？低三下四是没有用的，而态度强硬更会使谈判破裂。她冥思苦想终于想出了一个办法。

当她再一次与挪威商人谈判时，柯伦泰十分痛快地说："目前我们国家非常需要这些食品，好吧，就按你们提出的价格成交。如果我们政府不批准这个价格的话，我就用自己的薪金来补偿。"

挪威商人一时竟呆住了。

柯伦泰又说："不过，我的薪金有限，这笔差额要分期支付，可能要一辈子。如果你们同意的话，就签约吧！"

挪威商人们被感动了，经过一番商议后，他们同意降低鲱鱼的价格，按柯伦泰的出价签订了协议。

柯伦泰的忠诚和才干，特别是她在谈判处于不利的形势下采取"红白脸"的技巧，赢得了谈判的成功，购得了人们需要的食品，得到了政府和人民的赞扬。第二年，她被任命为苏联驻挪威王国特命全权大使，成为世界上第一个女外交家。

其实，不只是谈判，应酬中同样需要红脸、白脸轮番唱的技巧。无论是商务应酬，还是日常生活中应酬他人，如果你一味地用和气、温柔的语调讲话，一个劲儿地谦虚、客气、退让，有时并不能让对方信赖、尊敬，反而会使一些人误认为你必须依附于他，或认为你是个软弱的人，从而非常看不起你。

相反，如果你一开始就以较强势的样子出现，从面部表情到言谈举止，都表现高傲、不可战胜的姿态，那么留给对方的将是极不好的印象。这样，会使对方对你的交际诚意持有异议，从而失去对你的信赖和尊敬。

所以，有效应酬他人正确的做法应当是"软硬兼施"。强势与温柔相结合，红脸与白脸配合出现，能使人的心态发生很大的变化。强硬会使对方看到你的傲骨和力量，温柔则可使对方看到你的诚意，从而可以增强信任和友谊。

同时，应酬他人的时候，红脸、白脸轮番唱还可以由两个人来实行。两个人合作应酬第三

方，包括谈判、协商、购物讨价还价、请对方加入你们的圈子，等等。你可以邀请一位朋友扮演强势派角色，说话比较决绝，不轻易退却，努力捍卫你的利益。而自己则扮演合作者角色，在开始时并不马上参与意见，而是保持沉默，既维护好与需要应酬者的关系，又不损害自己强势朋友的"面子"。然后你再通过观察朋友和应酬者之间形势的发展变化，适时地参与进来提出建议或打圆场。

在应酬中运用红白脸策略时，对以下几点要领应注意把握。

从红脸、白脸的角色分配来看，两种角色的分配应和本人的性格特征基本相符，即扮"红脸"者应态度温和、经验丰富、处事圆滑、言语平缓、性格沉稳；而扮"白脸"的人则应雷厉风行、反应迅速、善抓时机、敢于进攻、言语有力。如果让性格特征不相称的人去扮演这种角色，就会出现强势派强不上去，而红脸反倒强了起来，结果导致计划和实际结果不符，场面一团糟，反倒使对方有机可乘，乘虚而入。

两种角色一定要注意相互配合，看准时机，把握火候，在"白脸"发动强攻时，"红脸"就要充分注意对方的反应，如果对方以硬对硬，"红脸"就要在适当时候出面调停，让"白脸"有台阶下，否则，"白脸"收不了场，而"红脸"又不及时出面，就可能使三方都不欢而散。

在使用"红白脸"策略时，要求担任"白脸"角色的人既要善于进攻，但又必须言之有理，讲究礼节，而不是胡搅蛮缠。而"红脸"也不能过于软弱，要掌握好分寸，既要掌握好柔的分寸，也要适度使用语言。

滴水不漏，巧妙应对笑里藏刀的人

社交场上，有很多时候，并不如看见的那样风平浪静。很多人在表面上微笑和善，但暗地里却在谋划自己的事情。就像《孙子兵法》写道："信而安之，阴以图之；备而后动，勿使有变。刚中柔外也。"全句意为：表面上要做得使敌人深信不疑，从而使其安下心来，丧失警惕；暗地里我方却另有图谋。要做好充分准备，然后再采取行动，不要使得敌方发生意外的变故。这就是外表上柔和，骨子里却要刚强的谋略。

所以，有时表面上花言巧语、满脸堆笑的人，却内藏杀机。

外表看来显得很温和谦恭，面带微笑，很是大度；但实际上并非如此，其中有气量狭小的，有喜欢猜忌的，有阴险狠毒的……

总之，有些人利用此计，目的是想让对手服从自己，在自己设计好的圈套里行事，以此达到自己繁荣昌盛、发财的真正企图和目的。

春秋时代，郑卫公打算吞并胡国（在今安徽省），但他军事装备差，条件有限，不敢直攻，就把自己漂亮的女儿嫁给胡国国君为妻。这样，郑胡二国联姻，结成了亲家。这仅仅是开头。为了进一步使胡国丧失警惕，制造假象，郑卫公召集大臣商议，他问："我打算用兵兴国，你们看，攻打哪个国家最有利？"大臣们纷纷发表议论。关其思坦率地说："依愚之见，攻打胡国最合适！"卫公一听，马上脸色一沉，愤怒地说："啊！你居然建议向已经同我们结亲的兄弟国家胡国动武，这是什么意思？"马上把关其思给杀了。胡国国君知道此事后，认为郑国对自己非常亲善友好，就再也不对郑国有什么戒心了。可是，就在此后不久，郑国对胡国发动了突然袭击，胡国警戒很松，没有作什么抵抗，就灭亡了。很长一段时间里，郑国都是势力强盛的国家，直到公元前37年才被韩国灭掉。

"笑里藏刀"的特点是，以表面上的友好、善良和美丽的言词、举止作为假象，掩盖阴险毒辣的用心和企图。

魏王送给楚王一位美人，楚王非常宠爱。楚王的夫人郑袖知道楚王喜欢这位新来的美人，

第九章 现在不懂应酬，以后只会发愁
——人人要懂得应酬技巧

于是也装出十分喜爱这位美人的样子，待她犹如亲姐妹，无论是衣服玩物、居室卧具，都选最好的给她，甚至有时表现出爱她胜过爱楚王的意思。

看到这些，楚王对郑袖非常满意，他高兴地说："妇女侍候丈夫，是靠美色，有时妒忌，是因为爱情。现在郑袖知道寡人喜欢美人，于是爱她还胜过爱我。犹如教子之所以事亲，忠臣之所以事君啊！"

郑袖一看时机已到，有一天便以很体贴关怀的口吻对那位美人说："大王对你的美赞叹不已，但有一点美中不足的是，他觉得你的鼻子不太漂亮，如果你以后和大王在一起时，略微掩饰一下子就好了。"

于是，这位美人听从了郑袖的建议，每次一见到楚王，便用袖子掩住自己的鼻子。

楚王觉得奇怪，便问郑袖说："美人为什么见到我，总爱掩住鼻子呢？"

郑袖面有难色地说："我知道其中的原因，但是，我不能说出来。"

楚王更加迷惑："有什么事，居然连我都不想告诉？"

郑袖故意压低嗓子，凑近楚王说："她是讨厌大王身上的臭味。"

楚王一听，气得七窍生烟："太可恨了，把她的鼻子割掉，我不想再见到她了！"

可怜这位美人，至死都没有明白她遭此厄运的原因，竟是那位待自己亲如姐妹的郑袖的妒忌。最可怕的人，并不是面目凶恶的人，而是那些笑里藏刀的人。

生活中不乏笑里藏刀的人，他们平时和你"甜哥哥"、"蜜姐姐"地叫着，等取得你的信任，当你放松戒备的时候，他们会在暗处狠狠地捅你一刀。

应对这类人，最好的办法是表面上跟他维持友好关系，暗地里却要防范他。如工作中一切与他有关的公事决策汇报均要召开会议，并请来有关人士出席；其他公事上的情报则一律避而不谈。同时，尽量不要与这种人频繁交往，个人隐私甚至其他朋友的是非也一概守口如瓶，只要你能做到滴水不漏，他就对你无可奈何了。

技巧 79

宴之有道，打开应酬大门

勾起对方的胃，打开应酬的门

宴请是求人最常用的一种手段，恰当的宴请可以为成功社交提供条件、奠定基础。

刘强是刚毕业的大学生，初入职场的他和办公室里元老级的同事总有些不合拍，连科长都说他有些木讷。办公室里的同事总能找到理由请客，科长也时不时欣然前往。而刘强更加被孤立，虽然他也在寻找请客的理由，以此期望拉近和大家的关系。

刘强没有女朋友，生日也还有半年多的时间，他实在找不到可以宴请大家的理由，又怕落个"马屁精"的称号。这天，刘强在路边的饭厅吃午餐，看到对面有个福利彩票销售点，很多人排着队在买彩票。马上灵光一闪，顿时想到一个好办法。

从那天，刘强开始买彩票，还有意无意将买来的彩票遗忘在办公桌上。刘强买彩票的消息，在同事间不胫而走。还没等大家把这个消息炒成办公室最热门话题，刘强一天早上郑重地宣布自己获得20000元的一个奖。下班了，同事和科长被请进了饭店，酒足饭饱后，刘强从大家的眼神里看到了认可和友好的神情。

从此以后，他也渐渐融入了办公室这个大集体，上司和同事对他伸出帮助之手。就连他以后结婚分房的事，也是科长和同事鼎力相助的结果。而这一切要谢就得谢那次虚拟的"中奖"啦。

可见，宴请别人一定要找个好理由，理由找好了，勾起了对方的胃，才能让对方欣然赴宴，从而打开了应酬的大门，你的事情自然也就有希望了。

一般来说，宴请要根据办事的性质、对象而采取不同的方式发出邀请。如大多数学者、专家、领导等，工作忙、时间紧，对他们最好提前相约，以便他们做好工作调整、时间安排；如对某团体的要人，要公开邀请，甚至借助传播媒介，既能体现公正无私、光明磊落，又利于引起关注、促进宣传、扩大影响。

对别人发出邀请，或者采用开门见山式，例如，当你想邀请上级领导吃饭时，就可以直接说："请问徐经理吗？我们现在在某某酒楼吃饭，过来认识几个朋友吧，我们等你来啊。"这种方式既显示出了关系的亲近，活跃气氛，又能使求人办事变得很自然。

或者采用借花献佛式，例如："陈工！今天获奖名单公布了，我中奖了！走吧，我们去庆祝庆祝！"然后在酒宴上再提自己求他所办之事，那个时候他的酒都喝了，哪好意思不帮你？

或采用喧宾夺主式，例如："哦！你中午没有时间啊？没有关系，这样吧，下午我去订个位置，然后晚上你带上你的家人，我们一起去吃怎样啊？晚上我给你电话哦！"这样发出去的邀请，别人就很难再有借口推辞了。你也就有了接近对方，求其办事的机会。

如今，请客吃饭在很大程度上已失去了原来意义，变成了一种排场、一种面子、一种投资、一种手段。因此，有人戏言："做事情离不开请客吃饭。"也许人们正是发现了请客吃饭是一种十分体面而又毫无风险的"创收手段"，所以请客的理由越来越多，五花八门。比如生日、乔迁、工作调动、开业典礼等都要请客，单是在孩子身上就有满月、百天、抓周、生日、上大学等多次请客的机会。甚至在求人办事时，也会找出好多理由宴请别人。

所以，要想把事办成，就要找一个好理由宴请所求之人。

商务"概念饭"，吃得巧胜于吃得好

商务宴请虽然吃的是"概念饭"，但是用餐的地点和场合的选择是非常重要的，口味、环境、位置等，都是应考虑的要素。宴请时间可根据主办方的实际需要而定，但也应该根据客人的档期妥善安排，同时还应考虑参加人员的风俗习惯。总之，订餐标准的高低，直接影响宴会质量的优劣。

宴请重要客户要讲究档次

重要客户是公司利润的主要来源，更是公司稳定发展的基本保障。对于重要客户来说，东西好不好吃不那么重要，重要的是吃东西的环境和档次一定要高，要讲究排场。因为讲究排场才能说明对客户有足够的诚意和尊重。邀请重要客户吃饭，首选"大腕"餐厅或四星级以上的饭店。一般来说，海鲜类餐厅、日本料理、法式大餐等常是首选。在国内，这些字眼儿几乎代表了餐厅的高档和菜品的考究。上述饭店通常环境高雅，装修豪华气派、富丽堂皇。而且，这些地方还有舒适的单间、雅座，保证你与客户的沟通不会受到外界的干扰。

对待老客户要讲究情绪的渲染

一般来讲，跟"朋友"客户吃饭没有那么多的讲究，选择中档餐厅就可以了，但务必要口味地道、环境卫生。同时，毕竟是生意上的合作伙伴，所以，在宴请时仍然要让对方感受到你的诚意。如果双方关系足够亲密，不妨邀请他到自己家中吃"家宴"，经济实惠，环境也肯定比餐厅要自由放松得多。对于双方来说，"家宴"更能加深了解和友谊，是简单却绝好的选择。

对待未来客户要讲究舒适

如果是对待未来客户，那么一定要讲究舒适。未来客户是生意场上的潜在客户，他们可能今天还不是你的财富来源，但是明天就可能让你赚到钱。对于潜在客户来说，接触、交往和交流显得更为重要。比如通过商务宴请，让双方放下戒备，敞开心扉。所以，定期宴请未来客户不失为一个好选择。

对于未来客户，尤其是不了解他对你将会有多大价值时，你可能不大愿意为宴请而抛重金，像对待重要客户那样讲究档次和排场。但是，在宴请的安排上也要真诚相待，档次不能过低，或者为了节约而选择环境差、卫生标准低、交通不便的场所。所选餐厅的位置最好有利于客户出行，不太好找的地点最好就不要去了。对于菜品，可以不太贵，但应力求做到新鲜和独特，比如尝试一下新开的风味餐馆，品尝新推出的菜品，都是经济实惠的选择。

此外，邀请客户共进商务餐，有些注意事项万万不可忽视。

邀请：尽量不要邀请你的爱人，因为他（或她）不是所有人都认识，你会整晚都处在他们之间。如果你跟你的爱人并非从事同一个职业，还是不要带他（或她）去了。

迎客：如果你先到，那就应该让客户有宾至如归之感。进入酒店要以目光和手势示意客户，请他走在前面，同时可以配合语言提示："刘经理，您先请！"

点菜：客人一般不了解当地酒店的特色，往往不点菜，那么，你可以请服务生介绍本店特色，但切不可耽搁时间太久，过分讲究点菜反而让客户觉得你做事拖泥带水。点菜后，可以询问对方"不知道点的菜合不合您的口味？""有什么不合适的尽管说""您看看还需不需要再来点儿别的"，等等。如果事前能与酒店打电话联络，提前拟定菜单，那就更周到了。

结账：不要让客户知道用餐的费用，否则也是失礼的。因为无论贵贱，都是主人的心意。

结尾应酬好，细节很重要

俗话说，"编筐编篓，重在收口"。宴会也不例外。宴会虽然结束了，但这并不意味着你就可以完全放松下来了，你还需要做好很多细节性的事情，才能让你的好形象留在宴请对象心里。有很多人就是因为不重视宴会结束时的几个小细节，因此使得自己之前费尽心思保持的好形象瞬间崩溃。

那么，宴会结束时应该注意哪些细节呢？

宴会结束的时间

一般说来，当主人把餐巾放在桌子上或者从餐桌旁站起身来，即表明宴会结束。只有看到这种信号以后，宾客才可以把自己的餐巾放下，站起身来。

正餐之后的酒会的告辞时间按常识而定，如果酒会不是在周末举行，那就意味着告辞时间应在晚间十一时至午夜之间。若是周末，则可晚一些。除非客人是主人的亲密朋友，否则一般都不应在酒会的最后阶段还坐在那里。

离席的先后顺序

当宴会结束，离开餐桌时，不应把坐椅拉开就走，而应把椅子再挪回原处。男士应该帮助身边的女士移开坐椅，然后再把坐椅放回餐桌边。要注意，有些餐厅比较拥挤，贸然起身，或使手提包、衣服等掉落在地上，或是碰到人，打翻茶水、菜肴，失礼又尴尬！离席时让身份高者、年长者和女士先走，贵宾一般是第一位告辞的人。

热情话别

当宾客离去时，宴会主人应像迎接宾客一样地站在门口与他们一一握别。当宾客成群离去时，也应送至门口，挥手互道晚安，并应致意说："非常感谢各位的光临，真谢谢你们把宴会的气氛维持得这样好。"不要以时间过早挽留客人，如果是星期天晚上，你尤其不宜说："现在还早得很，你绝不能这么早走，太不给我面子了！"要知道多数人次晨都要早起。对于迟迟还不离去的客人，他们明显地热爱这气氛，这时你可停止斟酒或停止供糖果瓜子等，以此暗示客人该是离去的时候了。

此外，有的主人为每位出席者备有一份小纪念品。宴会结束时，主人招呼客人带上。不过，除主人特别示意作为纪念品的东西外，各种招待品，包括糖果、水果、香烟等客人都不能拿走。

第九章 现在不懂应酬，以后只会发愁
——人人要懂得应酬技巧

技巧 80

酒是穿肠药，觥筹交错酬对人心

劝君更进一杯酒，贵客新朋皆故人

宴会应酬上，劝酒往往是酒宴上必不可少的一项内容。而这酒能不能劝得动，关键就在于你怎么说了。更具体来说，劝酒水平关键看你用什么样的劝酒词了。

劝酒词一般是在饮第一杯酒以前说的，因此，劝酒词必须短小精悍，千万不能太长太啰唆。因为大家举杯，情绪高昂，要是啰唆半天，热乎劲儿就冷了。

围绕一个主题

一旦开始劝酒，就不要离题，要沿着一个主题，保持一个完整的结构，逐步趋向一个明快、自信的邀请，让每个人都举起酒杯，还要把你所祝愿的那个人（或那些人）的名字准确无误地牢牢地记在脑子里。你的主题可以着眼于被祝愿的人的成就或品质、一件事情的重要意义、伙伴们的乐事、个人的成长或集体工作的益处，等等。无论说什么都要和那个场合相适应。

例如公司50周年年庆宴会上，公司负责人可以说："此时此刻，我从心里感谢诸位光临，我极为留恋过去的时光，因为有那么多我们一起携手并进的美好回忆。但愿今后的岁月也一如既往，来吧，让我们举杯，彼此赠送一个美好的祝愿。"

适时进行联想

在劝酒时如能就地取材进行联想，就可以产生出乎意料的好效果，使人生发出许多美好的想象，从而达到使人愉悦、使人振奋的目的。例如你可以端起一杯矿泉水，在答谢客户的聚会上说："俗话说，如鱼得水，看见这杯矿泉水使我想起我们的友谊。鱼儿离不开水啊，正因为有了深厚的友谊，才使我们顺利地在艰苦的生活中成长起来。现在我们又建立了更紧密的合作关系，更是如鱼得水。相信今后我们的友谊将会与日俱增。我建议为友谊干杯！"

真诚地赞美对方

人对于赞美的抵抗力往往是微弱的，特别是在酒桌上，热闹的气氛使得人的虚荣心很容易膨胀起来，而虚荣心一膨胀人就免不了要做出一些超出常规的"豪壮之举"。

强调宴请的特殊意义

劝酒者在劝酒时不妨多强调一下此宴请的特殊性，比如场合的重要性、特殊性，指出它对于对方的价值与意义，这样既能激发对方的喜悦感、幸福感、荣誉感，又使他碍于特定的场合而不得不愉快地再饮一杯，还使得劝酒变为两人之间独特的情感交流方式。

用反语激将对方

人都有自尊心，为了维护自己的自尊心，人有时很容易突破常规的框框做出某种强硬之举。在酒桌上也是一样，如果能恰到好处地使用反语刺激刺激对方的自尊，使其认识到不喝这杯酒将会多么损害自己的尊严，那么对方往往就会"喝"出去了，逞一回英雄。

采用以退为进的方法

对于某些酒量委实有限的人，特别是女士，过分地勉强显然是不太好的，那么就不免在饮酒量上做些让步，自己喝一杯，别人喝半杯，或改喝啤酒，以此来说服对方。

好酒酒香诱人，好酒还需好词劝。饮酒也是文化，尽管是在商务宴会这个相互角逐的场合中，主客之间也可以叙叙旧、谈谈生活、切磋技艺、交流思想，显现一副融洽亲切、高雅欢快的场面。

敬酒分主次，谁也不得罪

宴请别人时，为了表示自己的诚意，就需要向别人敬酒。可敬酒是一门学问，敬对了人家高兴，捧你的场，买你的面子；敬错了，即便人家当时不翻脸，但事后弄不好就是要结怨的。

一般情况下，敬酒应以年龄大小、职位高低、宾主身份为序。我们要遵循先尊后长的原则，按年龄大小、辈分高低分先后次序摆杯斟酒。

另外，在同领导一起喝酒时，最大特点就是秩序，这跟开会一样，职务级别高的自然上座，然后按级别、所在部门依次落座。敬酒的次序仍依座位次序进行。小人物要是不小心坐错了位置或者敬错了酒，必然惊出一身冷汗。做下属的在敬酒时是机遇与挑战并存，所谓机遇是零距离接触领导，是接近领导的绝好时机；所谓挑战是因为人一喝酒思维和平时不一样，搞不好也是最容易得罪领导的时候。敬酒前一定要充分考虑好敬酒的顺序，分清主次，即使与不熟悉的人在一起喝酒，也要先打听一下身份或是留意别人如何称呼，这一点心中要有数，避免出现尴尬或伤感情。

敬酒时一定要把握好敬酒的顺序。有求于席上的某位客人，对他自然要倍加恭敬。但是要注意，如果在场有更高的身份的人或年长的人，则不应只对能帮你忙的人毕恭毕敬，要先给尊者、长者敬酒，不然会使大家都很难为情。

与此同时，酒宴是联络和增进感情的重要场所，通过向同级、上级或下级敬酒能够促进双方的情感交流，使彼此的关系更密切、更稳固。一般来说，如果敬酒本身真的能够达到这个目的的话，对方是不会轻易拒绝的。针对这种心理，在敬酒时你可以充满感情地强调一下自己与对方的特殊关系，使敬酒成为两人之间独特的情感交流方式。

再有，祝愿是对未来的美好期望，听到别人真诚的祝愿很容易让人快乐，可以结合被劝对象的实际情况来说一些良好的祝愿。如是生意人，可祝其"生意兴隆通四海，财源茂盛达三江"；若是老人，则可祝其"福如东海长流水，寿比南山不老松"；若是机关干部，则祝其"步步高升"；若是新婚夫妇，则可祝其"早生贵子，百年好合"；若在新年，则更多了，如"新春快乐、万事如意、阖家幸福"、"祝你一帆风顺，二龙腾飞，三阳开泰，四季平安，五福临门，六六大顺，七星高照，八面来财，九九同心，十全十美，百事亨通，千世吉祥，万事如意"……

简而言之，酒杯对酒杯，心口对心口，滚烫的感情便挡也挡不住，交情也随着酒的醇香而逐渐加深。

第九章 现在不懂应酬，以后只会发愁
——人人要懂得应酬技巧

技巧 81

饭单，谁来付

不想买单，设计"来电"及早脱身

任何一场饭局吃到最后，大家都要面临一个"买单"的问题。如果是自己因某种个人理由设宴请他人，如生日、结婚或有求于人等，情况比较简单，肯定是自己买单，而不能让客人买单。然而，如果我们是被要求请赴宴，那买单就要分情况了。

有些应酬邀请，我们与发邀请者关系都不错，所以自己非常乐于前往，如亲朋好友的聚会等。这种情况下，要么按照大家的约定AA付账，要么和朋友抢着付账，但无论哪种都是自己情愿的。

还有些应酬邀请，我们与发邀请者可能是受某种利益关系的牵涉，如同事之间、客户之间、上下级之间等。对此，我们可能非常不愿意去赴饭局，纯粹是被对方软磨硬泡或生拉硬拽着而不得不去参加。于是，买单就变成了一个非常棘手的问题。你可能好奇，为什么这么说呢？这其中的道理其实非常简单，试想，自己根本不愿意吃这顿饭，而且出席这种饭局并没有要实现什么切身利益的目的，纯粹是碍于关系或颜面，甚至是出于无奈才去的，为何还要替所有的人买单呢？

于是，这种饭局便引出了人们对"逃单"及"躲单"的需求。对此，不少人开发了一些不可思议的"招数"。

2009年2月19日，《深圳特区报》报道了这样一则消息：

某女士反映，现在网上不少商家推出"代打电话"的服务，打一次3分钟的电话2元至5元不等，称可以帮助买家摆脱应酬。这位女士还告诉记者，网络上推销此项"代打电话"的商家们，自称只要购买此项服务，就可以根据买家要求的时间让电话响起，如果没有特殊要求，通话时间内让买家自行表演，以达到轻松脱身的目的。后来经记者核实，网上确实有些出售这种服务的商家。

由此看来，在相亲、开会、聚会等应酬场合接到来电后开溜的原因未必都是真的。但这在某种程度上也反映出人们应酬某些不喜欢的应酬的一种计策。

对此，有专家表示，这种网上买卖"代打电话"的服务，不利于树立社会诚信之风，而且买家也要谨防隐私泄露。也有专家表示，有时候因为出于礼节的考虑而不得不应酬，的确让人难以招架，此时突然一个电话响起就有借口先离开，这样的代打电话无可厚非。与其到网上找根本不认识的"代打电话"服务卖家，不如在应酬前跟自己的好朋友打声招呼，由可靠的朋友来负责打帮你"逃单"或"躲单"的电话，往往更加可靠。但是，请人打电话要适当运用，尤其不能为了达到某种交易目的或欺骗而请人代打电话。

此外，关于饭局，买单的意义不仅仅是付钱，更重要的它还是一种人际交往模式，背后隐含着许多人情世故。千万不能永远做一毛不拔的人，如果这样就很难会有良好的人际交往，也很难融入当今的社交圈子。钱固然对于我们是重要的，但过分以"金钱"为中心的生活态度只能提供有限的安全感。如果视野狭窄，在社交生活中往往会得不偿失。

男人，买单时要显风度

小沐是个事业兴旺的成功女性，她曾经炫耀地对自己的女性朋友说："跟男人一起吃饭，我为我可以买单而自豪。事实上，他们也不想为自己买单，既然如此，又何必强人所难呢！"

尽管小沐的态度有些傲慢，甚至会让人厌恶，但是她道出了现在普遍存在的一种现象：男人们忘记了饭后买单。虽然说酒桌买单，要看谁是主动邀请者，因为酒宴的目的不仅仅是朋友之间的聚会，有时也含有功利目的，但作为男人的你真的不该主动买单吗？

其实，男士结账是长久以来请客吃饭的习惯，也是餐饮的基本规则。结账时，如有女士在场，特别是一男一女的场合，依礼貌付账的应是男士。女士不必坚持付账，也不用因别人付了账而心怀歉疚。一般一对男女朋友，不但应由男士结账，连召唤侍者过来都应由男士来做。恋爱中的男女，男人买单是爱意的体现。在男女的交往中，从来都是很难把爱情和金钱截然分开的。你爱一个人，就会愿意为他（她）付出一切，包括爱情、关心，甚至生命，当然也包括金钱。女人希望男人买单，并不都是存心想占便宜，而是喜欢被宠爱的感觉，只是想证明自己在男人心中的地位。若是男士吃完饭后大大咧咧地往那一坐，剔牙喝茶毫无掏钱买单之意，那女士对他的印象绝对会大打折扣。已婚夫妻一起用餐，男人买单是幸福的体现。在结婚后还能为女人买单的男人，一方面说明他在家中的地位比较高，妻子在经济上给了他较多的自由和权力；另一方面说明他还保持着爱情的热度，还有一颗浪漫的心，懂得宠爱妻子，对妻子为家庭的付出表示肯定和慰劳。这样的男人、女人都很幸福。

陌生男女或者是同事、朋友聚会吃饭，男人买单是有风度的体现。当然这种情况也并不一定非要男人买单，但如果在座有好几位男士，有人抢着买单，有人却视而不见甚至借故开溜，你会对谁印象更好呢？买单付账这类事，虽然琐碎，却能从细微之处体现出一个人的品行。主动买单的男人，多半慷慨宽厚，不会算计得失，不斤斤计较，跟这样的男人打交道会比较舒服。

事实上，女人不介意男人买单，也不介意为男人买单，但绝对介意男人不买单；男人买单固然需要底气，不买单却更需要勇气。所以，男人，在你不情愿的时候别跟女人一起吃饭；如果情愿，女人也肯赏光，那么请你买单。

技巧 82

周到得体、主客双赢的宴请心理学

点菜得有点"硬功夫"

在宴会中,点菜相当重要,菜点得好不好,直接关系到宴会的后续发展。

点菜是宴请活动最关键的一环。如果菜品安排太少,就有怠慢客人之嫌;反之,安排得过多,又会造成浪费。如果所安排的菜品,色泽一致,口味一样,盛器相同,会得到单调无奇的评语。尽是荤菜,有肥腻之嫌;尽是素菜,有清淡之嫌。

为了让大家成为点菜的高手,下面向大家介绍几种点菜的"硬功夫",相信对大家会有所帮助。

明确宴请的目的

宴请的目的多种多样,有正规待客的,有好友相聚的;有两情相悦的,有闲极无聊的;有论功行赏的,有笼络感情的,林林总总,不一而足。总之,不同的目的决定了不同的菜品和菜质,所以点菜首先要明确宴请的目的。

看人下菜

点菜要看人来点。俗话说,知己知彼,方可百战不殆,所以掌握同席之人的口味乃点菜之先。选菜不应以主人的爱好为准,而要考虑宾客的喜好与禁忌。作为宴请的你要记住:你是请别人,你自己的口味是次要的,对方喜欢就好。

注重特色

特色菜又叫招牌菜,一般是餐厅用来吸引客人的拿手菜,味道不错,价钱也不会太贵。每到一个不熟悉的餐馆,不妨先问问有什么特色菜,这样就可对该餐馆的整体素质心中有数,点菜有底。

巧妙搭配

点菜时要注意巧妙搭配菜色。以中国菜为例,并不要求每个菜都出色精彩,但讲究一桌菜的五味俱全,且要搭配合理,咸淡互补,鲜辣不克,让每种味、每道菜都发挥到极致。菜肴应强调荤素、浓淡、干湿等多种烹调方法搭配,菜品原料尽量不重复。

点菜时也要注重高、中、低不同档次菜肴的搭配。根据经验来看,10个人聚餐,高档的菜肴只要2~3个就可以了,而且其中最好有一个是其他饭店不常做的菜。在低档菜中选取该饭店的一些特色菜,这样能给与宴者留下深刻印象,主人也不失体面,从而达到宾主尽欢的目的。

尊重请客的人

如果是别人做东,要记得为对方留点余地,多为对方着想,不要点太贵的菜,不能因为是别人付钱,就尽情地点,这是很不礼貌的行为,还会造成铺张浪费。改天若是换成自己做东,别人一定也会存有报复你的心态，那就得不偿失了。另外，当对方问你要点什么的时候，必须先将自己的决定告诉对方，而不是服务员，否则对方会觉得不被尊重，场面也会很尴尬。

做宴会女王，岂可漏洞百出

女性参加宴会时，一定要注意自己的仪态细节，万不可毛毛躁躁，失礼于人。

明星胡小姐是社交界公认的宴会女王。一次参加宴会，胡小姐一进入宴会现场立刻吸引了所有人的目光，只见她身穿一袭名家设计的黑色晚礼服，价值百万的首饰更是为她增色不少，可是红地毯刚走了一半，胡小姐便双手提起晚礼服，踩着那双又细又高的皮鞋快速奔进了会场，并且一下子抱住会场内的一位小姐。原来两人是旧相识，不过胡小姐的"闪亮"登场还是吓了那位小姐一跳，更是让在场的众人大跌眼镜。接着，两人聊了起来，只见胡小姐的一条腿不停地抖动，而且手还不时地拨弄自己的头发，偶尔还会翻开包包拿出自己的小镜子，照来照去，想来是不希望自己的妆容有任何闪失吧。旁边那位小姐对她说："小胡，你稍微注意点，这么多人在呢，还是去化妆间弄吧。""没事，大家都很忙，不会注意到我的，你帮我挡挡啊，我补点腮红。"胡小姐说着以迅雷不及掩耳之势拿出粉饼快速地补起妆来。周围其他人都不约而同地露出鄙夷的眼神，场面十分尴尬。

也许胡小姐的性格就是大大咧咧的，然而她在宴会现场的表现绝对不能用大大咧咧一语掩盖。她的漏洞百出，体现出她缺乏基本的素养，更谈不上品位和修养。她的粗俗习惯绝对不会给现场的人以感官上的愉悦。

具体来说，女士参与宴请，主要注意以下几个方面：

首先，要选择适合宴会的着装，力求干净整洁。席间，无论现场如何闷热，作为女性的你都不能当众解开纽扣或脱下外衣。

其次，要保持自己发型的高雅端庄，如果头发有些凌乱，应该立即去化妆间整理，而不可当众整理。

再次，不可当众化妆或补妆，处理妆容上的小细节也应该到化妆间去处理。

总之，渴望成为宴会女王的女人们一定记住，在宴会前除了要细心装扮自己以外，还要注意自己在宴会现场的表现，不可有丝毫的大意，否则仪态尽失，不仅成不了"女王"，还会成别人的笑柄。

不同场合点不同酒水

宴会不能少了酒水，酒水点好，能为宴席大大增色。

请客吃饭时基本都会用到酒水。无论你所要宴请的是什么样的客人，举办什么样的宴会，都离不开酒水。可以说，无酒不成宴，无酒不成欢。在中式的宴会中，酒的种类与菜肴的安排有着一定的联系，甚至与季节、宴会主题也颇为相关，虽然在不同的场合下，酒水会有所不同，但需要注意的事项大同小异。下面就介绍几个点酒水时需要考虑的方面：

酒要与宴会相配

宴会的档次有高、中、低之分，酒有上品、中品、下品之分，不同的宴会选酒应当与其规格相匹配。如我国举办国宴时，往往选用茅台酒，因为它被称为我国的"国酒"，其质量和价格在我国酒类中最高。但是，如果是普通宴会，则可选用档次稍低的酒品，如果在普通宴会上用茅台酒，酒水的价值高于整桌菜肴的价值，整体显得不协调。

酒要与季节相配

一年四季，不同季节选用的酒也应不同。比如，冬天人们一般喜欢喝"烫酒"，既开胃又养胃；夏天则喜欢冰镇啤酒，有消暑的功效。因此，宴请宾客时，冬天选择白酒较多，而夏天选择啤酒较多。

佳肴还需好酒配

在任何宴席之上，酒与菜都很难分家。尽管中餐没有西餐中酒类的选择与菜肴那么严格的搭配，但是，假如宴请的档次较高，那么选择用红酒搭配鸡鸭菜肴，用竹叶青酒搭配鱼虾菜肴，用加饭酒搭配冷菜冷盘，而吃螃蟹时则应饮黄酒而非白酒。

酒与酒亦有搭配

酒与酒的搭配也是有一定讲究的：低度酒在先，高度酒在后；新酒在先，陈酒在后；普通酒在先，名贵酒在后；软性酒在先，硬性酒在后；有汽酒在先，无汽酒在后；干冽酒在先，甘甜酒在后；淡雅风格的酒在先，浓郁风格的酒在后；白葡萄酒在先，红葡萄酒在后。从科学饮食的角度来看，最好不要将多种酒混杂饮用，否则很容易喝醉。

一般说来，中餐用酒没有西餐用酒那么复杂，但这并不是说中餐点酒无章可循。下面是中餐宴席饮用酒水的一般注意事项：

餐前用饮料

在餐前，中国人一般喜欢饮茶或软饮料，以饮茶居多，而不像西方人饮餐前酒。软饮料通常是碳酸饮料，但是也可能会有客人点果汁、蒸馏水或者矿泉水。多数客人在选定一种饮料后，用餐过程中不宜再更换。需要注意的是，餐前饮料最好不要点果汁类，因为口味浓郁的果汁会将饭菜的味道冲淡。

佐餐酒

宴会上，很熟悉的客人也许会自己点自己喜爱的酒，但宴席有多桌时，每桌选用的酒品要相对统一，绝对不能区别对待，厚此薄彼，这样才能在敬酒、劝酒时显得更为公平、和谐。

餐后饮料

中餐一般以茶水作为餐后饮料。在民间，人们认为茶水具有止渴、解酒、帮助消化的功能。根据我国许多地方的饮食文化和传统，宴席上所斟的酒大多必须在上最后一道菜之前"门前清"，同时也宣告饮酒活动告一段落，此后一般不再饮用酒精类的饮料了，所以吃中餐很少喝餐后酒。当然，如果是大家相谈甚欢，酒兴未尽，则另当别论。

敬酒时不妨引经据典创造气氛

敬酒可以引经据典巧找话题，即景生情创造气氛，使得宾主双方都能感受到宴会的美好气氛，达到宾主尽欢的目的。

无论是商务宴会，还是友人小酌，或者是政治性的宴会，喝过开头两杯酒后一段时间，整个宴会就会进入一个相对舒缓的氛围，人们的情绪慢慢变得平和下来，所以作为主人的你有责任尽地主之谊，继续敬酒，以便将宴会气氛推向高潮。但是，祝酒尽欢时不要和客人强行拼酒，逼迫客人豪饮。

祝酒时，"引经据典"并不是一定要引用经典文艺作品。这里的"引经据典"是双方为了增进友谊要聊一些双方感兴趣的经历或趣闻逸事。这无论是在政治家的宴会还是商务酒会，或是友人聚会，都是必不可缺的。

商务酒会在敬酒时也可以轻松有趣，这样才能有助于彼此间的生意往来。

在一次商务酒会上，正式祝酒之后，主客双方谈起了酒和诗词。主人一方说道："人们都说李清照的《如梦令》'浓睡不消残酒'，'应是绿肥红瘦'写得传神。现在有人为饮酒填了个新《如梦令》。'昨夜饮酒过度，头晕不知归路，迷乱中错步，误入树林深处，呕吐，呕吐，惊起夜鸟无数。'（宾主大笑不已）我们还可以把《如梦令》改为'今日饮酒适度，友情金杯交互。携手发财相助，合作中致富，协调奋进同路，倾注，倾注，融进感情无数。'让我们为了双方合作'融进感情无数'，'合作中致富'，干杯！"

商务宴请建立在利益的基础上劝酒尚且如此轻松，那么，友人相聚、家人小酌等场合下劝酒就更加放松了，也可以采用"引经据典"式祝词，使酒的作用得到充分发挥，不仅活跃现场的气氛，还能加深彼此间的感情。

在一次老朋友聚会上，几番祝酒之后，众人为了安慰一位客人，聊起了诸如"人生难免有失误，有时错误也能让我们美丽"的话题。其中一位客人借题发挥说道："活着是美丽的，生活是美丽的，必要时，犯错误也不失为一种美丽……第一只猿猴'错误'地下地直立行走，所以今天的人们才不用趴着敲电脑；尼克松总统错误地偏离美国的既定政策，于是，叩开了中美关系的大门。从古至今，因为意外错误推进社会前进的例子很多，但这不是一般的每日不断重复的愚蠢的错误，而是充满着理性光辉的错误，这类错误的发生，就是又一次创新的契机。所以我们每一个人不能追求不犯错误，那样就像一辈子不离开地面一样，虽然能躲开溺水的危险，但也无法得到另一类生活的风采和快乐，也无法享受七彩人生。所以，我认为犯错误在必要时也是一种美丽。让我们为曾拥有过的错误经历所带来的丰富生活历程，干杯！"

上述案例中的众人采用理性的思维，加上充盈着通俗情理的祝词，不仅使宾主纷纷举杯，达到了敬酒的目的，而且还给足了失意者面子，使其走出失败的阴霾，重新建立起信心，走向成功的彼岸。

第十章

遇上心想事成的自己
——自我心理操控术

技巧 83

认识自我，让心灵获得成长

认识自己才能获得成长

在漫漫人生道路上，我们总是不断追求以满足物质上的种种欲望，却忘记审视内心，想想生存的真正意义；我们也常常忙着左顾右盼地评判别人，却忘了审视自身、认识自己。许多人或许从不曾真正面对过"自己"，不曾认真地审视过那个真实的"我"是什么。

相信没有人会承认自己不知道自己是谁。当有人问起你是谁的时候，你一定会毫不犹豫地说出你的名字，那不过是你的名字，而真正的你是什么呢？你可能还会回答出你的出身、你的地位、你的能力、你的财产、你的观念……试图以此来描述出你自己。但是你可曾想过，我们所认为的"我"和真正的"自我"是否有差别呢？

事实上，我们根本不知道自己是谁，因为从小就被各种外在的价值观念所支配，跟着物质环境的脚步前进，不断被外在环境奴役而不自知。我们刚出生时，头脑中本来没有知识、学问，也没有记忆，但是随着后天不断的努力和学习，渐渐地会辨别事物的名称、形象以及数量的多少。我们所知的，并非我们自己。

有一天，一位禅师为了启发他的弟子，给了他的徒弟一块石头，让他去蔬菜市场，并且试着卖掉这块很大、很好看的石头。师父叮嘱到："不要卖掉它，只是试着去卖。注意观察，多问一些人，回来后只要告诉我在蔬菜市场它最多能卖多少钱。"于是这位弟子去了。在菜市场，许多人看着石头想：它可以做很好的小摆件，我们的孩子可以玩，或者可以把它当做秤砣。于是他们出了价，但只不过是几个小硬币。徒弟回来后对老禅师说："这块石头最多只能卖几个硬币。"师父说："现在你去黄金市场，问问那儿的人。但是不要卖掉它，只问问价。"从黄金市场回来后，这个弟子很高兴地说："这些人简直太棒了，他们乐意出到一千元。"师父说："现在你去珠宝商那儿，询问一下价格。但不要卖掉它，同样只是问问价。"于是徒弟去了珠宝商那儿，他们竟然愿意出5万元来买这块石头。徒弟听从师父的指示，表示不愿意卖掉石头，想不到那些商人竟继续抬高价格——出到10万元，但徒弟依旧坚持不卖。珠宝商们说："我们出20万元、30万元，只要你肯卖，你要多少我们就给你多少！"徒弟觉得这些商人简直疯了，竟然愿意花这么一大笔钱买一块毫不起眼的石头。徒弟回到禅寺，师父拿着石头后对他说："现在你应该明白，我之所以让你这样做，是想要培养和锻炼你充分认识自我价值的能力和对事物的理解力。如果你是生活在蔬菜市场里的人，那么你只有那个市场的理解力，你就永远不会认识更高的价值。你自己就是这块被人们不断改写价码的石头。

第十章 遇上心想事成的自己
——自我心理操控术

我们可以反问自己，是生活在蔬菜市场、黄金市场，还是珠宝市场呢？在同样的一个物质世界里，我们自身的价值标准应该怎么来衡量呢？这需要我们不断地认识自己、探究真实的自己，才能更全面、更准确地把握我们成长的轨迹。

古往今来的哲学家，不断提醒人们要"认识自己"，但是古圣先哲却没有提出具体准则，让我们知道如何行动才能获得足以支配个人命运的"自我了解"。

西塞罗说过，"认识自己"的格言不仅旨在防止人类过度骄傲，也在于使我们了解自己的价值何在。因为只有了解了自我价值，才能更进一步地走向成功。

一个人的成功并非一蹴而就的事，会面临很多意想不到的波折。有的时候，路走不通，问题并不在别人或者事情本身，相反，可能恰恰在自己身上。现代人也许会发现，因为买了一些不具备实用价值的物品而令自己手头拮据；即使感觉到自己的生活出了严重的错误，也不愿意承认自己的过失。我们习惯了目光向外，习惯了先看别人再看自己，习惯了比较，习惯了自己站在高处的优越感。而我们现在需要具备的恰恰是一种反向思维，反观自己、认识真实的自己，这样才能看到问题的核心。也可以说，认识自己，是通往成功的第一步。越接近自己的内心，离成功也就越来越近。

自信，人生才能有幸

在一次世界级优秀指挥家大赛的决赛中，小泽征尔按照评委会给出的乐谱指挥演奏。在演奏过程中他敏锐地发现了不和谐的声音。起初，他以为是乐队演奏出了问题，就停下来重新指挥演奏，但还是不对。再三考虑后，他觉得是乐谱有问题，于是再次停下来向评委会提出自己的看法。这时，在场的作曲家和评委会的权威人士无一例外地坚持乐谱绝对没有问题，是他错了。面对一大批音乐大师和权威人士，小泽征尔思考再三，最后斩钉截铁地大声说："不！一定是乐谱错了！"话音刚落，评委席上的评委们立即站起来，对他报以热烈的掌声和不住的赞叹，祝贺他赢得了整场比赛。

原来，这是评委们精心设计的"圈套"，以此来检验指挥家在发现乐谱错误并遭到权威人士集体否定的情况下，能否坚持自己的正确主张。前两位参加决赛的指挥家虽然也发现了错误，但终因不相信自己的想法，附和权威的意见而被淘汰。小泽征尔却因充满自信而摘取了世界指挥家大赛的桂冠。

从小到大，我们听过长辈无数次地教诲要对自己有信心，要自信，可每到关键时刻都会不由自主地怀疑自己，我可以吗？我真的能行吗？等事情结束了又在懊恼地抱怨："如果当初坚持我的看法就好了，我明明是对的。"我们就在自己的抱怨声中错过了一次又一次接近成功的机会。

拳击运动员在看准目标后，收拢五指，攥紧拳头，积聚全身的力量用力出击，一拳又一拳地打在对手身上，扎扎实实。我们看到的是力量。

春天，小草破土而出，歪歪斜斜地扎根在属于它的土壤里，即便忍受风吹雨打，即便遭人践踏，仍然顽强地生存着。我们看到的是韧性。

诸葛亮大开城门，焚香抚琴，童子侍立，卒扫西街，虽无兵迎敌，却使司马懿引兵而退。我们看到的是沉着冷静，气定神闲。

很多时候，自信对我们而言，就是一种积蓄了很久突然迸发出的力量，是来自生命力中不屈不挠的韧性，是内心的淡定和坦然。孔子说，"仁者不忧，智者不惑，勇者不惧"，能做到不忧、不惑、不惧的人，内心必然是无比强大和自信的。不看重外在世界的纷繁变化，不在意个人利益的得与失，内心的强大与坦然，能够化解许许多多的遗憾。而内心的这份强大与坦然，就是来自自信，只有相信自己，才能调动起你所有向上的潜能。

肖伯纳曾经说过，"有信心的人，可以化渺小为伟大，化平庸为神奇"。能登上金字塔的生物只有两种，老鹰和蜗牛。虽然不能人人都能像雄鹰一样展翅翱翔、一飞冲天，但至少我们可以像蜗牛那样凭着自己的信念和耐力不断前行。每个人生来都是不同的个体，但我们每个人都有对生活的热爱，有对高尚的渴望，有对真理的追求。自信能让我们感到生命的活力，保持勇往直前、奋发向上的劲头。人生需要进取的力量，而自信和力量是正比的。只有具备了足够进取的力量，才是激昂向上的人生。但是，在这个过程中，我们不能盲目自信。每个人都有优点，自信是在内心提醒自己看到自己的优点，从而把优点变成行动力，而不是明知做不到却故意为之。

如果把我们的生命比做一片沃土，那么，自信心就是一粒生命的种子，它深藏在每个人心里，随时都可能发芽并开出绚烂夺目的花朵。不要让属于你的这粒生命种子永远埋在土里。

接受自己，肯定自己

有一个叫爱丽莎的美丽女孩，总是觉得自己没有人喜欢，总是担心自己嫁不出去。她认为自己的理想永远实现不了，她的理想也是每一位妙龄女郎的理想：和一位潇洒的白马王子结婚、白头偕老。爱丽莎总以为别人都有这种幸福，自己却永远被幸福拒之于千里之外。

一个周末的上午，这位痛苦的姑娘去找一位有名的心理学家，据说他能解除所有人的痛苦。爱丽莎被请进了心理学家的办公室，握手的时候，她冰凉的手让心理学家的心都颤抖了。他打量着这个忧郁的女孩，她的眼神呆滞而绝望，声音仿佛来自地狱。她的整个身心都好像在对心理学家哭泣着："我已经没有指望了！我是世界上最不幸的女人！"

心理学家请爱丽莎坐下，跟她谈话后，他对爱丽莎说："爱丽莎，我会有办法的，但你得按我说的去做。"他要爱丽莎去买一套新衣服，再去修整一下自己的头发，他要爱丽莎打扮得漂漂亮亮的，并邀请她来参加星期一的家庭晚会。爱丽莎还是一脸闷闷不乐，对心理学家说："就是参加晚会我也不会快乐。谁需要我？我能做什么呢？"心理学家告诉她："你要做的事很简单，你的任务就是帮助我照顾客人，代表我欢迎他们，向他们致以最亲切的问候。"

星期一这天，爱丽莎衣衫合适、发式得体地来到晚会上。她按照心理学家的吩咐尽职尽责，一会儿和客人打招呼，一会儿帮客人端饮料，她在客人间穿梭不停，来回奔走，始终在帮助别人，完全忘记了自己。她眼神活泼，笑容可掬，成了晚会上的一道风景，晚会结束后，有三位男士自告奋勇要送她回家。

在随后的日子里，这三位男士热烈地追求着爱丽莎，她终于选中了其中的一位，让他给自己戴上了订婚戒指。在爱丽莎的婚礼上，有人对这位心理学家说："你创造了奇迹。""不，"心理学家说，"是她自己为自己创造了奇迹。人不能总想着自己，怜惜自己，而应该想着别人，体恤别人，爱丽莎懂得了这个道理，所以变了。所有的女人都能拥有这个奇迹，只要你想，你就能让自己变得美丽。"

人的一双眼睛的作用应当是这样：一只眼睛观察世界，一只眼睛发现自己。学会发现自己的优点，这是我们共同的义务，也是寻找自己的优势、挖掘潜能的重要方式。事实上，像爱丽莎对自身产生怀疑，归根结底是因为没有发掘出自己的闪光点，她看到了别人的精彩，却错失了自己的光彩。其实，每个人都是优秀的，没有人一无是处。

第十章 遇上心想事成的自己
——自我心理操控术

技巧 84

坚持自我，做一个特立独行的人

不必做到让每个人都满意

世界一样，但人的眼光各有不同。做人，不必花大量的心思让每个人都满意，这也是不可能达到的，如果一味地追求别人的满意，不仅自己累心，还会在生活和工作失去了自己！

生活中我们常常因为别人的不满而烦恼不已，我们费尽了心思去迎合别人，我们小心翼翼地生活，但即便是这样，还会有人不满意。

农夫和他的儿子赶着一头驴到邻村的市场去卖。没走多远就看见一群姑娘在路边谈笑。一个姑娘大声说："嘿，快瞧，你们见过这种傻瓜吗？有驴子不骑，宁愿自己走路。"农夫听到这话，立刻让儿子骑上驴，自己高兴地在后面跟着走。

不久，他们遇见一群老人正在激烈地争执："喏，你们看见了吗，如今的老人真是可怜。看那个懒惰的孩子自己骑着驴，却让年老的父亲在地上走。"农夫听见这话，连忙叫儿子下来，自己骑上去。

没过多久又遇上一群妇女和孩子，几个妇女七嘴八舌地喊着："嘿，你这个狠心的老家伙！怎么能自己骑着驴，让可怜的孩子跟着走呢？"农夫立刻叫儿子上来，和他一同骑在驴的背上。

快到市场时，一个城里人大叫道："哟，瞧这驴多惨啊，竟然驮着两个人，它是你们自己的驴吗？"另一个人插嘴说："哦，谁能想到你们这么骑驴，依我看，不如你们两个驮着它走吧。"农夫和儿子急忙跳下来，他们用绳子捆上驴的腿，找了一根棍子把驴抬了起来。

他们卖力地想把驴抬过闹市入口的小桥时，又引起了桥头上一群人的哄笑。驴子受了惊吓，挣脱了捆绑撒腿跑掉了。农夫只好既恼怒又悔恨地空手而归了。

农夫的行为十分可笑，不过，这种任由别人支配自己行为的事并非只在笑话里出现。现实生活中，很多人在处理类似事情时就像笑话里的农夫，人家叫他怎么做他就怎么做，谁抗议就听谁的。结果只会让大家都有意见，且都不满意。

谁都希望自己在这个社会如鱼得水，但我们不可能让每一个人满意，不可能让每一个人都对我们展露笑容。通常的情况是，你以为自己照顾到了每一个人的感受，可还是有人对你不满。每个人的立场，每个人的主观感受是不同的，面面俱到，不得罪任何人，是绝对不可能的！做人无须在意太多，凡事只要尽心，按照事情本来的面目去做就好，简简单单地过好自己的生活就好。

克服自我怀疑

成功是每个人都向往的。当成功遥不可及时，你是否问过自己：我为自己的理想付出了多少努力？我是不是经常找一大堆借口来为自己的失败狡辩？其实，我们不应为失败找借口，而应该为成功找方法。只有那些能够产生强烈的求胜愿望，希望达到崇高目标的人，才能走向成功。所以，在我们的人生道路上，要用积极的心态去不断努力，要相信你就是冠军。

库柏是美国最受尊敬的法官之一，但这个形象与他年轻时自卑的形象大相径庭。库柏在密苏里州圣约瑟夫城一个贫民窟里长大。他的父亲是一个移民，以裁缝为生，收入微薄。为了家里取暖，库柏常常拿着一个煤桶到附近的铁路拾煤块。库柏为必须这样做而感到困窘。他常常从后街溜出溜进，以免被放学的孩子们看到。但是，那些孩子时常看见他。特别是有一伙孩子常埋伏在库柏从铁路回家的路上袭击他，他们常把他的煤渣撒遍街上，以此取乐。库柏总是生活在恐惧和自卑中。后来库柏读到了一本书，内心受到了鼓舞，从而在生活中采取了积极的行动。这本书是荷拉修·阿尔杰著的《罗伯特的奋斗》。

在这本书里，库柏读到了一个像他一样的少年奋斗的故事。那个少年遭遇了巨大的不幸，但是他以勇气和道德的力量战胜了这些不幸，库柏也希望具有这种勇气和力量。库柏读了他所能借到的每一本荷拉修的书。整个冬天，他都坐在寒冷的厨房里阅读勇敢和成功的故事，不知不觉地吸取了积极的心态。在库柏读了第一本荷拉修的书之后几个月，他又到铁路去捡煤块。隔开一段距离，他看见三个人影在一个房子的后面飞奔。他最初的想法是转身就跑，但很快他记起了他所钦佩的书中主人公的勇敢精神，于是他把煤桶握得更紧，一直向前大步走去，犹如他是荷拉修书中的一个英雄。

这是一场恶战。三个男孩一起冲向库柏。库柏丢开铁桶，坚强地挥动双臂，进行抵抗。最后，三个袭击者跑掉了。直到那时库柏才知道他的鼻子在流血，他的周身由于受到拳打脚踢，已变得青一块紫一块了。然而对库柏来说，这是值得的！

库柏并不比一年前强壮了多少，攻击他的人也并不是不如以前强壮。前后不同的地方在于库柏自身的心态。他已经不顾恐惧，面对危险，他决定不再听凭那些恃强凌弱者的摆布。他要改变他的世界了，他后来也的确是这样做的。库柏给自己定下了一种身份。当他在街上痛打那三个恃强凌弱者的时候，他并不是作为受惊吓的、营养不良的库柏在战斗，而是作为荷拉修书中的人物罗伯特那样的大胆而勇敢的英雄在战斗。

为自己树立一个成功的形象，对帮助我们克服自我怀疑和自我失败的习惯极为有利，这种习惯是自卑的心态经过若干年在一种性格内逐渐形成的。另一个同等重要的、能帮助你改变的成功技巧是，把你视为会激励你做出正确决定的某一形象。这种形象可以是一条标语、一幅图画或者任何别的对你有意义的象征。

技巧 85

自我激励，丧失信心就等于放弃自己

告诉自己"我可以"

利娅是密歇根州一个小镇上的小学老师。

那天，她给学生们上了生动的一节课。她让学生们在纸上写出自己不能做到的事。所有的学生都全神贯注地埋头在纸上写着。一个10岁的男孩，他在纸上写道，"我无法把球踢过第二道底线"，"我不会做3位数以上的除法"，"我不知道如何让黛比喜欢我"等。他已经写完了半张纸，但却丝毫没有停下来的意思，仍旧很认真地继续写着。

每个学生都很认真地在纸上写下了一些句子，述说着他们做不到的事情。

利娅老师也正忙着在纸上写着她不能做到的事情，像"我不知道如何才能让约翰的母亲来参加家长会"，"除了体罚之外，我不能耐心劝说艾伦"等等。

大约过了10分钟，大部分学生已经写满了一整张纸，有的已经开始写第二页了。"同学们，写完一张纸就行了，不要再写了。"

等所有学生的纸都投入纸鞋盒以后，利娅老师把自己的纸也投了进去。然后，她把盒子盖上，夹在腋下，领着学生走出教室，沿着走廊向前走。

走着走着，队伍停了下来。利娅走进杂物室，找了一把铁锹。然后，她一只手拿着鞋盒，另一只手拿着铁锹，带着大家来到运动场最边远的角落里，开始挖起坑来。

学生们你一锹我一锹地轮流挖着，洞挖好后，他们把盒子放进去，然后又用泥土把盒子完全覆盖上。这样，每个人的所有"不能做到"的事情都被深深地埋在了这个"墓穴"里，埋在1米深的泥土下面。

这时，利娅老师注视着围绕在这块小小的"墓地"周围的31个10多岁的孩子们，神情严肃地说："孩子们，现在请你们手拉着手，低下头，我们准备默哀。"

"朋友们，今天我很荣幸能够邀请你们前来参加'我不能'先生的葬礼。"利娅老师庄重地念着悼词，"'我不能'先生在世的时候，曾经与我们的生命朝夕相处，您影响着、改变着我们每一个人的生活，有时甚至比任何人对我们的影响都要深刻得多。您的名字几乎每天都要出现在各种场合，比如学校、市政府、议会，甚至是白宫。当然，这对于我们来说是非常不幸的。

"现在，我们已经把安葬在这里，并且为您立下了墓碑，刻上了墓志铭。希望能够安息。

"愿'我不能'先生安息吧，也祝愿我们每一个人都能够振奋精神，勇往直前！阿门！"

接下来，利娅为"我不能"做了一个纸墓碑。

利娅老师把这个纸墓碑挂在教室里。

每当有学生无意说出："我不能……"这句话的时候，她只要指着这个象征死亡的标志，孩子们便会想起"我不能"先生已经死了，进而去想出积极的解决方法。

没有"我不能"的字典。

"只要头脑可想象的，只要自己相信的，就一定能实现。"这句话出自美国成功学的创始人拿破仑·希尔博士。

希尔从小就立志要做一名作家，但是由于家里非常贫穷，他只接受了很短的学校教育，很多字词他都要通过查字典来认识。

亲人和朋友们都劝希尔放弃当作家的梦想，建议他找一份稳定的工作，平淡地过一生才好。然而希尔并没有就此放弃自己的梦想。他用打零工挣来的钱买了一本最好字典，随后，他做了一件十分奇特的事——他找到字典里"不能"这个词，用剪刀把它剪下来。

经过多年的努力，希尔最终成为了美国商政两界的著名导师，并且成为罗斯福总统的首席顾问，被罗斯福总统誉为"百万富翁的铸造者"。他的许多著作都深受读者的喜爱，成为了举世闻名的畅销书。

"我不能"经常在我们的耳边响起，这是你对自己的宣判。听多了"我不能"，你很可能就会走进自卑的圈子，再也出不来了。沉静在"我不能"的困境中，很多事情就真的无法去做。

关于信心的威力，并没有什么神秘可言。信心在一个人成大事的过程中是这样起作用的：相信"我确实能做到"的态度，产生了能力、技巧与精力这些必备条件，即每当你相信"我能做到"时，自然就会想出"如何去做"的方法。

人生需要自我激励

人们心中的希望，与理想梦幻相比，常常更有价值。希望常常是将来事实的预言，更是人们做事的指导，希望能衡量人们目标的高低和效能的多寡。

有许多人容许自己的希望慢慢地淡漠下去，这是因为他们不懂得，坚持自己的希望就能增加自己的力量，从而实现自己的梦想。

希望具有鼓舞人心的创造性力量，她鼓励人们去尽力完成自己所要从事的事业。希望是才能的增补剂，能增加人们的才干，使一切幻梦成为现实。

从一个人的希望可以看出他在增加还是减少自己的才能。知道一个人的理想，就能知道那个人的品格、那个人的全部生命，因为理想是足以支配一个人的全部生命的。

在树立希望以后，人的思想和情感便会变得坚定不移。因此，每个人都应有高尚的目标和积极的思想，更需下定决心，绝不允许卑鄙肮脏的东西留在自己的思想里，不论做什么事，都要向着高尚的方向。

进行自我激励，足以改进人的希望，使人尽量地发挥他的才干，达到最高的境界。积极的心态，可以战胜低下的才能，可以战胜阻碍成功的仇敌。即使看似不可能的事情，只要抱定希望，努力去做，持之以恒，终有成功的一天。

3只青蛙掉进鲜奶桶中。

第一只青蛙说："这是命。"于是它盘起后腿，一动不动等待着死亡的降临。

第二只青蛙说："这桶看来太深了，凭我的跳跃能力，是不可能跳出去的。今天死定了。"于是，它沉入桶底淹死了。

第三只青蛙打量着四周说："真是不幸！但我的后腿还有劲，我要找到垫脚的东西，跳出这可怕的桶！"

于是，这第三只青蛙一边划一边跳，慢慢地，奶在它的搅拌下变成了奶油块，在奶油块的

第十章 遇上心想事成的自己
——自我心理操控术

支撑下，这只青蛙奋力一跃，终于跳出奶桶。

正是希望救了第三只青蛙的命。

许多成功者都有着乐观期待的习惯。不论目前所遭遇的境地是怎样的惨淡黑暗，他们对于自己的信仰、对于"最后的胜利"都坚定不移。这种乐观的期待心理会生出一种神秘的力量，以使他们最终实现愿望。

期待会使人们的潜能充分地发挥出来，期待会唤醒我们隐伏的力量。而这种力量要是没有大的期待，没有迫切的唤醒，是会永远被埋没的。

每个人都应该坚信自己所期待的事情能够实现，千万不可有所怀疑。要把任何怀疑的思想都驱逐掉，而代之以必胜的信仰，努力发掘出属于自己的强项，必定会有美满的成功。

别吝啬对自己的犒劳

别忘了自己为自己发奖。对自己犒劳是你实现下一步目标的动力。

做一件事情，你可以高高兴兴、快快乐乐地去做，也可以很痛苦地去做，假如你能够选择快乐，为什么要选择痛苦？

做每一件事情，我们都要选择快乐，选择享受。

所有的事情之所以会有思考的瓶颈，是因为做事的目标不明确，对自己所做事情的宗旨没有了解。

某些人"对自己要求很严"，他们在遇到失败或失意的时候，很难原谅自己。许多人都是这样，给自己设定的标准很高，结果没办法达到那样的标准。给自己定下了很高的标准，需要有适当的平衡，那就是让自己快活一下，适时奖励一下自己，享受一下人生。若是没有这种平衡，制定很高的标准，未必是件好事。

工作很辛苦，或者遇到困难时，给自己一点奖赏，一点礼物，这就是赏心乐事。有些事虽小，但是能让我们觉得很愉快，例如吃过午餐后，在公园里散散步；花1个小时阅读1本自己喜欢的书；经过一天辛苦工作之后，喝一杯清茶。

安娜小时候，父母经常因她获得的成绩鼓励她。帮母亲做了一点家务，母亲就会笑着奖给她一颗糖；读书时，每次考了高分，父亲也会不时拿出点奖品作为奖赏。那时候，安娜经常会为了得到糖果、玩具等而主动地做家务、努力学习。后来，她不再依赖父母的奖励，而是不断地自己奖励。大学毕业后，安娜所在的单位资不抵债，宣布破产了。有很长的一段时间，她因为胆小，怕面试时用人单位对自己说"NO"而待在家里，几个月过去了，安娜无所事事，父母用微薄的工资来养活她这个已成人的"小孩"。有一天，安娜对自己说，如果今天我去两家公司应聘，回家时就给自己买下那条心仪已久的长裙。她做到了，记得当时她是用向母亲借的钱来完成对自己的承诺的。一星期后，她居然同时收到那两家单位的用人通知。

想不出什么赏心乐事来吗？只要请教一下朋友或同事，就可以得到不少主意。你一旦克服不好意思的心理，就能了解其他人有关这方面的事情，而且会发现，其实每个人都会不时地让自己过得快活一点，只不过有些人比其他人更在行罢了！没关系，实行的次数多了以后，你也会很在行的。

技巧 86

亲和友善，获得他人认同

用谦虚的话和别人打交道

中国人自古以来视谦虚为美德，虽然有人将其视为"虚伪"，但不谦虚的人还是很难获得大家的一致认同。我们心里面可以很自信，多数时候还是要谦虚一些，尤其是要用谦虚的态度和人说话。

首先是不目空一切、居功自傲。

有的人做出一点成绩、取得一点进步，就飘飘然起来，跟谁说话都趾高气扬，到处夸耀自己，搞得大家都为之侧目。

小杨是一家广告公司的职员，他设计的一件平面广告作品得了一项大奖，经理在员工会上好好表扬了他一番，并让他升任主管。小杨认为自己是个人物了，从此以"专家"自居。一次经理接到一个平面设计任务，请小杨来评价评价。小杨唾沫飞溅地说了半个小时，将作品批得体无完肤，最后结论是：应该返工重来。经理对这个设计本来比较满意了，听了小杨的话极不高兴，从此疏远了他。

又过了两年，公司里另一个职员小石也得了广告大奖。他吸取了小杨的教训，说话非常谦虚，态度和善，很得大家喜欢。

其次，要适当使用敬语。

敬语能表现说话者对对方的态度，因此，对听话者来说，可以根据对话是否使用敬语，了解到对话人把自己置于什么地位。例如，科长想请新职员去喝酒，叫道："你也来吧！"如果职员回答"好"会怎样呢？科长会认为新职员不理解对上司应使用的语言，看低了自己，内心是不会平静的。这样一来，科长就会用另一种眼光看他。由于没有使用敬语，招致对方改变对自己的态度，日后人与人之间的关系将会变得微妙。

常常听到有人说"近年来年轻人连敬语的使用方法都不知道，真可气"，这就是虽然本人没有恶意，但由于没有使用适当、确切的敬语，致使人与人之间的关系产生了风波的明证。

与其相反，使用适当的敬语，双方不仅能正常地保持人际关系，还会提高别人对你的评价。特别是对女职员来说，更是如此。有人说："适当的时候，使用适当的敬语对女性来说，是语言之美的至高境界。"的确这样。想想看，与前述相同的场面，如果回答说："好，一定参加。"就会使人多少有些美感。心目中对上司抱着什么态度，从语言中可以大体看出来。这种语言的运用，可以协调上级与部下、年长者与年轻者之间的关系，使听的人感到甜美。因为

第十章 遇上心想事成的自己
——自我心理操控术

那种语言会使人感觉到有教养，感情丰富，教育得好。

最后，要请人评判自己的意见。

我们可以看到，有许多真正伟大的人物，总是很谦虚地请别人评判自己的意见，因而获得别人的赞同。以谦虚的态度表示独断的见解，对使别人信任我们的意见及计划都很有效用；我们知道多数成功的领袖，常常应用这个策略。

有的时候也需要争辩。比如两个喜欢辩论的朋友，经过一次的辩论，也许对于双方都是有益而愉快的。总之，别人可能在种种方面与我们意见不致，这是可以预料的事情，你如果认为和他争辩之后，还能请他来评判一下自己的意见，他就会认为你是个谦虚的人，而对你的印象更为良好。

人们都喜欢说话态度谦虚和善的人，讨厌态度傲慢、似乎高人一头的人。如果想得到别人喜欢，说话态度谦虚必不可少。不目空一切、居功自傲，适当使用敬语，请人评判自己的意见，这是态度谦虚的主要方面也是基本要求，做到了，也就讨得了别人喜欢。

用你的"双耳"去说服他人

能说会道的人最受欢迎，善于倾听的人才真正深得人心。话多难免有言过其实之嫌，或者被人形容夸夸其谈。静心倾听就没有这些弊病，倒有兼听则明的好处。用心听，给人的印象是谦虚好学，是专心稳重，诚实可靠。所以，有时候用双耳听比说更能赢得他人的认可和赞誉。

倾听，不仅要倾听别人的声音，也要倾听平时少为人听或不为人听的声音，因为那里面也许藏有珍宝。学会倾听，发掘生活中的小秘密，这就是许多走向成功的秘诀。

一个农场主在巡视谷仓时不慎将一只名贵的金表遗失在谷仓里，他找了好久也没有找到，便回家要自己的几个儿子都出来找。

儿子们听说父亲的金表丢了，心里都很着急，于是立刻来到谷仓，开始卖力地四处翻找。无奈谷仓内谷粒成山，还有成捆成捆的稻草，要想在其中找寻一块金表如同大海捞针。

儿子们一直忙到太阳下山，仍然没有找到金表，他们不是抱怨金表太小，就是抱怨谷仓太大、稻草太多，最后他们一个个都放弃了，陆续离开。这时，只有农场主的小儿子在众人离开之后仍不死心，努力地寻找。他已经整整一天没有吃饭了，希望在天黑之前能找到金表。因为父亲平时最宠爱的就是他。天越来越黑，整个谷仓寂静无声，安静得有些让人害怕，可小儿子仍然坚持在谷仓内继续寻找。突然，他隐约听见谷仓内似乎有一个奇特的声音"滴滴"响个不停。小儿子顿时屏住呼吸，此时的谷仓更加安静，那声响清晰可闻。没错，那就是父亲丢失的金表走动的声音！小儿子寻声找到了金表，最终得到父亲的赞扬和肯定。

生活的法则并不是那么烦琐，而之所以掌握它的人很少，是因为多数人认为这些法则太简单，没有动手去做。生活的小秘密犹如谷仓内的金表，早已存在于我们身边，散布于人生的每个角落，只要执著地去寻找，并且仔细倾听和观察，就能洞察其中的玄机，成为生活的主人。

在办事过程中，如果你认真聆听别人说话，可以获得以下好处：

聆听可以帮助你正确地下判断

如果你没有专心聆听对方的谈话，就无法正确地判断他的想法；不能正确地判断他的想法，就根本不能够利用他的想法创造对自己有利的状况。

聆听能使你更加理解别人

如果你不能理解对方的谈话，你就不可能使事情很有条理地进行。而你能不能理解对方的谈话，完全取决于你有没有专心聆听对方的谈话。

通过聆听你可以影响对方

当你聆听别人说话的时候，你可以思考出如何影响他的方法。你为对方提供说话的机会，就是让对方把说服他所必备的利器交到你的手中。但是，你必须记住，为了影响别人而聆听他人说话时，不可有先入为主的观念，而必须敞开胸怀仔细聆听才可以。

总之，在办事时，要善于积极聆听别人说话，这样才能够大大提高你的办事效率。

从现在开始，对别人多听多看，将他们当作世上独一无二的人对待，你将发现你比以往任何时候更善于与人沟通。

每天向周围的人问声"早上好"

不管你前一天睡得多晚，有多累，在早起后，在这新的一天里，你都要精神百倍地向你周围的人问声"早上好"！尤其要向你的老板和同事问声"早上好"！

也许你认为说早安没有必要。有些人向别人道早安时连身边的人都听不到，或蜻蜓点水似的一带而过，有的则极不情愿，毫无感情色彩地例行公事而已；有的看一眼别人便一声不响地坐下。

问声"早上好"就是打破从前一天下班之后到今天早上一直处于停顿状态的同事关系，重新开始新的一天的人际关系，所以这是一个很重要的行为。

你如果希望在新的一天当中，自己的人际关系更加圆满新鲜，无论如何都要清新、明朗地和周围的人道早安！

在去芝加哥上班的路上。一车的人谁也没有讲话，大家躲在自己的报纸后面，彼此保持着距离。

汽车在树木光秃、融雪滩滩的泥泞路上前进。

"注意！注意！"突然一个声音响起。"我是你们的司机"。他的声音威严，车内鸦雀无声。"你们全都把报纸放下。""现在转过头去面对着坐在你身边的人。转啊！"乘客全都照做，却无一人露出笑容。"现在，跟着我说……"是一道用军队教官的语气喊出的命令："早安，朋友！"

大家跟着说完，情不自禁地笑了笑。

一直以来怕难为情，连普通的招呼也不打，现在腼腆之情一扫而光，彼此的界限消除了。有的又说了一遍后彼此握手、大笑，车厢内洋溢着笑语欢声……

"早安，朋友！"四个字一出口，奇迹出现了：彼此的界限消除了，为什么这四个字有如此巨大的魔力呢？

"早上好！"不仅仅是一句问候语，也是亲善感、友好感的表示，更是一种信任和尊重。"早上好"一旦说出了口，双方都有了亲切、友好的愿望，彼此间的距离缩短了，不仅增进了信任，还沟通了关系。

行走职场中，我们应该学会轻松地与人打招呼，不仅如此，还应该学会跟人聊一些亲切的话题。

如果有一天，一位泛泛之交的同事向你说了上面的问候语，你一定会先感到惊讶，然后喜形于色吧。说不定这一问候语就是你俩友谊的开端，让你们成为无话不谈的好朋友呢。

如果你特意赞美了别人，那就更加锦上添花了。比如，"今天的领带真漂亮！是你太太专门为你挑选的吧？"

"最近你好像干劲十足！好好加油吧！"

像这样的话题，自然轻松，平易近人，足以让对方听后心里喜滋滋的。真挚亲切的问候，对于加深同事间的感情具有至关重要的作用。

第十章 遇上心想事成的自己
——自我心理操控术

技巧 87

展示自我，让他人觉得你很积极

唤醒沉睡的自信

布鲁斯·巴顿曾经说过："只有那些敢于相信自己内心有某种能够战胜周围环境的人，才能创造辉煌。"因而，成功人士与失败者之间的差别就是：成功人士始终用最积极的思考、最乐观的精神和最辉煌的经验支配和控制自己的人生。一般人都认为不可能的事，你却肯向它挑战，这就是成功之路了。信念和想象力的强弱是阻止人们内心无限发展的唯一限定。相信你是天生的赢家。

美国哲学家罗尔斯说过：所谓信心，就是我们能从自己的内心找到一种支持的力量，足以面对生或死所给我们的种种打击，而且还能善加控制。

曾经有心理学家做过这样的实验。他们从一个班的大学生中挑出一个最愚笨、最不招人喜爱的姑娘，要求她的同学改变已往对她的看法，大家也真的打心眼里认定她是位漂亮聪慧的姑娘。不到一年，这位姑娘便奇迹般地出落得漂亮起来，气质也同以前的她判若两人。她对人们说，她获得了新生。确实，她并没有变成另外一个人，然而在她身上却展现出每一个人都蕴藏的美，这种美只有建立在强烈的自信心上，才会展现出来。

自信是一种天赋，天下没有一种力量可以和它相提并论。一颗小小的信心可以移动巨大的山峰。所以有信心的人，没有所谓不可能的。他们会遭遇挫折危难，但他们不会灰心丧气。

美国参议员艾摩·汤玛斯小时候一点也不优秀，甚至还很自卑，但他最后却克服了自卑心理成为著名的参议员。

16岁时，他经常为烦恼、恐惧、自卑所苦。他实在长得太高了，却瘦得像根竹竿。同伴们开玩笑，都喊他"瘦竹竿"。为此，他十分自卑，几乎不敢见人。

后来他进了中央师范学院，身上穿的是母亲为他缝制的一件棕色衬衫，脚上穿的鞋子是父亲的，由于鞋子很大，一走起路来就像要从脚上掉下来一样。他还有一套西装，本来也是父亲的，所以也不合身。因为这些，他觉得很不好意思，不敢和其他学生打交道，整日独自坐在房里看书。当时他最大的愿望就是，希望能买一些商店中出售的衣服，合身且不会让他感到羞耻。

过了没多久，发生的四件事帮助他克服了他的忧虑和自卑感，其中一件事甚至给了他勇气、希望和信心，并完全改变了他以后的生活。他把这几件事简单描述了一下。

第一件事：他参加了一项考试，获得一纸"三等证明"，使他可以在乡下的公立学校教书。虽然这张证书的期限只有六个月，但它表示某人对他有信心。

第二件事：一所位于"快乐谷"的乡村学校的董事会聘请了他，每天薪水2美元，月薪40

美元。这表示有人对他更具信心。

第三件事：在他领到第一次薪水之后，他在店里买了一些衣服，穿上它们，使他不再感觉羞耻。

第四件事：也是他生命中真正的转折点，在克服忧愁和自卑感的奋斗中他第一次胜利了。在印第安纳州班桥镇举行的一年一度的"普特南郡博览会"上，他参加一项公开演说比赛，并且获得了第一名。

再后来，从迪保大学获得学士学位之后，他来到俄克拉荷马；申请了一块土地，在罗顿市开设了一家法律事务所；他在州参议院服务了13年，在州下议院服务了4年；50岁那年，他实现了一生中的最大愿望：从俄克拉荷马被选入美国参议院。

自信的态度在很大程度上决定了我们的人生，我们怎样对待生活，生活就怎样对待我们；我们怎样对待别人，别人就怎样对待我们；我们在一项任务刚开始时的态度决定了最后有多大的成功，这比任何其他因素都重要；人们在任何重要组织中地位越高，就越能达到最佳的态度。

人的地位有多高，成就有多大，取决于支配他的思想。消极思维的结果，最容易形成被消极环境束缚的人。成功之路是信念与行动之路。

没有自信，人们便失去成功的可能。自信是人生价值的自我实现，是对自我能力的坚定信赖。失去自信，是心灵的自杀，它像一根潮湿的火柴，永远也不能点燃成功的火焰。许多人的失败不是在于他们不能成功，而是因为他们不敢争取，或不敢不断争取。而自信则是成功的基石，它能使人强大。

信心就存在于你的体内，是与生俱来的。只是现在我们陷于一种复杂混乱的状态，把运用信心认为是一种冒险，所以不敢尝试而已。

自信能最大限度地影响我们的生活、事业以及一切，并能让你成大事。脱颖而出者，是一个才华横溢、能力超群之士，那么你肯定可以尽情发挥你引以为豪的天赋，最终，成为一位成功者。

与金钱、势力、出身、亲友相比，自信是更有力量的东西，是人们从事任何事业的可靠的资本。自信能排除各种障碍、克服种种困难，能使事业获得完满的成功。有的人最初对自己有一个恰当的估计，自信能够处处胜利，但是一经挫折，他们却半途而废，而是因为自信心不坚定的缘故。所以，光有自信心还不够，更须使自信心变得坚定，那么即使遇着挫折，也能不屈不挠，向前进取，绝不会因为一遇困难就退缩。

积极自我暗示，重塑成功形象

积极的自我暗示是对某种事物的有力、积极的叙述，这是使我们正在想象的事物坚定和持久的表达方式。进行肯定的练习，能让我们开始用一些积极的思想和概念来替代我们过去陈旧的、否定性的思维模式，这是一种强有力的技巧，一种能在短时间内改变我们对生活的态度和期望的技巧。

在自己40年的教练生涯中，约翰·伍登所带领的高中和大学球队获胜的概率在80%以上，在全美12年的篮球年赛当中，他所带领的球队曾替加州大学洛杉矶分校赢得10次全国总冠军。如此辉煌的成绩，使伍登成为大家公认的有史以来最称职的篮球教练之一。

曾经有记者问他："伍登教练，请问你如何保持这种积极的心态？"

伍登很愉快地回答："每天我在睡觉以前，都会提起精神告诉自己：我今天的表现非常好，而且明天的表现会更好。"

"只有这么简短的一句话吗？"记者有些不敢相信。

伍登惊讶地问道："简短的一句话？这句话我可是坚持了20年！重点和简短与否没关系，

第十章 遇上心想事成的自己
——自我心理操控术

关键在于你有没有持续去做，如果无法持之以恒，就算是长篇大论也没有帮助。"

伍登教练不仅在工作中时刻保持积极的心态，在生活中他也是一个积极乐观的人。例如，有一次他与朋友开车到市中心，面对拥挤的车潮，朋友感到不满，继而频频抱怨，伍登却欣喜地说："这真是个热闹的城市。"

朋友好奇地问："为什么你的想法总是异于常人？"

伍登回答说："一点都不奇怪，不管是悲是喜，我的生活中永远都充满机会，这些机会的出现不会因为我的悲或喜而改变，只要不断地让自己保持积极的心态，我就可以掌握机会，激发更多的潜在力量。"

积极的心态能够催人上进，激发人潜在的力量。时刻鼓励自己，给自己积极的暗示，有助于我们走出困境，保持积极进取的精神。

自我暗示有很多种方法：可以默不作声地进行，也可以大声地说出来，还可以在纸上写下来，更可以歌唱或吟诵，每天只要十分钟有效的肯定练习，就能改变我们许多年的思想习惯。

摩拉里在很小的时候，就梦想站在奥运会的领奖台上，成为世界冠军。

1984年，一个机会出现了，他成为全世界最优秀的游泳者，但在洛杉矶奥运会上他只拿了亚军，梦想并没有实现。

他没有放弃希望，仍然每天坚持刻苦训练，他的目标是1988年韩国汉城（今首尔）奥运会金牌。然而，他的梦想在奥运预选赛时就烟消云散，他被淘汰了。

带着失败的不甘，他离开了游泳池，将梦想埋于心底，到康奈尔念律师学校。有三年的时间里，他很少游泳。可是心中始终有股烈焰，他无法抑制这份渴望。

离1992年夏季赛前还剩不到一年的时间，他决定再试一次。在这项属于年轻人的游泳比赛中，他算是高龄选手了。

这一时期，他又经历了种种磨难，但他没有退缩，不停地告诉自己："我能行。"结果，在不停地自我暗示下，他终于站在世界泳坛的前沿，不仅成为美国代表队成员，还赢得了初赛。他的成绩只比世界纪录慢了一秒多，奇迹的产生离他仅有一步之遥。

决赛之前，他在心中仔细规划着比赛的赛程，在想象中，他将比赛预演了一遍。他相信最后的胜利一定属于自己。

比赛如他所预想，他真的站在领奖台上。

摩拉里没有被消极思想所打败，在艰苦的环境中，他不断地进行积极的自我暗示，最终获得奇迹般的胜利。

自我暗示是神奇的力量，积极的自我暗示往往能唤醒人的潜在能量，提升人生境界。

自我暗示对于我们的生活如此重要。因此，每天清晨不妨告诉自己今天会有个好心情；每当有重大选择和决定的时候，暗示自己的选择和决策是明智的。选择积极的自我暗示，等于选择幸福生活，选择与成功人生为伴。

技巧 88

自抬身价，博取他人信服

时刻让人知道你是"有身份"的人

"身份"是一个很奇怪的东西，看不见摸不着，但能够被真真切切地感受到。成功的领导者和员工待在同一间办公室里，即使衣着差不多，别人也能一眼看出来谁是员工，谁是领导。领导的身份不是靠权力和制度来划定的，而是日常工作中有意"经营"出来的。领导要适当表现自己的"身份"。如果不能表现出这一点，那么这个领导者就是不合格的。

生意场上的人要有意做一些可以显示身份的事情，比如，时不时在高尔夫球场露露脸，请业务伙伴到高档酒店吃燕窝鱼翅，请记者和官员到歌厅唱歌，偶尔出国度假也要把消息"悄悄地"传给他人。有些消费并不一定是他们真正需要的，但这样做可以坚定下属乃至合作者的信心，并消除外界的怀疑。一旦企业的高层管理者长期没有这类举动，就会有一些不利的"流言"传播。一个人长期低调、谨慎，就会有人猜测，他是不是职位不保、面临调整？

为了显示身份，领导还要注意自己的讲话方式。一般来说，在办公室里跟员工讲话，要亲切自然，不能让员工过于紧张，以利于对方更好地领会自己的意图。但是在公开场合讲话，比如在公司大会演讲，做报告，就要威严有力，有震慑效果。

如果遇到员工意见与自己意见相左的情况，可以明确给予否定。如果员工的意见确是对公司、对自己有利的，也不要急于发表看法，可以先说"让我仔细考虑一下"或"容我们研究、商量一下"。领导可以利用时间从容仔细考虑是取是舍，提出意见的员工也不会沾沾自喜，而会愈加谨慎。这样做在无形中增加了领导的权威，比草率决定要好得多。

除了注意言语，行为更加重要。领导的权威身份，一般都是由适合的行为动作表现出来的。聪明的领导者切不可在员工面前举止失度，行为轻佻。

你如果在单位内部获得了提升，就会发现：原来平级的同事对自己的新身份表现得满不在乎，甚至不服气。如何突破这一考验呢？不可以摆架子，那样就容易把自己孤立起来。但可以有意拉开距离，不再一起吃吃喝喝、随意聊天，也可以在人事上进行一些调整，杀一杀不服之人的傲气。只有这样，才能让他们意识到谁才是领导。

要有鲜明的立场，不可迁就大多数

如果领导一味服从多数，而无自己的立场和见解，威信就无法建立。人们会想，既然总是少数服从多数，每次直接投票得了，要领导干吗？

第十章 遇上心想事成的自己
——自我心理操控术

某厂有个工人偷窃了厂里的线缆，偷得虽然不多，但性质很严重。厂长准备对此事严肃处理。这个人在厂里平时人缘不错，上上下下都多少有些交情，于是很多人给他求情。有人说："念他初犯，先饶他这一次吧。"有人说："数额又不多，也没给厂里带来多大损失，干吗这么严肃？"最理直气壮的一种说法是："你看，我们这么多人都来给他求情。少数服从多数，厂长也该听听我们的意见。"

厂长义正词严地回答说："什么少数服从多数？厂规是厂里最大多数的人通过的，要服从，就服从这个多数。"最后，在厂长的坚持下，这个人受到了严肃处理。

这件事发生后的一段时间内，厂长好像有点孤立，但时间一长，理解和赞同他的人便越来越多，而偷盗厂内财物的情况也从此大为减少了。

领导一定要有鲜明的立场，不可盲从多数。虽说"少数服从多数"是一句人人惯说的口头禅，但还有一句话说的是"真理往往掌握在少数人手里"。不要认为只有照多数人的意见办事，才能和平地收拾局面，才不会把事情搞僵。最重要的是对真理的判断，而不是对人数的判断。有些居心叵测的人很善于忽悠群众，以"多数"作后盾而提出无理要求，这样的"多数"就无须服从。

轻诺者寡信

"取信于民"是每个管理者开展工作的基石，如果得不到下属的信赖，天长日久，管理者的威信就会一落千丈，其领导地位就会失去基础。古人云，一言既出，驷马难追；言必行，行必果。这是做人的学问，也是管理者处理好人际关系树立自己威信的准则。

不少管理者所做的最糟糕的一件事就是爱许诺，可他们却又偏偏不珍惜这一诺千金的价值，在听觉与视觉上满足了下属的希望之后，留给了人们漫长的等待与无音讯可循的结果。

诺言最能激发人们的热情。试想在你头脑兴奋的状态下，许下了一个同样令人兴奋的诺言：若超额完成任务，大家月底将能够拿到40%的分红。这是怎样的一则消息啊。情绪高亢的人们已无暇顾忌它的真实性了，想象力已穿过时空的隧道进入了月底分红的那一幕。

接下来人们便数着指头算日子，将你的许诺化为精神的支柱投入到辛勤工作之中去了。到了月底，人们关注的焦点还能是什么呢？而你此时最希望的恐怕就是有一场突如其来的大新闻，将人们的注意力统统引向另一个震荡人心的事件，最好是大家就此得了失忆症。

难以实现的诺言比谣言更可怕。虽然，谣言会闹得满城风雨、沸沸扬扬，但人们不久就地明白事实的真相，但未兑现的承诺骗取的是人们真心的付出。就如你让一个天真的孩子替你跑腿送一份急件，当孩子跑回索要你的奖赏时，你却溜之大吉，那孩子可能会由此而学会了收取定金的本领。一旦下属有了这样的心态，那管理者在组织中就是一个彻底的失败者，权威没有了，难得的信任也消失了，哪里还有权威可言？

须知，管理者的命令不是圣旨，但其承诺却有着沉甸甸的分量。对于不能实现的诺言，最好今天就让下属失望，而不是等到骗取了下属的积极性后的明天让他们更失望。

当然，这里要宣扬的是许下诺言并勇于承兑诺言的守信作风。诺言的承兑让所有等待了许久的人有一种心满意足的喜悦，更坚定了他们未来就在自己手中的信念。那样，管理者将成为众人关注的热点，伸向管理者的不再是讨要报偿的大手，而是热情的、助其成就事业的有力臂膀。

技巧 89

提高自我，让自己始终保持"竞技状态"

让自己保持"竞技状态"

一般来说，下属对新任的管理者总是十分注意的。

管理者的一言一行、一举一动，都会给大家留下难以忘却的印象。这"第一印象"如何，对管理者以后的工作会产生长久的影响。所以，管理者在此时一定要给大家留下一个良好的印象。上任时要充满信心地去上任，千万不能有怯阵的表现，要像发起冲锋前的战士那样，满怀必胜的信念去迎接战斗，在下属面前树立起一个精力充沛、开朗乐观、勇往直前的形象。

这种精神状态不仅为开创新局面所必需，而且对所有成员都有极大的影响。所以，管理者一定要使自己处于良好的"竞技状态"，杜绝任何犹豫和胆怯。要精神饱满，斗志旺盛，勇敢坚定，以义无反顾、所向披靡的冲击力，信心百倍地前进。没有这样一种良好的精神状态，什么事情也做不好。

管理者在塑造自我形象时，要避免走入误区。一个出色的管理者必然会有其过人之处，但这种过人之处只可能集中在某些侧面上。有人认为管理者为树立权威就要时时处处显得比下属高明。其实，这毫无必要。

某厂长一次下车间巡视，指出一车工技术粗糙，该员工微有不服之态。此厂长二话不说，换上工作服，上车床操演起来，果然又快又好。一时围观者为之叹服。如果事情到此为止，那么不失为以行动树立威信的范例。错就错在该厂长以下的言行。大概得意忘形，该厂长竟一拍胸脯言道："技术不比你强，我敢做这个厂长吗？这不是吹牛，无论车钳铆焊，只要有谁的技术比我好，我马上拱手让位。"

结果，后来真有一好事青年工人要和此君比试焊接，该厂长自知失言，并未应战。此事在当地企业界传为笑谈。

此君把威信理解为轻狂了。这种狂傲反倒是给人一种极端不自信的感觉，显然，此君对自己作为一厂之长的工作性质和存在价值并没有一个清楚自信的认识，他把自己降为一个和员工比技术的角色。

以清高的方式来表现"威信"，不但不利于树立权威，而且可能拉大管理者与下属的距离，增加隔阂，其所要塑造的威信也会大打折扣。因而一个管理者勿以清高为威信，走入"威信"误区。

第十章 遇上心想事成的自己
——自我心理操控术

不懂不是错，不懂装懂才是错

《论语》中说："知之为知之，不知为不知，是知也。"这句话意在强调做学问时，应当具备诚实的态度，知道的就是知道，对不知道的东西，我们不仅应当老实地承认"不知道"，而且要敢于说"不知道"。对企业管理者来说，也是一样的道理。

无论你是一名位居高职位的领导还是普普通通的员工，遇到困难，解决不了不是你的错，只要你有一颗积极学习的心态，你将很快成长起来。但如果你不懂装懂，才会真正让人瞧不起。

华为公司每当在招聘结束后，任正非在新员工进企业第一天的大会上，就会告诉大家，文凭只代表你的过去，进了企业后，文凭就失效了，大家都站在同一条起跑线上，关键是看你后面的学习能力、成长能力。

在这个科技高速发展的社会，尤其是现代企业管理，企业老板越来越看重员工的学习能力、成长能力。甚至有知名企业老总在谈及用人时这样说："学历不重要，学习的能力才重要。"

无论你知识如何丰富，学识怎么渊博，在工作中也不可避免地会出现某一方面的"短板"。我们常说第一次失败是悲剧，第二次失败就是笑话了。失败不要紧，做错事也不要紧，关键是你要能从失败和错误中吸取教训，取得进步，那就是一个聪明人。

这就要求你要有很好的学习能力，才能够获得各种你需要的能力，取得进步。不懂不要紧，只要你肯于学习，善于学习，你就能由不懂到懂，不懂不表示你愚蠢，不懂还自以为是，不肯学习，那就是愚蠢。

可是在实际工作中，有些领导遇到问题，因为顾忌自己的虚荣心与面子，就是喜欢不懂装懂瞎指挥，结果不仅引出不良的后果，还闹出笑话。这样一来，在员工面前不仅没有挽回威严，反而失去了威信。

不懂装懂，是一种心虚的表现，是一种基于自卑心理的盲目自尊。作为一名管理者，要敢于承认自己的不懂，有时虚心地向同事与下属学习，这不仅不会被员工看不起，你的诚实反而会赢得大家的信任，同时也体现了你虚怀若谷的胸怀。

技巧 90

推销自我，获得他人赞同和支持

抓住对方心理，把话说到点子上

要想让对方接受你的想法，首先要了解对方的心理，再通过对方感觉不到的压力渐渐地使他消除戒备心理，这是很奏效的。

与人交谈时，话题的展开如果能迎合对方的心理，就能以更加牢固的纽带来连接双方心理上的"齿轮"，增进彼此的情感交流。我们往往都认为，只要说得有理，对方就一定能接受，但是，要使对方真正理解并能彻底接受，就应该将沟通渠道建立在这种理论对话下的心理对话上。

小吴大学毕业以后决心自谋职业。一次，他在一家报纸的广告里看到某公司征聘一位具有特殊才能和经验的专业人员。小吴没有盲目地去应聘，而是花费很多精力，广泛收集该公司经理的有关信息，详细了解这位经理的奋斗史。那天见面之后，小吴这样开口：

"我很愿意到贵公司工作，我觉得能在您手下做事，是最大的光荣。因为您是一位依靠奋斗取得事业成功的人物。我知道您28年前创办公司时，只有一张桌子、一位职员和一部电话机，经过您的艰苦奋斗，才有了今天的事业。您这种精神令我钦佩，我正是奔着这种精神才前来接受您的挑选的。"

所有事业有成的人，差不多都乐于回忆当年奋斗的经历，这位经理也不例外。小吴一下子就抓住了经理的心理，这番话引起了经理的共鸣。因此，经理乘兴谈论起他自己的成功经历。小吴始终在旁洗耳恭听，以点头来表示钦佩。最后，经理向小吴很简单地问了一些情况，终于拍板："你就是我们所需要的人。"

要想把话说到点子上，就必须抓住对方的心理。如果不知对方心里所想，是无法说到点子上的。所以，与人说话时，必须要洞察、迎合对方的心理，才能说到点子上。

最有效的手段是以诚服人

如果想要说服对方认同你的观点，要以诚服人。

"动人心者，莫过于情。"抓住了对方的心，与对方交谈也就成功了一半。

如果为人真诚，说话之前先有了真诚的心，那么即使是"笨嘴拙舌"也是没有什么关系的。有太多的事例一再说明，在与人交流时表达真诚要比单纯追求流畅和精彩更重要。

第十章 遇上心想事成的自己
——自我心理操控术

1915年，小洛克菲勒还是科罗拉多州一个不起眼的人物。当时，发生了美国工业史上最激烈的罢工，并且持续达两年之久。愤怒的矿工要求科罗拉多燃料钢铁公司提高薪水，小洛克菲勒正负责管理这家公司。由于群情激奋，公司的财产遭受破坏，军队前来镇压，造成不少罢工工人的伤亡。

顿时，民怨沸腾。小洛克菲勒后来却赢得了罢工者的信服，他是怎么做到的呢？原来小洛克菲勒花了好几个星期结交朋友，并向罢工代表发表了一次充满真情的演说。那次的演说可谓不朽，它不但平息了众怒，还为他自己赢得了不少赞誉。演说的内容是这样的：

"这是我一生当中最值得纪念的日子，因为这是我第一次有幸能和这家大公司的员工代表见面，还有公司行政人员和管理人员。我可以告诉你们，我很高兴站在这里，有生之年都不会忘记这次聚会。假如这次聚会提早两个星期举行，那么对你们来说，我只是个陌生人，我也只认得少数几张面孔。上个星期以来，我有机会拜访整个附近南区矿场的营地，私下和大部分代表交谈过，我拜访过你们的家庭，与你们的家人见过面，因而现在我不算是陌生人，可以说是朋友了。基于这份互助的友谊，我很高兴有这个机会和大家讨论我们的共同利益。由于这个会议是由资方和劳工代表所组成，承蒙你们的好意，我得以坐在这里。虽然我并非股东或劳工，但我深觉与你们关系密切。从某种意义上说，也代表了资方和劳工。"

这样一番充满真诚的话语，可能是化敌为友最佳的途径。假如小洛克菲勒采用的是另一种方法，与矿工们争得面红耳赤，用不堪入耳的话骂他们，或用话暗示错在他们，用各种理由证明矿工的不是，那结果只能是招惹更多怨恨和暴行。

真诚就像一颗种子，你细心维护它，有一天它就会结出让你惊喜的果实。你真挚待他人，他人也会真挚待你，你敬人一尺，人必回你一丈。

真诚待人，展现人格魅力，这也是争辩的一种方法，它是某些人的特质。一个真诚的人，一个具有人格魅力的人，即使不能口吐莲花，也可以让一个能言善辩的人哑口无言。

利用人们的反叛心理来说话

如果能善于利用人们的反叛心理，不仅可以将顽固的反对者软化，使其固执的态度发生一百八十度的大转变，还可以打破对手原有的意念，让他按你的意思去办。

当别人告诉你"不准看"时，你就偏偏要看，这就是一种"逆反心理"。这种欲望被禁止的程度愈强烈，它所产生的抗拒心理也就愈大。

某建筑公司的李工程师，有一次说服了一个刚愎自用的人。一个工头，他常常坚持反对一切改进的计划。李工程师想换装一个新式的指数表，但他想到那个工头必定要反对，于是李工程师去找他，腋下挟着一个新式的指数表，手里拿着一些要征求他意见的文件。当大家讨论着关于这些文件中的事情的时候，李工程师把那指数表从左腋下移动了好几次，工头终于先开口了："你拿着什么东西？"李工程师漠然地说："哦！这个吗？这不过是一个指数表。"工头说："让我看一看。""哦！你不要看了。"李工程师假装要走的样子，并说，"这是给别的部门用的，你们部门用不到这东西。"但是，工头又说："我很想看一看。"当他审视的时候，李工程师就随便但又非常详尽地把这东西的效用讲给他听。他终于喊起来："我们部门用不到这东西吗？它正是我想要的东西呢！"李工程师故意这样做，果然很巧妙地把工头说动了。

逆反心理并不是只有那种顽固的人身上才有，其实每个人身上都长着一根"反骨"。

如果有一个人站在高楼顶上欲跳楼自杀，而旁人也在拼命说些"不要跳"或"不要做傻事"之类的话，更是助长了他跳楼的意念；相反，若你说："如果你真想跳的话，那就跳吧！"他必定会感到很泄气。旁人不予阻止反而鼓励他跳下，这完全背离了他原先的期待，这种对于劝阻的期待，一旦为他人所背离，反会失去原有的意念。

据说明朝时，四川的杨升庵才学出众，中过状元。因嘲讽过皇帝，所以皇帝要把他充军到很远的地方去。朝中的那些奸臣更是趁机公报私仇，向皇帝说，把杨升庵充军海外或是玉门关外。

杨升庵想：充军还是离家乡近一些好。于是就对皇帝说："皇上要把我充军，我也没话说。不过，我有一个要求。"

"什么要求？"

"宁去国外三千里，不去云南碧鸡关。"

"为什么？"

"皇上不知，碧鸡关呀，蚊子有四两，跳蚤有半斤！切莫把我充军到碧鸡关呀！"

"唔……"

皇帝不再说话，心想：哼！你怕到碧鸡关，我偏要叫你去碧鸡关！杨升庵刚出皇宫，皇上马上下旨：杨升庵充军云南！

杨升庵利用"对着干"的心理，粉碎了奸臣的打算，达到了自己去云南的目的。

可见，无论男性女性，长者幼小，他们内心多多少少都带有一些逆反心理，只要我们善于抓住那一根"反骨"，轻轻一扭，就连皇帝也会按照你的意思去办。这的确不失为一种省心省力又奏效的说服方法。

技巧 91

回归自我，遇到心想事成的自己

人生需要豁达

一颗豁达的心灵犹如久旱后的甘霖，使人从琐碎的烦恼中挣脱，变得坦荡，变得清灵，变得心胸开阔。"心无芥蒂，天地自宽。"容纳须有一个豁达的胸襟。具有豁达性格的人，他们眼睛里流露出来的光彩会使整个人生都流光溢彩。这种性格使智慧更加熠熠生辉，使美德更加迷人灿烂，使人性更加完美。

戴尔·卡耐基小的时候，有几年旱灾非常严重。那时整个美国经济大萧条，农民受到更大的煎熬，没有人知道到底是什么原因让春天该来的雨缺席了，使新种的玉米和小麦得不到雨水的滋润。

卡耐基的父亲把他所存下来的一点点积蓄都花在种子上了。

卡耐基看到家里最后的一点钱都换成的种子，他一直在担心，父亲怎么敢将种子撒在那片土地上，种子可能会干枯而一无所获。于是，他问父亲："为什么要冒这个险呢？"

"不会冒险的人永远不会成功！"这是父亲的哲学。

只要无惧于尝试，就没有人会彻底失败。

然而，小河里的水日趋减少并干涸，随后，整个夏季被大旱折磨着，河流干枯了，鱼儿一条条死去，最可怕的是，谷物全都枯萎了。

到了秋天收获时，卡耐基的父亲从这半英亩土地上仅获得了半辆货车都不到的玉米，往年，丰收的玉米一定会装满数十辆货车。

卡耐基忘不了父亲那晚在餐桌前的一段话："仁慈的上帝，感谢您让我今年什么都没有失去，您把种子还给了我，谢谢您！"

比尔·盖茨曾说过："没有豁达就没有宽容。无论你取得多大的成功，无论你爬过多高的山，无论你有多少闲暇，无论你有多少美好的目标，没有宽容心，你仍然会遭受内心的痛苦。世界上最大的是海洋，比海洋更大的是天空，比天空更大的是人的胸怀。"

豁达是一种超脱，是自我精神的解放；豁达是一种宽容，恢弘大度，胸无芥蒂，肚大能容，吐纳百川；豁达是一种博大的胸怀、超然洒脱的态度，也是人类个性最高的境界之一。一般说来，豁达开朗之人比较宽容，能够对别人不同的看法、思想、言论、行为以及他们的宗教信仰、种族观念等都加以理解和尊重，不轻易把自己认为"正确"或者"错误"的东西强加于别人。他们也有不同意别人的观点或做法的时候，但他们会尊重别人的选择，给予别人自由思考的权利。因此，每个人均应采取两种态度：在道德方面，大家都应有谦虚的美德，每人都必须持有自己的看法；在心理方面，每人都应有开阔的胸襟，以兼容并蓄的雅量来宽容与自己不同甚至相反的意见。

永远保持一颗质朴的心

每一个人刚走上社会都是满怀希望与抱负，然而一些人遭受挫折，经历艰难困苦之后，一颗原本质朴的心变了：爽直的人变得吞吞吐吐，心灵歪曲了，抱负丧失了。

社会与环境不足以影响人。每一个人要有独立的修养，不受外界环境影响，永远保持一颗光明磊落，纯洁质朴的心。这才是做人的最高修养。

著名作家沈从文可谓是一个没有学历而有学问的学者。他怀着梦想刚来到北京闯荡时，一边在北大做旁听生，一边阅读大量书籍，并与诸多大师结识，不断成长。后来，他带着一身泥土气闯入十里洋场的上海，时间不长，即以一手灵气飘逸的散文而震惊文坛。

1928年，26岁的沈从文被当时任中国公学校长的胡适聘为讲师。在此之前，沈从文以行云流水的文笔描写真实的情感，赢得了一大批读者，在文坛享有很高的声望。他给大学生讲课却是头一回。为了讲好第一堂课，他进行了认真准备，精心编定了讲义。尽管如此，第一天走上讲台，看见台下黑压压地坐满了学生，他心里仍不免发虚。

面对台下的莘莘学子，沈从文竟整整待了10分钟，一句话也说不出。后来开始讲课了，由于心情紧张，他只顾低着头念讲稿，事先设计在中间插讲的内容全都忘得一干二净。结果，原先准备的一堂课，十分钟就讲完了。接下来的几十分钟怎么打发？他心慌意乱，冷汗顺着脊背直淌。这样的尴尬场面，他以前可从来没有经历过。

后来，沈从文没有天南地北地瞎扯来硬撑"面子"，而是老老实实拿起粉笔在黑板上写道："今天是我第一次上课，人很多，我害怕了！"于是，这老实可爱的坦言"害怕"，引起全堂一阵善意的笑声……

胡适深知沈从文的学识、潜力和为人，在听说这次讲课的经过后，不仅没有批评，反而不失幽默地说："沈从文的第一次上课成功了！"后来，一位当时听过这堂课的学生在文章中写道，沈先生的坦率赤诚令人钦佩，这是他有生以来听过的最有意义的一堂课。

此后，沈从文曾先后在西南联大师范学院和北大任教。正因为不是"科班"出身，他不墨守成规，而代之以别开生面的言传身教的文学教育，获得了成功。而他那"成功"的第一课，则在学生之中不断流传，成为他率直人生的真实写照。

莎士比亚曾经说过，老老实实最能打动人心。一句"我害怕了"，袒露了一代文学巨匠的质朴内心，面对失败不敷衍、不做作、不逃避，能老实可爱地袒露内心的人，当然会得到别人的谅解。

质朴是这个世界的原始本色，没有一点功利色彩。就像花儿的绽放、树枝的摇曳、风儿的低鸣、蟋蟀的轻唱。它们听凭内心的召唤，是本性使然，没有特别的理由。

生活在纷扰的世界里，尔虞我诈让我们多了一些虚伪，钩心斗角让我们多了一些狡诈，世态炎凉让我们多了一些冷漠。人之所以苍老，是由于受外界环境和自己情绪变化的影响，而保持一颗质朴的心，可以让生命永远保持健康和青春。

第十一章
准备充分，然后再往前走
——要成功，先要懂得心理学

技巧 92

不按规则办事也是一种规则

人生变幻莫测，需随机应变处之

人们常说"人生变幻莫测"，那我们如何在这种变幻中安身立命呢？答曰：唯有随机应变！我们只有时刻留心身边的变化，才能在人海中绕暗礁，劈风浪，直挂云帆济沧海，同时，也能在身处危境时，在无声无息中化险为夷。

郭德成是元末明初人，他性格豁达，十分机敏，且特别喜欢喝酒。在元末动乱的年代里，他和哥哥郭兴一起随朱元璋转战沙场，立下了不少战功。

朱元璋做了明朝开国皇帝后，当初追随他打天下的将领纷纷加官晋爵，待遇优厚，成为朝中达官贵人，郭德成却仅仅做了戏骑舍人这样一个普通的官。

一次，朱元璋召见郭德成，说道："德成啊，你的功劳不小，我给你个大官做吧。"

郭德成连忙推辞说："感谢皇上对我的厚爱，但是我脑袋瓜不灵，整天不问政事，只知道喝酒，一旦做大官，那不是害了国家又害了自己吗？"

朱元璋见他坚辞不受，内心十分赞叹，于是将大量好酒和钱财赏给郭德成，还经常邀请郭德成到御花园喝酒。

一次，郭德成兴冲冲赶到御花园陪朱元璋喝酒。眼见花园内景色优美，桌上美酒芳香四溢，他忍不住酒性大发，连声说道："好酒，好酒！"随即陪朱元璋痛饮起来。

杯来盏去，渐渐地，郭德成脸色发红，但他依然一杯接一杯喝个不停。眼看时间不早，郭德成烂醉如泥，跟跟跄跄地走到朱元璋面前，弯下身子，低头辞谢，结结巴巴地说道："谢谢皇上赏酒！"

朱元璋见他醉态十足，衣冠不整，头发零乱，笑道："看你头发披散，语无伦次，真是个醉鬼疯汉。"

郭德成摸了摸散乱的头发，脱口而出："皇上，我最恨这乱糟糟的头发，要是剃成光头，那才痛快呢。"

朱元璋一听此话，脸涨得通红，心想，这小子怎么敢这样大胆地侮辱自己。他正想发怒，看见郭德成仍然傻乎乎地说着，便沉默下来，转而一想：也许是郭德成酒后失言，不妨冷静观察，以后再整治他不迟。想到这里，朱元璋虽然闷闷不乐，还是高抬贵手，让郭德成回了家。

郭德成酒醉醒来，一想到自己在皇上面前失言，恐惧万分，冷汗直流。原来，朱元璋少时曾在皇觉寺做和尚，最忌讳的就是"光"、"僧"等字眼。因这些字眼获罪的大有人在。郭德成怎么也想不到，自己这样糊涂，这样大胆，竟然戳了皇上的痛处。

第十一章 准备充分，然后再往前走
——要成功，先要懂得心理学

郭德成知道朱元璋不会轻易放过自己，以后难免有杀身之祸。他仔细地想着脱身之法：向皇上解释，不行，更会增加皇上的嫉恨；不解释，自己已经铸成大错。难道真的要为这事赔上身家性命不成？郭德成左右为难，苦苦地为保全自身寻找妙计。

过了几天，郭德成继续喝酒，狂放不羁。后来，他进寺庙剃光了头，真的做了和尚，整日身披袈裟，口念佛经。

朱元璋看见郭德成真做了和尚，心中的疑虑、嫉恨全消，还向自己的妃子赞叹说："德成真是个奇男子，原先我以为他讨厌头发是假，想不到真是个醉鬼和尚。"说完，哈哈大笑起来。

后来，朱元璋猜忌有功之臣，原来的许多大将纷纷被他找借口杀掉了，而郭德成竟保全了性命。

郭德成之所以能在朱元璋的铁腕下保住自己的性命，是因为他能够从小的祸事看到以后事态的发展，因此不贪恋官位，随机应变，提前避开了灾祸。

俗话说，"人有失足，马有失蹄"。人的一生之中总会遇到种种困境，会有许多过失，有时某些过失可能会给自己带来大祸。如何从这些祸事中脱身非常重要，而智者善于随机应变，利用现时条件培养避祸的急智，从而使自己处于安全的境地。

懂得变通退避，趋福避祸

在不利的形势下，善于变通、果断退避，是一个人心怀博大、大智若愚的具体体现。一个人在客观条件不允许继续前进，或再前进时就危及自身的情况下，就应当自觉地、主动地退避。

历史和现实都一再表明，善于退与善于进，具有同等的谋略价值，只善于进而不善于退的人，绝非高明之人，而只有把两者有机地结合在一起并加以灵活运用的人，才称得上高明，才能趋福避祸。

明朝年间，在江苏常州地方，有一位姓尤的老翁开了个当铺，很多年了，生意一直不错。某年年关将近，有一天尤翁忽然听见铺堂上人声嘈杂，走出来一看，原来是站柜台的伙计同一个邻居吵了起来。伙计连忙上前对尤翁说："这个人前些时候典当了一些东西，今天空手来取典当之物，不给就破口大骂，一点道理都不讲。"那人见了尤翁，仍然骂骂咧咧，不认情面。

尤翁却笑脸相迎，好言好语地对他说："我晓得你的意思，不过是为了度过年关。街坊邻居，区区小事，还用得着争吵吗？"于是叫伙计找出他典当的东西，共有四五件。尤翁指着棉袄说："这是过冬不可少的衣服。"又指着长袍说："这件给你拜年用。其他东西现在不急用，不如暂放这里，棉袄、长袍先拿回去穿吧！"

邻居拿了两件衣服，一声不响地走了。当天夜里，他竟突然死在另一个人家里。为此，死者的亲属同这个人打了一年多官司，害得那家人花了不少冤枉钱。

原来这个邻人欠了人家很多债，无法偿还，走投无路，事先已经服毒，知道尤家殷实，想用死来敲诈一笔钱财，结果只得了两件衣服。他只好到另一家去扯皮，那家人不肯相让，结果就死在那里了。

后来有人问尤翁说："你怎么能有先见之明，向这种人低头呢？"尤翁回答说："凡是蛮横无理来挑衅的人，他一定是有所恃而来的。如果在小事上争强斗胜，那么灾祸就可能接踵而至。"人们听了这一席话，无不佩服尤翁的聪明。

按常理，人们都会与故事中无理的邻居吵起来，但尤翁偏偏没有。他认为邻人蛮横无理地挑衅，必事出有因，所以打破常规，故意笑颜避开争端，这就是巧妙避祸的智慧。

不过，讲究趋福避祸之道并不是说一看前方有危险，便急忙后退，一退再退，以至放弃原来的目标、路线，改变方向、道路（而这个方向、道路与原来坚持的方向、道路已有本质的区别），如果这样那就是知难而退了，就不具谋略价值，而是逃跑主义了。所以，在趋福避祸的问题上也要分清勇敢与怯懦、高明和愚笨。一般来说，要做到这一点，就必须具备较高的修养，善于克制、约束自己。

所以，隐避不是消极地避凶就吉，而是要懂得变通，暂时收敛锋芒，隐匿踪迹，养精蓄锐，待机而动。

技巧 93

见机行事，随势而变

冷眼静观，抓住隐藏于常规中的机遇

如今，很多人抱怨自己怀才不遇，遇不上机会。在这世界上，难道真的没有机会吗？那为何成千上万的穷人发财致富，卖报纸的少年被选入美国国会，出身卑微的人获得高官厚禄……

对于聪明人来说，世界到处都是门路，机遇就隐藏在变通之中。上天赋予我们每个人独特的能力。聪明人将其充分利用，最终成为了强者；弱者却未能依靠自己的能力尽享美好人生，而是一味依赖外界的帮助，使本来摆在眼前的机会悄悄溜走。许多人认为自己贫穷，实际上他们有许多机会，只是需要他们在平时转变一下思路，在打破常规中发掘机会。

据统计，在美国东部的大城市中，至少94%的人第一次挣大钱是在家中，或在离家不远处，而且是为了满足日常的、普通的需求。对于那些看不到身边机会，一心以为只有远走他乡才能发迹的人，不啻是当头一棒。

哈佛的阿加西兹教授曾讲过一个农夫的故事。这个农夫有一处几百英亩的农庄，里面尽是些石头和不值钱的树，他决定把农庄卖掉去从事更赚钱的煤油买卖。他开始关注煤层和煤油油藏，并进行了长时间的研究。他把农庄以200美元的价格卖掉，然后跑到200英里外的地方开展新业务。不久，买下农庄的人在农庄里发现了大量煤油，而以前那个农夫却还在异乡钻研煤油买卖，且一无所获。

上面这个例子中，买下农庄的人就是发现了身边隐藏的机遇，最终发家致富。

保罗·迪克刚刚从祖父手中继承了美丽的"森林庄园"，就被一场雷电引发的山火化为灰烬。面对焦黑的树桩，保罗欲哭无泪，年轻的他不甘心百年基业毁于一旦，决心倾其所有也要修复庄园，于是他向银行提交了贷款申请，但银行却无情地拒绝了他。接下来，他四处求亲告友，依然是一无所获……

所有可能的办法全都试过了，保罗始终找不到一条出路，他的心在无尽的黑暗中挣扎。他知道，自己以后再也看不到那郁郁葱葱的树林了。为此，他闭门不出，茶饭不思，眼睛熬出了血丝。

一个多月过去了，年已古稀的外祖母获悉此事，意味深长地对保罗说："小伙子，庄园成了废墟并不可怕，可怕的是你的眼睛失去了光泽，一天天地老去。一双老去的眼睛，怎么可能看得见希望呢？"

保罗在外祖母的劝说下，一个人走出了庄园，走上了深秋的街道。他漫无目的地闲逛着，在一条街道的拐角处，他看见一家店铺的门前人头攒动，他下意识地走了过去。原来，是一些

家庭妇女正在排队购买木炭。那一块块躺在纸箱里的木炭忽然让保罗眼睛一亮，他看到了一线希望。

在接下来的两个多星期里，保罗雇了几名烧炭工，将庄园里烧焦的树加工成优质的木炭，分装成箱，送到集市上的木炭经销店。结果，木炭被一抢而空，他因此得到了一笔不菲的收入。不久，他用这笔收入购买了一大批新树苗，一个新的庄园又初具规模了。几年以后，"森林庄园"再度绿意盎然。

一场天灾使家业毁于一旦，但由于保罗能够慧眼识机遇，使他成功地化险为夷，重新崛起。

把一块固体浸入装满水的容器，人人都会注意到水溢了出来，但从未有人想到浸在水盆中的固体的体积等同于溢出的水的体积这一道理，只有阿基米德注意到这一现象，并提出了计算不规则物体体积的简易方法。在欧洲，没有一位水手不曾对大西洋彼岸充满遐想，但只有哥伦布大胆地驶入茫茫大海，发现了新大陆。从树上落下的苹果不计其数，但只有牛顿领会到苹果落地是受到地心引力的支配。

有人到一位雕塑家家中参观，看到众神之中有一位脸被头发遮住，脚上长着翅膀的雕像，便问："他叫什么名字？"

雕塑家答道："机会之神。"

"为什么他的脸不露出来？"

"因为当他到来时，人们很少认识他。"

"为什么他的脚上长着翅膀？"

"因为他很快就会离去，而一旦离去，就不会被追上。"

"机会女神的头发长在前面，"一位拉丁诗人也说过，"后面却是光秃秃的。如果抓前面的头发，你就可以抓住她；但如果让她逃脱，那么即使主神朱庇特本人也抓不到她。"

不要坐等机会，越善于从司空见惯的事物中变通，你利用的机会就越多，创造的新机会也就越多，成就非凡的可能性也就越大。对于懒惰的人来说，再好的机会也一文不值；对于勤奋的人来说，再普通的机会也仿佛千载难逢。

记住：机会总是隐藏在周围琐碎的小事里，抱怨是没有用的，让思想变通一下，把握住每一个可能的机会，再平凡的你也能做出不平凡的事来。

因环境而变，具体问题具体分析

面对不同的场合不同的环境，必须学会变通，做到具体问题具体分析，而不能过于拘泥僵化，否则只能南辕北辙，离成功越来越远。那么我们具体怎么做呢？

根据地理环境因地制宜

20世纪80年代末，皖南山区一些村民们发现：山区有座石头山，山上的石头奇形怪状。城里人用这些石头垒成假山，售价不菲。于是，这些村民也学着垒假山出售，赚了不少钱。几年后，该村的村民家庭年收入翻了几番。村民们更乐了，他们同时也明白了靠山吃山、靠水吃水这个道理。随着山上的石头越开采越少，村民们认识到，他们不能盲目地出售山石了，而应该有计划、有步骤地开发家乡资源。如今，山里的人利用山石资源积累起来的资金，办起了各种乡镇企业，使整个地区的农民很快走上富裕的道路。

事例中，皖南山区的村民之所以能成功地走上富裕道路，正是受益于他们能够变通地利用地理环境。

第十一章 准备充分，然后再往前走
——要成功，先要懂得心理学

这就告诉我们，很多时候，要变通地看待周围的地理环境，找到其背后的潜在价值并加以利用，这样往往会得到意想不到的成功。

学会适应社会环境

人类社会是在不断发展中前进的。科学技术水平随着人类的不断发展而提高，而不断提高的科学技术水平又促使人们产生更高的生活要求。所以，一个人只有不断进步才能跟上社会的发展，不可墨守成规而被固定的形式所束缚。

特殊环境灵活应变

在现实生活中，人们经常会被莫名其妙地置于尴尬境地，不知所措。倘若你没有思想准备，不具备临场应急的经验和措施，你就不能从容、洒脱地应付意外的窘境，打破僵局。

老诗人严阵和青年作家铁凝访问美国时，参观了一所博物馆。由于正值开馆时间，他们在广场上碰巧遇到两位美国老人在此休息。见他们是中国人，两位美国老人便主动上来交谈，说他们尊敬中国人，其中有一位老人为表达这种尊敬的感情，还热烈地拥抱了铁凝，并亲吻了一下。这使铁凝十分尴尬，不知所措。而对方就像犯错误的小孩一样，呆立在一旁。严阵赶紧走上前去微笑着说："呵，尊敬的老先生，你刚才吻的不是铁凝，而是中国对吧？"一句话打破了僵局。那老人马上笑答："对，对！我吻的是铁凝，也是中国！两种成分都有。"尴尬气氛在笑声中化解。

具体问题具体对待，做事时懂得融原则性与灵活性为一体，这才是变通的精髓所在。如果做到这一点，许多难办的事就容易对付了。

狡兔三窟，有备用方案就不会措手不及

做人做事必须要有"备用方案"——为自己多考虑几条安全通道。但要想在人与人之间不偏不倚又游刃有余，没有一定的平衡技巧是行不通的。因此，在对待比较复杂的人际关系问题上，多准备几手，适度中立，方能有备无患。

人在职场会遇到很多种情况，拥有"备用方案"会让你游刃有余。下面是美国职员克多尔讲的关于自己的一个很好的例子：

"您好，"我对老总说，"昨天我交给您的文件签了吗？"老总转动眼睛想了想，然后装模作样翻箱倒柜地在办公室里折腾了一番，最后他耸了耸肩，摊开两手无奈地说："对不起，我找过了，我从未见过你的文件。"如果是刚从学校毕业的我，我会义正辞严地说："我看着您的秘书将文件摆在桌子上的，怎么会找不到呢？您可能将它卷进废纸篓了！"可我现在才不会这样说呢。既然老总能睁眼说瞎话，我又何必与他计较呢？我要的是他的签字。于是我平静地说："那好吧，我回去找找那份文件。"于是，我下楼回到自己办公室，把电脑中的文件重新调出再次打印，当我再把文件放到杰克先生面前时，他连看都没看就签了字，其实他比我更清楚文件原稿的去向。但我却一点都不生气。

是的，用自己的"备用方案"，在关键时刻解决问题让自己从困境中走出来，这就是我们在与上司发生冲突时的解决方式。不要在冲突发生以后一走了之，因为在新环境里还会出现老问题，到那时你又怎样呢？也不要为了争一口气大闹一场，因为吵闹不能解决问题，反倒有可能断送了前途。在职场中，谁是谁非并不重要，即便你的上司错了，你也要开动脑筋为上司找一个台阶下，这样才能尽早解决问题。

拥有"备用方案"能让你在关键时刻摆脱困境，从而避免那些无谓的争论。世上最大的空耗之一就是与人反复争论。正如卡耐基所说："争论的结果是使双方比以前更相信自己绝对正

确。要是输了，当然你就输了，如果赢了，你还是输了，因为争论赢不了他的心。"因此，做人应当避开反复争论的空耗，在处理冲突的问题上应该冷静，绝不能像个孩子一样在冲突中放任自己，要运用自己的智慧和团队精神与上司及同事尽量合作，让他们发现你其实是个理想的合作伙伴，这样做的同时也就给自己创造了一个良好的工作空间。

是的，想想吧，没有先期的计划和应对方案，就会让你手足无措，引发无谓的争论。有了备用方案，在关键时刻会让你从容应对并赢得先机。

总之一句话：凡事多想一步，多预备应急方案。

第十一章 准备充分，然后再往前走
——要成功，先要懂得心理学

技巧 94

打破常规，让受益最大化

征服群敌的规则：擒贼先擒王

打击一个群体，按照常规是需要带领一个比目标群体更强大的群体进行全面冲杀性攻击。然而，最明智、最有效的策略却是先把目标群体中最强的除掉，方予自己可乘之机，这就是所谓的"擒贼先擒王"了。就像羊群一样，一旦失去了领头羊，就等于失去了核心，就会茫然不知所措，四处奔逃。

唐代诗人杜甫《前出塞》中有云："挽弓当挽强，用箭当用长，射人先射马，擒贼先擒王。"民间有"蛇打七寸"、的说法，都是一个意思。"蛇打七寸"、"打蛇打三寸"，都是说打蛇要命中要害。蛇的三寸，是蛇的脊椎骨上最脆弱、最容易打断的地方，击中这个部位会使它的神经中枢和身体其他部分的通道被破坏；而蛇的七寸，是其心脏所在，所以被击中七寸的蛇必死无疑。这种打击事物关键之策略，也是三十六计其中一计。世间无论任何事物，只要失去了核心，都将四分五裂。对准核心人物，将他击垮，这是控制整个局面的一个最重要的法则。

教皇卜尼法斯八世便通晓利用这种方法来维护统治，他手段强硬，为人机敏。上任后不久欧洲强权纷纷妥协，德意志和奥地利甚至割让领土以求生存。在这种大势所归的情景下，意大利最富饶的地区多斯加尼却拒不臣服，这让他感到恼火。

多斯加尼最强大的城市是佛罗伦萨。如果卜尼法斯八世能够征服佛罗伦萨，就能够让多斯加尼臣服。佛罗伦萨的一部分富裕市民希望城市独立，不愿意受制于教皇，成立了"白党"；另一部分没落户，希望借助教皇的势力翻身，成立了"黑党"。两派长期争斗，由于但丁热烈主张独立自由，因此成为白党的中坚。

1300年，但丁成为城市6名执政官中的一员，掌控了实际权力。他用感人肺腑的语言揭露教皇的阴谋，号召人民组织起来抵抗教皇，在教皇的强权下竭力维持着佛罗伦萨的独立。第二年，教皇亲自请法国国王的弟弟亲王查理·德·瓦卢斯协助他维持欧洲的秩序。查理的军队让佛罗伦萨人紧张不安，佛罗伦萨的妥协派推选但丁作为代表前去罗马求和。万般无奈之下，但丁去了罗马。

教皇温和地对城市代表团说："在我面前跪下来，我告诉你们，说真的，我没有别的意思，只是想要促进和平。"最后教皇指名要但丁留下，其他人都回去了。查理用钱贿赂某些官员瓦解了白党，黑党巩固了权力。这个时候教皇才放势单力薄的但丁离开。黑党宣布：只要但丁踏入佛罗伦萨一步，就要将他处以极刑。但丁被放逐了。他所热爱的国家，被教皇控制了。最后但丁于1321年客死他乡，在意大利东北部腊万纳去世。

蛇无头不走，鸟无头不飞。没有但丁的白党，就等于失去了核心支柱。所以教皇将矛头指向了但丁，打击了白党之中的"王者"，其他人自然不足为虑。试想如果教皇以强取豪夺的方式侵占多斯加尼，必然会引起它的国民的反抗。这样即使教皇得到了多斯加尼，这个国家也必定变成一片废墟，再也不是他心中理想的梦幻国度。所以教皇选择以软禁但丁的方式，叫多斯加尼不战而亡，的确是一个高明的计策。

因此，我们在做事情的时候，要学会打破常规思维，看到事物的关键之处，认清控制整个事件的核心，然后对其发动全面而迅捷的攻击，这样便能令其整体迅速折服。

一剑封喉，速战速决

《孙子兵法》说："兵贵胜，不贵久。"意思是打仗要速战速决，迅速出手，让对手没有做准备和缓口气的时间，这是成功的关键所在。

清代红顶商人胡雪岩富可敌国，可他的崩溃也极其迅速。原因就在于，他的对手盛宣怀抓住要害、迅速出击，使他短时间内力不能支，最终一发不可收拾，财富大厦轰然倒塌。

胡雪岩每年都要囤积大量生丝，生意越做越大，垄断了生丝市场，控制了生丝价格。盛宣怀掌握了胡雪岩生丝买卖的情况，一边收购生丝，向胡雪岩的客户出售，一边联络各地商人和洋行买办，叫他们今年不买胡雪岩的生丝，致使胡雪岩的生丝库存日多、资金日紧、苦不堪言。

胡雪岩因为做生意向汇丰银行借了近千万两银子，这些借款都以各省协饷作担保。这时，胡雪岩历年为左宗棠行军打仗所筹集的80万两还款正赶上到期，这笔借款每年由协饷来补偿给胡雪岩。上海道台府在每年的固定时间把钱送给胡雪岩，以备他还款之用。盛宣怀在其中动了手脚，他找到上海道台邵友濂，直言李鸿章有意缓发这笔协饷，时间是20天。邵友濂是李鸿章的人，虽然畏惧左宗棠，但想想缓发20天也不算什么事，自然照办了。

对于盛宣怀来说，20天已经足够了，他已经串通好外国银行，向胡雪岩催款。由于事出突然，胡雪岩只好将阜康银行各地钱庄的钱调来80万两银子，先补上了这个窟窿。他想协饷反正要给的，不过是晚发20天而已。

盛宣怀通过电报，对胡雪岩一切调款活动都了如指掌，估计胡雪岩调动的银子陆续出了阜康银行，阜康银行金库空虚之际，就托人到银行提款挤兑。

这些提款的人都是绅商大户，少则数千，多则上万。盛宣怀还四处放出风声，说胡雪岩积囤生丝大赔血本，只好挪用阜康银行存款，如今尚欠外国银行贷款80万，阜康银行倒闭在即。人们相信了盛宣怀的说法，纷纷开始提款。

挤兑先在上海开始。盛宣怀在上海坐镇，自然把声势搞得很大。

胡雪岩到了杭州，还没来得及休息，又星夜赶回上海，让总管高达去催上海道台邵友濂发协饷。邵友濂叫下人假称自己不在。胡雪岩这时候想起了左宗棠，又叫高达赶快去发电报。殊不知盛宣怀暗中叫人将电报扣下，左宗棠始终没能收到这份电报。

第二天胡雪岩见左宗棠那边没有回音，这才真的急了，亲自去上海道台府催讨。但这一回邵友濂借口视察制造局，溜之大吉了。

胡雪岩此时只好把他的地契和房产押了出去，同时廉价卖掉积存的生丝，希望能够挨过挤兑风潮。不想这次风潮竟是愈演愈烈，各地阜康银行早已经人山人海。胡雪岩这才明白，有人做了他的手脚。打听之下，才知道是盛宣怀，他不禁暗自叹了口气，知道这一回是彻底完了。此后不久，胡雪岩即在忧愤中死去。

胡雪岩死后，盛宣怀少了一个有力的竞争者，从此独占生意场上的霸主位置。

让进攻速度再快一些，让对手可应对的时间再少一些，对手在你快如闪电的连环拳下避之不及，失败也是自然而然的了。

技巧 95

脑子转得快，灵活突围窍门多

别人恶意诬陷，灵活应对胜过激进争辩

有些人为了达到个人的目的不惜造谣生事、诬陷诽谤，这种情况下，如果采用激进的争辩，往往得不到理想的结局，只有具有灵活的思维和准确的分析判断能力，才能够避免被人蒙蔽，做出正确的应对。

晋文公在位的时候，曾遇到过一起发生在自己身边的陷害案。

一天，一个侍从在御膳间端了一盘烤肉，恭恭敬敬送到晋文公面前请其就餐。晋文公拿起餐刀正准备切肉，忽然发现肉上粘着不少头发。他立即放下手中的小刀，命人去找膳吏。

那个膳吏看到传召的侍从脸色不好，一路上不停地琢磨这次晋王召见的原因。究竟是刚送去的烤肉火功不够，还是烧烤时用料不当、口味欠佳呢？

他哪知道一见晋文公就遭到一阵责骂。文公气势汹汹地说道："你是存心想噎死我吗？为什么在烤肉上放这么多头发？"

膳吏一听，原来发生了一件自己没有料到的祸事。虽然他明知道这件事里面有鬼，但在君王的气头上是不能辩白的。否则如果把握不好，很容易招致横祸。因此，膳吏急忙跪拜叩头，口中却似是而非、旁敲侧击地说道："请君王息怒，奴才真是该死。烤肉上缠着头发，我有三条罪责。我用最好的磨石把刀磨得比利剑还快，它切肉如泥，可就是切不断毛发，这是我的第一大罪过；我在用木棍去穿肉块的时候，竟然没有发现肉上有一根毛发，这是我的第二大罪过；我守着炭火通红、烈焰炙人的炉子把肉烤得油光可鉴、吱吱有声、香味扑鼻，然而就是烤不焦、烧不掉肉上的毛发，这是我的第三大罪过。不过我还想补充一句，您是一位明察秋毫的贤明君主，您能不能把堂下的臣仆观察一遍，看看其中是否有恨我的人呢？"

晋文公觉得膳吏所言话外有音，所以对案情产生了怀疑。他立即召集属下进行追问，不出膳吏所料，果然找出了那个想陷害膳吏的侍从。晋文公下令杀了那个人。

无独有偶，三国时期，吴国国君孙亮的思维判断能力也非常令人折服。孙亮非常聪明，观察和分析事物都非常深入细致，常常能使疑难事物得出正确的结论，为一般人所不及。

一次，孙亮想要吃生梅子，吩咐黄门官去库房把浸着蜂蜜的蜜汁梅取来。这个黄门官心术不正而且心胸狭窄，是个喜欢记仇的小人。他和掌管库房的库吏素有嫌隙，平时两人见面经常发生口角。他怀恨在心，一直伺机报复。这次，可让他逮到机会了。他从库吏那里取了蜜汁梅

后，悄悄找了几颗老鼠屎放了进去，然后才拿去给孙亮。

不出他所料，孙亮没吃几口就发现蜂蜜里面有老鼠屎，果然勃然大怒："是谁这么大胆，竟敢欺侮到我的头上，简直反了！"

心怀鬼胎的黄门官忙跪下奏道："库吏一向不忠于职责，常常游手好闲、四处闲逛，一定是他的渎职才使老鼠屎掉进了蜂蜜里，既败坏主公的雅兴又有损您的健康，实在是罪不容恕，请您治他的罪，好好儿教训教训他！"

孙亮马上将库吏召来审问鼠屎的情况，问他道："刚才黄门官是不是从你那里取的蜜呢？"

库吏早就吓得脸色惨白，他磕头如捣蒜，结结巴巴地回答说："是……是的，但是我给他……的时候，里面……里面肯定没有鼠屎。"

黄门官抢着说："不对！库吏是在撒谎，鼠屎早就在蜜中了！"

两人争执不下，都说自己说的是真话。

侍中官刁玄和张邠出主意说："既然黄门官和库吏争不出个结果，分不清到底是谁的罪责，不如把他们俩都关押起来，一起治罪。"

孙亮略一沉思，微笑着说："其实，要弄清楚鼠屎是谁放的这件事很简单，只要把老鼠屎剖开就可以了。"

他叫人当着大家的面把鼠屎切开，大家仔细一看，只见鼠屎外面沾着一层蜂蜜，是湿润的，里面却是干燥的。

孙亮笑着解释说："如果鼠屎早就掉在蜜中，浸的时间长了，一定早湿透了。现在它却是内干外湿，很明显是黄门官刚放进去的，这样栽赃，实在是太不像话了！"

这时的黄门官早吓昏了头，跪在地上如实交代了陷害库吏、欺君罔上的罪行。

晋文公也好，孙亮也好，都告诉我们：对于形势复杂难以判断的事物只要全面分析、推理，开动脑筋想办法，不被表面现象所迷惑，不被事物的复杂性所吓倒，这样就能正确应对突然来临的因素。

客观世界里充满了矛盾，我们只有掌握了科学的思维方法，才能在错综复杂的矛盾面前立于不败之地。这一点，对于行走于社会的我们显得尤为关键。

碰到语言困境，巧言撤退不损自身

古人云：敌势全胜，我不能战，则必降、必和、必走。降则全败，和则半败，走则未败。未败者，胜之转机也。意思是说：在我方处于不利地位时，有降、和、走三种可供选择的方式，只有主动地、有计划地撤出，才是上策。这对我们很有启示意义。

谈话的时候，无论我们多么小心，也有失策的时候，何况在许多时候大家又都是有口无心。如果不及时处理，就会造成更大的失误。所谓"走为上策"，就是在非常不利的情况下，如果一味地纠缠不休，就会越陷越深，无法挽回，不如采用简单明了的方法，及时地避开，走为上策。只要找准时机，采取主动巧言撤出的方式，就不至于陷入被动。

有些时候，因为我们自己的难堪，造成整个气氛的不和谐，可能会有知趣的人站出来，及时替你解围，这时，就应该机智地抓住时机，顺着他人的解围，及时巧言撤出。

小明喜欢和他人诡辩，并且以此为乐事。一天中午，小可深有感触地说："人是铁，饭是钢，一天不吃饿得慌。"小明接着说："这句话就不对了，据科学分析，人是可以饿七天的。"小可说："那你饿七天看看。"小明接着说："这句话，你又错了，你也可以饿七天的。"小可说："我才不那么傻呢。只有疯子才干这样的蠢事。"小明又说："历史上，很多当时被认作疯子的人，后人把他们看做是伟人。"小明就这样无限地推演下去，哪知小可的个性淳朴，不喜欢这样饶舌，后来就有点无法忍受了。这时小明的好友小冬见状，凑过来说：

第十一章 准备充分，然后再往前走
——要成功，先要懂得心理学

"我们的小可最大的'优点'，就是说错了话还不承认。"小可接过话头说："小冬真是了解我。"说着对小明一笑，走开了。

让人下不了台的事大多发生在人们料想不到的时候，但是，只要能及时转换角度，巧说妙解，不但能给自己找个台阶，甚至能为生活增添某种乐趣。

有一对夫妻因小事争执不下，在家吵闹不休。正当妻子向丈夫做狮吼状时，有一位朋友来访，丈夫尴尬得无地自容。好在妻子也顾及到丈夫的面子，看朋友到来连忙改口，但对丈夫来说，终究一时无法从窘境中摆脱。朋友见状，笑着说："听你俩交流还挺热烈，我来得可真不是时候啊！"此话一出，其妻先红了脸，无语离去。丈夫马上调侃地对朋友说："打是亲骂是爱，我们刚才是在打情骂俏呢！别看她刚才那么凶，其实正表示她对我的关心，不信你问她。"这时他妻子从里屋出来也与朋友打哈哈，争吵便化为云烟。

丈夫的"打是亲骂是爱"，把他和妻子的争吵说成是一种"亲"和"爱"，朋友自然不会信以为真，但这样转换了角度，给自己找了一个台阶，也似乎多了一些生活情趣。想来，朋友走后，他们也不会再争吵了。

在谈话中，当我们需要撤出时，还可以主动要求对方打住，虽然这等于在向对方认输，但它不是真正意义上的输。我们要记住，跟我们谈话的并不时时刻刻都是我们的敌人，对方不会因此而穷追不舍的，而我们的心里也不会留下"输"了这个既成事实的阴影。

多年不见的老朋友一见面总喜欢相互打趣，甚至互揭老底儿，口无遮拦。有一次，徐君去参加一个会议，没想到在会议上出人意料地遇到了两位多年没见的老同学——陈君和田君，他们也是应邀来参加会议，大家都格外高兴。会议结束后，大家坐到一起闲聊，说着说着，就说到了当年在校时的是是非非。其中有一件事，徐君至今还没弄清楚，本来也不在意，可是经老同学东扯西拉，旧话重提，徐君就问另两位："你们清楚吗？那是怎么回事儿？"另两位都参与了此事，而且田君还在其中充当了不光彩的角色，因此陈君就没接话茬，是田君开口解释，说到后来，就说到自己身上，不好再往下讲，就对另两位说："这话就说到这儿，就此打住吧！"徐君也意识到再说下去，田君就有点不好看了，主动将话题一转，又高兴地聊了起来。

俗话说："识时务者为俊杰。"当你陷入困境时，切记不要死撑。有时，机智灵活一点，巧言撤退是最好的策略。

技巧 96

以变制变，临危不乱

以变制变，出路自现

从前，有一个出海打鱼的好手，他听说最近市场上墨鱼的价格最贵，就发誓这次出海只打墨鱼。然而很不幸，这次他打到的全是螃蟹，渔夫很失望地空手而归。当他上岸后才知道螃蟹的价格比墨鱼还要贵很多。于是，第二次出海他发誓只打螃蟹，可是他打到的只有墨鱼，渔夫又一次空手而归。第三次出海前，他再次发誓这次不管是螃蟹还是墨鱼都要，但是，他打到的只是一些马鲛鱼，渔夫第三次失望地空手而归，可怜的渔夫没有等到第四次出海，就已经饥寒交迫地离开了人世。

变，是事物的本质特征。面对瞬息万变的社会，聪明的人有三种策略性思维：一是以不变应万变。如果没有实力的支撑，这只是一种最消极的态度。二是以变应变。这种策略其实也只能算作无奈的选择。比如说人家拿出了新产品，你跟在后面来个"东施效颦"；人家降价了，你慌不迭地也来个大甩卖，变来变去始终是被动应付，在这种情况下只要能够不被拖垮就已经是不错了，新局面是难以看到的。三是以变制变。一个"制"字，情况就大不一样了，它所反映出来的只是一种主动进取的精神，是一种度势控变的能力，其效果是变反倒成了一种机遇，在变中获得新的发展。

在上面的故事中，如果渔夫第一次就打些螃蟹拿回来卖掉，最起码可以保证吃饱穿暖；如果他能在第二次打些墨鱼拿回来卖掉，那以后的一段时间中，可以不用为饿肚子而犯难；如果他第三次出海捕些马鲛鱼拿回来卖掉，也可以填饱肚子。如果他能够以变制变，也就不会到最后被饿死。

由此可见，当今社会瞬息万变，一个人要想在生活中过得顺心，就必须具有灵活应变的能力。在生活中是这样，在商战中亦是这样。市场竞争，风云多变，只有灵活应变、全面兼顾，才能掌握主动权。这是一种经营之道，更是一种生存之道。

在一家大公司的CEO招聘会上，有200多个人落选，只有一个人被相中了。

这家公司在招聘时，为了考察应聘者的随机应变能力出了这样一道题：如果在一个下大雨的晚上，你下班开车路过一个车站，看见车站里有3个人，一个人是曾经救过你命的医生，一个是生命垂危的病人，一个是你做梦都心爱着的人。请问，在你的车只能坐两个人的情况下，你会选择谁来坐你的车？

在那些应聘者当中，有的人说选老头，先把老头送进医院再说；有的人选择医生，因为这

第十一章 准备充分，然后再往前走
——要成功，先要懂得心理学

位医生曾经救过他的命，把医生送到医院再叫救护车救那个老头；有的人选心爱的人……这些答案都被考官们一一否定了。

直到有个年轻人进门后，仔细地看了看题，然后抬起头自信地说："我会把车交给医生，让他送老者去医院抢救，至于我，会陪着心爱的人一起等车。"考官们听后，露出了高兴的笑容，这个年轻人被录取了。

世上的事，常常是风云突变，叫人难以把握。因此，我们很难知道未来是什么样子，很难知道明天我们将面临什么困难，也就经常陷入进退两难的困境。为了在困境中作出明智的决策，我们就要运用正确的策略性思维，以变应变，根据实际情况合理安排。只有做到了"因利而制权"，伺机而动，才能让自己有更大的发展。

学会变通，圆熟度过危险期

智者曾告诉人们：跟君子相处平平淡淡，跟小人相处应该保持一定的距离，跟坏人相处应该见机行事，想得越周到越好。其实，这句话的精髓即是告诉我们，做人一定要懂得虚与委蛇的圆熟之道。

东晋明帝时，中书令温峤备受明帝的亲信、大将军王敦的妒忌。王敦于是请明帝任温峤为左司马，归王敦所管理，准备等待时机除掉他。

温峤为人机智，洞悉王敦所为，便假装殷勤恭敬，综理王敦府事，并时常在王敦面前献计，借此迎合王敦，使他对自己产生好感。

除此之外，温峤有意识地结交王敦唯一的亲信钱凤，并经常对钱凤说："钱凤先生才华能力过人，经纶满腹，当世无双。"

因为温峤在当时一向被人认为有识才看相的本事，因而钱凤听了心里十分受用，和温峤的交情日渐加深，于是便常常在王敦面前说温峤的好话。透过这一层关系，王敦对温峤的戒心渐渐解除，甚至引为心腹。

不久，丹阳尹辞官出缺，温峤便对王敦进言："丹阳之地，对京都犹如人之咽喉，必须有才识相当的人去担任才行，如果所用非人，恐怕难以胜任，请你三思而行。"

王敦深以为然，就请他谈自己的意见。温峤诚恳答道："我认为没有人能比钱凤先生更合适的了。"

王敦又以同样的问题问钱凤，因为温峤推荐了钱凤，碍于面子，钱凤便说："我看还是派温峤去最适宜。"

这正是温峤暗中打的小算盘，果然如愿。王敦便推荐温峤任丹阳尹，并派他就近暗察朝廷中的动静，随时报告。

温峤接到派令后，马上就做了一个小动作。原来他担心自己一旦离开，钱凤会立刻在王敦面前进谗言而让王敦召回自己。于是，他在王敦为他饯别的宴会上假装喝醉了酒，歪歪倒倒地向在座同僚敬酒。敬到钱凤时，钱凤未及起身，温峤便以笏（朝板）击钱凤束发的巾坠，不高兴地说："你钱凤算什么东西，我好意敬酒你却不敢饮。"

王敦以为温峤真的喝醉了，还为此劝两人不要误会。温峤去时，突然跪地向王敦叩别，眼泪汪汪。出了王敦府门又回去三次，好像十分不舍离去的样子，弄得王敦十分感动。

温峤刚上任，钱凤真的晋见王敦说："温峤为皇上所宠，与朝廷关系密切，何况又是皇上的舅舅庾亮的至交，实在是不能信任的。"

王敦以为钱凤是因宴会上受了温峤的羞辱而恶意中伤，便生气斥责道："温峤那天是喝醉了，对你是有点过分，但你不能因这点小事就来报复嘛！"

钱凤深自羞惭，怏怏退出。

温峤终于摆脱王敦的控制,回到了建康。他将王敦图谋叛逆的事报告了明帝,又和大臣庾亮共同计划征讨王敦。消息传到武昌王敦将军府,王敦勃然大怒:"我居然被这小子骗了。"然而,毕竟无可奈何,鞭长莫及,更无法挽救失败的命运了。

温峤在处理王敦、钱凤等人的关系中,运用一整套娴熟的处世技巧,不但保护了自己,而且在时机成熟时,对敌人又主动出击,绝不手软。在官场经营,类似温峤式的人物,一般都不会失败。这让我们从中读出了有益的智慧。

做人固然需要正直,但是如果不知变通,就有可能碰钉子,甚至会遭不测。人的工作环境,有时候是无法选择的,在危险或尴尬的环境中工作,头脑一定要灵活,遇事该方则方,不该方时就要圆熟一些,尤其在遇到将要对己不利的形势时,应将刚直不阿和委曲求全结合起来,可随机应变,先保护自己以屈求伸。

临危不乱,才得生机

在危及自己生命的紧要关头,灵活机变不失为一大智慧。

朱元璋打败陈友谅、张士诚,定鼎南京,建号称帝,由刘伯温亲自选定风水宝地,开工兴建宫殿。朱元璋住进建好的皇宫后,没事便到处走走,熟悉一下环境。

一天他走到一间刚完工的大殿里,看着雕梁画栋金碧辉煌,回想自己当年当和尚的情景,不禁感慨丛生,四下顾望无人,便信口把心中所想说了出来:"唉,我当年不过为饥寒所迫,想当个盗贼,沿江抢掠些金银财物而已,哪曾想能有今日这番气象。"

说完后,仰面观看棚壁,却吓了一跳。原来有一个漆匠正在一个大梁上做最后的油漆工作,由于梁木宽大,朱元璋先前竟没发现他。

朱元璋马上意识到自己一时冲动失言,一番只能藏在心底、不能让任何人知道的真实想法可能都已经落入这名漆匠耳中了。如果不杀人灭口,势必会传扬得四海皆知,那可是丢人丢脸又不利于自己以天命愚弄百姓的大事。

他开口让那名漆匠下来,连喊了几遍,漆匠充耳不闻,继续慢条斯理地做着手中的活。朱元璋大怒,加大音量去喊,那名漆匠仿佛才听到声音,忙下来跪在朱元璋面前,叩头说:"小人不知陛下驾到,没有及时避开,冒犯了陛下,请陛下恕罪。"

朱元璋怒声道:"你耳朵聋了怎的?我叫了你几遍你都不下来?"

漆匠叩头说:"陛下真是英明,连小人耳朵有点聋都知道。陛下圣明,这是小人和万民的莫大福份。"

朱元璋生性多疑,但看漆匠脸上神色并无太大变化,心想他骤然听到这样大的秘密,自然知道厉害,不吓得掉下来,也会面无人色,不会如此平静,看来他真是耳朵有些不灵敏的人呢。

也是朱元璋心情好,又见漆匠把自己的宫殿粉饰得也不错,又很会说话,便摆摆手让他继续干活。

这名漆匠当晚找个借口逃出皇宫,连夜逃回家中,携带妻小躲避他乡。而朱元璋后来因为国事繁忙,根本记不得这件事了。

那名漆匠的才能或许并不比朱元璋差,看其骤然听到天大的秘密却不惊不慌的态度,真有"泰山崩于前而色不变"的大将风度,马上又想到用耳聋来保护自己,这份机智也是人所难及。

现实世界里,很多危险的境遇都是我们无法预测的,一旦我们身陷其中,必须做到临危不乱,冷静地思考对策。

第十一章 准备充分，然后再往前走
——要成功，先要懂得心理学

技巧 97

诚信，重复博弈中的关键

"一报还一报"铸就伟大胜利

所谓重复博弈，是指同样结构的博弈重复多次，其中的每次博弈成为"阶段博弈"。重复博弈是动态博弈中的重要内容，它可以是完全信息的重复博弈，也可以是不完全信息的重复博弈。

例如，下班回家的路上，你像往常一样去菜场买菜，当你对某种菜的质量有疑虑时，卖菜的阿姨通常会讲："你放心，我一直在这儿卖呢！"这句朴实的话中其实包含了深刻的博弈论思想：我卖与你买是一个次数无限的重复博弈，我今天骗了你，你今后就不会再来我这儿买了，所以我不会骗你的，菜的质量肯定没问题。而你在听了阿姨的上述一句话后，常常也会打消疑虑，买菜回家。

相反，在车站或旅游景点你会发现，这些人群流动性大的地方，不但商品和服务质量差，而且假货横行。这是因为此时在商家和顾客之间不是"重复博弈"。

重复博弈说明，对未来的预期是影响我们行为的重要因素。一种是预期收益：我这样做，将来有什么好处；一种是预期风险：我这样做将来可能面临什么问题。这都将影响个人的策略。

其实，在任何博弈中，最好的策略直接取决于对方采用的策略，特别是取决于这个策略为双方合作留出多大的余地。这个策略的基础是下一步对于当前一步的影响足够大，即未来是重要的。如果你们今后见面的机会很大，那么你最好还是选择与对方合作。但是，在重复性的博弈中，参与者应该怎样面对合作与背叛的问题？应该选择什么样的策略呢？

著名学者爱克斯罗德所做的一个实验回答了这一问题。

实验的过程是这样的：所有参加这个实验的人都扮演"重复型"囚徒困境案例中一个囚犯的角色，把自己的策略编成计算机程序，与其他程序进行一对一的博弈，在合作与背叛之间做出选择。他们要将这个游戏以单循环赛的方式玩上200次。这个实验更逼真地反映了现实生活中具有经常而长期性的人际关系。

这个实验允许程序在作出合作或背叛的抉择时，参考对手程序前几次的选择。如果两个程序只玩过一个回合，则背叛显然就是唯一理性的选择。但如果两个程序已经交过多次手，则双方就建立了各自的历史档案，用以记录与对手的交往情况。同时，它们也通过多次的交手树立了或好或差的声誉。

第一轮游戏有14个程序参加，其中包含了各种复杂的策略。使爱克斯罗德和其他人深为吃惊的是，此轮游戏的胜出者是一个被称为"一报还一报"的策略，它是由多伦多大学的数学教授阿纳托·拉波波特提交上来的。

因为参与竞赛的程序为数不多，一报还一报策略的胜利也许只是一种侥幸。为了进一步验证上述结论，爱克斯罗斯决定举行第二轮竞赛，邀请更多的人再做一次游戏，第二轮游戏有62位科学家递交了改进的程序，其中包括以多个策略为基础的改良品种。加上爱克斯罗德自己的随机程序（即以50%的概率选取合作或者背叛），63个程序又进行了一次竞赛。结果，夺魁的仍然是一报还一报策略。这究竟是一种什么样的策略？能够打败其他众多博弈对手，甚至让多位科学家的智慧相形见绌呢？

"一报还一报"策略的程序是：第一步合作，此后每一步都重复对方上一步的行动：合作或背叛。其主要特征可以用以下几个词来概括：善意、可激怒、宽容、简单明了。

善意，是指它第一步总是向对方表达善意。它坚持永远不首先背叛对方，开始总是选择合作，绝不会一开始就选择背叛或主动作弊。

可激怒，是指对方出现背叛行为时，它能够及时识别并一定要采取背叛的行动来报复，不会让背叛者逍遥法外。

宽容，是指它不会因为别人一次背叛，长时间怀恨在心或者没完没了地报复，而是在对方改过自新、重新回到合作轨道时，能既往不咎地恢复合作。

简单明了，是指它的逻辑清晰，易于识别，能让对方在较短时间内辨识出来其策略所在。

其他各种策略在上述五个方面做得不够好。在比赛结果中，所有恶意程序（第一步背叛）都未进前10名；而某些程序的脾气太好，被对方背叛之后不进行报复，结果鼓励某些狡猾的程序反复占它的便宜；某些程序对于过往关系的"好坏"太过执著，一旦遭到背叛就很难宽容对方，结果使得很多本来可能恢复的合作关系永久性断绝；还有一些程序把自己搞得太复杂，总是试图通过某种机巧来占人便宜，尽管在与某些"傻"程序接触中得了高分，但一旦碰到更"聪明"的程度就会栽跟头，被自己的小聪明所误。

这种善意、可激怒、宽容、简单明了的合作策略无论对个人还是组织的行为方式都有很大的指导意义。

"一报还一报"的伟大策略在现实中有极强的可行性，可以成为指导人们生活和成功的有效方案。

在合作中获得最有利的"自利"

每当秋天，当你见到雁群为过冬而朝向南方，沿途以"V"字队形飞行时，你也许不会想到一种科学论点已经可以说明它们为什么如此飞。

当每一只雁展翅拍打时，形成其他的雁立刻跟进，整个雁群抬升。借着"V"字队形，整个雁群比每只雁单飞时，至少增加了71%的飞升能力。

当一只大雁脱队时，它立刻感到独自飞行时的迟缓、拖拉与吃力，所以很快又回到队形中，继续利用前一只雁所造成的浮力。

当领队的雁疲倦了，它会退到侧翼，另一只大雁则接替飞在队形的最前端。这些雁定期变换领导者，因为为首的雁在前头开路，能帮助它左右两边的雁形成局部的真空。科学家曾在风洞试验中发现，成群的雁以"V"字形飞行，比一只雁单独飞行能多飞12%的距离。

布莱克说过："没有一只鸟会升得太高，如果它只用自己的翅膀飞升。"人类也是一样，如果懂得跟同伴合作而不是彼此争斗的话，往往能飞得更高、更远，而且更快。

一位没有双腿的男子，遇见了一位瞎子，就向这位瞎子提议，两人联合起来，可以给双方带来莫大的好处。他对瞎子说："你让我趴到你的背上去，这样我可以利用你的腿，而你可以利用我的眼睛。我们两人合作，做起事来可以更快一点。"

第十一章 准备充分，然后再往前走
——要成功，先要懂得心理学

不幸的是，许多年轻人没有这位缺腿男子的远见，反而被灌输了消极的思想，那就是必须践踏别人、糟蹋别人、利用别人才能达到高峰。这些问题值得每个人、每个企业深思。

与此类似的是邦尼人力定律："1个人1分钟可以挖1个洞，60个人1秒钟挖不了1个洞。"

在人与人的合作中，如果每个人的能量都为1，那么10个人的能量可能比10大得多，也可能比1还小。因为人的合作更像方向各异的能量，互相推动时自然事半功倍，相互抵触时则一事无成，他并不是静止不变的，所以人与人的合作不是力气的简单相加，其中的关系要微妙和复杂得多。

合作与如何合作是两个不同的问题。企业里常会有一些嫉妒别人的成就与杰出表现的人，他们天天想尽办法进行破坏与打压。如果企业不把这种人除去，长此以往，组织里就只剩下一群互相牵制、毫无生产力的"螃蟹"。

人有时候需要一种合作的大度，尽管人都是"自利"的，但一个真正聪明的人的"自利"是应该具有前瞻性的，富有远见的，能看到事物发展趋势的。

没有"金刚钻"，别揽"瓷器活"

重复博弈的理论告诉人们：做事要有长远的眼光，不要为了眼前利益而放弃长远利益，这一点在生活中有广泛的应用。不要做自己无法胜任的事，就是应用之一。

这是因为，做自己无法胜任的事只能给自己带来别人一时的刮目相看和自我的心理安慰，随着时间的流逝，自己的弱点和问题会逐渐暴露出来，周围的人就会对你产生不满甚至蔑视的情绪。若最终你完不成任务，会让领导者失望，对自己的长远发展也会造成不良的影响。

美国有家大公司的总会计师，才35岁，才华横溢，收入丰厚，他是在拿到会计学硕士学位后才做到现在职位的。但是，他受到了极大的挫折，忧心忡忡，最后不得不接受心理咨询。在心理医生那儿，他讲述了自己的经历。他在9岁和17岁时，有过两次成功的经历，一次是推销杂志，发展到有好几个小伙伴帮着他一起干；另一次是和别人组织建立了一家印刷厂，他干业务，攒下来的钱足以供他上学用了。两次都是成功的推销技能帮了他的忙。后来，由于他父亲的建议，他在大学开始学会计学，然后他又靠干推销和经营挣来的钱拿到了硕士学位。从学校毕业，他就被这家大公司录用，在企业里一直干到总会计师的位置。可是，他的工作经常被人指责，他碰到了越来越多的工作挫折，常常有人议论他的总会计师的工作，另一方面，他总是在一周结束时才感到高兴。结果，他的公司、同事对他的工作越来越不满，他对自己也越来越没信心。

心理医生帮助他解开了心结：他并没有能力做总会计师，因为虽然他获得了硕士学位，但他的兴趣不在此，所以作为公司的一名普通会计人员他还可以胜任，至于总会计师一职则超出了他的能力范围。咨询过后，他终于想通了，主动向公司请求辞去总会计师一职，转到销售部。这家公司失去了一个名不副实的总会计师，却得到了一个乐此不疲和富有成效的销售管理人员。当他谈到这件事情的时候，他说："永远也不要干你自己无法胜任的事，那样做首先是害了你自己，你将变得不快乐并且忧心忡忡，因为你做的都是你所无法完成或最多也只能勉强完成的事；而且你也伤害了信任你、委托你办事的人，对工作更是一种损失。"

"金刚钻"是做"瓷器活"必需的工具，如果缺乏，就意味着无法完成工作。在你不具备某种能力的情况下，夸下海口，大包大揽，结果只会耽误了事情，进而影响到你自己的声誉，给别人留下没有能力的印象。

技巧 98

拆解短板，破除迷阵

避其锋芒，抓其要害

"治兵如治水：锐者避其锋，如导疏；弱者塞其虚，如筑堰。"在中国古代的兵书中，有许多关于作战方法和作战技巧的描述。"避其锋芒，抓其要害"就是非常典型的一种。

众所周知，孙膑和庞涓都是战国时期的军事家，他们两个人的争斗从孙膑下山的那一刻便开始了，孙膑为此被剔去了膝盖骨，还差点死于庞涓之手。他被迫装疯卖傻，才得以从庞涓的手中逃脱，来到了齐国。这两个人本来师出同门却变得势同水火，分别就职于两个国家的二人也经常在战场上交手，也因此才创造了中国历史上的许多战争奇话。"围魏救赵"便是其中的一个，这是一场从对手的"后方"入手，从而实现救助同盟国的战争。

齐威王三年（公元前354年），魏惠王想一泄失去中山的仇恨，便派大将庞涓前去攻打。中山原本是东周时期魏国北邻的一个小国，后来被魏国收服，赵国乘魏国丧国之机，强占了中山。此时的魏国已经今非昔比了，对此一直耿耿于怀的魏惠王，终于找到了合适的时机可以一雪前耻。

魏将庞涓认为中山不过弹丸之地，距离赵国又很近，不如直接攻打赵国的都城邯郸，既解旧恨又能削弱赵国，可谓一举两得。魏惠王听了十分满意，便决定以此为首，开始他的霸业。于是，魏惠王调拨五百战车，由庞涓率领，直奔赵国。

庞涓治军有方，军队战无不胜，很快便包围了赵国的都城邯郸，赵国形势危急。第二年，赵国逼于无奈只得向齐国求救，并许诺解围后以中山相赠。齐威王打算任用孙膑为主将救援赵国，孙膑辞谢说："受过酷刑的人，不能任主将。"实际上，孙膑是另有打算。于是齐威王就任命田忌做主将，孙膑做军师，领兵前往救援。

田忌与孙膑率兵进入魏赵交界之地，田忌本来打算领军直接去赵国与魏军作战，孙膑制止说："想解开缠绕在一起的乱丝，不能紧握双手生拉硬扯；解救纠缠在一起斗殴的人，不能卷进去胡乱搏击。要扼住争斗者的要害，争斗者因形势限制，就不得不自行解开。如今魏赵两国相互攻打，魏国的精锐部队必定在国外精疲力竭，老弱残兵在国内疲惫不堪。你不如率领军队火速向魏国的国都大梁挺进，占据它的交通要道，冲击他军备空虚的地方，魏国国都被围困，魏王肯定会下令庞涓放弃攻打赵国而回兵自救。我们再在庞涓回师的必经之路，中途伏击他，必定可以大获全胜。这样，我们不但可以一举解救赵国之围，又可坐收魏国自行挫败的成果。"

田忌听取了孙膑的意见，出兵围困魏国的都城大梁。魏国都城情势危急，魏王果然下令庞涓回军自救。庞涓本来以为对赵国的战争马上就要大功告成了，收到魏王的命令后，非常着急，丢掉粮草辎重，星夜从赵国撤军回国。孙膑预先在魏军回国的必经之地桂陵（今河南长垣西北）设下埋伏，当庞涓率领长途跋涉、疲惫不堪的魏军经过时，齐军突然出击，大败魏军。最后，庞涓勉强收拾残部，退回大梁。齐国军队大胜，赵国的危机也相应地解除了。这场战役便是历史上著名的"桂陵之战"。

孙膑以一个旁观者的眼光去看待这场战争，他看到了解决问题最有效的方法，他找到了庞涓的"罩门"，只要从他的这个"罩门"入手，一切问题便都迎刃而解了。这种"曲线救国"的策略，在现代生活中，也可以帮助我们收获得更多。

无论是实力雄厚者，还是实力弱小者，巧妙地运用一些作战技巧，总是可以事半功倍，收到意想不到的效果。在我们的人生中，也是如此，也需要有相应的技巧和策略，运用它们，我们便可以用最小的付出，获得最大的回报，这样的事情何乐而不为呢！

投其所好，将对手逼入死角

"一剑酬恩拓霸图，可怜花草故宫芜。"春秋战国时期，是一个英雄辈出的时代，有豫让的"士为知己者死"，有荆轲的"风萧萧兮易水寒，壮士一去兮不复返"，他们用自己的生命成就别人的伟业。这其中自然也少不了成就吴王阖闾的专诸，一个注定为别人的功业牺牲的人。他为报公子光的知遇之恩，自愿刺杀吴王僚。为此，他针对吴王僚的"喜好"，特地到太湖学习厨艺，只为刺出那决定性的一剑。

这，更为今天的我们提供了很好的学习材料。

春秋时期，吴王寿梦生有4个儿子，长子叫诸樊，次子叫余祭，三子叫夷昧，最小的叫季札。吴王寿梦死后，诸樊继位。诸樊战死后，余祭当了吴王。

17年后，余祭被杀害，夷昧继位，4年后突然身患重病去世，夷昧的儿子僚继位，称为吴王僚。这引起了公子光的不满，他身为寿梦的长孙，诸樊的长子，按照嫡长子的继承传统，理应由他继承王位；按照寿梦的遗嘱，怎么也轮不到夷昧的儿子僚。他一心想要从僚手中夺取王位，便暗中交结贤士，积蓄力量。

此时，楚国的伍子胥逃到吴国来了。吴王僚被伍子胥的才辩所折服，立即拜他为大夫，并可怜其身世，答应帮他攻打楚国，给他的父亲和哥哥报仇。公子光对于伍子胥的智勇双全，甚是欣赏，很想将他收罗到自己门下。于是，他对吴王僚说："吴国与楚国之间的仇怨已经很深了，我曾经亲自领兵作战，知道楚国实力，我们实在很难取得大的胜利。如果只是为了伍子胥便要兴师攻打楚国，未免太过草率了。而且，伍子胥的父亲和哥哥被楚王杀死，他提出攻打楚国，只是想报自己的私仇，并不是为了我们的国家。请大王三思啊！"吴王僚听了很有道理，此后也不再提伐楚的事了，还渐渐疏远了伍子胥。公子光便成功地从吴王僚的手中夺取了一个非常优秀的人才——伍子胥。

一日，伍子胥遇到了虽然家境贫寒，但却是一条好汉的专诸，并将他推荐给了公子光。公子光听了伍子胥的介绍，连忙去探望专诸，并捧出好些金帛作为见面的礼物。专诸心怀感激，表示一定要报答公子光的知遇之恩。于是，公子光便将王位的传递经过详细地告诉了专诸，并且还说："祖父约定兄终弟及，王叔季札不愿继承王位，便理应由嫡长子继承。可是吴王僚贪恋权位，不肯退让，还请壮士助我一臂之力。"专诸领会了公子光的意图，便问道："不知吴王僚有什么嗜好？吴王僚防守森严，我们要刺杀吴王僚，应该要投其所好，从他的习性入手，才有可能成功。"公子光想了想，说："吴王僚喜欢享受美味的食物，尤其爱吃鱼。"于是，专诸便起身前往太湖学习制作鱼炙的手艺，三个月后，学成返回，只等公子光的命令。

公子光得知专诸已经学成回来，便对伍子胥说："专诸已经准备好了，有什么法子才能接近吴王僚呢？"伍子胥说："千万不可草率行事。公子庆忌时时随侍吴王僚左右，掩余、烛庸手握兵权,想要除吴王僚,就先得把这三个人打发出去,方能行事。要不然打草惊蛇可就更难下手了。"公子光恍然醒悟,便让伍子胥带了小公子白胜退耕田野,耐心等待时机。

吴王僚十一年(公元前516年),楚平王死了,太子珍继位,是为楚昭王。伍子胥知道机会来了,急忙找到公子光,说:"现在楚平王死了,新王年幼,如果此时上奏吴王僚,乘楚国丧乱之际发兵讨伐,他必然同会意,我们便可乘机图谋大事。"

公子光心存疑虑,问道:"如果吴王僚派我统帅士兵出征,那怎么办呢?"

伍子胥说:"公子可以说上次征楚时,旧伤未愈,暂时还不能出战,吴王僚就不能派您出征了,到时,肯定会派掩余和烛庸为统帅。"

公子光听了十分开心,转念一想,还有一个庆忌,这个人是公子光最为忌惮的。此人是吴王僚的长子,筋强骨健,有万夫不当之勇。于是,他便又问伍子胥:"那也还有庆忌在呢?"

伍子胥笑了笑说道:"可以建议吴王僚派庆忌出使郑国和卫国,联络两国一起进攻楚国。这样吴王僚身边的三个心腹都被派了出去,他离死也就不远了!"

公子光沉吟了一会儿,又说:"这三个人虽然都离开了,可是王叔季札仍然还在朝中啊,他肯定不会允许我夺取王位的。"

伍子胥回答说:"这一点我也想过。吴国和晋国刚刚修好,派季札出使晋国,一方面可以联络感情,另一方面也可以观察中原各国的情况,岂不是两全其美!吴王僚好大喜功,必然会听从您的建议。等到季札出使回国的时候,公子大事已成,想必他也不会再谈什么废立之事了!"

公子光听了伍子胥的计划,不禁感激涕零,哽咽着说:"先生真是上天赐给我的礼物啊!"

公子光依计行事,吴王僚不明底细,果然接受了他的建议,派掩余、烛庸率师讨伐楚国,派季札出使晋国,派庆忌前去联合郑国和卫国,四个"绊脚石"全都离开了都城,吴王僚身边,只剩下了公子光。一切准备就绪,公子光通知专诸随时待命,准备行事。

公子光入宫朝见吴王僚,说:"最近臣的府中,有一个从太湖来的厨子,擅长炙鱼之术,味道特别鲜美。臣不敢独自赏用,请大王到舍下一起品尝。"吴王僚听说是自己钟爱的美味,立即点头答应了。于是,公子光在地下室埋伏下身穿铠甲的武士,备办酒席宴请吴王僚。

次日清晨,吴王僚如约赴宴。席间,公子光以脚痛需要涂药为由,离开宴席。不久,专诸膝行入厅献鱼。吴王僚看到专诸手中的鱼惊异不已,那鱼两鳃一张一合,居然还是活着的。他大张着嘴,恨不得马上大快朵颐。刚刚把鱼盘捧到吴王僚的面前,专诸突然从鱼腹中抽出一支短剑,直向吴王僚刺去。吴王僚猝不及防,专诸以犀利的短剑,用尽平生之力,刺透了吴王僚的双层铁甲,直插心脏。吴王僚当场倒地身亡,专诸顿时也被诸卫士刺杀在血泊中。

公子光见已成事,率武士杀出,杀光吴王僚的人。之后自立为王,号阖闾。

这是一场公子光蓄谋已久的夺权政变。他身为人臣,不具备与吴王僚起正面冲突的实力,所以他招揽志士,积蓄势力,等待有利时机。他从吴王僚手中,夺过了伍子胥这个人才,也就等于他获得了刺杀吴王僚的计谋;伍子胥将专诸推荐给他,也就等于他具备了刺杀吴王僚的"工具";他深知吴王僚的习性,了解吴王僚贪图美味,便等于控制了吴王僚的"命脉"。做好万全的准备后,从吴王僚的"命脉"着手,自然便可以一击即中。

可见,做局的时候,如果从对方的嗜好下手,几乎可以让你箭无虚发。不过,这也告诉我们,在与他人相处的时候,要隐藏好自己的"命脉",千万不要轻易示人。

技巧 99

张弛有度，提高下属忠诚度

把员工视作伙伴

把员工视为伙伴，能增加相互的协作，这样不仅员工能迅速成长，为企业带来的效益也是巨大的。

重视下属，实际上就是领导在向下属传达他在公司的位置很重要。作为一个员工，被重视程度越强，就越有归属感，进而他在公司的安全感就越强。

心理学研究表明，每个人都害怕孤独和寂寞，希望自己归属于某一个或多个群体，从中得到温暖，获得帮助和爱，从而消除或减少孤独和寂寞感，获得安全感。

在群体内，成员可以与别人保持联系，获得友情与支持；成员间在发生相互作用时，其行为表现是协调的，同一个群体的成员在一致对外时，不会发生矛盾和摩擦，彼此都体会到大家都同属于一个群体，特别是当群体受到攻击或群体取得荣誉的时候，群体成员会表现得更加团结。

现代社会，竞争异常激烈，人员流动频繁，在破产、解雇、离职成为一件稀松平常的事情时，职场人愈加渴望和期待归属感，越来越希望得到安全和稳定。

有归属感的一般就是有责任感的，责任感到了一定的程度就会产生对某些东西的归属感。归属感有对人、对事、对家庭、对自然的归属感。青少年时期对人的归属感较强，中年时期对事和家庭的归属感较强，老年时期对自然的归属感较强。

1949年，惠普创始人之一、37岁的大卫·帕卡德参加了美国商界领袖们的一次聚会。他在发言中说："对于一家公司而言，比为股东挣钱更崇高的责任是对员工负责。企业的管理层，尤其是企业的老板应该承认他们的尊严。"他认为，那些参与创造公司财富的人，也有权分享这些财富。年轻的帕卡德在如此高端的场合发表这种言论，很多人认为不合时宜，甚至一度引起商界前辈的嘲笑。

在那个老板总在私人办公室发号施令的年代，帕卡德的观点在当时即使算不上"神经病人的观点"，也充满了不可理喻的色彩。帕卡德后来回忆说："我当时既诧异又震惊，因为在场的人没有一个赞同我。显然，他们认为我是异类，而且没资格管理一家重要的企业。"

1949年的惠普是企业新秀，在美国商业界引起瞩目。惠普的办公室文化更为引人注目。和他的观点一脉相承的是，帕卡德与惠普的工程师们一起，在开放式的工作间里办公。这是他尊重员工及下属的体现。他的理念是与人为友，让大家拧成一股绳子。他认为自己首先是一个惠普的人，其次才能是CEO。在他的榜样作用下，惠普的管理层不仅为人谦恭，而且创造了一种奉献式的企业文化，这种文化日后成为强有力的竞争武器，使惠普公司的利润连续40年攀升。

为员工提供服务，把员工视为企业的合作伙伴，这是员工最希望的关系。这种有效的方式，不仅能让员工有归属感，而且还能实现"双赢"。

感情投资，一本万利

重视"情感投资"，已经成为许多成功企业家的制胜法宝。

作为企业管理者，假如有人问：世界上什么投资回报率最高？你会作何回答？日本麦当劳社长藤田田给了我们最完美的答案：他将他的所有投资进行分类研究来计算回报率，发现感情投资在所有投资中，花费最少，回报率最高，可谓是一本万利。

那么，究竟在企业里如何进行感情投资呢？

如果只是把企业当做是冰冷的机器，那么企业内部永远没有感恩。如果把企业当做是一个富有生命特征的人，那么企业内部将会充满爱的情愫。即便是制定了刻板的制度，这些制度也是企业躯体的骨骼，只是按照一定的规则把所有员工串联起来而已。

企业要学会爱，最主要的体现是企业管理者要学会爱公司的员工。员工跟企业的关系不仅仅是物质上的雇佣与被雇佣关系，还应是和谐、共同发展的"友谊关系"。维系这种"友谊"的纽带就是企业要给员工一种"企业就是家"的感觉。企业管理者把员工当做自己的亲人一样看待，在一种融洽的合作气氛中，让员工自主发挥才干为企业贡献自己最大的力量，创造最好的效益。

英国的克拉克公司是一家很小的公司，它的业务是为顾客的草坪施肥、喷药。它的经营思想、管理方针却十分独特，许多专家称它是唯一一家真正体现"爱的思想"的公司。正是这种"不合常规"，强调"爱"的经营思想和方式，使公司获得了巨大成功：克拉克公司创业时只有5名职工，2辆汽车，10之后，已有5000名职工，营业额达到3亿英镑。

公司创始人传给公司一个信条："员工第一，顾客第二，这样做，一切都会顺利。"克拉克公司一直坚持这个信条，对员工如同家里人一般，对用户尽心尽力提供服务。在克拉克公司，喷药、施肥的工人被尊敬地称为"草坪养护专家"，是公司里最为重要的人。老板克拉克关心工人，是由于内心的感情，而不是装腔作势，或沽名钓誉。一次，克拉克提出购买一个废船坞，想把它改建为公司职工的免费度假村。公司高级财务管理人员通过细致的计算，发现这个计划超过了公司的实际支付能力，他们费了好大劲，才说服克拉克放弃这个购买行动。

可是，没过不久，克拉克又要在一片沙滩上修建职工度假村，财务人员再次劝阻了他。后来，克拉克瞒着公司高级管理人员，买下一条豪华游艇，让职工度假。又包租了一架大型客机，让工人去外国旅游。事后，负责财务的副总裁说："克拉克要我签字时，根本不知道我是否付得起这笔钱！可是我看到那些从未坐过飞机的工人上飞机时的表情后，我再也无话可说。"在克拉克眼里，员工开心，他才会开心。

企业家关心爱护员工，员工肯定会给予足够的感激和报答的。企业家越是关心、爱护员工，员工们就会更加拼命地为企业效力。

技巧 100

化解有道，轻松收服人心

大胆放权有利于员工潜能开发

领导学会放权，让员工自由发展，这往往是更好的选择。

"下君尽己之能，中君尽人之力，上君尽人之智"，说的就是领导者放权的艺术。领导者不能事必躬亲，应懂得放权，让下属主动工作，充分发挥他们的聪明才智。

一位咨询公司CEO说："如果我不放权，那么我的短处就会暴露，而我的精力也会更多地被消耗在大量的日常事务中，牵制我长处的充分发挥。对公司整体来讲，这是致命的。"

在工作中，有的管理者为了管理好员工，让他们按照自己的意图去做事，就对员工的一举一动都横加干涉，企图让员工完完全全地按照自己的思维意识去工作。这样做，严重地影响了员工的主观性和创造性，即使能够保证完成任务，却大大压抑了员工的思想意识，束缚住了员工的手脚，最后造成员工工作压力加大或人才流失。

其实，不管你从事什么行业，想要成功，管理者都必须创造出一种使员工能有效工作的环境。作为一名管理者，要正确地利用员工的力量，充分地相信自己的员工，给予他们充分的创造性条件，让员工感觉到领导对他的信任。士为知己者死，一个员工一旦被委以重任，必定会产生责任感，为了让领导相信自己的才干和能力去努力达到目标。

所以，作为一名管理者，只要能掌握方向，提出基本方针即可。至于细节问题，则应该让员工放手去干。这样不仅员工的潜能得到自由发挥，而且员工还能感到管理者对他的信任，从而达到更加显著的效果，使他们为公司作出更大的贡献。

20世纪70年代末，美国达纳公司成为《幸福》杂志按投资总收益排列的500家公司中的第二位，雇员3.5万人。取得这一成绩的主要原因是作为该公司总经理麦斐逊善于放手让员工去做，以调动人员的积极性，提高生产效率。1973年，在麦斐逊接任该公司总经理后，首先就废除了原来厚达22.5英寸的公司政策指南，以只有一页篇幅的宗旨陈述取而代之。

很多人反对他这样做，有人觉得有风险，毕竟政策指南是随着公司发展积累下来的，对公司业务的开展有着很好的指导作用。甚至有人当面对麦斐逊说："你不要期望所有的员工都像老板那样自觉工作。"麦斐逊依然坚持自己的做法，在他的眼里，每个员工都是值得信任的。

他发布的那份宗旨简洁干练，大意如下："面对面地交流是联系员工、激发热情和保持信任的最有效的手段，关键是要让员工知道并与之讨论企业的全部经营状况；制定各项对设想、建议和艰苦工作加以鼓励的计划，设立奖金。"

麦斐逊的放手让员工以自己各种方式保证了生产率的增长。他曾经一针见血地指出："高级领导者的效率只是一个根本的标志，其效率的高低，直接与基层员工有关。基层员工本身就有讲求效率的愿望，领导要放手让员工去做。"

管理者的授权可以营造出一种信任，让企业的组织结构扁平化，更能促进企业全系统范围内有效的沟通。权力的下放可以使员工相信他们正处在企业的中心而不是外围，他们会觉得自己在为企业的成功作出贡献，积极性会空前高涨。得到授权的员工知道，他们所做的一切都是有意义、有价值的。这样会激发员工的潜能，使他们表现出决断力，勇于承担责任并在一种积极向上的氛围中工作。

合理宣泄能让下属更有干劲

宣泄就是一种最直接、最有效的减压方式，作为上司，如果你能充分允许并鼓励员工合理宣泄，那么你的员工在宣泄之后，一般会干劲更大。

宣泄是心理学中提倡的心理防御机制之一。为了避免精神上的痛苦和不快，避免遭受挫折后可能产生的生理疾病，人们常常会采用各种防御机制，以维持自身的心理平衡，但是我们又不能肆无忌惮的宣泄，所以要有所克制，这就是合理宣泄，具有积极的意义。

当一个人在工作中受到挫折或打击后，由于种种原因无法将受到的委屈或不满表现出来，只好把这种负性情绪压抑下去。由于人的心理承受力是有限的，不良情绪长期积郁在心中，人的心理就会出现严重的失衡，从而影响工作质量。

所以为了维持自身的心理平衡，人们就需要去寻找一个恰当的对象将个人的消极情绪予以宣泄，使心中积压的负性情绪得以稀释，从而摆脱这种负性情绪的干扰，保持心理的平衡。

你的下属可能满怀怨气，那么，身为领导，有必要恰当地让下属消解心中的怨气。这是管理者所必须承担的职责。

美国芝加哥郊外的霍桑工厂，是一个制造电话交换机的工厂。这个工厂建有较完善的娱乐设施、医疗制度和养老金制度等，但员工们仍愤愤不平，生产状况也很不理想。

为探求原因，1924年11月，美国国家研究委员会组织了一个由心理学家等各方面专家参与的研究小组，在该工厂开展了一系列的试验研究。这一系列试验研究的中心课题是生产效率与工作物质条件之间的关系。

这一系列试验研究中有一个"谈话试验"，即用两年多的时间，专家们找工人谈话两万余次。在谈话过程中，专家们要耐心倾听工人们对厂方的各种意见和不满，并做详细记录，对工人的不满意见不准反驳和训斥。

这一"谈话试验"收到了意想不到的效果：霍桑工厂的产量大幅度提高。这是由于工人长期以来对工厂的各种管理制度和方法有诸多不满，无处发泄，"谈话试验"使他们的这些不满都发泄出来，从而感到心情舒畅，干劲倍增。社会心理学家将这种奇妙的现象称为"霍桑效应"。

霍桑试验的初衷是试图通过改善工作条件与环境等外在因素，从而提高劳动生产效率。但是，通过试验，人们发现影响生产效率的根本因素不是外因，而是内因，即工人自身。因此，要想提高生产效率，就要在激发员工积极性上下工夫，要让员工把心中的不满一吐为快。

当管理者们深切地领悟了"霍桑效应"的妙处之后，就立即不失时机地应用到自己的管理中。比如，设立"牢骚室"，让人们在宣泄完抱怨和意见后，全身心地投入到工作中，从而使工作效率大大提高。

当然，鼓励员工宣泄只是一种手段，作为上司要从根本上找到员工怨气的源头。